GIESSEREI Jahrbuch 2025

Titelfoto: neirfy – stock.adobe.com
Satz: BDG/Giesserei Medien · Druck: D+L Printpartner GmbH, Bocholt

1. Auflage

Printed in Germany
ISBN 978-3-96144-278-2

Giesserei-Jahrbuch 2025

herausgegeben vom

Bundesverband der Deutschen Gießerei-Industrie (BDG)
Verein Deutscher Giessereifachleute (VDG)

DVS Media GmbH, Düsseldorf

Inhaltsverzeichnis

Wichtige Termine in 2025

24. Druckgusstag
25.-26.02.2025, Ingolstadt

New Battery World
27.-28.02.2025, München

15. Fachtagung WerkstoffPlus Auto
19.-20.02.2025, Stuttgart

GTK Kolloquium - Global Giga-Casting Congress
05.-06.03.2025, Kassel

Inceight Casting C8
05.-07.03.2025, Stockstadt

Metef
05.-07.03.2025, Bologna, Italien

Intec + Zuliefermesse Z
11.-14.03.2025, Leipzig

Circular Valley Convention
12.-13.03.2025, Düsseldorf

49. Aachener Gießereikolloquium
13.-14.03.2025, Aachen

5. Formstoff-Forum
26.-27.03.2025, Freiberg

Hannover Messe
31.03.-04.04.2025, Hannover

INTERMOLD, Die and Mold Asia
16.-18.04.2025, Tokio, Japan

37. Control
06.-09.05.2025, Stuttgart

Moulding Expo
06.-09.05.2025, Stuttgart

rapid.tech 3D
13.-15.05.2025, Erfurt

Aalener Gießerei-Kolloquium
08.-09.05.2025, Aalen

Steels in Cars and Trucks
02.-06.06.2025, Mainz

VDI-Fachtagung Gießtechnik im Antrieb
03.-04.06.2025, Frankfurt/Main

Deutscher Gießereitag
12.-13.06.2025, Aachen

Lightweight Asia
09.-11.07.2025, Shanghai, VR China

China Diecasting
16.-18.07.2025, Shanghai, VR China

Feuerfest Kolloquium
17.-18.09.2025, Aachen

65. IFC Portoroz
17.-19.09.2025, Portorosz, Slowenien

GIFA Southeast
17.-19.09.2025, Bangkok, Thailand

ALU Expo
18.-20.09.2025, Istanbul, Türkei

Ofenbau- und Thermoprozess-Kolloquium
23.-24.09.2025, Aachen

parts2clean
07.-09.10.2025, Stuttgart

Die Casting Congress & Table Top
07.-09.10.2025, Milwaukee, Wisconsin, USA

Global Foundry Expo & EUROGUSS Mexico
15.-17.10.2025, Guadalajara, Mexiko

34. Ledebur-Kolloquium
23.-24.10.2025, Freiberg

UNITECR
27.-30.10.2025, Cancun, Mexiko

Parts Finishing
12.-13.11.2025, Karlsruhe

Hüttentag
13.11.2025, Essen

Formnext
18.-21.11.2025, Frankfurt /Main

Tagung Werkstoffprüfung
27.-28.11.2025, Dresden

EUROGUSS 2026
13.-15.01.2026, Nürnberg

Diese Angaben sind ohne Gewähr; Änderungen von Inhalten, Terminen und Durchführungsorten vorbehalten

Haus der Gießerei-Industrie

Bundesverband der Deutschen Gießerei-Industrie e. V. (BDG)
Hansaallee 203, 40549 Düsseldorf
Telefon (0211) 6871-0, Telefax (0211) 6871-333
E-Mail: info@bdguss.de
www.guss.de

Verein Deutscher Giessereifachleute e.V. (VDG)
Hansaallee 203, 40549 Düsseldorf
Telefon (0211) 6871-0, Telefax (0211) 6871-333
E-Mail: info@vdg.de
www.vdg.de

BDG-Service GmbH
VDG-Akademie
Hansaallee 203, 40549 Düsseldorf
Telefon (0211) 6871-266
E-Mail: ralf.stog@bdg-service.de
www.bdg-service.de
www.vdg-akademie.de

1 Eisen- und Stahlguss

Die in diesem Kapitel aufgeführten Tabellen geben eine Übersicht über den Stand der wichtigsten Normen für den Bereich Gießerei. Zwischen EN- und ISO-Normen gibt es einige Abweichungen. Angegeben ist die Bezeichnung der Norm einschließlich dem Jahr der aktuellsten Ausgabe, die immer verwendet werden sollte. Die Normen können Sie bei DIN Media (www.dinmedia.de) abrufen.

1.1 Normenübersicht Gusseisenwerkstoffe und Einsatzstoffe

1.1.1 Gusseisenwerkstoffe

Gelistet sind derzeit die genormten bzw. nicht genormten Gusseisen-Werkstoffsorten.

Tabelle 1.1 Werkstoffnormen für Gusseisenwerkstoffe

Werkstoffgruppe	Europäisch (DIN EN)	International (ISO)
Gusseisen mit Lamellengraphit GJL	DIN EN 1561:2024-03	ISO 185:2020-05
Temperguss GJMW/GJMB	DIN EN 1562:2019-06	ISO 5922:2005-02, bestätigt 2016
Gusseisen mit Kugelgraphit GJS	DIN EN 1563:2019-04 bestätigt 2023	ISO 1083:2018-04 bestätigt 2022
Ausferritisches Gusseisen mit Kugelgraphit ADI	DIN EN 1564:2012-01 Überarbeitung 2023	ISO 17804:2020-06
SiMo-Gusseisen mit Kugelgraphit	DIN EN 16124:2012-02 bestätigt 2023	
Gusseisen mit Vermiculargraphit GJV	DIN EN 16079:2024-03	ISO 16112:2017-02 bestätigt 2022
Austenitisches Gusseisen GJSA	DIN EN 13835:2012-04 bestätigt 2022	ISO 2892:2007-05 bestätigt 2020
Gusseisen-Strangguss	DIN EN 16482:2024-09	
Verschleißbeständiges Gusseisen GJN	DIN EN 12513:2011-05	ISO 21988:2006-07 bestätigt 2020
Graphit-Mikrostruktur, Bestimmung	DIN EN ISO 945-1:2019-06	
Technische Lieferbedingungen 1)Allgemeines 2)Eisengussstücke	DIN EN 1559-1:2011-05 DIN EN 1559-3:2012-01 Überarbeitung 2024	
Bezeichnungssystem, Gusseisen	DIN EN 1560:2011-05	ISO/TR 15931:2004-08
Stand: 21.11.2024		

1.1.2 Einsatzstoffe

Roheisen

Die Bezeichnungen und die Einteilung von Roheisen nach den Gehalten der kennzeichnenden Elemente Kohlenstoff (C), Silizium (Si), Mangan (Mn), Phosphor (P) und Schwefel (S) sind in der Norm **DIN EN 10 001** sowie **ISO 9147** geregelt. Dort sind Grenzwerte für die chemische Zusammensetzung und die Probenahme genannt.

Stahlschrott

Stahlschrott ist der wichtigste metallische Rohstoff für die Herstellung von Gusseisen mit Lamellengrafit EN-GJL und Gusseisen mit Kugelgrafit EN-GJS. Entsprechend wichtig ist die Beachtung der Legierungs- und Begleitelemente im Stahlschrott, insbesondere bei der Herstellung von EN-GJS. Man geht davon aus, dass etwa 50 % der Stahlverbrauchsgüter nach 15 Jahren Lebensdauer zurück in den Werkstoffkreislauf gelangen.

Eingeteilt werden die Stahlsorten nach der Deutschen Stahlschrottsortenliste oder der Europäischen Stahlschrottsortenliste oder nach dem Scrap Specifications Circular.

Unterschieden wird vor allem nach

- Stahlaltschrott
- Stahlneuschrott
- Stahlspäne
- Pakete aus neuem, leichtem Stahlblechschrott

„Kupolschrott“ besteht überwiegend aus Trägern, Profilen und Grobblech (alle frei von NE-Metallen).

Weitere Informationen, insbesondere Deutsche Stahlschrott-Sortenliste: www.bdsv.org

1.2 Normenübersicht Stahlgusswerkstoffe

In den Werkstoffbezeichnungen wird Stahlguss gegenüber Stählen durch ein vorangestelltes G gekennzeichnet. Stahlguss wird nach DIN EN 10020 in die Sorten unlegiert, niedrig legiert und hoch legiert eingeteilt.

Unlegierter Stahlguss. Der Kohlenstoff (0,1 bis 0,7 %) ist im unlegierten Stahlguss das wichtigste Begleitelement für die Gefügeausbildung und damit für die mechanischen und physikalischen Eigenschaften.

Bezeichnung: ähnlich wie bei den Stählen für den Maschinenbau
Beispiel: GE 300 ist ein Stahlguss mit einer Streckgrenze von 300 MPa.

Durch Zugabe weiterer Legierungselemente können hohe Festigkeiten bei gleichzeitig hohen Dehnungswerten erzielt werden. Legierter Stahlguss wird in niedrig- und hochlegierte Werkstoffe unterteilt.

Niedrig legierter Stahlguss. Als niedriglegiert bezeichnet man Stahlgusssorten, bei denen die Summe der Legierungselemente einen Gehalt von 5 Massenprozent nicht überschreitet.

Hoch legierter Stahlguss. Als hochlegiert bezeichnet man Stahlgusssorten, bei denen der mittlere Massengehalt mindestens eines Legierungselementes ≥ 5 % ist.

Hochlegierte Stahlgusssorten werden vorn durch ein X gekennzeichnet.

Tabelle 1.2 Derzeit genormte bzw. nicht genormte Stahlguss-Sorten

Werkstoffgruppe	**Europäisch (EN)**	**International (ISO)** *Werkstoffe zum Teil ähnlich*
Stahlguss für allgemeine Anwendungen	DIN EN 10293:2015-04 bestätigt 2022 Überarbeitung 2021	ISO 9477:2015 Überarbeitung 2023-11 ISO 14737:2021-07
Stahlguss für das Bauwesen	DIN EN 10340:2008-01	
Hochfester Stahlguss mit guter Schweißneigung	SEW 520:2017-12	
Stahlguss für Druckbehälter	DIN EN 10213:2016-10	ISO 4991:2015-12 bestätigt 2022
Hitzebeständiger Stahlguss	DIN EN 10295:2003-01 bestätigt 2020	ISO 11973:2015 Überarbeitung 2023-11
Kaltzäher Stahlguss	nicht genormt, SEW 685:2019-04	nicht genormt
Korrosionsbeständiger Stahlguss	DIN EN 10283:2019-06 Amendment 2021	ISO 11972:2015 Überarbeitung 2023-
Austenitischer Manganstahlguss	DIN EN 10349:2010 bestätigt 2020	ISO 13521:2023-02 Übersetzung 2023-11
Nichtmagnetisierbarer Stahlguss	nicht genormt	nicht genormt
Stahlguss für Werkzeuge	nicht genormt	ISO 10679:2019-09
Gusslegierungen mit bes. phys. Eigensch.	nicht genormt	ISO 19960:2023-02
Stahlguss für Flamm- und Induktionshärtung	SEW 835:2018-01	nicht genormt
Schleuderguss/ Hitzebeständiger Stahl	nicht genormt	ISO 13583-1:2023-02 ISO 13583-2:2023-02
Technische Lieferbedingungen Allgemeines Stahlgussstücke	DIN EN 1559-1:2011-05 DIN EN 1559-2:2014-12 bestätigt 2020	ISO 4990:2023-11
Bezeichnungssystem	DIN EN 10027-1: 2017-01 DIN EN 10027-2: 2015-07	ISO/TS 4949:2016-11
Stand: 15.11.2024		

1.3 Ferrolegierungen

Tabelle 1.3: Derzeit genormte Ferrolegierungen

Werkstoffgruppe	National (DIN)	Europäisch (EN)	International (ISO)
Ferrosilicium	DIN 17560-1:2004-02	–	ISO 5445:1980-12
Silicium	DIN 17560-2:2004-02	–	–
Ferromolybdän	DIN 17561:2004-02	–	ISO 5452:1980-12
Ferrowolfram	DIN 17562:2004-02	–	ISO 5450:1980-12
Ferrovanadium	DIN 17563:2004-02	–	ISO 5451:2022-12
Ferromangan, Ferromangan-Silicium und Mangan	DIN 17564:2004-02	–	ISO 5446:2017 ISO 5447:1980-12
Ferrochrom, Ferrochrom-Silicium und Chrom	DIN 17565:2004-02	–	ISO 5448:1981 ISO 5449:1980-12
Ferrotitan	DIN 17566:2004-02	–	ISO 5454:1980-12
Ferrobor	DIN 17567:2004-02	–	ISO 10386:1994-09
Ferronickel	DIN EN ISO 6501:2021-03		
Ferroniob	DIN 17569:2004-02	–	ISO 5453:1980-12
Calcium-Silicium	DIN 17580:2004-02	–	–
Stand: 15.11.2024			

Notizen

1.4 Gelungene Umstellung vom Kupol- zum Induktionsofen

Die Umstellung vom Kupolofen zum Induktionsofen ist ein entscheidender Schritt für Gießereien auf dem Weg zur Dekarbonisierung ihrer Produktion. Eine wichtige Herausforderung dabei ist die Schrottqualität, die beim Induktionsofen besser sein muss als beim Kupolofen. ABP Induction und Zorc Technologies bieten dazu speziell entwickelte Tools an, die eine optimierte Fahrweise des Induktionsofens erlauben. Dieser Beitrag zeigt an Beispielen aus der Praxis wie eine Umstellung gelingen kann.

Fotos und Grafiken: ABP Induction, Zorc Technology

Der Induktionsofen ABP IFM 7 bei Römheld & Moelle.

Von Marco Rische, Wolfgang Baumgart, Sebastian Haardt, Stefan Schmitt

Der Druck durch die umweltpolitischen Anforderungen zum Erreichen der festgelegten Klimaziele für industrieller Verbraucher steigt permanent, auch getrieben durch die CO_2-Besteuerung fossiler Brennstoffe. Alle industriellen Verbraucher von Koks, Öl und Gas suchen nach alternativen Lösungsansätzen, um den mittelfristig gesteckten Umweltzielen für eine CO_2-neutrale Produktion gerecht zu werden. Alle befragten Unternehmen einer Studie von Römheld & Moelle gaben an, dass sie ihre Lieferanten bis spätestens 2050 um klimaneutrale Gussteile bitten werden, 21 % planen dies bis 2025 und 46 % bis 2030 [1].

ABP hat diesen Paradigmenwechsel zur CO_2-Neutralität erkannt und sich diesem Ziel durch seine Kampagne „Your Partner on the way to Zero Emission“ gestellt. Um dem

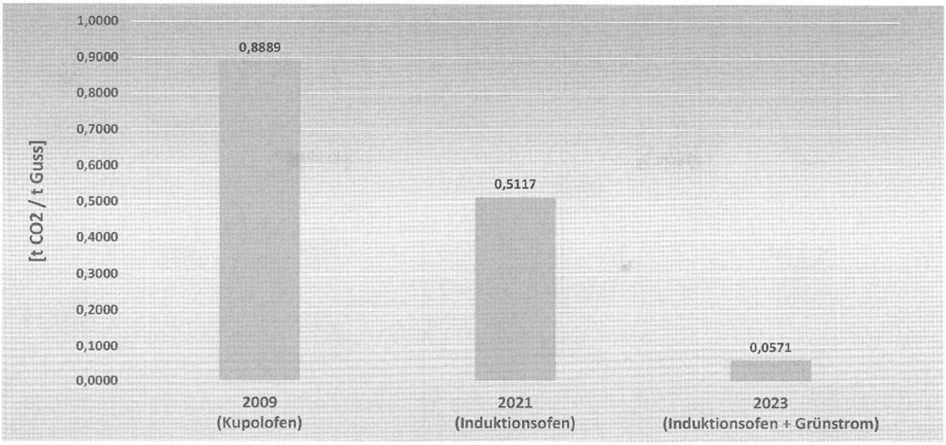

Bild 1: Römheld & Moelle Carbon Footprint in den Scopes 1 & 2.

Anspruch der Dekarbonisierung gerecht zu werden, sieht ABP großes Potenzial im Ersatz der fossilen Brennstoffe durch moderne Induktionsofentechnologie zur ökologischen, ökonomischen und technischen Unabhängigkeit. Anwender leisten so einen signifikanten Beitrag zur Umsetzung der Ziele für die Dekarbonisierung energieintensiver industrieller Anwendungen.

Die induktive Erwärmung erfolgt über elektrische Energie. Dabei wird die für den Prozess benötigte Wärme direkt in das Schmelzgut eingetragen. Das Verfahren ist effektiv und beim Bezug grüner Energie auch klimaneutral. ABP kann die gesamte Prozesskette für den Ersatz des konventionell beheizten Kupolofens planen und gemeinsam mit dem Kunden den Weg bis zur Umstellung auf elektrisch betriebene Induktionsofentechnologie beschreiten. Komplettiert wird dies durch digitale Tools und KI-Lösungen des ABP-Partners Zorc Technology.

Gießereien mit Kupolofen-Schmelzbetrieb – Status quo & Herausforderungen

Wenn Gießereien die Umstellung von einem Kupolofen- auf einen Induktionsofen-Schmelzbetrieb in Betracht ziehen, gibt es zwei grundsätzliche Herausforderungen zu beachten: Zum einen bedeutet die Umstellung von Kupol- auf Induktionsofen auch eine Umstellung im Betrieb – von kontinuierlicher Bereitstellung zu diskontinuierlichem Betrieb, dem Chargenbetrieb. Zweite Herausforderung ist die Schrottqualität. Im Kupolofen-Schmelzbetrieb ist es nicht selten an der Tagesordnung, auch schlechte Schrottqualitäten zu fahren. Damit kommt der Induktionsofen-Betrieb nicht zurecht, weil die Ankoppelung dann deutlich schlechter wird. Einen Nutzungsgrad von 100 % zu erreichen, wird damit deutlich erschwert bis unmöglich. Nutzungsgrade von 60 % sind wahrscheinlicher. Diese Lücke so gering wie möglich zu halten, steht und fällt damit, wie das elektromagnetische

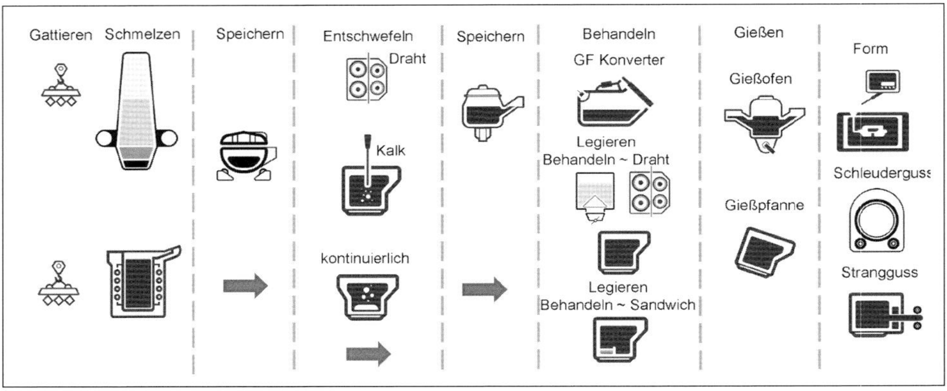

Bild 2: Übersicht über die Vielzahl der möglichen Prozessschritte von den Schmelzaggregaten zur Form.

Feld an den Schrott ankoppelt. Das ist stark von der gesetzten Schrottqualität und den Parametern der elektrischen Energieversorgung abhängig.

Ein Beispiel aus der Praxis: Dank der Umstellung von koksbefeuerten Kupolöfen auf Induktion (**Bild 1**) kann bei Römheld & Moelle ein großer Teil der Emissionen durch eine Änderung des Energiemixes bewältigt werden. Ein Sondervertrag mit seinem Energieversorger ermöglicht es der Gießerei, in den Jahren 2023 und 2024 zu 100 % Strom aus Wasserkraft zu beziehen [2].

Was bedeutet das aus metallurgischer Sicht? Eisen, das im Kupolofen erschmolzen wird, weist prozessbedingt einen hohen Schwefelgehalt auf. Für die Herstellung von Gusseisen mit Kugelgrafit kommen deshalb ein- oder zweistufige Prozesse zur Herstellung der gießbereiten Schmelze zum Einsatz. Bei der Herstellung von GJV wird jedoch konsequent auf zweistufige Prozesse gesetzt. In diesen zweistufigen Prozessen dient die erste Stufe der Entschwefelung, wobei typischerweise Schwefelgehalte von 0,06 bis 0,025 % erreicht werden. In der zweiten Stufe wird dann die Morphologie der Grafitphase und die Zusammensetzung der metallischen Matrix eingestellt, um die gewünschten mechanischen und physikalischen Eigenschaften des Werkstoffs im Bauteil zu erreichen (**Bild 2**).

Unter Verwendung von kalziumhaltigen Verbindungen ist eine kontinuierliche Entschwefelung von Kupolofeneisen möglich. Speziell ist die Verwendung von Kalziumcarbid als Entschwefelungsmittel ebenfalls eine Option, diese wird jedoch aufgrund von Umweltaspekten heutzutage nur noch selten in Gießereiprozessen eingesetzt.

Zu den Verfahren der diskontinuierlichen Entschwefelung zählen das Mg-Drahteinspulverfahren sowie das moderne Kalk-Einblasverfahren, das vom Institut für Technologien der Metalle der Universität Duisburg-Essen unter der Leitung von Rüdiger Deike und der Werkstoffentwicklung der Firma Fritz Winter unter der Leitung von Marc Walz entwickelt wurde [3, 4].

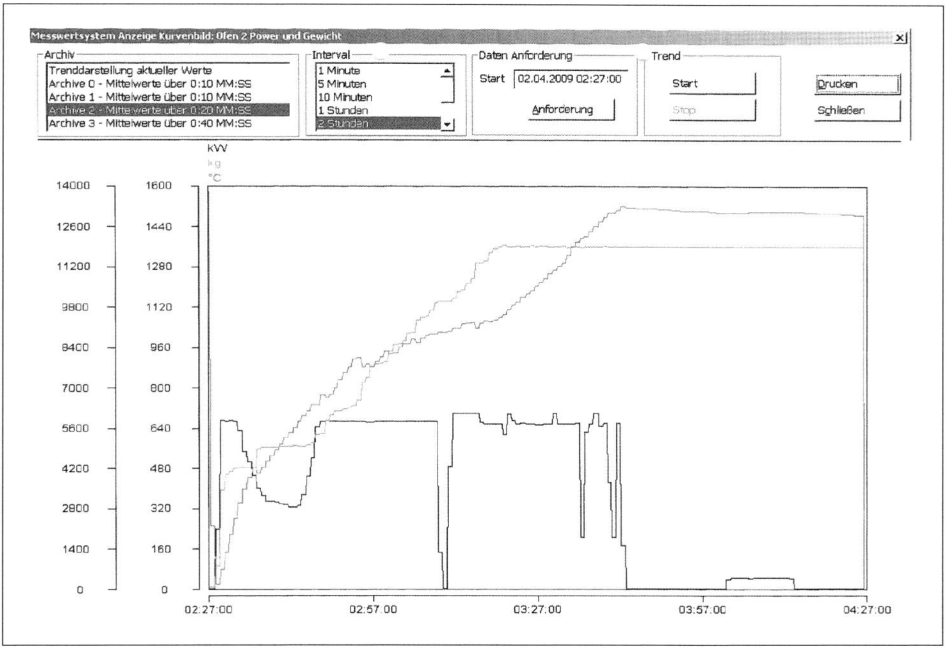

Bild 3: Klassischer Leistungsverlauf eines Induktionsofens über eine Charge.

Um aus dem resultierenden Basiseisen die gießfertige Schmelze zu erzeugen, erfolgt in einem zweiten Schritt eine Behandlung mit Magnesium, seltenen Erden und Impfstoffen. Hierbei haben sich insbesondere das Drahteinspul- und das Überschüttverfahren durchgesetzt. Moderne Drahteinspulverfahren verwenden neben dem Magnesiumdraht auch einen Impfdraht, wodurch während der Behandlung eine dynamische Impfung erfolgt. Der abschließende Schritt auf dem Weg zur angestrebten Metallurgie ist die Impfung während des Gießvorgangs. Diese Impfung kann mittels einer Gießstrahlimpfung oder eines Impflings im Einguss- oder Laufsystem erfolgen.

Anforderungen an einen modernen Induktionsofen-Schmelzbetrieb

Wie eingangs bereits beschrieben kann ein moderner Induktionsofen nur mit hochwertigen Metallen und Schrotten arbeiten. Deswegen empfehlen Induktionsofen-Hersteller in der Regel auch eine bestimmte Schrottqualität, mit der die Anlage betrieben werden sollte. Anderenfalls kann aufgrund der schlechteren Ankopplung nicht die volle Leistung entwickelt werden. Ziel muss aber ein Konstantleistungsbereich sein – idealerweise mit 100 % Leistungseintrag über den Chargenverlauf, um die Schmelzzeit und damit den Energieaufwand zu minimieren und natürlich die Produktivität zu maximieren.

Die Ankopplung des Induktionsofens ist allerdings abhängig vom Lastkreis: Die Leistung

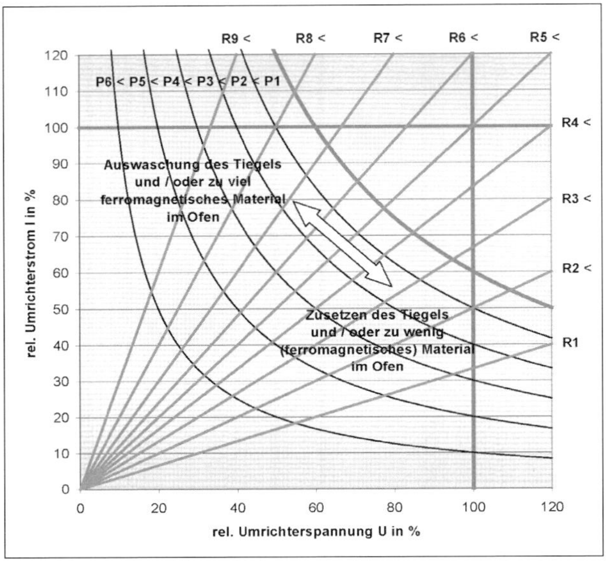

Bild 4: Lastkennlinien für einen Induktionsofen, Auslegung eines Konstantleistungsumrichters.

der Anlage stellt sich nach Schüttung des Einsatzgutes aufgrund dessen elektrischer sowie magnetischen Eigenschaften ein. Stationäre Verluste durch Nachchargieren müssen also optimiert werden. ABP ermöglicht es, diese Vorgänge zu messen, auszuwerten und den Kunden beim Chargieren zu führen. Dazu setzt ABP das selbstentwickelte und patentierte Tool OptiCharge ein (**Bild 3**). Es misst die elektrischen Einflussgrößen, die zur Leistungsoptimierung notwendig sind. Diese Parameter werden am aktuellen Gewicht gespiegelt und der Algorithmus bestimmt das geringstmögliche Gewicht, das zur Erreichung der vollen Leistungsaufnahme notwendig ist. Eine kontrollierte Chargierung zur optimalen Anpassung des Gewichts an die Leistungsaufnahme über die komplette Chargendauer ist das gewünschte Ergebnis. Wann immer es die physikalischen Bedingungen zulassen, kann nachchargiert werden. Dieses kalte Material koppelt aufgrund seiner ferromagnetischen Eigenschaften optimal an, bis es diese an der Curie-Temperaturpunkt bei 760 °C verliert.

Die technischen Ofenparameter dazu werden über die digitale Umrichtersteuerung erfasst und über das OptiCharge-System in Handlungsempfehlungen für die energieeffiziente Chargierung umgewandelt. Beim Anfahren einer Charge mit einer Teilfüllung an ferromagnetischem Schmelzgut werden kleine Portionen dieses Materials automatisch nachgefüllt. Dadurch sind im täglichen Produktionsbetrieb messbare Energieeinsparungen und Produktionssteigerungen gegenüber einen ungesteuerten Chargierung realisierbar. Erhebungen zeigen, dass Induktionsöfen schon im heutigen Strommix weniger als die Hälfte an CO_2-Emissionen für das Schmelzen einer Tonne Gusseisen im Vergleich zu Kupolöfen erzeugen. Steigt der Anteil an regenerativ erzeugtem Strom, sinken die CO_2-Emissionen entsprechend.

Dieses System ist also eminent wichtig für den Umstieg vom Kupolofen zum Induktionsofen, um weiterhin eine hohe kontinuierliche Bereitstellung des Flüssigeisens für den Prozess zu ermöglichen. OptiCharge führt an dieser Stelle dazu, dass Leistungseinbrüche auf ein Minimum reduziert werden.

Zum physikalischen Hintergrund: Die Möglichkeit zum Betrieb im Konstantleistungsbereich ist dadurch entstanden, dass es Thyristoren in Baugrößen gibt und sich dabei

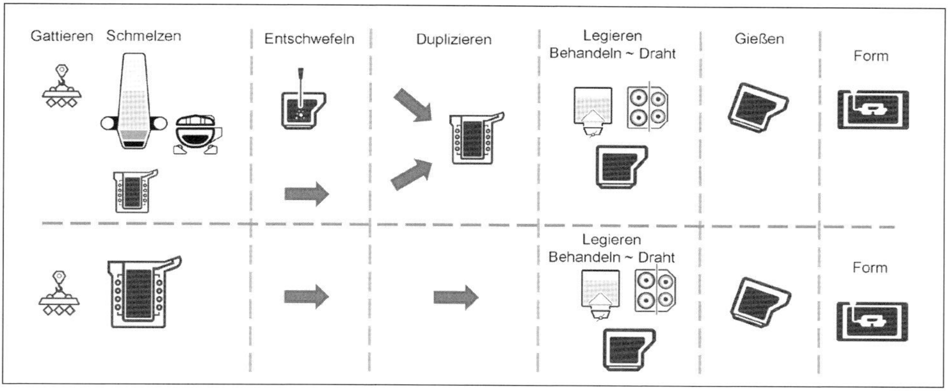

Bild 5: Vergleichendes Prozessschaubild zur Herstellung von Bremsscheiben aus Gusseisen mit Lamellengrafit – oben mit dem Kupolofen als Schmelzaggregat, unten mit dem Elektroinduktionsofen.

etabliert hat, dass immer die nächstgrößere Baugröße eingesetzt wird, die über der gewünschten Punktleistung liegt. Dadurch entsteht eine optimale Betriebsart. Das bedeutet allerdings auch, dass Strom und Spannung im Produkt mehr leisten können – die Punktleistung an sich und ein bestimmtes Leistungsfenster darüber hinaus.

Das Prinzip funktioniert, wie die Lastkennlinien zeigen (**Bild 4**): Fährt man den Induktionsofen auf volle Spannung und es ist wenig Schrottmaterial im Ofen, koppelt wenig Material an und man fährt den Betrieb mit wenig Leistung. Selbst wenn der Ofenbetreiber mehr Material hinzugibt und der Ofen zur Hälfte gefüllt ist, erreicht man den Punkt der 100-prozentigen Leistung bei voller Spannung, und das, obwohl nur 60 % des Stroms genutzt werden. Führt man weiteres Material hinzu, koppelt es noch besser an, nutzt entsprechend mehr Strom und der Ofen braucht dabei weniger Leistung, um mehr Strom zu treiben. Das ist die Spannungsreserve, die man nutzen kann trotz voller Leistung. In der Praxis kommt es dennoch vor, dass über diesen Punkt hinaus weiter Material hinzugegeben wird, da dann der Prozess einfacher wird, weil so seltener Material hinzugegeben werden muss und der Arbeitsaufwand geringer ist. Dem Prozess ist das allerdings nicht zuträglich, denn würde man eher mit dem Auffüllen des Ofens stoppen, würde das eingegebene Material zügig erwärmt, weil der Ofen schnell bis zur Curie-Temperatur ankoppelt. Der Schrott verliert dann seine magnetischen Eigenschaften, die Ankopplung wird schlechter - und der Betrieb fällt eine Kennlinie zurück. Jetzt benötigt man wieder mehr Spannung, um den Strom zu treiben und damit auf 100 % Leistung zu kommen. Da aber immer weniger Material magnetisch ist, geht die Stromstärke immer weiter zurück, da sich die Spannung auf maximalem Niveau befindet. Die Folge ist, dass die Leistung sinkt. Würde man stattdessen jetzt Material nachgeben, hätte man weiter 100 % Leistung.

Dieses System ist von wesentlicher Bedeutung für Umsteiger vom Kupolofen auf den Induktionsofen, weil diese Betriebe oft mit schlechteren Schrottqualitäten zurechtkommen müssen, was eben dafür sorgt, dass die Ankopplung schlechter wird. Sie sind außerdem auf eine hohe Bereitstellung ihres Flüssigeisens für ihre Prozesse angewiesen, deswegen ist ein Tool zur Steuerung wie OptiCharge so wertvoll.

Umstellung des Schmelzbetriebs

Um besser bewerten zu können, wie Prozesse, die das induktive Schmelzen verwenden sich von solchen unterscheiden, die einen Kupolofen als Schmelzaggregat einbinden, wollen wir die Besonderheiten anhand von drei Prozessen aus der Praxis erläutern.

Beispiel 1: GJL-Bremsscheiben

Bei der Produktion von Bremsscheiben aus Gusseisen mit Lamellengrafit kann der Kupolofen von seinem vorteilhaften Keimzustand profitieren. Allerdings sind die Anforderungen an Bremsscheiben in den letzten Jahren erheblich gestiegen. Dies hat zur Folge, dass vom Werkstoff eine hohe Wärmeleitfähigkeit gefordert wird, die nur erreicht werden kann, wenn der Gusswerkstoff übereutektisch erstarrt. Die dafür benötigten Kohlenstoffgehalte können in vielen Fällen nicht direkt durch den Kupolofen erzeugt werden, weshalb eine Aufkohlung erforderlich wird. Zusätzlich erfordern die Klangspezifikationen zur Vermeidung des Quietschens moderner Bremsscheiben Kohlenstoffgehalte in engen Toleranzen, die sich nur durch Duplizieren im Induktionsofen herstellen lassen. All dies entfällt bei der Schmelze im Elektroinduktionsofen (**Bild 5**).

Die Herausforderung bei der Verwendung einer induktiven Schmelzweise ist zum einen eine dynamische Impfung, die sich technisch einfach über die Zugabe eines Impfdrahtes in die Gießrinne realisieren lässt. Strontium als impfwirksames Element ist hier das Mittel der Wahl. Eine weitere Schwierigkeit besteht in der Bekämpfung von Mikroporositäten, die oft an den Übergängen von Hut zu Scheibe auftreten. Mikroporositäten bilden sich zwischen den Armen großer Austenitdendriten. In diesem Zusammenhang hat sich der gezielte Einsatz von Lanthan im letzten Impfschritt als hilfreich erwiesen.

Beispiel 2: GJS-Gussrohre

Die Fertigung von GJS-Gussrohren erfolgt mittels des Schleudergussverfahrens. Dabei kühlt das Gussrohr an der Kokillenwand ab und bildet Eisenkarbide. Da Eisenkarbid einen Kohlenstoffgehalt von 6,7 % aufweist, wird die Menge des freien Grafits, der bei der Erstarrung entsteht, stark reduziert. Dadurch kann der freie Grafit nicht dem Schrumpfen entgegenwirken, wenn die flüssige Phase erstarrt. Dies hat den gewünschten Effekt: Das Gussrohr schrumpft und kann aus der Kokille entnommen werden. Anschließend wird das Rohr durch den Glühofen geführt, wo das Eisenkarbid sich auflöst und der Grafit zu den Sphäroliten diffundiert. Das Rohr dehnt sich aus und erreicht seine finale Dimension. Der ursprüngliche Keimzustand aus den Schmelzaggregaten beeinflusst dabei unmittelbar die Abmessungen des Bauteils.

Ein Kupolofen erzeugt aufgrund variierender Füllstände im Vorherd sowie durch sich verändernde Metallurgie während der An- und Abschaltzyklen einen schwankenden metal-

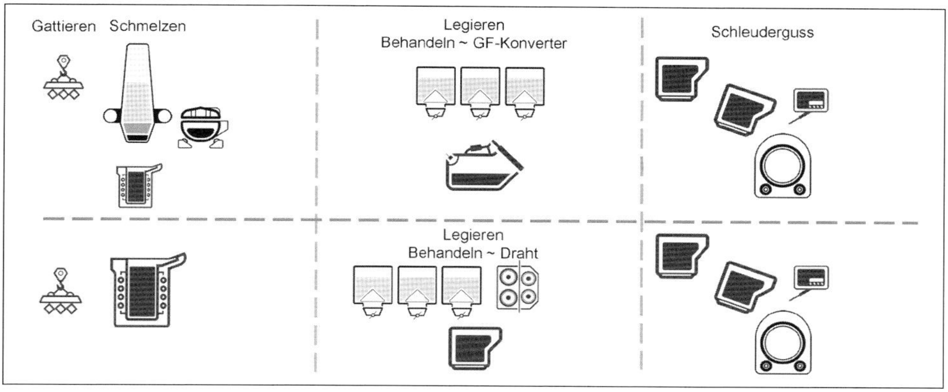

Bild 6: Vergleich der Prozessketten zur Herstellung von GJS-Gussrohren. Bei der Nutzung der induktiven Schmelzweise werden Keimzustandsänderungen der späteren Abstiche mittels dynamischer Impfung über einen Impfdraht als Zusatz zum Behandlungsdraht ausgeglichen. Dies führt zu einer geringen Schwankung in der maßlichen Toleranz.

lurgischen Zustand. Die resultierende Dynamik im Keimzustand erfordert bei der Verwendung eines Kupolofens einen komplexen Regelkreis, während diese Regelung beim Schmelzen im Elektroinduktionsofen wesentlich einfacher ausgeführt wird (**Bild 6**).

Beispiel 3: GJV

Gusseisen mit Vermikulargrafit findet sich im Antriebsstrang im Zylinderkopf, in den Zylinderkurbelgehäusen sowie in den Kupplungsscheiben. Es handelt sich um einen Werkstoff für den Massenmarkt im Schwerlastverkehr. Auch findet der Werkstoff Verwendung in Bremsscheiben bei Hochgeschwindigkeitszügen.

Wenn GJV durch die Zugabe von entschwefeltem Kupolofeneisen hergestellt wird, ist diese Zugabe begrenzt, da die Begleitelemente aus dem Kupolofen häufig die finalen Analysespezifikationen überschreiten können. Der Anteil an entschwefeltem Eisen kann spezifikationsbedingt zwischen 30 und 70 % variieren. Beim Einsatz dieses Werkstoffs kann der Kupolofen seine Stärke, den von Natur aus vorhandenen guten Keimzustand, nicht effektiv nutzen. Die Bildung von Vermikeln tritt bei hoher Unterkühlung auf, während ein guter Keimzustand metallurgisch bedingt automatisch Sphäroliten entstehen lässt.

Der Regelkreis für die GJV-Herstellung modifiziert die Schmelze durch Zugabe von Magnesium, Cer-Mischmetall und Impfmittel. Dieser Regelkreis nutzt die Messwerte aus der thermischen Analyse der gießfertigen Schmelze und korrigiert rückwirkend die Steuergrößen der nächsten Pfanne über eine Rückkopplungsschleife. Die Schwankungen im Basiseisen aufgrund der Beimischung von Kupolofeneisen stellen hierbei eine Störgröße dar. Ein Wechsel zu vollständig im Induktionsofen geschmolzenem Eisen vereinfacht diesen Prozess erheblich (**Bild 7**).

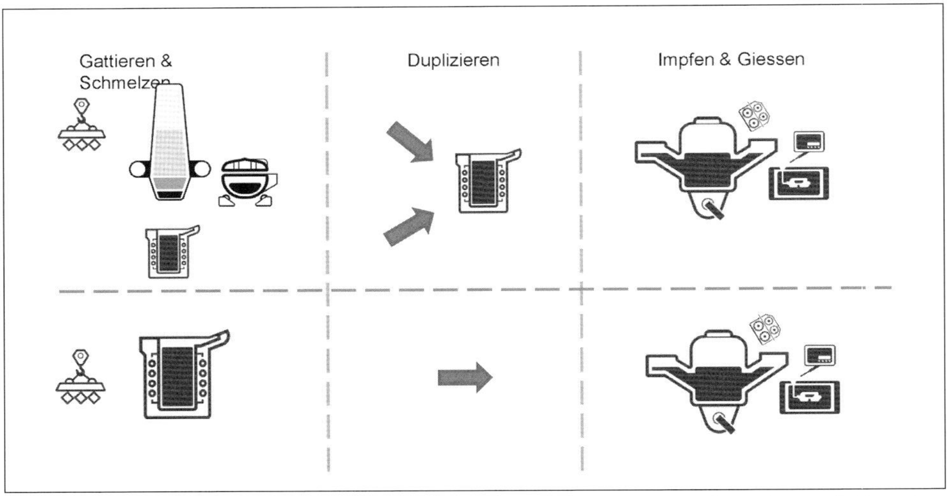

Bild 7: Vergleich der Prozessketten zur Herstellung von Bauteilen aus Gusseisen mit Vermikulargrafit. Die induktive Schmelzweise bringt deutliche geringere Störungen in den Regelkreis zur Erzeugung der gewünschten Grafitmorphologie mittels Mg/Cer-Mischmetall und Impfbehandlung ein.

Planung und Umsetzung des Umstiegs

Das Engineering-Team

„Wie muss unsere Schmelzanlage dimensioniert sein?" „Wie kann ich die Produktivität erhöhen?" „Welche Erweiterungen rechnen sich im ROI am schnellsten?" – Fragen, die sich Gießerei-Betreiber bei der Umstellung vom Kupolofen auf den Induktionsofen stellen. Und es sind wichtige Fragen, da sie nicht selten hohe Investitionen bedeuten oder zu einer Erhöhung des Ertrags führen können. Um eine Schmelzanlage perfekt konzipieren, dimensionieren und planen zu können, hat ABP den Meltshop Designer entwickelt. Damit wird ermittelt, welche Lösung die Beste ist, wenn es um den Materialfluss in der Gießerei geht. ABP-Experten können in enger Abstimmung mit den prozessbeteiligten Mitarbeitern des Kunden Simulationen für verschiedene Gießerei-Situationen entwickeln, beim Ofenaufbau Alternativen darstellen und von den Pfannen bis zum Befüllen der Formanlage verschiedene Konfigurationen einbeziehen.

Das metallurgische Team

Das metallurgische Team muss sowohl über Fachkenntnisse in der Gusseisenherstellung mit dem Induktionsofen verfügen als auch Fähigkeiten in Bezug auf die Erzeugung des gewünschten Keimzustandes besitzen. Im Gegensatz zum Kupolofen wird dieser im Induktionsofen größtenteils synthetisch erzeugt. Das metallurgische Team erstellt einen digitalen Zwilling der kompletten metallurgischen Prozesskette um alle Prozessschritte im Vorfeld der Umstellung vom Kupolofen zum Induktionsschmelzbetrieb bewerten und optimieren zu können.

Die Energieeffizienz beim induktiven Schmelzen hängt entscheidend von der Abfolge der zu chargierenden Materialien sowie dem Zeitpunkt des Nachchargierens ab. Diese Faktoren fließen in die Wissensgrundlage des Digitalen Zwillings ein, sodass die Zorc Genesis-KI aufgrund dieses Fachwissens die Chargenzusammenstellung und Schmelzreihenfolge berechnet. Zur Bestimmung des optimalen Zeitpunkts für die Zugabe, der sich aus der aktuellen Ankopplung und der Curie-Temperatur ergibt, hat ABP das bereits erwähnte, patentierte Tool Opticharge entwickelt.

Der synthetische Keimzustand wird in mehreren Stufen erzeugt. Dies beginnt im Ofen über die Zugabe von Siliziumcarbid (SiC), dessen besondere Physik beim Lösungsvorgang die Grundlage für den Keimzustand bildet [5]. Der nächste Schritt zur Erzielung des angestrebten Keimzustands bei GJS- und GJV-Legierungen beinhaltet die Zugabe von Cer-Mischmetall (CerMM) sowie die Kohlenstoffzugabe vor der Behandlung. Cer-Verbindungen weisen eine hohe Dichte auf und gehen auch während des Behandlungsprozesses nicht verloren. Bei der Herstellung von dickwandigem Gusseisen muss natürlich berücksichtigt werden, dass Cer-Verbindungen zu unerwünschten Grafitformen führen können, bis hin zu Chunky Grafit. Hierbei ist ein metallurgischer Balanceakt erforderlich, bei dem durch die Zugabe von Elementen wie Antimon oder Bismut ein Gleichgewicht erzeugt wird, dass sich positiv auf die Grafitausscheidung auswirkt.

Ein Kernaspekt des metallurgischen Teams ist die Verzahnung von Beratungsservice und Produktionsbetrieb. Das Serviceteam hat durch seine breite Erfahrungsbasis die Möglichkeit das Produktionsteam umfassend zu schulen. Das Produktionsteam wiederum besitzt genaue Kenntnisse der Gießereiabläufe und bringt einen bedeutsamen Erfahrungsschatz mit, der in die Ablaufplanung einfließen muss.

Die konkrete Umsetzung

Zeitplanung

Die Zeitschiene bei der Umstellung von einem Kupolofen zu einem induktiven Schmelzaggregat ist dabei die größte Herausforderung und erfordert eine strategische Herangehensweise. Sie stellt Anforderungen an das Planungsteam, das ausführende Engineering-Team für die Umsetzung und die Produktion zur Nutzung der neu aufgebauten Prozesskette. Dabei muss der Zustand der bestehenden Produktionsumgebung einschließlich aller eingebundener Aggregate unter Berücksichtigung aller Parameter und Einflussgrößen auf die neu gestaltete Prozess- und Anlagentechnik umgesetzt werden.

Engineering-Phase

In der Engineering Phase kommt der Meltshop-Designer zum Einsatz, den seine Variabilität so wertvoll macht. ABP-Experten können sämtliche Werkstoffe simulieren, indem sie auf eine große Datenbank zugreifen oder neue Werkstoffe in diese einarbeiten. Auch verschiedene einmalige oder periodische Ereignisse lassen sich simulieren, zum Beispiel die Limitierung der Stromzufuhr, ein nicht gerade seltenes Problem, bei dem Energieanbieter zu bestimmten Zeiten die Stromzufuhr reduzieren, wenn an anderen Stellen im Stromnetz gerade mehr Energie abgerufen wird. Grundlage für die Simulation sind Daten: Der Mehrwert entsteht aus der Analyse durch die ABP-Experten basierend auf der Verknüpfung der Informationen. Aus der Simulation ergeben sich die Handlungsempfehlungen für den Umstieg vom Kupolofen auf den Induktionsofen.

Auch die Genesis-KI von Zorc arbeitet mit Daten und nutzt den Digitalen Zwilling als Grundlage, um die Prozessabläufe zu steuern. In der Planungsphase wird sie dazu eingesetzt, die Abläufe im neu gestalteten Schmelzbetrieb zu simulieren und zu optimieren. Dies hilft, Engpässe frühzeitig im Planungsprozess zu erkennen und zu vermeiden.

Übergang der Metallurgie vom Kupolofenprozess zum induktiven Schmelzen

Während der Kupolofen noch aktiv ist, werden Messungen des metallurgischen Zustands mithilfe von thermischer Analyse, Spektrometrie und Verbrennungsanalyse durchgeführt. Hierbei ist die genaue Zuordnung der Daten wichtig, um eine Verbindung zu den erzielten Gefüge- und mechanischen Kennwerten herzustellen. Dies leistet die von Zorc entwickelte serviceorientierte Software FoundryCloud. Die moderne thermische Analyse verwendet Doppelkammertiegel, um die finale Gießstrahlimpfung oder Gießsteinimpfung zu simulieren.

Die während dieser Phase gewonnenen Daten dienen einerseits dazu, die Zielparameter für den neuen Schmelzprozess so festzulegen, dass die Kernparameter der Schmelze bei der Umstellung stabil bleiben oder sich verbessern, um einen möglichst reibungslosen Übergang bei der Weiterverarbeitung der Bauteile zu gewährleisten. Diese Phase sollte sich über etwa vier Wochen erstrecken, um sämtliche metallurgischen Zustände zu erfassen. Beim Hochfahren des induktiven Schmelzprozesses dauert es in der Regel weitere vier Wochen bis alle Aspekte des neuen Verfahrens im Digitalen Zwilling korrekt abgebildet werden.

Werkzeuge zur optimalen Planung und Steuerung eines modernen Produktionsprozesses

Wie erfolgt die Steuerung der Metallurgie und wie erfolgt die Steuerung der Transportlogistik und der Schmelze-Behandlungs- und Gießaggregate? Beides lässt sich mit einem Satz beantworten: Mit der Zorc Genesis-KI, deren Wissen in einen Digitalen Zwilling integriert ist. Der Digitale Zwilling spiegelt den Chargier- und Schmelzprozess wider, indem er die physikalischen Vorgänge im Ofen virtuell nachbildet. Dabei berücksichtigt er die Schüttung sowohl in den Chargierrinnen als auch im Ofen selbst. Er simuliert den Sauerstoffhaushalt und die Dynamik der keimwirksamen Elemente. Des Weiteren beschreibt er den Energiefluss im Induktionsschmelzofen einschließlich der Kühlleistung.

Während des Umschütt- und Transportprozesses verfolgt er die Wechselwirkungen mit der Umgebung (Luftsauerstoff) und berechnet den Wärmeabfluss durch Konvektion und Strahlungswärme. Der Digitale Zwilling besitzt eine umfassende Kenntnis über die Physik und Chemie der Drahteinspulververfahren sowie der Überschüttverfahren und simuliert die damit einhergehenden keimwirksamen Prozesse. Im Gieß- und Erstarrungsprozess führt der Zwilling eine simulationsbasierte Analyse durch, um die Auswirkungen der Schmelzzusammensetzung und des Keimzustands auf die Eigenschaften der Werkstücke zu ermitteln. Darüber hinaus behält der Digitale Zwilling auch scheinbar alltägliche Abläufe im Blick: Er kalkuliert die Dauer einer Staplerfahrt, erkennt Engpässe beim Zapfen des Eisens und berücksichtigt die Pausenzeiten der Staplerfahrer.

Datenquellen des Digitalen Zwillings

Um seine Vorhersagen mit der aktuellen Ist-Situation abzugleichen, benötigt der Digitale Zwilling Informationen über den aktuellen Produktionsstatus. Die „Sinne" des Digitalen Zwillings sind die in der Produktionsumgebung vorhandenen Messgeräte. Traditionelle Messinstrumente wie Spektrometer ermitteln die Schmelzzusammensetzung, während Temperaturmesslanzen und Pyrometer die Badtemperatur messen. Verfahren wie die thermische Analyse erfassen die Dynamik des Erstarrungsprozesses und ermöglichen Schlussfolgerungen über den Keimzustand und die Grafitmorphologie.

Systeme wie das Zorc Track & Trace dienen der Positionsbestimmung von Staplern, sogar in Hallen mittels „Indoor GPS", sowie der Verfolgung der Pfannenposition im Prozessablauf. Eine serviceorientierte Software wie die FoundryCloud stellt sämtliche erforderlichen Dienste zur Verfügung, um Datenquellen wie Messgeräte, SPS-Systeme oder IoT-Geräte auszulesen und in eine strukturierte Datenbasis zu überführen.

Und was macht die KI? Produktionsplanung und Prozesssteuerung

Die KI hat die Aufgabe, die nächsten Schritte kurz-, mittel- und langfristig zu planen, um die gestellten Aufgaben im Produktionsprozess effektiv zu lösen. Ähnlich einem Schachcomputer sucht sie nach der optimalen Strategie. Die Art und Weise, wie die Aufgabenstellung formuliert wird, kann den Charakter der Produktion beeinflussen. Es stellt sich die Frage, ob die Kostenpriorität höher ist als die Einhaltung von Terminen oder umgekehrt. All diese Faktoren können mithilfe von Parametern eingestellt werden. Die KI errechnet optimale zukünftige Trajektorien und entwickelt gleichzeitig einen Plan, der Ressourcen wie Arbeitskräfte, Energieverbrauch, Stromkosten usw. in Betracht zieht.

Interaktion mit Prozessverantwortlichen und Mitarbeitern

Die Zorc Genesis-KI erstellt einen Arbeitsablaufplan auf ähnliche Weise wie ein Navigationssystem eine Route vorschlägt. Analog zu einem Navigationssystem ist der menschliche Planer nicht verpflichtet, sich strikt an diesen Plan zu halten. Stattdessen kann er davon abweichen. Die Genesis-KI berechnet dann, basierend auf der neuen Situation, einen angepassten Arbeitsablauf.

Die Aufgaben innerhalb der Arbeitsabläufe werden über die FoundryCloud an die Mitarbeiter mittels mobiler oder stationärer Endgeräte verteilt. Die Rückmeldungen dienen der Genesis-KI dazu den aktuellen Status der Produktion zu erfassen und die Arbeitsabläufe dynamisch an abweichende Situationen anzupassen. Ein sich selbst optimierender Prozess: Durch die beschriebene Vorgehensweise generiert die Produktion innerhalb der FoundryCloud Daten, die dazu dienen, sämtliche Aspekte des Digitalen Zwillings zu verfeinern. Dieser wiederum befähigt die Genesis-KI dazu, sämtliche Produktionsaspekte weiter zu optimieren und gleichzeitig aus den Erfahrungen der Mitarbeiter zu lernen.

Fazit

Um die Ziele der Dekarbonisierung zu erreichen, ist der Umstieg des Betriebs von fossilen Brennstoffen hin zu einer praktisch klimaneutralen Produktion von großer Bedeutung. Wie können sich Gießereien mit Kupolofen-Betrieb der Notwendigkeit der Dekarbonisierung stellen? Für die Experten von ABP Induction und Zorc Technology liegt die Lösung im Umstieg vom Kupolofen- zum Induktionsofen-Betrieb und in der Steuerung der Prozesse durch digitale Tools inklusive KI. Der Induktionsofen weist eindeutige Vorteile beim Betrieb mit hochwertigen Schrotten auf und durch zusätzliche Tools wie ABP OptiCharge und den ABP Meltshop-Designer lassen sich Produktionskapazität und -rate erhöhen und die Energieeffizienz verbessern. Die Flexibilität der Produktion bei hohen Qualitätsanforderungen ist durch eine dynamische Produktionsplanung und -steuerung unter Einsatz der Digitalisierung erzielbar. Der Einsatz der Zorc Genesis-KI stellt die nächste Evolutionsstufe dieser Systeme dar und wird zu einer Effizienzsteigerung auch in komplexen Produktionssituationen führen.

https://abpinduction.com, www.zorc-technology.com

Marco Rische, ABP Induction, Wolfgang Baumgart, Sebastian Haardt, Stefan Schmitt, Zorc Technology

Literatur

[1] Castings, show me your footprint! In: Foundry Planet, abgerufen über: https://www.foundry-planet.com/d/castings-show-me-your-footprint/.

[2] A big step towards a small footprint. In: Foundry Planet, abgerufen über: https://www.foundry-planet.com/d/a-big-step-towards-a-small-footprint/.

[3] M. Walz, R. Deike, EKALGU- Automatisierte Einblasanlage zur kalkbasierten Entschwefelung und Legierungseinstellung von Gusseisen, Herausgeber: Bundesministerium für Bildung und Forschung, 2020, abgerufen über: https://r-plus-impuls.de/rplus-de/verbundprojekte/projekte/abgeschlossen/ekalgu.php.

[4] Deike, R.; Brümmer, A.; Kahrl, A.; Smaha, B.; Walz, M.; Hentsch, R.; Baumgart, W.; Boenkendorf, U.: SubMag – Substitution von Magnesium bei der Entschwefelung von Gusseisen, in Innovative Technologien für Ressourceneffizienz – Strategische Metalle und Mineralien-Ergebnisse der Fördermaßnahme r³ (Hrsg. A. Dürkoop, C. P. Brandstetter, G.Grabe, L.Rentsch), Fraunhofer Verlag, Stuttgart, 2017, (ISBN: 978-3-8396-1102-9).

[5] Semleit, T., Adhiwiguna, I., Wijaya, J., Deike, R.: Investigation of silicon carbide dissolution behavior in molten cast iron under specific consideration of the formation of reaction layers, GIESSEREI Special 01/2021, 46-53, abgerufen über https://doi.org/10.17185/duepublico/77012.

Notizen

1.5 Sauberer Stahlguss bei extrem niedrigen Gießtemperaturen

Beim vorgestellten Verfahren wird das Metall in der Pfanne mithilfe eines Rotors in Drehbewegung versetzt. Gleichzeitig werden über den Rotor fein verteilte Argonblasen in das Metall geleitet. Zusammen mit der Zugabe von Flussmittel und einer Drahtbehandlung bewirkt dies eine effektive Entfernung von Einschlüssen, eine homogene Temperaturverteilung, die Modifizierung von Einschlüssen und eine Entschwefelung der Stahlschmelze. Dies ermöglicht es, den Stahl bei deutlich niedrigeren Temperaturen zu gießen, bis hin zum halbflüssigen Zustand, was zu einem feinen Gussgefüge und weniger Fehlern führt.

FOTOS: FOSECO

Von David Hrabina, Colin Powell, Dalibor Čáp, Milan Turták, Jiří Kolár

Das geschmolzene Metall aus dem Schmelzofen wird durch den Abstich in die Gießpfanne erheblich verunreinigt [1]. Da der Metallabstich nicht gut kontrollierbar ist und das der Atmosphäre ausgesetzte Spritzmetall mit Sauerstoff reagiert, werden Oxidschichten gebildet, deren Schmelztemperatur höher ist als die des flüssigen Metalls in der Pfanne. Die gebildeten Oxidschichten können sich daher in der Pfanne nicht auflösen und das Aufschwimmen an die Oberfläche durch ihren Auftrieb würde aufgrund ihrer großen Oberfläche und ihres vernachlässigbaren Volumens zu viel Zeit in Anspruch nehmen. Das Einbringen von Behandlungs- und Desoxidationslegierungen wie Al, SiCa, FeTi und FeZr in den Strahl des abgestochenen Stahls verschlimmert die Situation noch. Massive

Mengen an Luft, die in das geschmolzene Metall in der Pfanne eingetragen werden (**Bild 1**), reagieren sofort mit diesen Elementen mit hoher Sauerstoffaffinität und bilden noch mehr nichtmetallische Einschlüsse und Oxidschichten.

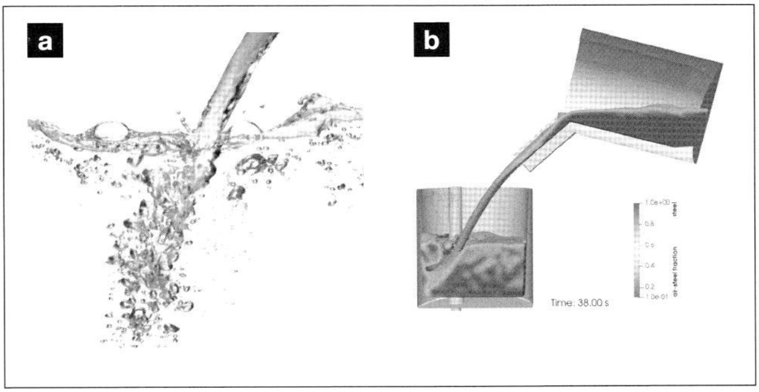

Bild 1: a) Wassermodellierung des Abstichs, b) CFD-Simulation des Abstichs.

Die Schmelzetemperatur wird vor Beginn des Gießens mit einer Thermosonde im oberen Bereich der Pfanne gemessen, was jedoch nicht repräsentativ für die Metalltemperaturen an anderen Stellen der Pfanne ist. Die Metalltemperatur in der Pfanne kann, aufgrund der kühlenden Wirkung der feuerfesten Auskleidung, an verschiedenen Stellen erheblich schwanken. Der Unterschied zwischen den Temperaturen des flüssigen Metalls am Boden und im oberen Bereich der Pfanne kann mehrere zehn Grad betragen, bevor der Gießprozess beginnt (**Bild 2**). Besonders empfindlich sind kleinere Stopfenpfannen aufgrund der Kühlwirkung von Stopfen und Ausguss. Das kälteste Metall sinkt in den untersten Bereich um die Stopfen-Nase und ist das erste Metall, das in den Ausguss fließt, wenn der Stopfen angehoben wird. Dieses Metall kühlt beim Durchlaufen des unbeheizten Gießsystems noch weiter ab und kann zu Kaltlauferscheinungen an der Gussteiloberfläche bis hin zum Einfrieren des Metalls führen.

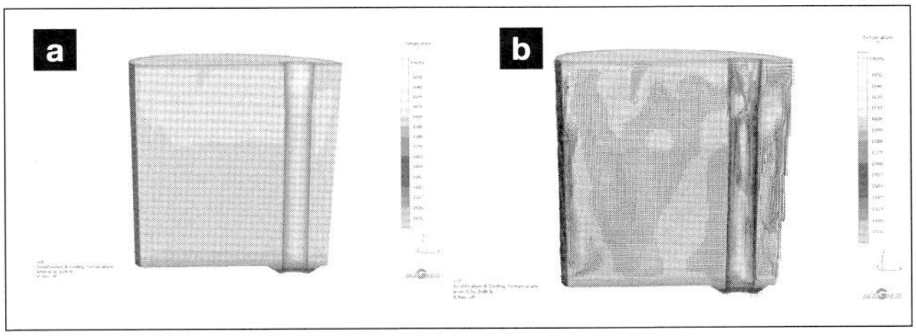

Bild 2: MAGMA-Simulation der Temperaturverteilung in der Pfanne 6 min nach dem Abstich.

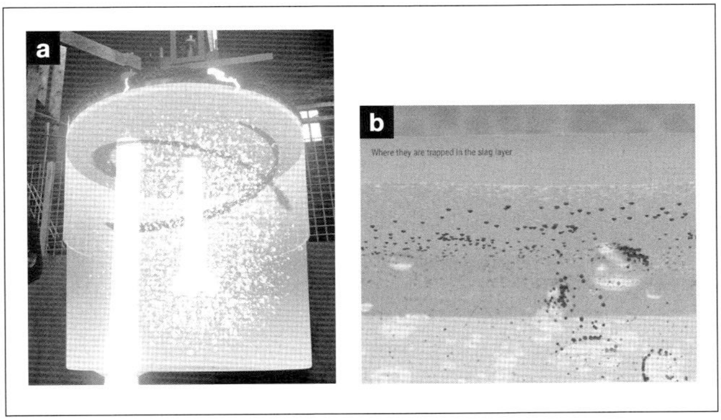

Bild 3: a) Sehr feine, spiralförmig verteilte Argonblasen, b) Effektive Entfernung von Bi-Filmen und Einschlüssen durch Argonblasen.

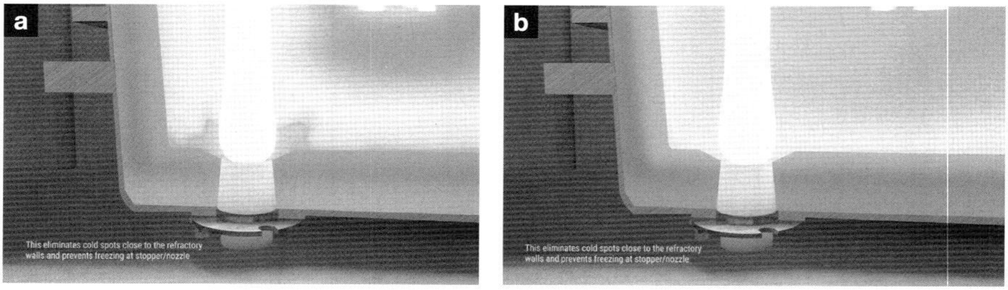

Bild 4: a) Kalte Stellen im Metall nach dem Abstich, b) Homogenisierung der Metalltemperatur durch Rotoclene-Rotationsbehandlung.

Tabelle 1: **Entschwefelung in der Pfanne durch synthetische Schlacke im Rahmen der Rotoclene-Behandlung.**

Test Nr.	Zeit	C	Mn	Si	P	S	Cr	Mo	Ni	V	Cu	Al	Al löslich
1	12:40	0,67	0,85	0,18	0,016	0,017	0,30	0,20	0,22	0,01	0,05	*0,234	*0,220
2	13:08	0,31	0,16	0,00	0,002	0,012	0,09	0,27	0,20	0,00	0,05	*0,150	*0,143
3	13:45	0,40	0,42	0,42	0,006	0,007	0,89	0,26	0,19	0,01	0,05	0,027	0,023
4	14:37	0,45	0,82	0,52	0,008	0,002	1,13	0,26	0,19	0,01	0,05	0,033	0,031

Test Nr. 1 - Elektrolichtofenbogen, kurz nach Erschmelzen (6800 kg)
Test Nr. 2 - Elektrolichtbogenofen nach Oxidation
Test Nr. 3 - Elektrolichtbogenofen vor Abstich -> Zugabe von 1 % synthetischer Schlacke Sulfamin 70 in die Gießpfanne während des Abstichs
Test Nr. 4 - Probe entnommen aus der Pfanne nach der Rotoclene-Behandlung gegen Ende des Gießprozesses. Schwefelreduzierung von 70 auf 20 ppm

Das Rotoclene-Verfahren

Das Rotoclene-Verfahren wurde entwickelt, um geschmolzenes Metall in der Pfanne effektiv zu behandeln. Zur Verringerung der Wasserstoff- und Stickstoffaufnahme wird die Schmelze idealerweise vor oder während der Rotationsbehandlung mit einem Fülldraht desoxidiert und nicht während des Metallabstichs aus dem Lichtbogen- oder Induktionsschmelzofen im Metallstrom. Ein hohler Keramikrotor rührt das geschmolzene Metall, während Argon durch ihn hindurchgespült wird und sich in Wolken aus sehr feinen Blasen verteilt (**Bild 3a**). Diese schweben langsam in einer spiralförmigen Bahn zur Schmelzeoberfläche. Zusätzlich wird ihr Weg durch das um die vertikale Achse der Pfanne rotierende Metall verlängert. An der Oberfläche der Argon-Mikroblasen haften Einschlüsse von Schlacketeilchen und Oxidschichten an und schwimmen in die obere Schlackeschicht auf. Die geringe Größe der Argonblasen führt zu einer langen Verweildauer in der Schmelze und bedeutet zusammen mit der verlängerten Schwebebahn, dass eine sehr effektive Metallreinigung erreicht wird (**Bild 3b**). Durch die Rotation der Schmel-

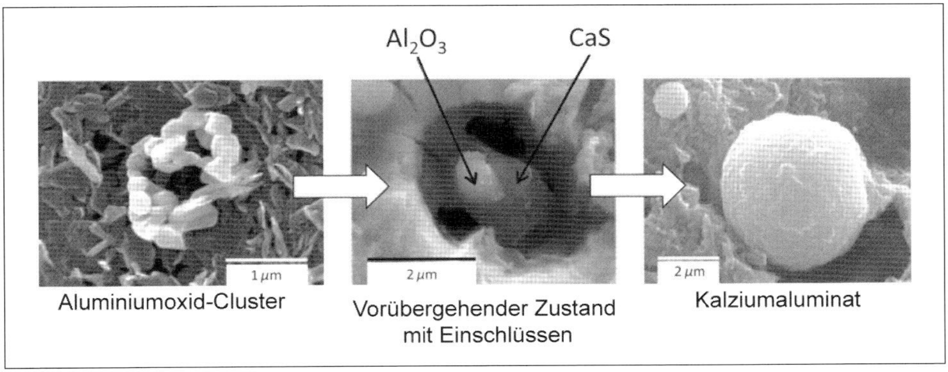

Bild 5: Veränderung der Aluminiumoxideinschlüsse durch Ca in eine kugelförmige Form, die weniger schädlich für die Kerbschlagzähigkeitsprüfung bei niedrigen Temperaturen und die Ermüdungsleistung ist.

ze wird auch die Metalltemperatur effektiv homogenisiert und kritische kalte Stellen am Boden eliminiert (**Bild 4a**). Das geschmolzene Metall in der Pfanne rotiert aufgrund seines Trägheitsmoments auch noch mehrere Minuten nach dem Ende der Drehbehandlung weiter. Die Metalltemperatur bleibt an jeder Stelle der Pfanne konstant, ohne dass es zu kalten Stellen kommt (**Bild 4b**), und die Gießtemperatur kann im Vergleich zur herkömmlichen Praxis erheblich gesenkt werden.

Synthetische Schlacke kann ebenfalls in die Metallschmelze eingerührt werden, um nichtmetallische Einschlüsse teilweise aufzulösen und eine Tiefenentschwefelung (**Tabelle 1**) in einer neutralen oder basischen Pfanne durchzuführen, ähnlich wie in einem Pfannenofen in der Sekundärmetallurgie [2]. Das Rühren ermöglicht auch eine intensivere Desoxidation durch reinen Calcium(Ca)-Draht, um Aluminiumoxideinschlüsse in eine mehr nodulare Form zu überführen (**Bild 5**). Dies ist deutlich effektiver als der Einsatz von SiCa [3]. Reines Ca reagiert normalerweise zu heftig mit Stahl und ist nicht für den Einsatz in Gießereipfannen geeignet. Wird das Ca jedoch in einen sich bewegenden Strom eingebracht, löst es sich auf, bevor es die kritische Dampfkonzentration erreicht. Reines Ca trägt auch nicht zu einer vorzeitigen Filterblockaden bei, wie es bei SiCa der Fall ist.

Erstarrung von Metallen

Die Erstarrung von Metallen ist ein sehr komplexer Prozess der Umwandlung von der flüssigen in die feste Phase, der die Bildung von Dendriten und die Abscheidung schwerlöslicher Elemente an den Korngrenzen beinhaltet. Die Atome gehen von der flüssigen, ungeordneten Phase in die feste, geordnete Phase über, wobei erhebliche Mengen latenter Wärme freigesetzt werden, die von einer volumetrischen Schrumpfung begleitet sind [4, 5, 6]. Der Liquiduspunkt kann durch die ursprüngliche chemische Zusammensetzung des gegossenen Metalls zuverlässig bestimmt werden, während der Soliduspunkt durch die tatsächliche Zusammensetzung des Metalls aufgrund der kontinuierlichen Segregation von Elementen variieren kann.

Die Temperatur des Liquidus ist an jedem Gussteil identisch. Die Solidustemperatur in dünnwandigen Abschnitten desselben Gussteils ist jedoch höher als die Solidustemperatur in dickwandigeren Abschnitten. Die verlängerte Erstarrungszeit in den dickwandigeren Gussabschnitten ermöglicht es den Dendriten, sich stärker zu entwickeln und die Entmischung an ihren Korngrenzen verändert ihre chemische Zusammensetzung aufgrund der höheren Konzentrationen. Dieses Phänomen führt dazu, dass der Erstarrungsbereich in dünnwandigeren Abschnitten schmaler und in dickwandigeren Abschnitten desselben Gussstücks breiter ist. Die Erstarrungszeit hat großen Einfluss auf das Gefüge und damit auf die endgültigen mechanischen Eigenschaften von Stahlgussstücken. Längere Erstarrungszeiten lassen die Dendriten größer werden und die interdendritische Seigerung ist höher (**Bilder 6, 7, 8**) [7, 8].

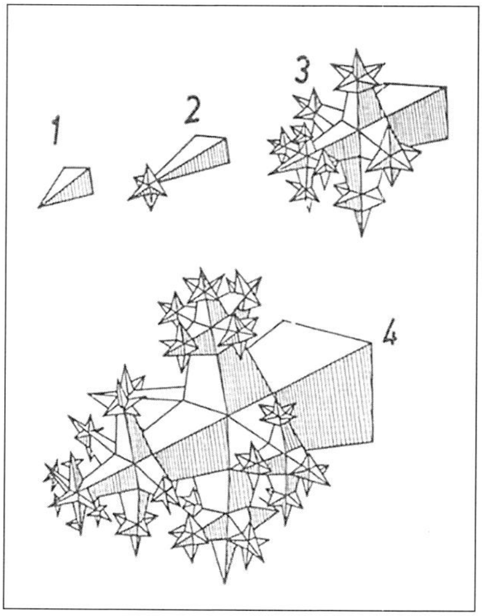

Bild 6: Dendritisches Wachstum von primären, sekundären, tertiären bis zu quaternären Dimensionen in Abhängigkeit von der Erstarrungszeit nach Robert Wlodawer [7].

Dies wirkt sich negativ auf die mechanischen Eigenschaften aus. Die Erstarrungszeit hängt von vielen Parametern ab, vor allem aber vom Modul des Gussteils und der Gießtemperatur. Der Modul wird hauptsächlich durch die Gussstückgeometrie bestimmt, während die Gießtemperatur von der Gießereipraxis abhängt. Die Überhitzung (die Differenz zwischen der Gießtemperatur und der Liquidustemperatur) wird angewendet, um sicherzustellen, dass das Gussteil gefüllt ist, bevor die Erstarrung beginnt. Die Form nimmt Überhitzungsenergie aus dem flüssigen Stahl auf und wird aufgeheizt, bevor die Temperatur des geschmolzenen Metalls unter die Liquidustemperatur fällt, und der Erstarrungsprozess startet. Eine höhere Gießtemperatur führt zu einer größeren Energieaufnahme durch die Form, bevor die Erstarrung beginnt, und verringert die Fähigkeit der Form, Wärme aus dem erstarrenden Gussteil aufzunehmen (**Bild 9**).

Gießtemperatur reduzieren

Um die Reduzierung der Gießtemperatur und die Erstarrungszeit zu maximieren, wird das geschmolzene Metall in der Pfanne durch einen leistungsstarken Keramikrotor gerührt. Dies verhindert die Agglomeration der in der Schmelze entstehenden embryonalen Kristalle und begrenzt das Wachstum von Dendriten und die Entmischung, wenn die Temperatur unter die Liquidustemperatur fällt. Die latente Wärme, die durch die Bildung der festen Phase freigesetzt wird, verlangsamt die Abkühlung des Metalls in der Pfanne und bietet genügend Zeit, um den Stopfen, die Düse und die Auskleidung der Pfanne bis nahe an die Temperatur des geschmolzenen Metalls aufzuheizen.

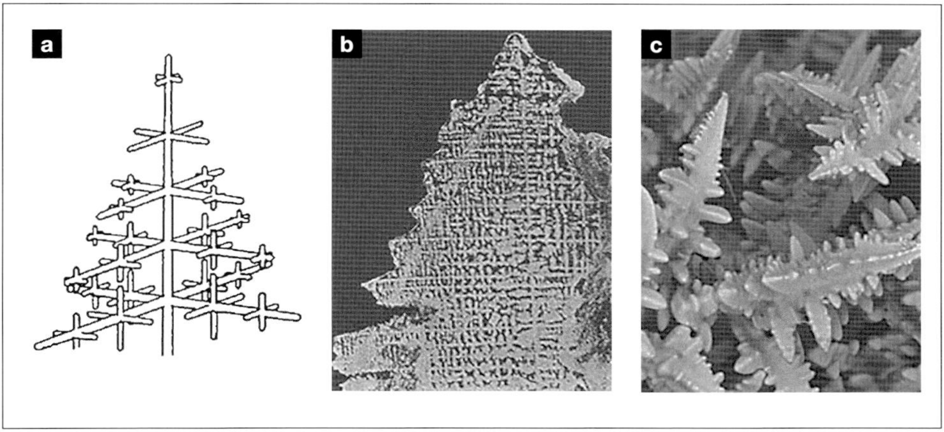

Bild 7: a) Modell der Dendritenstruktur mit Primär-, Sekundär- und Tertiärachse [5], b) Schnitt durch die Struktur eines Stahldendriten [6].

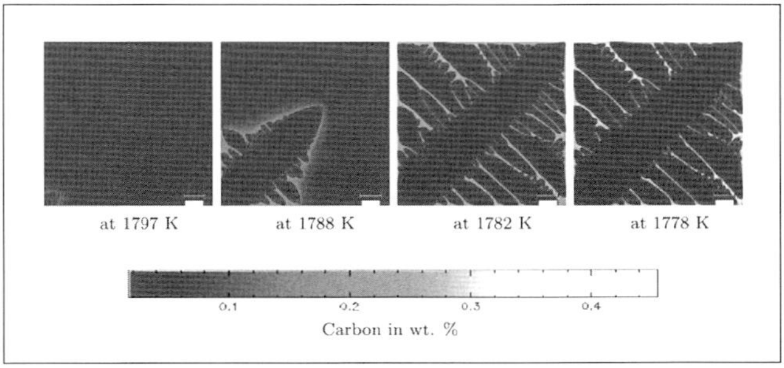

Bild 8: Dendritenwachstum und interdendritische Entmischung im Kohlenstoffmodell [9].

Die Notwendigkeit, den Stahl für das Gießen zu überhitzen, entfällt, und die extrem niedrige Gießtemperatur, die bereits im Bereich zwischen Liquidus und Solidus liegt, sorgt dafür, dass die Wärmeenergie schnell von der kalten Form aufgenommen werden kann. Dies führt zu einer sofortigen Erstarrung mit einer sehr feinen Korngröße und minimaler Seigerung an den Korngrenzen.

Metall, das bei einer extrem niedrigen Gießtemperatur gegossen wird, muss wirksam vor Reoxidation und Lufteintrag geschützt werden, am besten durch eine Shroud (auch als Schattenrohr bekannt). Halbflüssiges Metall ist noch ausreichend flüssig, um den Formhohlraum zu füllen, aber die Gießzeit muss sehr kurz sein, um Kaltlauf oder ein Einfrieren des Metalls zu vermeiden. Oxidschichten und mitgerissene Luftblasen können durch den halbflüssigen Stahl nicht an die Gussoberfläche aufschwimmen.

Es ist vielleicht nicht möglich, jedes Gussstück bei extrem tiefer Gießtemperatur herzustellen, aber massive, dickwandige Gussstücke, die von einem schnellen Erstarrungsprozess profitieren, sind für dieses Verfahren außerordentlich gut geeignet. Die Grenze, wie weit unterhalb des Liquidus das geschmolzene Metall flüssig genug bleibt, um für den

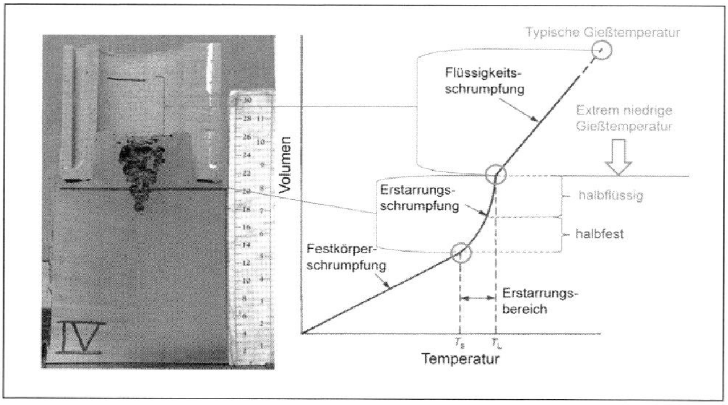

Bild 9: Verlängerte Erstarrungszeit durch Überhitzung des Stahls über die Liquidustemperatur. Die Volumenkontraktion beginnt ab der Gießtemperatur, aber ein Lunker kann sich erst bilden, wenn die Temperatur unter die Liquidustemperatur fällt und der Erstarrungsprozess beginnt.

Schwerkraftguss geeignet zu sein, wird durch die chemische Zusammensetzung des zu gießenden Stahls bestimmt. Kohlenstoffstähle und hochfeste, niedrig legierte Stähle mit einem engen Erstarrungsbereich und hoher Wärmeleitfähigkeit reagieren empfindlicher auf extrem tiefe Gießtemperaturen als mittel- und hochlegierte Stähle mit einem viel breiteren Erstarrungsbereich und geringerer Wärmeleitfähigkeit. Die Durchführbarkeit des Gießens bei

Tabelle 2: Vergleich von Einschlüssen und Metallreinheit: Spülsteinverfahren (047) im Vergleich zu Rotoclene (092). Proben aus dem Testblock, der beim Gießen mitgegossen wurde.

	047 - Metall, das in der Pfanne mit einem Spülstein behandelt wurde	**092 - Durch Rotationsbehandlung behandeltes Metall**
Analysierte Gesamtfläche (mm^2)	116,64	116,64
Gesamtzahl der klassifizierten Merkmale	4709	2142
Gesamte analysierte Fläche Merkmale ohne nicht klassifizierte (μm^2)	49 576	34 942
Si>70	143	81
Al>70	208	107
70>Al>50	407	298
Mn>25 and S>10	2373	1426
Mg>25	1	0
Ca>50	2	7
50>Ca>10	1471	141
Rest	104	82

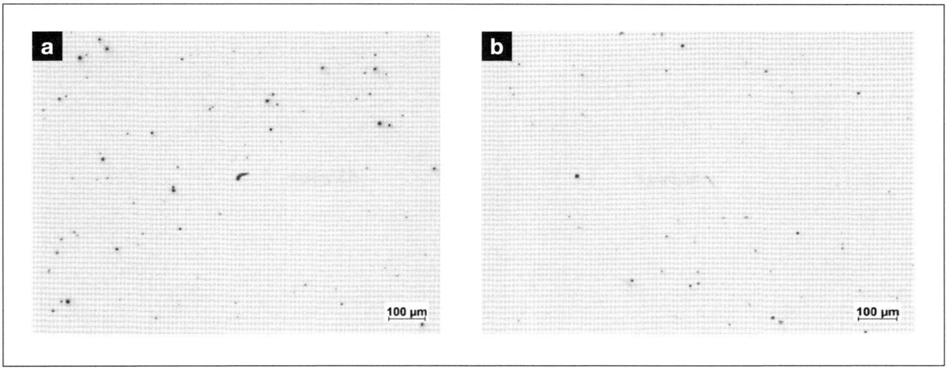

Bild 10: a) Spülstein-Behandlung 20’ Metallografie, b) Rotoclene-Behandlung 7’.

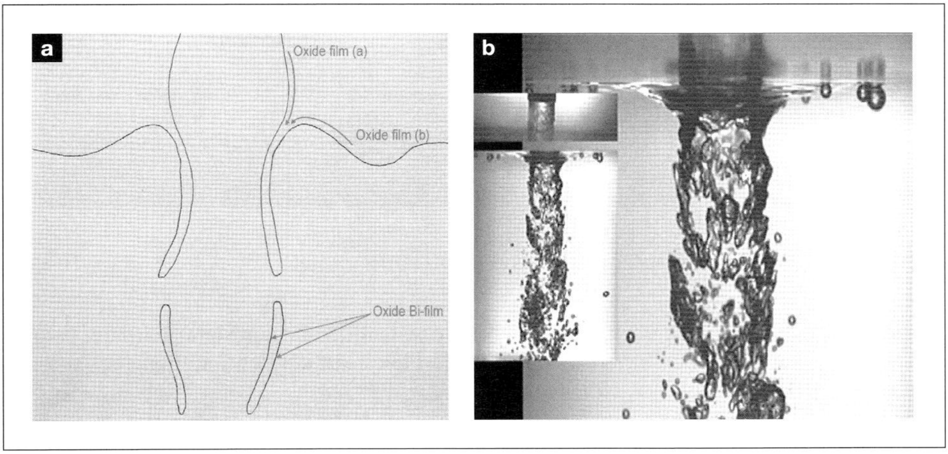

Bild 11: a) Lufteintrag und Bi-Film-Bildung, b) Bildung von Luftblasen im Gießprozess.

extrem niedrigen Gießtemperaturen muss auf der Grundlage der Gussstückgröße und -form sowie der individuellen Erfahrung der Gießerei geprüft werden. Dennoch reduziert jede Herabsetzung der Überhitzungstemperatur die Primärkorngröße und Seigerung und verbessert somit die mechanischen Eigenschaften. Gussfehler, die bei der Ultraschall-, Röntgen- oder Magnetpulverprüfung (MPI) festgestellt werden, werden erheblich reduziert, und die Gussteile erreichen die von den Endkunden geforderten höheren Qualitätsstandards.

Einsatz des Rotoclene-Verfahrens

Mehr als eintausend Stahlschmelzen im Bereich von 3 bis 20 t wurden bereits mit dem Rotoclene-Verfahren behandelt. Die Gesamtergebnisse des Gießens zeigen eine deutliche

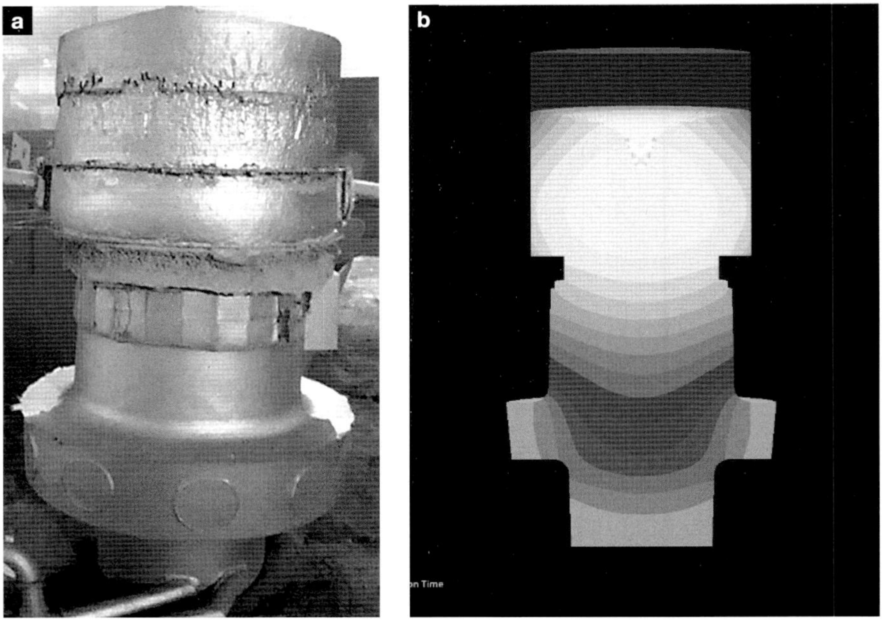

Bild 12: a) Gestrahltes Gussteil, b) Simulation der Erstarrungszeit.

Verbesserung der Gussoberfläche, der inneren Homogenität und der Metallreinheit, gefolgt von höheren mechanischen Eigenschaften im Vergleich zur konventionellen Technologie (**Tabelle 2**, **Bild 10**).

Geschmolzenes Metall kann unter Einwirkung von Luftsauerstoff jederzeit Oxidschichten bilden (**Bild 11**). Superreines Metall mit einer homogenen Temperaturverteilung in der Gießpfanne, das während des Gießprozesses verunreinigt wird, kann dennoch zu Gussfehlern beitragen [9, 10, 11]. Die Hollotex-Shroud wird daher dringend empfohlen, um flüssigen Stahl vor Lufteintrag und Metallreoxidation während des Gießprozesses zu schützen, insbesondere in Kombination mit einer Rotoclene-behandelter Schmelze in der Gießpfanne.

Fallstudie Kolben

Ein dickwandiger Kolben aus Kohlenstoffstahl (GS-70) wurde in den letzten 10 Jahren regelmäßig hergestellt und hat die Inspektion nie ohne übermäßiges Schweißen bestanden. Die Form ist scheinbar einfach (**Bild 12a**), aber die Erstarrungszeit von etwa 15 Stunden (**Bild 12b**) führt zu übermäßigem Dendritenwachstum und die starke Seigerung erschwert die Speisung in der letzten Erstarrungsphase.

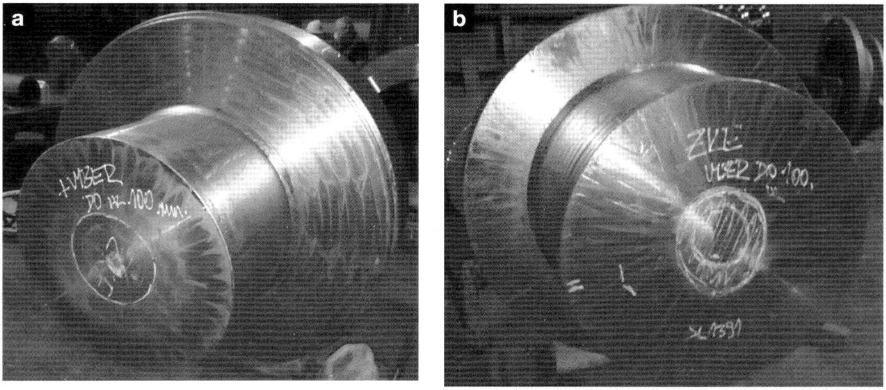

Bild 13: a) Porosität in der unteren Nabe, b) Porosität unter dem Speiser.

Eine primäre Schrumpfung war nie vorhanden, aber das Ultraschallsignal ging bei der Inspektion des unteren Teils der Nabe und des oberen Bereichs unter dem Speiser immer verloren. Durch wiederholte Wärmebehandlungen wurde versucht, die Korngröße zu verfeinern und eine Ultraschallprüfung zu ermöglichen, jedoch ohne Erfolg. Teile mit Defekten im Unterteil (**Bild 13a**) und unter dem Speiser (**Bild 13b**) wurden mit bis zu einer Tiefe von 135 mm bearbeitet (**Bild 14a**), bis die durch Penetration festgestellte Porosität entfernt war. Dies erfolgte auf einem Durchmesser von 300 mm im Unterteil und 400 mm unter dem Speiser (**Bild 14b**). Die bei der Penetrationsprüfung festgestellte Porosität war schließlich viel größer als die durch Ultraschallprüfung ermittelte. Nach dem Schweißen musste eine zusätzliche Glüh-/Wärmebehandlung durchgeführt werden.

Durch die Anwendung des Rotoclene-Verfahrens wurde das geschmolzene Metall gereinigt und die Gießtemperatur auf Liquidusniveau gesenkt. 7400 kg Stahl aus einem Lichtbogenofen wurden in einer Pfanne mit einem Fassungsvermögen von 8,5 t 32 min lang behandelt, bis die Temperatur auf 1495 °C sank. Anschließend wurde die Pfanne für den Abguss in die Gießerei gebracht. Dieser Vorgang war 7 min nach dem Ende der Rotationsbehandlung abgeschlossen Die Gießtemperatur betrug 1480 °C, was als Liquidustemperatur dieser Schmelze berechnet wurde. Das Gießen erfolgte über die Hollotex-Shroud, um den Stahl vor Reoxidation und Bi-Film-Bildung zu schützen. Die Form wurde innerhalb von 44 s gefüllt. Das Gießgewicht betrug 6400 kg und das Gewicht des Gussteils 3700 kg. Es gab keine Anzeichen für das Einfrieren von Metall in der Pfanne. Das Gussteil hat die Ultraschallprüfung ohne Schweißen erfolgreich bestanden (**Bild 15**).

Der Einsatz des Rotoclene-Verfahrens auch unterhalb der Liquidustemperatur wurde für andere Gussstücke erprobt. Die Herausforderung besteht darin, die Metalltemperatur zu messen, wenn sie unter 1500 °C fällt. Bei Thermosonden für Stahl gefriert die Schlacke an der Metallschale, die das Thermoelement schützt, und die Temperatur wird meist nicht

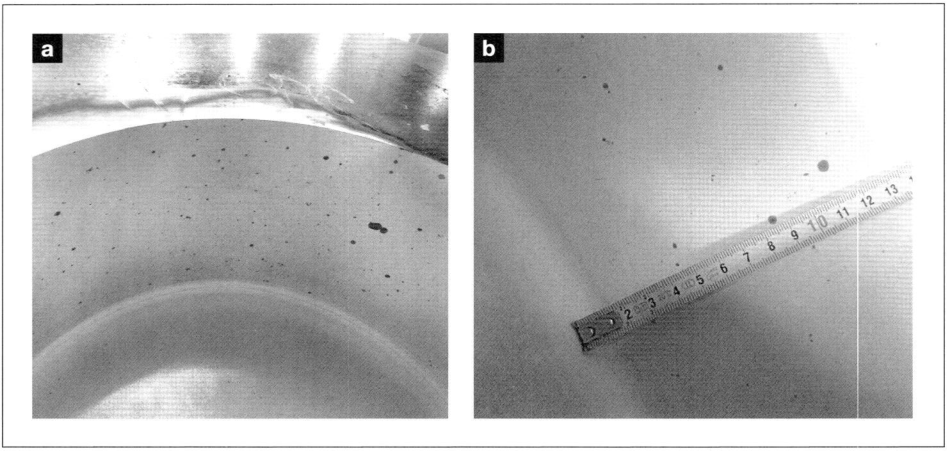

Bild 14: a) Defekter Bereich bis zu 135 mm abgetragen, b) Defekte am Durchmesser sind immer noch vorhanden und müssen nachbearbeitet werden.

Bild 15: Fehlerfreies Gussstück.

aufgezeichnet. Das Metall wurde vor dem Gießen so lange behandelt, bis die Temperatur unter 1480 °C fiel. Im Pfannenboden waren einige Metallreste eingefroren, die jedoch beim Entleeren der Pfanne mit einer Sauerstofflanze entfernt werden konnten. Der Abguss von einer Form aus der Pfanne kann bei solch extrem niedrigen Gießtemperaturen deutlich unter dem Liquidus erfolgen, aber das Gussstück muss dick und unempfindlich gegen Kaltlauf oder Einfrieren des Metalls sein. Das Gießen von mehr als einer Form aus einer Pfanne könnte problematisch sein, da das Metall an der Verbindung zwischen Ausguss und der Shroud zu erstarren beginnen könnte.

Fazit

Rotoclene – die Rotationsbehandlung von geschmolzenem Stahl ist ein innovatives Verfahren, das einen höheren Grad an Metallreinigung und Temperaturhomogenisierung in der Gießpfanne ermöglicht. Durch die Rotation der Stahlschmelze werden die Pfannenauskleidung und der Stopfen erwärmt, was ein vorzeitiges Erstarren des Metalls in der Pfanne und das Risiko des Einfrierens des Stopfens vermeidet. Die Behandlung kann fortgesetzt werden, bis die Metalltemperatur auf die gewünschte Gießtemperatur abgekühlt ist, unabhängig von der Verweilzeit des Metalls. Der Stahl lässt sich durch synthetische Schlacken weiter entschwefeln und die Aluminiumoxideinschlüsse sind durch reines Ca in eine weniger problematische Kugelform überführbar. In Kombination mit der Hollotex-Shroud lässt sich die Gießtemperatur erheblich senken und es können so sauberere Gussteile mit einer feinerer Korngröße und höherer Homogenität hergestellt werden.

www.foseco.de

David Hrabina, Colin Powell, Foseco, Dalibor Čáp, Milan Turták, Jiří Kolár, UNEX

Literatur

[1] J. Campbell (2015), Complete Casting Handbook: Metal Casting Processes, Metallurgy, Techniques and Design (2nd ed.). Oxford, UK: Elsevier.

[2] Chao Fan, Alexis Gosa, Lifeng Zhang, Qingcai Liu and Dayong Chen, The Minerals, Metals & Materials Society (2018) Mathematical Modeling on the Fluid Flow and Desulfurization During KR Hot Metal Treatment.

[3] N. Verma, Petrus C. Pistorius, Richard J. Fruehan, Michael Potter, Minna Lind, and Scott R. Story, Transient Inclusion Evolution During Modification of Alumina Inclusions by Calcium in Liquid Steel: The Minerals, Metals & Materials Society and ASM International (2011).

[4] Upendra Kumar Mohanty, Hrushikesh Sarangi, Solidification of Metals and Alloys (2020).

[5] M. Strouhalova, Studium Fazovych Zmen v Oceli Behem Jejiho Tuhnuti – VSB TU Ostrava – Doctor Thesis (2018).

[6] E. Munsterova, Obecne Udaje o Fazovych Premenach Behem Tuhnuti, Brno (2005).

[7] R. WLODAWER, Directional Solidification of Steel Casting book. (1966).

[8] M. Amirthalingam, E. M. van der Aa, C. Kwakernaak, M. J. M. Hermans, I. M. Richardson, Elemental Segregation During Resistance Spot Welding of Boron Containing Advanced High Strength Steels (2015).

[9] D. Hrabina, P. Filip. Foundry Practice 267, Advances in the pouring of steel castings with a shrouded metal stream (2019).

[10] Ch. Beckermann & S. H. Majidi, University of Iowa, Simulation of Air Entrainment during Mold Filling: Comparison with Water Modeling Experiments, Steel Foundries Society of America, Chicago IL, USA 2017.

[11] K. T. Kiger & J. H. Duncan, Air Entrainment Mechanism in Plunging Jets and Breaking Waves (2012).

2 Leichtmetallguss

2.1 Normen

Alle angegebenen Normen sind beim Beuth-Verlag (www.beuth.de) erhältlich.

Al- und Mg-Werkstoffe

In den folgenden Tabellen sind die derzeit genormten bzw. nicht genormten Al- und Mg-Metallwerkstoffsorten aufgeführt. Angegeben ist die Bezeichnung der Norm einschließlich des Jahres der aktuellsten Ausgabe. Es soll die aktuellste Ausgabe verwendet werden.

DIN EN ISO 8062	Geometrische Produktspezifikation (GPS) – Maß-, Form- und Lagetoleranzen für Formteile, 2008, Teile 1 und 3
DIN EN 575:1995	Aluminium und Aluminiumlegierungen – Vorlegierungen durch Erschmelzen hergestellt, Spezifikationen
DIN EN 576:2004	Aluminium und Aluminiumlegierungen – Unlegiertes Aluminium in Masseln – Spezifikationen
DIN EN 577:1995	Aluminium und Aluminiumlegierungen – Flüssigmetall, Spezifikationen
DIN EN 601:2004	Aluminium und Aluminiumlegierungen – Gussstücke, Chemische Zusammensetzung von Gussstücken, die in Kontakt mit Lebensmitteln kommen
DIN EN 1676:2020	Aluminium und Aluminiumlegierungen – Legierte Masseln zum Wiedereinschmelzen - Spezifikationen
DIN EN 1706:2021	Aluminium und Aluminiumlegierungen – Gussstücke, Chemische Zusammensetzung und mechanische Eigenschaften
DIN EN 1780-1:2003	Aluminium und Aluminiumlegierungen – Bezeichnung von unlegiertem und legiertem Aluminium in Masseln, Vorlegierungen und Gussstücken, Teil 1: Numerisches Bezeichnungssystem
DIN EN 1780-2:2003	Aluminium und Aluminiumlegierungen – Bezeichnung von unlegiertem und legiertem Aluminium in Masseln, Vorlegierungen und Gussstücken, Teil 2: Bezeichnungssystem mit chemischen Symbolen
DIN EN 1780-3:2003	Aluminium und Aluminiumlegierungen – Bezeichnung von unlegiertem und legiertem Aluminium in Masseln, Vorlegierungen und Gussstücken, Teil 3: Schreibregeln für die chemische Zusammensetzung
DIN EN 1559	Gießereiwesen – Technische Lieferbedingungen – Zusätzliche

Teil 4:2015	Anforderungen an Gussstücke aus Aluminiumlegierungen
DIN EN 1559 Teil 5:2017	Gießereiwesen – Technische Lieferbedingungen – Zusätzliche Anforderungen an Gussstücke aus Magnesiumlegierungen
DIN EN 1753:2019	Magnesium und Magnesiumlegierungen – Blockmetall und Gussstücke aus Magnesiumlegierungen
DIN EN 12421:2017	Magnesium und Magnesiumlegierungen – Reinmagnesium
DIN EN 12438:2017	Magnesium und Magnesiumlegierungen – Magnesiumlegierungen für Gussanoden
DIN EN 1754:2015	Magnesium und Magnesiumlegierungen – Anoden, Blockmetalle und Gussstücke aus Magnesiumlegierungen. Bezeichnungen
ISO 16220:2017	Magnesium und Magnesiumlegierungen – Blockmetall und Gussstücke aus Magnesiumlegierungen
DIN EN ISO 10135:2010	Geometrische Produktspezifikation (GPS) – Zeichnungsangaben für Formteile in der technischen Produktinformation (TPD)
ISO 23079:2005	Magnesium und Magnesiumlegierungen – Rücklaufmaterial – Anforderungen, Klassifikation und Annahme
DIN EN ISO 15614-4: 2022-03 - Entwurf	Anforderung und Qualifizierung von Schweißverfahren für metallische Werkstoffe: Schweißverfahrensprüfung, Teil 4: Fertigungsschweißen von Aluminiumguss

2.2 Aluminium-Gusslegierungen

2.2.1 Chemische Zusammensetzung und mechanische Eigenschaften nach DIN EN 1706

Die chemische Zusammensetzung der genormten Aluminiumgusslegierungen und die Eigenschaften von Gussstücken, hergestellt mit den verschiedenen Standard-Gießverfahren, sind in der DIN EN 1706 "Aluminium und Aluminiumlegierungen - Gussteile - Chemische Zusammensetzung und mechanische Eigenschaften" enthalten. Diese Norm enthält außerdem vergleichende Angaben der Legierungen über die Gießbarkeit und andere Eigenschaften, wie Bearbeitbarkeit, Korrosionsbeständigkeit, Anodisierbarkeit und Polierbarkeit, und über physikalische Eigenschaften, wie Wärmeausdehnung und elektrische und thermische Leitfähigkeit. Ergänzend zu der DIN EN 1706 für Gussteile gilt die DIN EN 1676 für Legierte Barren zum Umschmelzen.

2.2.2 Sonstige physikalische und mechanische Werkstoffeigenschaften

Einen allgemeinen Überblick über die Werkstoffeigenschaften (physikalische und mechanische Kennwerte) der Aluminium-Gusslegierungen gibt **Tabelle 2.2.2**.

Tabelle 2.2.2: Übersicht über die Eigenschaften von Aluminium-Gusslegierungen

Allgemeine Werkstoffeigenschaften Aluminiumlegierungen		
Dichte	[103 kg/m^3]	2,65 ... 2,75
Längenausdehnungskoeffizient 20 – 100 °C"	[10–6/K]	20 ... 24
Wärmeleitfähigkeit	[W/m*K]	80 ... 220
Elektrische Leitfähigkeit	[106S/m]	12 ... 28
E-Modul	[kN/mm^2]	68 ... 78
Schubmodul	[kN/mm^2]	22 ... 28
Querkontraktionszahl (Poisson-Zahl)		0,32 ... 0,36
spez. Wärmekapazität bei RT	[kJ/kg*K]	0,9 ... 1,0
Schmelzwärme	[kJ/kg]	380 ... 480

Kerbschlagzähigkeit von Aluminium-Gusslegierungen

Aufgrund der Tatsache, dass Aluminiumlegierungen ein kubisch flächenzentrierte Gitter haben, gibt es keinen Steilabfall der Kerbschlagzähigkeit bei tiefen Temperaturen, wie er bei kubisch raumzentrierten Metallen zu verzeichnen ist. Die Kerbschlagzähigkeit ist bei den Aluminium-Werkstoffen eine wenig kennzeichnende und wenig bedeutsame Eigenschaftsgröße. Der kleinere E-Modul ergibt ein höheres Arbeitsaufnahmevermögen.
Typische Werte für die Kerbschlagzähigkeit a_k reichen von 4 bis 6 J/cm^2 für die Legierung Al Si10 Mg (T6-wärmebehandelt) bis zu 10 bis 12 J/cm^2 für die Legierung Al Cu4 Ti (T6-wärmebehandelt)

2.2.3 Gießeigenschaften und Hinweise zur Verarbeitung

Die **Tabelle 2.2.3** gibt Anhaltspunkte zum gießtechnischen Verhalten und Hinweise zur Verarbeitung verschiedener Aluminium-Gusslegierungen.

Tabelle 2.2.3: Eigenschaften von Aluminium-Gusslegierungen

Legierungsgruppe	Werkstoffbezeichnung: chemische Symbole	Werkstoffbezeichnung: numerische Symbole	Zerspanbarkeit*): im Gusszustand	Zerspanbarkeit*): nach Wärmebehandlung	Dekorative Anodisation*)	Polierfähigkeit	Korrosionsbeständigkeit	elektrische Leitfähigkeit [10^6 S/m]	Wärmeleitfähigkeit [W/m*K]
Al	Al 99,6EAl 99,6E	4	4	1	2	1	33	180…210	
	Al 99,7EAl 99,7E	4	4	1	2	1	34	180…210	
AlCu	EN AC-Al Cu4TiMg	EN AC-21000	–	1	3	2	4	16 … 23	120…150
	EN AC-Al Cu4Ti	EN AC-21100	–	1	3	2	4		
	EN AC-Al Cu5MgMn	EN AC-21200	–	1	3	2	4		
AlMgSiTi	EN AC-Al Si2MgTi	EN AC-41000	3	2	2	2	2	19 … 25	140…160
AlSi7Mg	EN AC-Al Si7Mg	EN AC-42000	2/3	2	4	3	2/3	19 … 25	150…170
	EN AC-Al Si7Mg0,3	EN AC-42100	–	2	4	3	2	20 … 27	160…180
	EN AC-Al Si7Mg0,6	EN AC-42200	–	2	4	3	2	20 … 26	150…180
AlSi10Mg	EN AC-Al Si10Mg(a)	EN AC-43000	2/3	2	5	4	2/3	18 … 25	140…170
	EN AC-Al Si10Mg(Cu)	EN AC-43200	2/3	2	5	3	3	16 … 24	130…170
	EN AC-Al Si9Mg	EN AC-43300	2/3	2	5	4	2	20 … 26	150…180
AlSi	EN AC-Al Si11	EN AC-44000	3[4])	–	5	4	2	18 … 24	140…170
	EN AC-Al Si12(b)	EN AC-44100	3	–	5	4	2/3	16 … 23	130…160
	EN AC-Al Si12(a)	EN AC-44200	3	–	5	4	2	17 … 24	140…170
	EN AC-Al Si9	EN AC-44400	3	–	5	4	3	16 … 22	130…150
AlSi5Cu	EN AC-Al Si6Cu4	EN AC-45000	2	–	4	2	4	14 … 17	110…120
	EN AC-Al Si5Cu3Mg	EN AC-45100	2	1	4	2	4	16 … 19	130
	EN AC-Al Si5Cu1Mg	EN AC-45300	2	2	4	2	4	19 … 23	140…150
	EN AC-Al Si5Cu3Mg	EN AC-45400	2	2	4	2	4	16 … 19	120…130
	EN AC-Al Si7Cu0,5Mg	EN AC-45500	2	2	4	3	2/3	16 … 22	150…165

Tabelle 2.2.3: Eigenschaften von Aluminium-Gusslegierungen (Fortsetzung)

Legierungs-gruppe	Werkstoffbezeichnung		Zerspanbarkeit*)						
	chemische Symbole	numerische Symbole	im Guss-zustand	nach Wärme-behand-lung	Deko-rative Anodi-sation*)	Polier-fähig-keit	Korro-sions-bestän-digkeit	elektrische Leit-fähigkeit [10^6 S/m]	Wärme-leit-fähigkeit [W/m*K]
AlSi9Cu	EN AC-Al Si8Cu3	EN AC-46200	2	–	5	3	4	14 … 18	110…130
	EN AC-Al Si9Cu1Mg	EN AC-46400	2	2	5	4	4	16 … 22	130…150
	EN AC-Al Si7Cu2	EN AC-46600	2	–	5	3	4	15 … 19	120…130
AlSi(Cu)	EN AC-Al Si12(Cu)	EN AC-47000	3	–	5	3	3	16 … 22	130…150
AlSiCuNiMg	EN AC-Al Si12CuNiMg	EN AC-48000	–	2	5	3	3	15 … 23	130…160
	EN AC-Al Si17Cu4Mg	EN AC-48100	5	2	4	4	4	14 … 17	120…130
AlMg	EN AC-Al Mg3(a)	EN AC-51100	1	–	1	1	1	14 … 16	130…140
	EN AC-Al Mg5	EN AC-51300	1	–	1	1	1	15 … 21	110…130
	EN AC-Al Mg5(Si)	EN AC-51400	1	–	2	1	1	15 … 21	110…140
AlZnMg	EN AC-AlZn10Si8Mg	EN AC-71100	1	–	5	3	3	17 … 20	120…130

*) Qualitatives Bewertungsschema Eigenschaften
1 ausgezeichnet
2 gut
3 annehmbar
4 unzureichend
5 nicht emfehlenswert

Tabelle 2.2.3: Eigenschaften von Aluminium-Gusslegierungen (Fortsetzung)

Legierungs-gruppe	Werkstoffbezeichnung		Richtwerte zur Verarbeitung					Gießeigenschaften		
	chemische Symbole	numerische Symbole	Liquidus-tempe-ratur [°C]	Solidus-tempe ratur [°C]	Gieß-tempe-ratur-bereich	Schwind-maß Sandguss [%]	Schwind-maß Kokillen-guss [%[	Fließ-ver-mögen*)	Warm-rissbe-ständig-keit*)	Druck-dicht-heit*)
AlSi9Cu	EN AC-Al Si8Cu3	EN AC-46200	600	500				2	2	2
	EN AC-Al Si9Cu1Mg	EN AC-46400	600	500	680 … 750	1,0 … 1,2	0,6 … 1,0	2	2	2
	EN AC-Al Si7Cu2	EN AC-46600	620	500				2	2	2
AlSi(Cu)	EN AC-Al Si12(Cu)	EN AC-47000	577	577	670 … 740	1,0 … 1,2	0,5 … 0,8	1	1	1
AlSiCuNiMg	EN AC-Al Si12CuNiMg	EN AC-48000	600	540	670 … 740	1,0 … 1,2	0,5… 1,0	1	1	1
	EN AC-Al Si17Cu4Mg	EN AC-48100	650	510	720 … 760	0,6 … 1,0	0,4 … 0,8	4	3	2
AlMg	EN AC-Al Mg3(a)	EN AC-51100	650	600				3	4	4
	EN AC-Al Mg5	EN AC-51300	630	550	700 … 750	1,0 … 1,5	0,7 … 1,2	3	4	4
	EN AC-Al Mg5(Si)	EN AC-51400	630	550				3	4	4
AlZnMg	EN AC-AlZn10Si8Mg	EN AC-71100	640	550	690 … 740	1,0 … 1,2	0,8 … 1,0	1	1	2

*) Qualitatives Bewertungsschema Eigenschaften
1 ausgezeichnet
2 gut
3 annehmbar
4 unzureichend
5 nicht emfehlenswert

Tabelle 2.2.3: Eigenschaften von Aluminium-Gusslegierungen (Fortsetzung)

Legierungs-gruppe	Werkstoffbezeichnung		Richtwerte zur Verarbeitung					Gießeigenschaften		
	chemische Symbole	numerische Symbole	Liquidus-tempe-ratur [°C]	Solidus-tempe ratur [°C]	Gieß-tempe-ratur-bereich	Schwind-maß Sandguss [%]	Schwind-maß Kokillen-guss [%[	Fließ-ver-mögen*)	Warm-rissbe-ständig-keit*)	Druck-dicht-heit*)
AlSi9Cu	EN AC-Al Si8Cu3	EN AC-46200	600	500				2	2	2
	EN AC-Al Si9Cu1Mg	EN AC-46400	600	500	680 … 750	1,0 … 1,2	0,6 … 1,0	2	2	2
	EN AC-Al Si7Cu2	EN AC-46600	620	500				2	2	2
AlSi(Cu)	EN AC-Al Si12(Cu)	EN AC-47000	577	577	670 … 740	1,0 … 1,2	0,5 … 0,8	1	1	1
AlSiCuNiMg	EN AC-Al Si12CuNiMg	EN AC-48000	600	540	670 … 740	1,0 … 1,2	0,5… 1,0	1	1	1
	EN AC-Al Si17Cu4Mg	EN AC-48100	650	510	720 … 760	0,6 … 1,0	0,4 … 0,8	4	3	2
AlMg	EN AC-Al Mg3(a)	EN AC-51100	650	600				3	4	4
	EN AC-Al Mg5	EN AC-51300	630	550	700 … 750	1,0 … 1,5	0,7 … 1,2	3	4	4
	EN AC-Al Mg5(Si)	EN AC-51400	630	550				3	4	4
AlZnMg	EN AC-AlZn10Si8Mg	EN AC-71100	640	550	690 … 740	1,0 … 1,2	0,8 … 1,0	1	1	2

*) Qualitatives Bewertungsschema Eigenschaften
1 ausgezeichnet
2 gut
3 annehmbar
4 unzureichend
5 nicht emfehlenswert

2.2.4 Wärmebehandlung von Aluminium-Gusslegierungen

Eine Wärmebehandlung von Aluminiumguss kann aus verschiedenen Gründen vorgenommen werden:

- zur Steigerung der Festigkeitswerte bei den wärmebehandelbaren Aluminium-Gusslegierungen, oder zur Verbesserung der Duktilität bei nicht aushärtbaren Legierungen.
- zum Abbau von Spannungen, die infolge rascher Erstarrung in der Form, durch schroffes Abschrecken nach dem Gießen oder bei spanender Bearbeitung der Gussstücke entstehen.
- zum Stabilisieren von Gussstücken, die im Betrieb besonders gute Maßhaltigkeit gewährleisten müssen.
- zum Vorwärmen von Gussstücken, an denen Schweiß- oder Lötarbeiten ausgeführt werden sollen.

Im Gegensatz zu konventionellen Druckgussstücken können Aluminium-Sand- und -Kokillengussstücke uneingeschränkt wärmebehandelt werden.

Folgende Varianten der Wärmebehandlung sind bei Aluminiumguss verbreitet:

- F Gusszustand
- T4 Lösungsgeglüht, abgeschreckt und kaltausgelagert
- T5 Kontrollierte Abkühlung nach dem Guss und warmausgelagert oder überaltert
- T6 Lösungsgeglüht, abgeschreckt und vollständig warmausgelagert
- T7 Lösungsgeglüht, abgeschreckt und überaltert (warmausgelagert, stabilisierter Zustand)

2.3 Magnesium-Gusslegierungen

2.3.1 Chemische Zusammensetzung und mechanische Eigenschaften

Die chemische Zusammensetzung und mechanische Eigenschaften von Magnesium-Gusslegierungen sind der Norm EN 1753 bzw. ISO 16220 zu entnehmen.

2.3.2 Werkstoffeigenschaften

Einen Überblick über die allgemeinen Werkstoffeigenschaften (physikalische und mechanische Kennwerte) der Magnesium-Gusslegierungen zeigt **Tabelle 2.3.2**.

Tabelle 2.3.2: Übersicht über die Eigenschaften von Magnesium-Gusslegierungen

Allgemeine Werkstoffeigenschaften Magnesium-Legierungen		
Dichte	[103 kg/m^3]	1,77 … 1,81
Längenausdehnungskoeffizient 20 – 100 °C"	[10–6/K]	26
Wärmeleitfähigkeit	[W/m*K]	50 … 84
Elektrische Leitfähigkeit	[106S/m]	6 … 10
E-Modul	[kN/mm^2]	43 … 45
Schubmodul	[kN/mm^2]	16 … 17
Querkontraktionszahl (Poisson-Zahl)		0,35
spez. Wärmekapazität bei RT	[kJ/kg*K]	1,0 … 1,2
Schmelzwärme	[kJ/kg]	360 … 390

Notizen

2.4 Recycling von organisch kontaminiertem Aluminiumschrott

Zum Einschmelzen organisch kontaminierter, zumeist feinstückiger Aluminiumschrotte werden nach jetzigem Stand der Technik neben klassischen Salzbaddrehtrommelöfen vornehmlich fossil beheizte Zweikammerherdöfen eingesetzt. Verfahrenstechnisch vorteilhaft ist die Trennung von Pyrolyse und Einschmelzen. Um außerdem die Dekarbonisierungsziele zu erreichen, schlägt Otto Junker vor, als Schmelzaggregat mit grünem Strom betriebene Induktionstiegelöfen einzusetzen. Verglichen mit einem Herdofen bieten diese zudem Vorteile bezüglich des Metallverlustes.

FOTO: ADOBE STOCK

Stärker organisch kontaminierte Schrotte sind bisher nicht optimal recycelbar.

Von Daniel Rader, Wilfried Schmitz, Christof Dahmen, Peter Uerlichs, Tobias Mertens

Stand der Technik

Die weltweite Nachfrage nach Aluminium ist in den vergangenen Jahren stetig gestiegen. Für die Jahresproduktion von 1,2 Mio. t Aluminium in Deutschland im Jahr 2019 wurde ein Schrottanteil von ca. 53 % eingesetzt [3]. Einen beträchtlichen Anteil des Schrottaufkommens machen dabei Produkte mit kurzer Lebensdauer (Produktionsschrotte, Einwegprodukte) aus. Fundamental beim Recycling (Wiedereinschmelzen) von Aluminiumschrotten sind die Metallverluste. Die Erhöhung des Aluminiumausbringens um 1 % durch effizientere Recyclingverfahren ist bei einem Preis von etwa 1600 €/t für die Sekundära-

Tabelle 1: Gehalt an organischen Verunreinigungen verschiedener Schrottsorten in % (nach [4]).			
Schrott	**Organik-Gehalt [%]**	**Schrott**	**Organik-Gehalt [%]**
Lackierte Bleche	3	Verpackungsfolien	50-90
Neue Litho-Platten	<4	ISO-Fensterprofile	21
UBC	4	Flaschenkapseln	30
Kabelband	<20		

luminiumproduktion in Deutschland somit äquivalent zu 10 Mio. Euro pro Jahr.

Aluminiumschrotte fallen dabei häufig mit organischer Kontaminierung an (Lacke, Schmiermittel, **Tabelle 1**). Stärker organisch kontaminierte Schrotte, wie z. B. Getränkedosen (UBC: Used Beverage Cans), bedruckte Folien für Verpackungen oder Aluminiumprofile mit Wärmedämmstoffen können jedoch bisher nicht optimal recycelt werden. Beim direkten Einsatz derartig kontaminierter Schrotte in die Einkammerschmelzöfen (**Bild 1a**) kommt es nach dem derzeitigen Kenntnisstand zu einer unkontrollierten Freisetzung gasförmiger Kohlenwasserstoffe verbunden mit einer unzureichenden energetischen Nutzung dieses Gases im Schmelzprozess sowie einem erhöhten Aluminiumabbrand (Krätzebil-

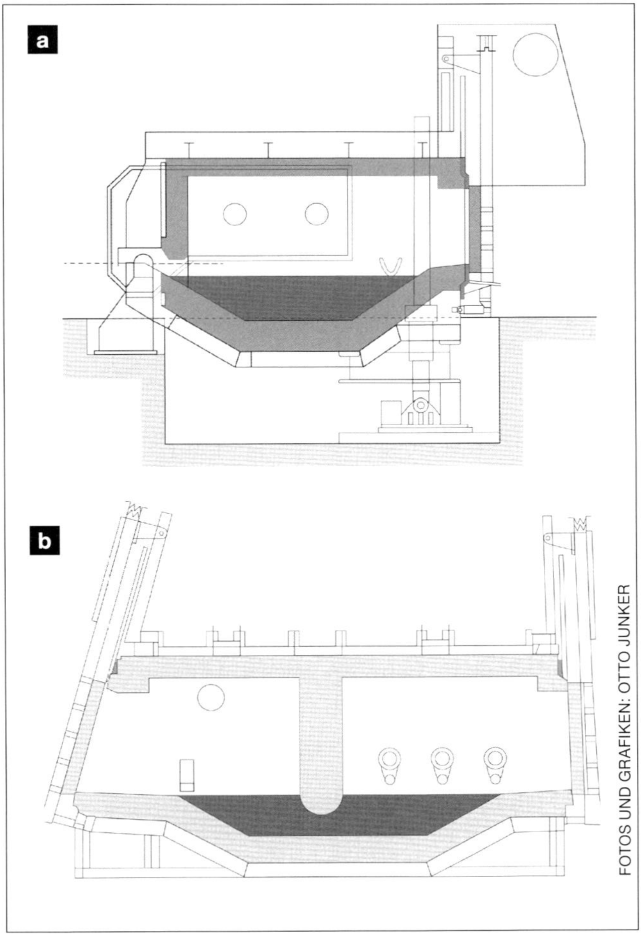

Bild 1: a) Kippbarer Einkammerherdofen, b) Zweikammerherdofen.

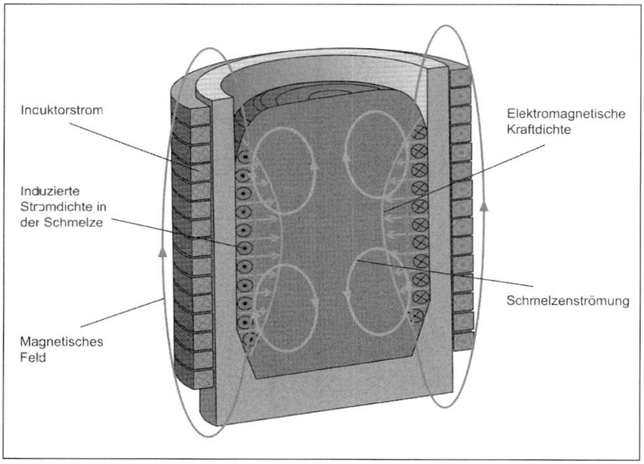

Bild 2: Badbewegung in einem Induktionstiegelofen.

dung). Nach dem derzeitigen Stand der Technik findet das Einschmelzen organisch kontaminierter Schrotte und damit die Freisetzung volatiler organischer Verunreinigungen in der Regel in Zweikammer-Schmelzöfen statt (**Bild 1b**).

Die meist zu Paketen gepressten Schrotte werden zunächst zum Vorwärmen und zum Abschwelen der anhaftenden organischen Komponenten auf die Brücke der Schrottkammer befördert. Hier verweilen sie abhängig von der Durchsatzleistung des Schmelzofens ca. 20 bis 30 min und werden in diesem Zeitraum mit heißem Rauchgas beaufschlagt. Mit zunehmender Durchwärmung des Schrotts werden die organischen Verunreinigungen bei Temperaturen zwischen 350 °C und 550 °C (oberflächennah und nicht im Kern) teilweise abgeschwelt. Die dabei entstehenden Gase verbrennen teilweise bereits an der Schrottoberfläche und teilweise nach Überführung in die Heizkammer. Eine thermische Nachverbrennung der Abgase ist zur Vermeidung von Dioxinen und ähnliche Schadstoffen obligatorisch.

Eine bessere energetische Nutzung der Pyrolysegase und die Verminderung der Metallverluste ist durch eine optimierte Vorbehandlung erzielbar, die durch die Entkopplung der Prozesse in „thermische Vorbehandlung" und „Schmelzen" bewerkstelligt wird. Diese Verfahrensweise erfordert eine integrierte Energiewirtschaft für beide Aggregate. Neben den positiven Auswirkungen auf die Materialeffizienz (Ausbringen) sowie auf die Prozessstabilität ergibt sich weiterhin der Vorteil, dass ein separates Aggregat zur thermischen Vorbehandlung vor die derzeit betriebenen Einkammeröfen geschaltet werden kann und somit die Betreiber solcher Anlagen ebenfalls die minderwertigen organisch kontaminierten Schrotte einsetzen können.

Ein Problem der Wiederverwertung von Aluminiumschrotten stellen die Anhaftungen organischer, d. h. kohlenstoffhaltiger Materialien dar. Werden diese organisch kontaminierten Materialien ohne Vorbehandlung eingeschmolzen, so kommt es zur thermischen Zersetzung der organischen Bestandteile im Schmelzbad und das sauerstoffaffine Aluminium reagiert mit dem entweichenden Pyrolysegas. Hierbei wirkt die Aluminiumschmelze teilweise als Katalysator bei der Zersetzung von Spezies in der Gasphase [5]. Weiterhin kommt es beispielsweise zu einer Reduktion des entweichenden CO_2, wobei das Aluminium oxidiert und sich das Ausbringen so verringert. Zur Vermeidung dieser unerwünschten Metallverluste wird der Schrott vor dem eigentlichen Schmelzprozess thermisch vorbehandelt. Unter Wärmeeinwirkung zersetzen sich die organischen Verbindungen zu brennbaren gasförmigen Kohlenwasserstoffen, flüssigem Teer und einem festen Kohlenstoffrückstand auf dem Aluminium. Der Vorgang findet im Falle von verunreinigtem Aluminiumschrott bei Temperaturen oberhalb von 350 °C und unterhalb des Schmelzpunkts statt.

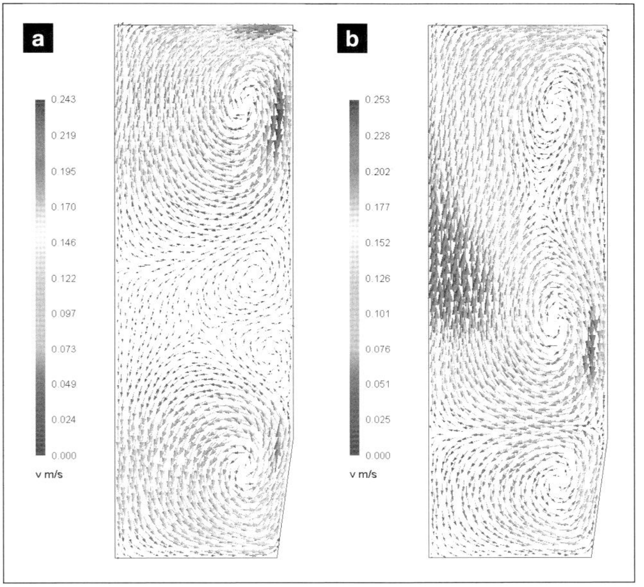

Bild 3: Badbewegung mit phasenverschobenem Betrieb der Spulenabschnitte; a) 0° Phasenverschiebung und b) +60° Phasenverschiebung.

Die gängigsten Schmelzkonzepte zur Produktion von Sekundäraluminium sind das Einschmelzen schwach kontaminierter Schrotte in Herdschmelzöfen beziehungsweise von dünnwandigen und stark kontaminierten Schrotten in Drehtrommelöfen unter Salzeinsatz. Zum Einschmelzen von feinteiligen Schrotten, wie z.B. Spänen, eignet sich insbesondere der Induktionsofen. Problematisch bei der In-situ-„Pyrolyse“ der Schrotte im Ofenraum ist die unkontrollierte Freisetzung von Kohlenwasserstoffen. Zur sicheren Verbrennung dieser unkontrolliert frei werdenden Kohlenwasserstoffe ist somit grundsätzlich eine hohe Luftzahl erforderlich (zu hohe Luftzufuhr, niedrigerer Wirkungsgrad) und eine O2-Messung im Abgaskanal, mit der die Zusatzluft (träge) nachgeregelt werden kann.

Ein Konzept zur Verarbeitung von Schrotten, deren Kontaminationsgrad mit organischen Anhaftungen bis zu 5 Gew.% beträgt, ist, wie schon erwähnt, das Einschmelzen in Zweikammeröfen. Diese Modifikation des Kammerofens setzt sich aus einer Schrott- und Heizkammer zusammen, die durch eine Wand voneinander getrennt sind. Die meist zu Paketen gepressten Schrotte werden zunächst wie erwähnt zur Vorwärmung und zum Abschwelen der anhaftenden organischen Komponenten auf die Brücke der Schrottkammer befördert. Eine vollständige Paketerwärmung bis hin zur Kernmitte wird in der kurzen Verweilzeit auf der Chargierbrücke nicht erreicht. Die noch teilweise mit organischen Verunreinigungen behafteten Schrottpakete werden durch die neu chargierten Pakete von der Brücke in das Schmelzbad geschoben und beginnen zu schmelzen (Schmelzdauer ca. 2 h). Dabei wird das im Paketkern verbliebene restliche organische Material zersetzt und Pyrolysegase werden unkontrolliert freigesetzt. Besonders dies führt zu erhöhten Krätzemengen (schlechteres Ausbringen).

Der Brenner in der Schrottkammer wird leicht unterstöchiometrisch betrieben, um den direkten Abbrand der entweichenden Pyrolysegase durch den beim Chargieren eingebrachten Sauerstoff nicht weiter zu fördern. Das wesentliche Problem dieser Ofenbauart ist die Begrenzung, dass maximal Schrotte mit 5 % Verunreinigungen eingesetzt werden können und die Schmelzleistung durch die pro Zeiteinheit chargierbare Menge organisch kontaminierten Schrotts strikt limitiert ist. Bei getrennter thermischer Vorbehandlung des Materials ist keine derartige Begrenzung der Schmelzleistung im Kammerofen vorhanden. Damit vereinfacht sich auch die Bewältigung der wachsenden Schrottmengen mit einem Kontaminationsgrad > 5 %.

Eine Verminderung der Metallverluste durch optimierte Vorbehandlung kann durch eine Entkopplung der thermischen Vorbehandlung und des Schmelzprozesses erzielt werden. Neben den positiven Auswirkungen auf die Materialeffizienz (Ausbringen) sowie auf die Prozessstabilität ergibt sich weiterhin der Vorteil, dass ein separates Aggregat zur thermischen Vorbehandlung vor jeden derzeit betriebenen Einkammerschmelzofen geschaltet werden kann. Ein separates Aggregat kann Produktionsausfälle minimieren und stellt somit eine kostensparende Optimierungsmöglichkeit dar.

Eine vom Schmelzprozess vollständig getrennt durchgeführte thermische Vorbehandlung wird in einem rotierenden, leicht geneigten Drehrohr realisiert. So lassen sich Schrottsorten mit hohen Anteilen organischer Verunreinigungen von bis zu 10 % nutzen. Das Material wird durch den umlaufenden heißen Gasstrom aufgeheizt. Das zum Aufheizen des Materials dienende Gas kann im Gleich- oder Gegenstrom zum Materialstrom geführt werden. Die Temperatur im Rohr liegt bei 500 bis 550 °C bei einem Sauerstoffgehalt von 1 bis 5 %, wobei die flüchtigen Bestandteile entfernt werden und der verbliebene Kohlenstoff verbrannt wird. Die frei werdenden Pyrolysegase werden entweder in einer angeschlossenen Nachverbrennungskammer oder in der eigentlichen Schmelzkammer nachverbrannt und das heiße Abgas zur Schrotterwärmung in das Drehrohr geführt. Die von den organischen Verunreinigungen befreiten Schrotte werden noch im heißen Zustand in den Schmelzofen überführt.

Der Vorteil einer separaten Abschwelung vor dem eigentlichen Schmelzprozess liegt neben einem höheren Metallausbringen in der Verringerung bzw. der Vermeidung des Eintrags möglicher Verunreinigungen in die Schmelze, da sich organische Anteile effektiv aus dem Schrott entfernen lassen.

Treibhausgase und elektrisches Schmelzen

Zur Erzeugung von Sekundäraluminium werden zurzeit fast ausschließlich fossil, zumeist erdgasbeheizte Schmelz- und Warmhalteöfen sowie Salzbaddrehtrommelöfen eingesetzt. Im Schnitt werden pro Tonne erzeugtem Sekundäraluminium aus Schrotten (kein Zusatz von Primäraluminium) rd. 300 bis 500 kg CO_2/t erzeugt [1], wobei ein Großteil auf die Verbrennung von fossilen Brennstoffen zurückzuführen ist. Dabei ist zu beachten, dass auch die Daten einer großen Zahl von älteren Anlagen mit nicht optimalem Wirkungsgrad hier einfließen. Ferner spielt auch die Qualität der Schrotte sowie die Betriebsweise eine Rolle.

Bild 4: Drehrohrofen – Pilotanlage bei der Otto Junker GmbH.

Es ist jedoch offensichtlich, dass sich diese Situation zum Erreichen der durch die Politik gesteckten Klimaziele grundlegend verändern muss. Dies ist nur möglich, wenn der Verbrauch von fossilen Energieträgern und damit von Erdgas drastisch reduziert wird. Verstärkt wird diese Notwendigkeit durch die andauernde Ukrainekrise. Ein scheinbar einfacher Weg wäre die Substitution der an den Öfen eingesetzten Erdgasbrenner durch Wasserstoffbrenner, wobei der eingesetzte Wasserstoff vor Ort durch Einsatz von „grüner“ elektrischer Energie erzeugt werden müsste. Unter dem Aspekt des schlechten Wirkungsgrades der Wasserstofferzeugung erscheint es jedoch viel sinnvoller, die grüne elektrische Energie direkt zum Schmelzen einzusetzen. Vor dem Hintergrund der hier in Rede stehenden spezifischen Schmelzleistungen kommt als Schmelzaggregat nur der Induktionstiegelofen oder dessen Abwandlungen infrage. Ferner weist der Tiegelofen für das Einschmelzen von Schrott, speziell von feinstückigem Schrott, einige vorteilhafte im Folgenden erläuterten Zusatzeigenschaften auf.

Der Induktionstiegelofen – Prinzip und Eigenschaften

Eine wesentliche Eigenschaft des Induktionstiegelofens, die ihn von allen anderen Schmelzaggregaten grundsätzlich unterscheidet, ist die durch die elektromagnetischen Kräfte hervorgerufene Schmelzbadbewegung. Dies sei anhand von **Bild 2** näher erläutert: Es zeigt zunächst die stromdurchflossene wassergekühlte Induktionsspule, die momentane Stromrichtung ist symbolisch markiert. Ferner ist der innerhalb der Spule platzierte feu-

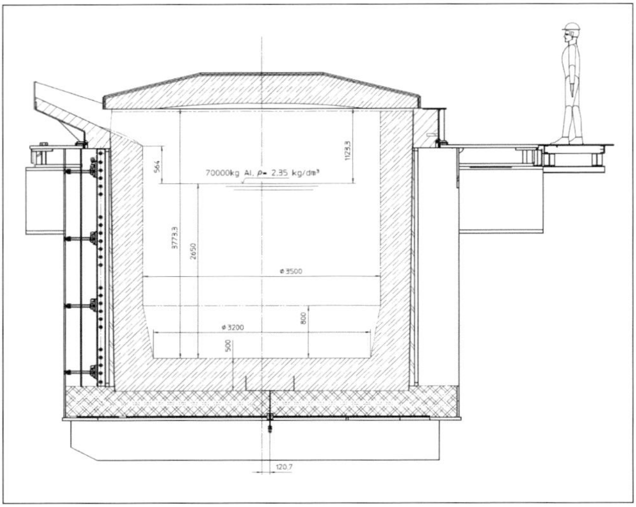

Bild 5: Konzeptstudie für einen Induktionstiegelofen für Aluminium mit einer Kapazität von 70 t.

erfeste Tiegel mit der Schmelze dargestellt. Durch den Induktorstrom wird ein magnetisches Feld erzeugt, welches wiederum Ringströme in der Schmelze induziert. Hier ist zu beachten, dass die Stromdichte aufgrund des Skineffekts in der Randzone der Schmelze unmittelbar an der Tiegelwand am höchsten ist. Da die Ströme kurzgeschlossen sind, wird zunächst in der Schmelze Joulesche Wärme erzeugt, und zwar vorwiegend in der tiegelnahen Randschicht. Ferner erzeugen diese Ströme, deren Richtung entgegengesetzt zum Induktorstrom ist, ein sekundäres Magnetfeld. Dieser Umstand führt dazu, dass von der Spule ausgehend auf die Schmelze abstoßende Kräfte wirken. Bei einer unendlich langen Spule wäre der Betrag dieser Kräfte an jeder Stelle der Spule gleich hoch. Bei einer endlichen Spule, wie sie in der Praxis vorliegt, ist die elektromagnetische Kraftdichte über die Spulenhöhe veränderlich (Bild 2). Schmelzevolumina, die sich in Spulenmitte befinden, erfahren eine stärkere abstoßende Kraft und somit eine stärkere Beschleunigung in Richtung der Spulenachse als solche, die sich am Spulenrand befinden.

Dies hat zum einen zur Folge, dass sich in der Schmelze ein Strömungsmuster in Form zweier Rotationstoroide ausbildet. Die lokale Strömungsgeschwindigkeit kann bei leistungsstarken Öfen 1 bis 2 m/s erreichen. Ferner bildet sich an der Badoberfläche eine sogenannte Badkuppe aus, dies als Folge des Kräftegleichgewichts zwischen der abstoßenden elektromagnetischen Kraft und der durch den metallostatischen Druck hervorgerufenen Kraft.

Die Intensität dieser Badbewegung ist zunächst abhängig von der Ofenleistung: je höher diese ist, desto stärker ist die Badbewegung. Darüber hinaus ist die Strömungsintensität abhängig von der Frequenz des die Spule speisenden Wechselstroms, je niedriger dessen Frequenz, desto stärker die Badbewegung. Daraus folgt zunächst, dass bei gegebener fester Frequenz der Wärmeeintrag in die Schmelze und die Stärke der Badbewegung stets gekoppelt sind. Ferner ist es jedoch möglich, bei einer gegebenen geforderten Ofenleistung durch Wahl der geeigneten Betriebsfrequenz die Stärke der Badbewegung gezielt zu wählen. Schließlich ist die Intensität der Badbewegung bei gegebener Leistung und Frequenz vom Füllstand des Ofens abhängig; dies betrifft in besonderem Maße die Strömung an der Schmelzeoberfläche. Je höher der Ofenfüllstand bei gegebener Leistung und Frequenz ist, desto schwächer ist die

Badbewegung. Bei den vorangegangenen Betrachtungen wurde aus Gründen der Anschaulichkeit von laminaren Strömungsverhältnissen ausgegangen, in der Realität ist diesen laminaren Verhältnissen ein erheblicher turbulenter Strömungsanteil überlagert. Dies ist umso stärker ausgeprägt, je niedriger die Betriebsfrequenz des Ofens ist.

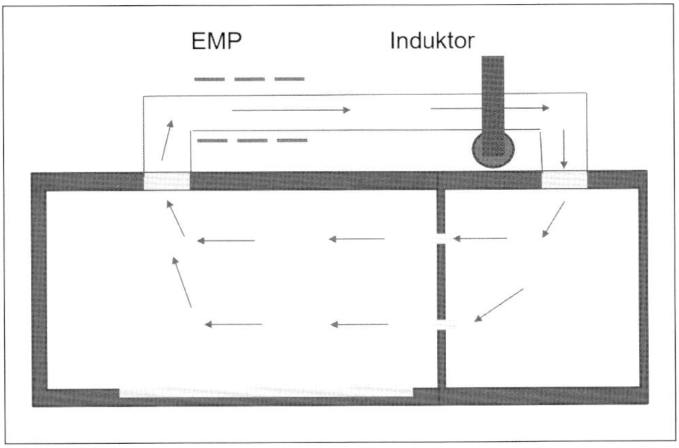

Bild 6: Zweikammerofen mit Seitenwänden, Umwälzpumpe (EMP) und Rinneninduktorheizung.

Die Badbewegung ist technologisch sehr wichtig, da die Homogenisierung der Schmelze und das Einrühren von Stoffen dadurch optimal erfolgen können und damit gleichzeitig eine gleichmäßige Zusammensetzung und Temperatur der Schmelze erreicht wird. Ferner würde der Induktionstiegelofen ohne das Vorliegen dieser erzwungenen Konvektion schlichtweg nicht funktionieren, da, wie bereits erwähnt, der größte Teil der Wärme in eine tiegelnahe Randschicht eingetragen wird. Würde diese Wärme durch die Badbewegung nicht im gesamten Schmelzeraum verteilt, läge unweigerlich in kürzester Zeit eine starke Überhitzung der Schmelze in Tiegelnähe vor, die zum Versagen der feuerfesten Zustellung führen würde. Wichtig ist es schließlich, noch einmal festzuhalten, dass bei einem Induktionstiegelofen mit fester Betriebsnennfrequenz, wie es bei den meisten Öfen bisher der Fall ist, der Wärmeeintrag und die Stärke der Badbewegung stets miteinander gekoppelt sind.

Die Idealvorstellung aus metallurgischer Sicht für den induktiven Schmelzprozess besteht darin, den thermischen Leistungseintrag und die Strömung des flüssigen Metalls so einzustellen, wie es die jeweiligen technologischen Bedingungen erfordern. Daher ist anzustreben, den Wärmeeintrag und die Metallbewegung voneinander zu entkoppeln, d.h. unabhängig vom jeweiligen Wärmeeintrag die gewünschte Metallbewegung im Ofen einstellen zu können. Während die Regelung der elektrischen Leistung und damit des Wärmeeintrags in die Schmelze anlagentechnisch unproblematisch ist, ist eine davon unabhängige Beeinflussung der Metallbewegung nur über spezielle Schaltungstechniken erreichbar.

Lösungen von Otto Junker

Otto Junker hat für die Erfüllung der oben genannten Aufgabenstellung zunächst die besonderen Schaltungsvarianten Power-Focus- und Multifrequenz-Technik entwickelt und in zahlreichen Anlagen erfolgreich eingesetzt.

Die Power-Focus-Technik ermöglicht die automatische oder frei wählbare Leistungskonzentration in dem Spulenbereich, in dem sie erforderlich ist (d. h. im oberen oder unteren Teil der Spule). So kann zum Beispiel bei einem halbgefüllten Ofen eine Leistungskonzentration im unteren Tiegelbereich erfolgen und damit dort eine höhere Leistungsaufnahme erreicht werden. Andererseits kann bei der kompletten Ofenfüllung die Leistung im oberen Spulenbereich erhöht werden und damit dank der stärkeren Badbewegung ein besseres Einrühren, beispielsweise von Spänen, erreicht werden.

Die Multifrequenz-Technik gestattet eine Umschaltung der Betriebsfrequenz im laufenden Schmelzprozess, manuell oder automatisch. So wird zum Beispiel im Falle des Schmelzens von Gusseisen für das Schmelzen der Einsatzstoffe mit der dafür geeigneten Frequenz von 250 Hz gearbeitet. Für das Einbringen von Aufkohlungsmitteln und Legierungszuschlägen wird dann auf eine niedrigere Frequenz, z.B. 125 Hz, umgeschaltet. Wie die Praxis zeigt, kann durch das Umschalten auf die niedrigere Frequenz der Aufkohlungsprozess bei der Analysenkorrektur von Gusseisenschmelzen wesentlich beschleunigt werden. Gleichzeitig reduziert sich der Abbrand des Aufkohlungsmittels.

Es soll nicht unerwähnt bleiben, dass auch eine Kombination beider Schaltungstechniken möglich ist und damit die gewünschten Effekte noch verstärkt werden. Dies hat sich z.B. bei Schmelzöfen zum Recycling von Aluminiumspänen bewährt: Diese werden stets im Sumpfbetrieb eingeschmolzen. Zur Minimierung von Oxidation und Abbrand muss hier die füllstandsabhängige Oberflächenbadbewegung zum einen so gering wie möglich, zum anderen jedoch immer noch ausreichend für das zügige Einrühren der Späne sein. Dies wird durch einen automatisierten Einsatz der Power-Focus- und der Multifrequenz-Technik erreicht.

Mit den neuesten Entwicklungen unter Nutzung der besonderen technischen Vorteile der IGBT-Umrichtertechnik werden diese Möglichkeiten noch erheblich erweitert: Neben der bewährten Umrichtertechnik auf Basis von Thyristoren hat die erfolgreiche Entwicklung spezieller IGBT-Umrichter für den Einsatz bei elektrothermischen Prozessen zunehmend an Bedeutung gewonnen. Dabei werden anstelle der Thyristoren im Wechselrichter IGBTs (Insulated Gate Bipolar Transistor) eingesetzt.

Eine spezielle Ausführung des IGBT-Umrichters mit zwei getrennten Wechselrichtern und einer Einrichtung zum elektrisch phasenverschobenen Betrieb zweier Teilspulen eines Ofens bilden die technischen Voraussetzungen für eine Beeinflussung der Badbewegung in noch weiteren Grenzen. So kann ein Ofen während des Einschmelzvorgangs mit einer geeigneten Nennfrequenz von z.B. 250 Hz betrieben und für die Erhöhung der Badbewegung bei geringer Leistung die Frequenz stufenlos im Bereich unterhalb von 100 Hz eingestellt werden. Außerdem ermöglicht die Einstellung der Phasenlage des die beiden Teilspulen speisenden Stroms eine darüber hinaus gehende Veränderung der Strömung (Drehrichtung und Geschwindigkeit), je nach Einstellung (**Bild 3**). In diesem Beispiel, bei dem eine Phasenverschiebung von 0° und +60° gegenübergestellt ist, wird im zweiten Fall die maximale Strömungsgeschwindigkeit in das Innere des Schmelzbads verlagert und damit z.B. dort eine bessere Durchmischung des gesamten Metalls erreicht. Ferner erhöht sich bei Anwendung dieser Schaltungstechnik, vor allem bei tiefen Frequenzen, der turbulente Anteil der Strömung beträchtlich, sodass hier ein maximaler Mischungseffekt bei minimalen Wärmeeintrag erzielbar ist.

In der Summe der angeführten technischen Lösungen für die Beeinflussung der Metallströmung im Tiegelofen stehen nun für spezielle metallurgische Aufgabenstellungen mannigfaltige Anlagenkonzepte zur Verfügung. Entscheidend ist, dass es durch die Entwicklung der letztgenannten Schaltungstechniken (stufenlose Frequenzeinstellung, Phasenverschiebung) erstmalig gelungen ist, den Wärmeeintrag von der Intensität und dem Habitus der Schmelzbadbewegung weitgehend zu entkoppeln.

Eine typische Anwendung dieser Technik ist z.B. die Herstellung von Vorlegierungen mit hohen Legierungselementkonzentrationen. Hier ist zumeist die Auflösungskinetikdes jeweiligen Legierungsmittels geschwindigkeitsbestimmend. Daher benötigt man für diesen Prozess eine hohe Rührwirkung bei gleichzeitig geringem Wärmeeintrag, damit die Schmelzetemperatur konstant bleibt und nicht unzulässig ansteigt. Ferner neigen diese Legierungen oft zur Entmischung bzw. Schwereseigerung, sodass während des über einen längeren Zeitraum andauernden Gießvorgangs eine gewisse Badbewegung notwendig ist, während die Schmelzetemperatur wiederum nicht steigen darf. Analog werden diese Schaltungstechniken bei Vakuuminduktionsöfen zur Schmelzedestillation zur Steigerung der Prozesskinetik sowie bei anderen Spezialanwendungen eingesetzt.

Induktionstiegel- und Drehrohrofen kombiniert

Vorausgesetzt, dass der Induktionstiegelofen als Schmelzaggregat mit Strom aus erneuerbaren Energien betrieben wird, werden durch den Schmelzvorgang keine Treibhausgase erzeugt. Seine Rühreigenschaften garantieren, wie oben beschrieben, geringsten Metallabbrand und tragen somit zusätzlich zu einer positiveren Ökobilanz bei. Dies setzt voraus, dass der eingesetzte Schrott frei von organischen Verunreinigungen ist und somit vorher einer Pyrolyse bzw. Thermolyse unterzogen wurde. Die dazu notwendige Drehrohrofentechnik kann Otto Junker neben dem Induktionsofen ebenfalls bereitstellen. Eine entsprechende Pilotanlage, speziell ausgelegt für das Behandeln von organisch kontaminiertem Aluminiumschrott, wurde bei Otto Junker entwickelt, konstruiert und errichtet (**Bild 4**). Sie soll künftig vor allem dazu dienen, in Zusammenarbeit mit Kunden das Verhalten spezifischer Schrotte zu untersuchen, um die Parameter und Auslegungsdaten für entsprechend hochskalierte Produktionsanlagen zu ermitteln.

Wird dieser Drehrohrofen mit Erdgas befeuert, ergibt sich folgende CO_2-Bilanz im Vergleich zum Stand der Technik (mit fossilen Brennstoffen befeuerter Zweikammerofen):

> Konventionelle Technik; erdgasbeheizter Zweikammerofen, es wird nur die aus den Brenngasen entstehende CO_2-Menge betrachtet [2]:
> Mit externer thermischer Nachverbrennung: ca. 750 kWh/t (fossil), entsprechend 150 kg CO_2/t
> Mit interner thermischer Nachverbrennung: ca. 580 kWh/t (fossil), entsprechend 116 kg CO_2/t

Die Daten gelten für Öfen modernster Bauart bei optimaler Betriebsweise unter Verwendung von hochwertigen Schrotten, vgl. Abschnitt „Treibhausgase und elektrisches Schmelzen“.

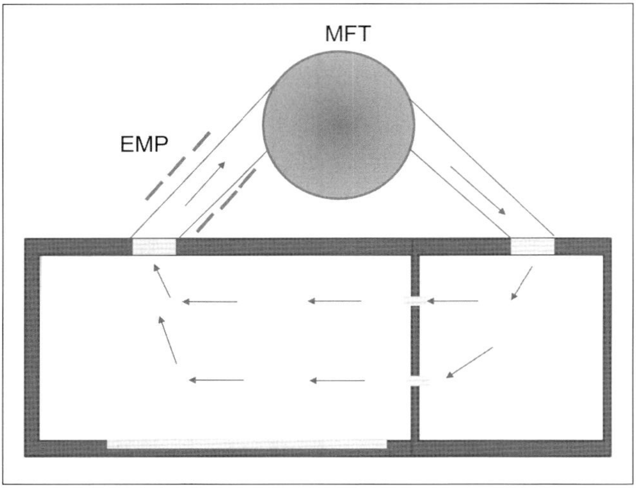

Bild 7: Zweikammerofen mit Seitenwänden, Umwälzpumpe (EMP) und kernloser

> Erdgasbetriebener Drehrohrofen für die Pyrolyse in Verbindung mit einem mit Erneuerbarer Energie betriebenem Induktionstiegelofen: ca. 165 kWh/t (fossil), entsprechend 33 kg CO_2/t

Das bedeutet, dass bei einer Kombination von Drehrohr- mit einem Induktionstiegelofen selbst bei Verwendung von Erdgas im Drehrohr gegenüber dem Stand der Technik eine Reduktion des CO_2-Ausstoßes von 70 % möglich ist.

Künftig ist es denkbar, dass derartige Drehrohröfen bei ausreichender Verfügbarkeit mit aus Erneuerbarer Energie gewonnenem Wasserstoff betrieben werden können. In diesem Fall kann eine solche Gesamtanlage, bestehend aus Drehrohr- und mit Erneuerbarer Energie gespeistem Induktionstiegelofen, ohne jegliche Emission von Treibhausgasen betrieben werden, abgesehen von der Verbrennung der organischen Anhaftungen am Schrott.

Generelle Aspekte der Dekarbonisierung von Schmelzbetrieben in der Aluminiumhalbzeugindustrie

Primär fokussieren einige Halbzeugwerke zunächst auf die Umrüstung von Brenneranlagen für den Betrieb mit Wasserstoff, da dies vordergründig den geringsten anlagentechnischen Aufwand verspricht. Vertieft betrachtet erscheint es jedoch wenig sinnvoll, mit (erneuerbarem) Strom zunächst mit schlechtem Wirkungsgrad Wasserstoff zu erzeugen, wenn man diesen Strom auch direkt zum Schmelzen verwenden kann. Von den elektrischen Erwärmungsverfahren kommt hier wegen der erforderlichen hohen Energiedichte in den meisten Fällen nur Induktion infrage, in diesem Szenario selbstredend von Erneuerbarer Energie gespeist. Der Induktionstiegelofen zum Schmelzen von Aluminium ist ein auf dem Markt eingeführtes Produkt, allerdings beträgt hier das größte bisher realisierte Fassungsvermögen 16 t bei einer Ofenleistung von 4000 kW. Die klassischen Gasöfen in Aluminiumhalbzeugwerken fassen bis zu 100 t und darüber. Otto Junker hat daher in einem ersten Schritt Konzeptstudien und Berechnungen zu einem Tiegelofen mit einem Fassungsvermögen von 70 t (**Bild 5**) durchgeführt, die entsprechenden Daten sind:

> Fassungsvermögen: 70 000 kg
> Schmelzleistung: 16 t/h
> Wirkungsgrad: 55 bis 58 %
> Wandstärke der feuerfesten Zustellung: 500 mm

Ein entsprechendes Upscaling der bestehenden Technologie erscheint auch unter Berücksichtigung konstruktiver Aspekte mit vertretbarem Risiko möglich.

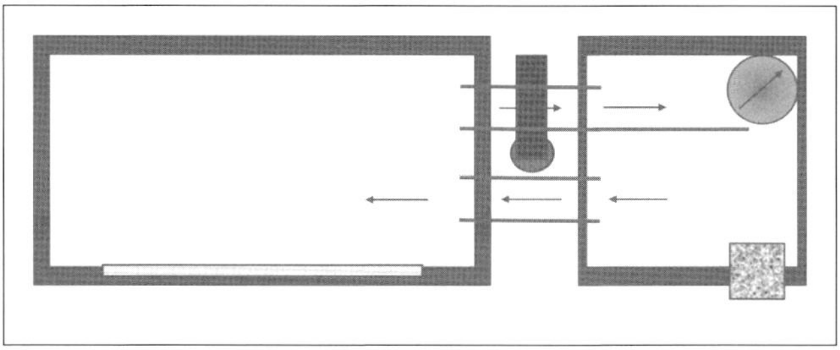

Bild 8: Zweikammerofen mit Umwälzpumpe (z.B. mechanische Pumpe, oben rechts) und zwischen den Kammern angeordneter Kanalinduktorheizung.

Alternativ wurden Konzeptstudien hinsichtlich einer Umrüstung bestehender Herdschmelzöfen mit ein oder zwei Kammern auf eine induktive Beheizung durchgeführt. **Bild 6** zeigt zum Beispiel schematisch einen klassischen Zweikammerofen, bei dem über einen außen liegenden Kanal mittels einer elektromagnetischen Pumpe (EMP) das flüssige Aluminium umgepumpt wird; die Pfeile zeigen die Fließrichtung. Anstelle der heute im Hauptherd verwendeten Brenner wird hier die Wärmeenergie nach dem Rinneninduktionsprinzip mittels eines um die Rinne herum angeordneten Induktors erzeugt. **Bild 7** zeigt die gleiche Anordnung, allerdings kommt hier ein Tiegelinduktor zum Einsatz. Der Unterschied zwischen den Lösungen besteht darin, dass die Rinneninduktionsanordnung einen höheren Wirkungsgrad als der Tiegelinduktor aufweist, letzterer jedoch eine wesentlich höhere Energiedichte ermöglicht. Somit wäre die erste Anordnung vornehmlich für Warmhalteöfen, die zweite eher für Schmelzöfen geeignet. Ferner ermöglicht die oben erläuterte elektromagnetisch bewirkte Schmelzbadbewegung das abbrandarme Einschmelzen von feinstückigem Gut. Eine Variante der Rinneninduktoranordnung zeigt **Bild 8**: Hier ist der Induktor zwischen den Ofenkammern angeordnet, die notwendige Schmelzeumwälzung könnte durch eine mechanische Umwälzpumpe erfolgen, die kommerziell erhältlich ist. Für die zuvor genannten Konzepte sind entsprechende Schutzrechte angemeldet.

Bei den gezeigten Beispielen wurde als Ausgangspunkt der Überlegungen ein Zweikammerofen gewählt, weil bei diesem eine externe Rinne (sidewell) mit Pumpenumlauf übliches Ausstattungsmerkmal ist. Prinzipiell lassen sich die genannten Anordnungen jedoch auch bei einem Einkammer-Herdofen anwenden. Schließlich sei noch erwähnt, dass bei einem entsprechenden Umbau die vorhandenen Brenner auch vorerst beibehalten werden können, sodass dann für eine Übergangszeit ein hybrides Schmelzaggregat zur Verfügung steht, um z. B. bei stark fluktuierenden Strom- oder Gaspreisen die jeweils wirtschaftlich günstigere Energieform nutzen zu können.

Fazit

Generell sind die überwiegende Anzahl der in deutschen Aluminiumhalbzeugwerken betriebenen Schmelzöfen fossil beheizt und damit unmittelbare Erzeuger von Treibhausgasen. Es ist offensichtlich, dass sich diese Situation zum Erreichen der durch die Politik gesteckten Klimaziele grundlegend verändern muss. Dies ist nur möglich, wenn der Verbrauch von fossilen Energien und damit von Erdgas drastisch reduziert wird. Eine Möglichkeit wäre der Einsatz von mit grünem Wasserstoff betriebenen Brennern. Da jedoch die Erzeugung von Wasserstoff mittels aus Erneuerbaren Energien erzeugtem Strom durch einen mäßigen Wirkungsgrad gekennzeichnet ist, bietet es sich an, diese elektrische Energie direkt zum Schmelzen einzusetzen. Hinsichtlich der hier in Rede stehenden Schmelzleistungen kommt dazu nur das induktive Schmelzen infrage. Entsprechende Konzepte, auch zum Nachrüsten bestehender Ofengefäße, wurden vorgestellt.

Zum Einschmelzen organisch kontaminierter, zumeist feinstückiger Aluminiumschrotte werden nach jetzigem Stand der Technik neben klassischen Salzbaddrehtrommelöfen vornehmlich fossil beheizte Zweikammerherdöfen eingesetzt. Hinsichtlich Krätzebildung und Metallverlust ist diese Lösung bekanntermaßen kompromissbehaftet. In dieser Hinsicht vorteilhafter ist die Trennung der Schritte Pyrolyse und Einschmelzen. Dies wird auch im Produktionsmaßstab bereits vereinzelt praktiziert, wobei für die Pyrolyse ein fossil betriebener Drehrohrofen und für das Schmelzen ein fossil betriebener Herdofen zum Einsatz kommen. Mit Bezug auf den vorstehenden Absatz wird vorgeschlagen, auch hier als Schmelzaggregat einen mit grünem Strom betriebenen Induktionstiegelofen einzusetzen, der zusätzlich gegenüber einem Herdofen bei feinstückigem Schrott noch Vorteile hinsichtlich des Metallverlustes bietet. Wird der vorgeschaltete Drehrohrofen zusätzlich mit grünem Wasserstoff betrieben, wäre das Recycling der besagten Schrotte ohne jeglichen brennstoffbedingten CO_2-Ausstoß möglich.

www.otto-junker.com/de

Daniel Rader, Wilfried Schmitz, Christof Dahmen, Peter Uerlichs, Tobias Mertens; Otto Junker GmbH, Simmerath

Der Beitrag erschien erstmals in der Zeitschrift Aluminium, Vol. 99, Mai 2023, S. 74-79.

Literatur

[1] http://www.international-aluminium.org/statistics/greenhouse-gas-emissions-aluminium-sector.

[2] http://www.volker-quaschning.de/datserv/CO$_2$-spez/index_e.php.

[3] http://de.statista.com/statistik/daten/studie/197960/umfrage/produktion-von-primaer-und-sekundaeraluminium-in-deutschland.

[4] Schwalbe, M.: Grundlagen und Möglichkeiten der Verarbeitung von höher kontaminierten Aluminiumschrotten, Erzmetall (2011), Nr. 3, S. 157-162.

[5] Dittrich, R., Friedrich, B., Rombach, G., Steglich, J., Pichat, A.: Understanding of Interactions Between Pyrolysis Gases and Liquid Aluminium and their Impact on Dross Formation, TMS 2017 – Light Metals, San Diego, USA, pp. 1457-1464.

2.5 Mit Sekundärlegierungen nachhaltig und kosteneffizient produzieren

Die nachhaltige Produktion von Aluminiumrädern voranzutreiben, ist das Ziel des Forschungsprojekts SUPA-Wheel (Sustainable Production of Aluminium Wheels). Für das Verbundvorhaben an der Fachhochschule Dortmund haben sich die Unternehmen Borbet GmbH, Trimet Aluminium SE, Jordan Spritzgusstechnik und das Fraunhofer Institut für Gießerei-, Composite- und Verarbeitungstechnik (IGCV) zusammengeschlossen, um ein Rad zu entwickeln, das die technischen, ökonomischen und ökologischen Anforderungen der Hersteller für unterschiedliche Antriebsstränge erfüllt.

FOTO: FOTOLIA

Von Tobias Beyer, Robert Kleinhans

Dazu erarbeiten die Partner eine branchen- und materialübergreifende Entwicklungs- und Konstruktionsmethodik, mit der sich zu Beginn und während des Produktentwicklungsprozesses die CO_2-Bilanz eines Produkts berechnen und gegebenenfalls optimieren lässt. CO_2-Emissionen sollen reduziert und, soweit möglich, vermieden werden. SUPA-Wheel ist Anfang 2023 gestartet und soll bis Ende 2025 abgeschlossen sein.

Tabelle 1: **Legierungszusammensetzungen von vorlegiertem A365 (AlSi7Mg0,3) und vier darauf basierender Derivate.**

Legierung	Si [Gew.%]	Fe [Gew.%]	Cu [Gew.%]	Mn [Gew.%]	Mg [Gew.%]	Zn [Gew.%]	Andere [Gew.%]
300-0140	7,18	0,11	0,01	0,03	0,30	0,01	92,36
300-0141	7,17	0,15	0,05	0,05	0,31	0,09	92,18
300-0142	7,18	0,35	0,09	0,09	0,30	0,09	91,90
300-0143	7,22	0,35	0,15	0,14	0,31	0,14	91,69
300-0144	7,27	0,52	0,29	0,28	0,31	0,30	91,03

Einsatz von Recyclingmaterial

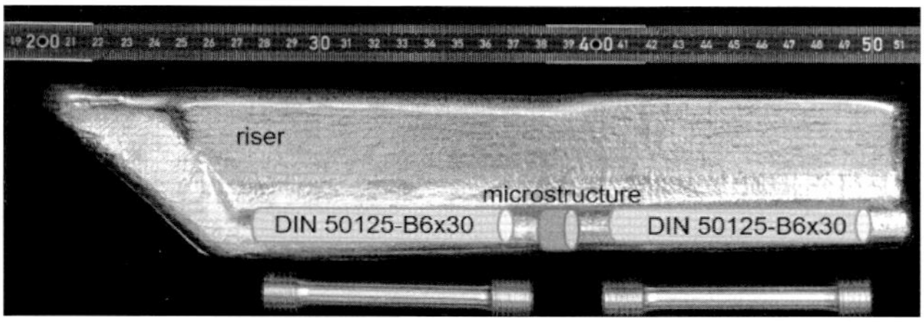

Bild 1: Probengeometrie.

FOTOS UND GRAFIKEN: TRIMET, FRAUNHOFER IGCV

Der Einsatz von sortenreinem Recyclingmaterial kann die CO_2-Bilanz von Aluminiumrädern erheblich verbessern, etwa wenn bei der Herstellung ausschließlich Alträder desselben Herstellers zum Einsatz kommen. Was wie ein idealer Stoffkreislauf scheint, mindert jedoch das Potenzial der Recyclingraten und lässt kaum eine dynamische Entwicklung zu. Eine bessere Option ist, auch Aluminiumschrotte außerhalb des spezifischen Produktkreislaufs für die Nutzung verfügbar zu machen. Voraussetzung dafür ist, das Recyclingmaterial vorab durch laserbasierte spektroskopische Online-Messverfahren zu sortieren. Denn der Einsatz beliebigen Recyclingmaterials ohne vorherige spektroskopische Sortierung führt zur Beeinflussung der Eigenschaften des Aluminiums und damit der Kennwerte. Aus diesem Grund muss der Recyclingprozess beim Räderhersteller und beim Aluminium-Lieferanten separat und in Kombination betrachtet werden. Hier gilt es, die optimale Lösung zu wählen, welche die CO_2-Emissionen ebenso berücksichtigt wie die Materialanforderungen und die Kosten.

Eine wesentliche Einflussgröße für die optimale Werkstoffgestaltung bildet das Raddesign. Gleichzeitig hängt das Design von den Materialeigenschaften ab. So kann beispielsweise die Materialzusammensetzung die Festigkeit verändern. Ein angepasstes Raddesign kann diesen Effekt kompensieren, führt aber womöglich dazu, dass die Radmasse zunimmt, wodurch der Materialeinsatz steigt und damit auch der Kraftstoffverbrauch im Betrieb. Die Konsequenz wären erhöhte statt verringerte CO_2-Emissionen. Deshalb gilt es auch hier, einen Kompromiss zu finden, der in den Produktionsprozessen Effekte vermeidet, die CO_2-Emissionen bewirken. Änderungen der Materialzusammensetzung können Einfluss nehmen auf die Fertigungstemperaturen und -zeiten, auf Gießtemperatur und Erstarrungszeit, auf die Temperatur und Dauer der Lösungsglühung und der Wärmebehandlung. Solche Veränderungen des Prozesses beeinflussen die CO_2-Emissionen und damit die Lebenszyklusemissionen, deren Minimierung das Ziel der Optimierung ist. Das Forschungsprojekt untersucht diese unterschiedlichen Aspekte als multidimensionale Einflussmatrix im Hinblick auf die beste Kombination.

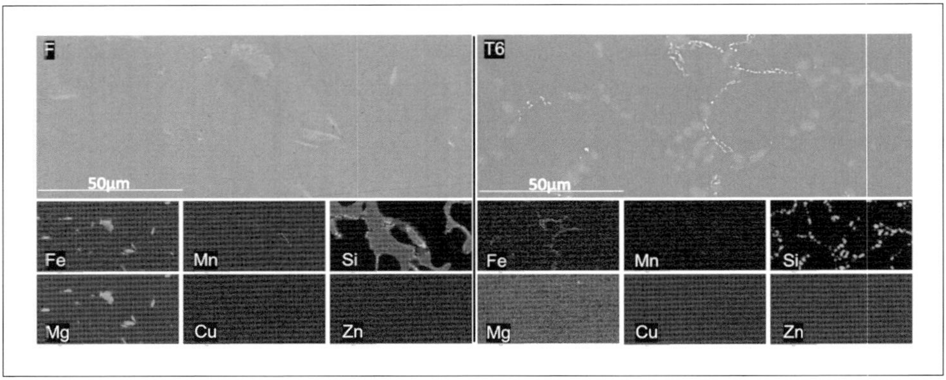

Bild 2: Mikrostruktureigenschaften für den F- und T6-Zustand von 300-0140.

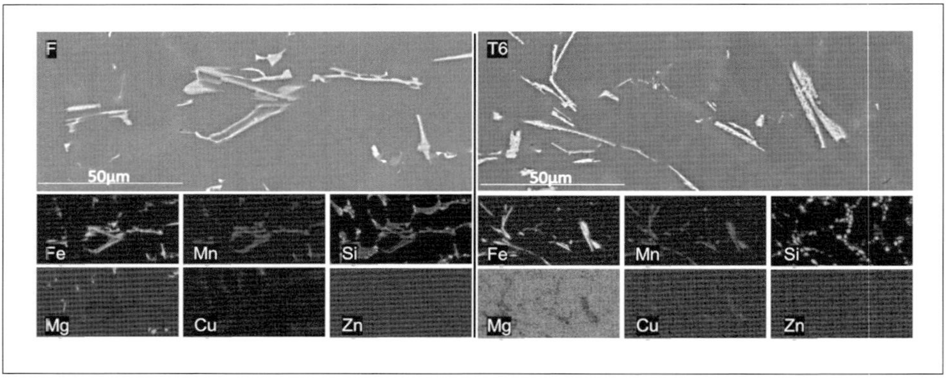

Bild 3: Mikrostruktureigenschaften für den F- und T6-Zustand von 300-0144.

Lebenszyklusanalyse für die Produktentwicklung nutzbar machen

Die CO_2-Minimierung über den gesamten Lebenszyklus von der Entwicklung und Produktion über die Nutzungsphase bis zur Wiederverwertung ist ein gesellschaftliches Anliegen und eine Forderung der Automobilhersteller. Deshalb nimmt das Projekt nicht nur die CO_2-Emissionen im Lebenszyklus des zu entwickelnden Rades in den Blick, sondern integriert die Lebenszyklusanalyse (LCA) in den Entwicklungsprozess. So kann die LCA auch in die zukünftige Produktentwicklung einfließen. Neben dem Prozess wollen die Projektpartner auch einen LCA-optimierten Recyclingwerkstoff für Gusslegierungen entwickeln (beispielsweise durch die Wiederverwertung von End-of-Life-Schrotten), der optimale Werkstoffkennwerte für ein stark belastetes Bauteil mit hohen Ansprüchen an Oberflächenqualität und akustische Eigenschaften bietet. Trimet übernimmt dabei die Entwicklung, Charakterisierung und Produktion von recyclingfähigen und auf Recyclingmaterial basierenden Materialien zur Produktion von Rädern im Niederdruckgussverfahren (ND-Guss).

Mithilfe einer DoE-basierten Entwicklungsmethodik werden Gleichgewichts-, Gefüge- und Eigenschaftssimulationen, Laborabgüsse und spezifische Wärmebehandlungen bewertet. Mit einem anschließenden Eigenschaftsscreening gelingt es so, sich der Legierung, die den Anforderungen optimal entspricht, iterativ zu nähern. Neben entsprechenden Vorbehandlungs- und Reinigungsmaßnahmen des Materials werden die unterschiedlichen Entwicklungslegierungen erschmolzen und der maximal mögliche Rezyklatanteil ermittelt. Darüber hinaus untersucht Trimet legierungstechnische Maßnahmen, um das geforderte Eigenschaftsprofil abzubilden. Die aussichtsreichsten Legierungen stellt Trimet sodann im Vorserien- und Produktionsmaßstab mittels Strangguss her. Die Projektpartner verarbeiten die Legierungen dann im entsprechenden Maßstab mittels ND-Guss weiter. Übergeordnetes Ziel des Teilvorhabens ist es, ein fundamentales Verständnis der relevanten Wechselwirkungen zwischen Prozessparametern und deren Auswirkungen auf die technologischen Eigenschaften der Sekundärmaterialien entlang der gesamten Prozesskette zu gewinnen.

Um die Eignung von Schrottmaterial insbesondere für Niederdruckgussräder zu belegen, haben Trimet und das Fraunhofer IGCV definierte Legierungszusammensetzungen untersucht. Ziel war es, die Wirkung erhöhter Konzentrationen bisher unerwünschter Legierungselemente zu verstehen. Der Einfluss erhöhter Mengen an Fe, Cu und Zn wurde unter besonderer Berücksichtigung der Phasenbildung bewertet. Die Konzeption der Legierungen orientierte sich an den Empfehlungen zur Kompensation unerwünschter Nebenwirkungen durch die eingebrachten Legierungselemente. Angestrebt wurde ein Fe:Mn-Verhältnis von 2:1 [1], gleichzeitig wurden die Empfehlungen von J. A. Taylor zum kritischen Fe-Gehalt für AlSi-basierte Legierungen berücksichtigt [2]. Ein kombinierter Ansatz aus thermodynamischer Berechnung, mikrostruktureller Untersuchung und mechanischer Prüfung sollte die Eignung nachweisen und gleichzeitig die mikrostrukturellen Ursprünge der beobachteten Effekte aufzeigen. Die Untersuchungsergebnisse geben erste Antworten auf die Frage, ob eine gezielte Wärmebehandlung die Bildung schädlicher Phasen kompensieren kann.

Vorlegiertes A365 (AlSi7Mg0,3) und vier darauf basierende Derivate wurden durch Kokillenguss mit verschiedenen Zusammensetzungen (Tabelle 1) hergestellt. Proben für statische Zugversuche (Form B6x30 nach DIN 50125, gefertigt mittels CNC-Drehen) und Proben für mikroskopische Analysen (Höhe 15 mm, Durchmesser 20 mm) wurden aus Gussstäben (**Bild 1**) entnommen. Die Proben wurden im Gusszustand (F) und im wärmebehandelten Zustand (T6) untersucht. Auf Basis der lichtmikroskopischen Untersuchung zeigten sich die größten Unterschiede zwischen der niedriglegierten Variante 300-0140 und der hochlegierten Variante 300-0144. Die Mikrostruktureigenschaften für den F- und T6-Zustand von 300-0140 (**Bild 2**) weisen eine typische Gussmikrostruktur mit einem fein verteilten Al-Si-Eutektikum zwischen den Dendriten auf. Es scheint, dass nur eine dominante Fe-reiche Phase in Form der Mg-haltigen p-Phase nachgewiesen werden kann. Cu- und Zn-reiche Phasen wurden nicht detektiert. Im T6-Zustand ist eine homogenere Struktur mit eingeformten Si-Partikeln erkennbar. Die p-Phase ist nicht mehr zu finden, es sind jedoch kleine b-Phasennetzwerke vorhanden. Cu- und Zn-reiche Phasen wurden auch in diesem Zustand nicht nachgewiesen.

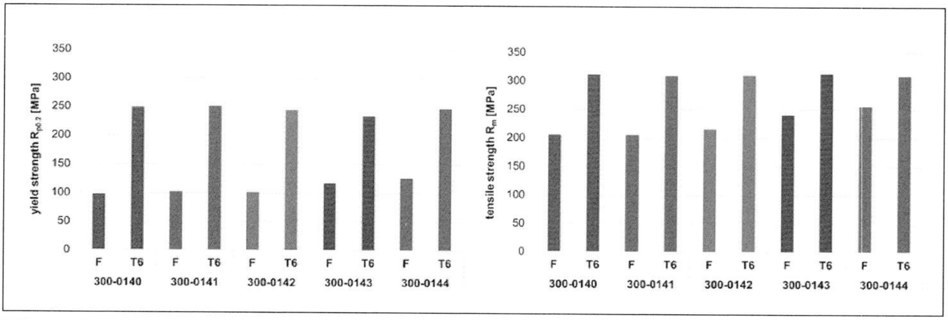

Bild 4: Streckgrenze und Zugfestigkeit.

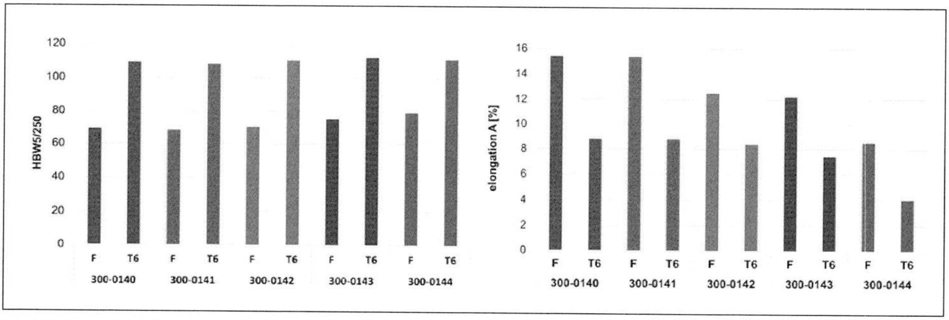

Bild 5: Brinellhärte und Bruchdehnung.

Bei der Legierungsvariante 300-0144 (**Bild 3**) scheint der eutektische Bereich des Materials im F-Zustand im Gegensatz zu 300-0140 von größeren a- oder b-Phasenplättchen dominiert zu werden. Das Al-Si-Eutektikum weist offensichtlich eine ähnliche Struktur auf, allerdings mit einem geringeren Gesamtphasenanteil. Es wurde festgestellt, dass die p-Phase einen geringeren Phasenanteil aufweist als die anderen Fe-Phasen und nicht so dominant in Erscheinung tritt wie in Variante 300-0140. Darüber hinaus gibt es auch Hinweise auf Cu-Phasen, bei denen es sich um Q-Phasen handelt. Sie sind von einem Saum umgeben, der hinsichtlich der Zusammensetzung als Q-Phase identifiziert werden kann. Zn-reiche Phasen wurden nicht nachgewiesen. Im Vergleich zum Gusszustand ist im T6-Zustand eine homogene Verteilung von Mg, Cu und Zn zu erkennen. Das deutet darauf hin, dass sich die Mg- und Cu-haltigen Phasen gelöst haben. Es sind immer noch a- und b-Phasen erkennbar, von denen einige in Kombination mit Cu auftreten. Die vorhandenen b-Phasen scheinen von der Homogenisierung jedoch weniger stark beeinflusst zu werden.

Eisen beeinflusst die mechanischen Eigenschaften

Die Versuche gaben auch Aufschluss über die mechanischen Eigenschaften. Die zugesetzten Legierungselemente bewirken eine Erhöhung von Streckgrenze Rp0,2 und Zugfestigkeit Rm im Gusszustand (**Bild 4**). Dieses Verhalten tritt im T6-Zustand nicht auf. Ein ähnliches Verhalten der Legierungsvarianten lässt sich auch anhand der Ergebnisse der Brinell-Härtemessung beobachten (**Bild 5**). Im Gusszustand halbiert sich die Bruchdehnung von knapp 15 % in der Grundlegierung auf 8 % in der hochlegierten Variante. Ein ähnliches Verhalten lässt sich für den T6-Zustand beobachten, wobei die ermittelten Werte von anfänglich 9 % auf 4 % abfallen.

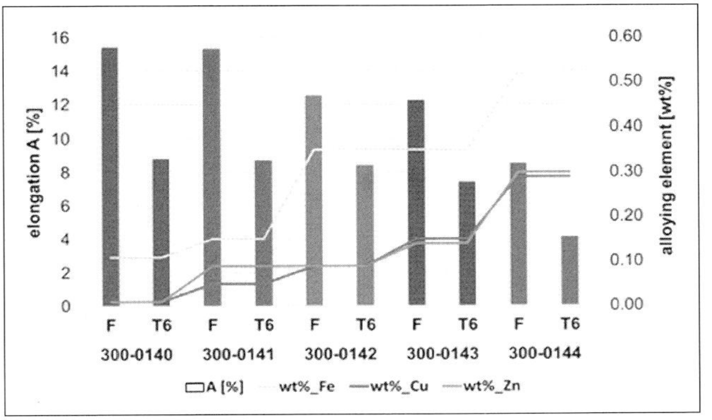

Bild 6: Duktilität.

Unabhängig von der Legierungsvariante bleiben HBW, Rp0,2 und Rm im T6-Zustand nahezu unbeeinflusst, mit zunehmendem Fe-Gehalt steigen die Kennwerte im F-Zustand jedoch leicht an. Fe hat sowohl im F- als auch im T6-Zustand den größten Einfluss auf A. Ein Fe:Mn-Verhältnis von 2:1 konnte den Großteil der b-Phasen nicht in a-Phasen umwandeln, wie es in der Literatur empfohlen wird [1]. In Anlehnung an Taylor [2] lässt sich für die vorliegende AlSi7Mg0,3-Legierung ein kritischer Fe-Gehalt von 0,475 Gew.% ermitteln. Taylor beschreibt diese Grenze als den Punkt, an dem sich die b-Phase vor der fcc-Al-Mischkristalllösung bildet, was zu einem unkontrollierten Wachstum von Fe-reichen Phasen führen kann. Insbesondere in 300-0144, dessen Fe-Gehalt über dem von Taylor vorgeschlagenen Grenzwert liegt, scheint eine Unterscheidung der b- und a-Phase allein anhand der mikroskopischen Form kaum möglich. Das wirft die Frage auf, ob die Grenzen von Mn für die Umwandlung von b-Phasen in a-Phasen erreicht sind.

Für die meisten untersuchten Proben ist der angewendete T6-Prozess geeignet, kann aber noch optimiert werden. Eine Anpassung ist insbesondere deshalb erforderlich, damit auch ein Material wie 300-0144 eine Mikrostruktur aufweist, die zu einer höheren Dehnung führt. Andere bekannte mikrostrukturelle Mechanismen wie die Verrundung von Si-Partikeln und die Lösung von Cu-reichen Phasen lassen sich mit dem gewählten T6-Prozess unabhängig von der Legierungsvariante erzielen. Schließlich scheint das erhöhte Zn nur einen vernachlässigbaren Einfluss auf die mechanischen Eigenschaften zu haben und keine hierfür schädlichen Phasen zu bilden. Die durchgeführten Untersuchungen haben bestätigt, dass Fe einen großen Einfluss auf die mechanischen Eigenschaften hat. Vor allem die Duktilität nimmt mit steigenden Fe-Gehalten ab (**Bild 6**). Der Einfluss von Cu und Zn ist im Vergleich zu Fe gering. Dies ist besonders wichtig im Hinblick auf den zunehmenden Einsatz von Schrottmaterial mit höheren Fe-Konzentrationen zur Herstellung von Primärlegierungen als Schrottbasislegierungen.

Ausblick

Die gewonnenen Erkenntnisse bilden die Grundlage für die iterative Produktion weiterer diverser Sekundärlegierungen im Labormaßstab, die auch auf die Parameterkombination im Herstellungsprozess abzielen. Dazu gehören Schmelzereinigungsmaßnahmen und einstellbarer Recyclinggehalt sowie der Einsatz weiterer Legierungselemente zur Optimierung beziehungsweise Kompensation von Materialeigenschaften. Es werden außerdem Homogenisierungs- und Wärmebehandlungsparameter erarbeitet. Kalkulatorisch sind rund 30 Iterationsschritte vorgesehen. Alle erzeugten Varianten werden abschließend verglichen und nochmals hinsichtlich ihrer Eignung für den Projektfortlauf geprüft. Neben Härtemessung, Gefügeanalyse, statischer Zugprüfung und weiteren Beurteilungsmethoden werden auch dynamische Werkstoffversuche durchgeführt. Weitere Projektschritte sehen die Prüfung von optischen Eigenschaften sowie Gießeigenschaften (Gießspirale nach Sipp, Sternkokille) und Korrosionseigenschaften vor. Ziel ist die Fertigung einer Niederdruckguss-Kokille für den Demonstrator, der Abguss des Demonstrators unter Berücksichtigung der Fertigungsparameter und die anschließende Fertigung der Räder im Vorserienmaßstab.

Der zum Abschluss gefertigte Prototyp durchläuft dann eine Dauerhaltbarkeitsuntersuchung und Modalanalysen am Prüfstand und wird bei einem Fahrtest auf einer Teststrecke erprobt.

Die Autoren danken dem Bundesministerium für Wirtschaft und Klimaschutz, das die Forschungsaktivitäten im Rahmen des Projektes SUPA-Wheel (03LB2054) durch einen Beschluss des Bundestages finanziell unterstützt.

*www.trimet.eu, www.igcv.fraunhofer.dewww.trim*et.eu, www.igcv.fraunhofer.de

Tobias Beyer, stellvertretender Leiter Forschung & Entwicklung, TRIMET Aluminium SE, Robert Kleinhans, wissenschaftlicher Mitarbeiter, Fraunhofer IGCV.

Literatur

[1] F. Ostermann (2014), Anwendungstechnologie Aluminium, 3rd edition, Springer Vieweg, Berlin, p 437-440.

[2] J. A. Taylor (2004), The effect of iron in Al-Si casting alloys, In 35th Australian foundry institute national conference, Casting Concepts, p 148-157.

Notizen

3 Weitere NE-Gusswerkstoffe (Kupfer, Zinn, Zink, Blei)

3.1 Normen

DIN EN ISO 8062	Geometrische Produktspezifikation (GPS) – Form- und Lagertoleranzen für Formteile, 2008, Teile 1 und 3
DIN EN 1412	Kupfer und Kupferlegierungen – Europäisches Werkstoffnummersystem, 2017
DIN EN 1981	Kupfer und Kupferlegierungen, Vorlegierungen, 2003
DIN EN 1982	Kupfer und Kupferlegierungen, Blockmetalle und Gussstücke, 2017
DIN EN 1774	Zink und Zinklegierungen – Gusslegierungen – in Blockform und in flüssiger Form, 1997
DIN EN 12844	Zink und Zinklegierungen – Gussstücke Spezifikationen, 1999
DIN EN 1559-6	Gießereiwesen – Technische Lieferbedingungen, Teil 6: Zusätzliche Anforderungen an Gussstücke aus Zinklegierungen, 1999
DIN EN 610	Zinn und Zinnlegierungen – Zinn in Masseln, 1995
DIN EN 611-1	Zinn und Zinnlegierungen – Zinnlegierungen und Zinngerät, Teil 1: Zinnlegierungen, 1995
DIN EN 611-2	Zinn und Zinnlegierungen – Zinnlegierungen und Zinngerät, Teil 2: Zinngerät, 1996
DIN EN 12402	Blei und Bleilegierungen – Probenahme für die chemische Analyse, 1999
DIN EN 12659	Blei und Bleilegierungen – Blei, 1999

3.2 Rotguss und Bronze – Werkstoffe mit Tradition und Zukunft

Rotguss und Bronze sind bewährte Materialien für die Schwimmbadtechnik, da sie sich durch eine hohe Formstabilität und eine lange Lebensdauer auszeichnen. Die Hugo Lahme GmbH kennt sich mit diesen Werkstoffen und ihren technischen Anforderungen besonders gut aus, denn sie verarbeitet die Kupferlegierungen bereits seit 1945.

GRAFIK: EUROPA-PARK GMBH

Attraktive Unterwasserbeleuchtung wird auch im Rulantica im Europa Park durch Unterwasserscheinwerfer mit Gehäusen aus Rotguss und Bronze ermöglicht.

Von Lisa Hamann, Alexander Ischebeck

Bei Rotguss und Bronzelegierungen handelt es sich um Kupferlegierungen, die in vielen technischen Produkten Verwendung finden. Besonders beliebt sind sie für den Einsatz in der Schwimmbadtechnik. Rotguss kommt dabei bevorzugt in Chlorwasser-Schwimmbecken zum Einsatz. Bronze dagegen findet vorwiegend bei Pools mit höherem Salzgehalt oder auch bei Thermalbecken Anwendung.

Rotguss und Bronze

FOTOS: LAHME

Bild 1: Ein besonderes Produkt: ein Skimmer als Rohteil vor der Bearbeitung.

Rotguss ist eine Legierung mit einem Kupferanteil von 83 bis 86 %, einem Zinnanteil von 4,2 bis 6 %, einem Zinkanteil von 4,5 bis 6.5 % sowie einem Bleianteil von 4,2 bis 5,8 %. Bei Bronze handelt es sich um eine Legierung mit einem Kupferanteil von 88,5 bis 90,5 % und einem Zinnanteil von 9,3 bis 11 %. Das seit über 10 000 Jahren bekannte Kupfer ist also ein wesentlicher Bestandteil der modernen Schwimmbadtechnik.

Noch nicht ganz so lange, aber immerhin bereits seit fast 80 Jahren, gießt und verarbeitet die Hugo Lahme GmbH aus dem westfälischen Ennepetal diese Legierungen. Neben den Produkten für die Schwimmbadtechnik stellt sie auch Bauteile für weitere Unternehmen aus unterschiedlichen Industriezweigen her. Zu nennen sind unter anderem der Maschinenbau, die Feuertechnik sowie die Schiffsindustrie.

Einbauteile für die perfekte Schwimmbadnutzung

Damit ein hochwertiges Schwimmbad im Privatbereich betrieben werden kann, werden diverse Einbauteile benötigt. Diese werden gerne aus Rotguss oder Bronzelegierungen hergestellt. Hierzu gehört zum Beispiel ein Oberflächenabsauger, auch Skimmer (**Bild 1**) genannt. Über den Skimmer werden Schmutzstoffe auf der Wasseroberfläche erfasst und dem Filtersystem zugeführt. Die Anzahl der Oberflächenabsauger ist abhängig von der Form und der Größe des Beckens sowie von der Umwälzleistung der Filteranlage. Ein weiteres Einbauteil für ein Schwimmbad ist die sogenannte Einlaufdüse, über die das gefilterte Wasser wieder zurück in das Schwimmbecken gelangt. Um eine gleichmäßige und effektive Durchströmung des gesamten Schwimmbeckens zu erzielen, muss der Durchmesser der Einlaufkugel entsprechend der Anzahl der Düsen und der Filterleistung ausgelegt sein. Das Gegenstück zu den Einlaufdüsen sind die Bodenabläufe. Sie dienen in erster Linie zur Entleerung des Schwimmbeckens und werden daher am tiefsten Punkt in der Beckensohle eingesetzt. Oftmals werden diese Einbauteile direkt mit in die Betonwand eines Beckens eingegossen. Hier gewährt die optimale Verbindung und Haftung der Materialien Rotguss und Bronze in Beton zusätzlich höchste Formstabilität in der ersten Bauphase.

Bild 2: Pumpen aus Rotguss oder Bronzelegierungen treiben diese Gegenstrom-Schwimmanlage an.

Für die sportliche Herausforderung oder eine entspannende Massage werden gerne Gegenstrom-Schwimmanlagen (**Bild 2**), Massagesysteme, Luftsprudelanlagen und Wasserattraktionen wie Schwallduschen oder Wasserkanonen verbaut. Alle diese Systeme eint, dass sie hervorragend mit Rotguss- oder Bronzepumpen angetrieben werden können. Auch bei Einbauteilen für die Beleuchtung von Schwimmbädern wird gerne auf diese Materialien zurückgegriffen. Bevorzugt werden sie für die Gehäuse der Unterwasser-Scheinwerfer verwendet und helfen so bei einer effektvollen Beleuchtung und Illumination von Badelandschaften (s. Eingangsbild).

Rotguss für Chlorwasser-Schwimmbecken

Alle genannten Einbauteile in einem Schwimmbecken unterliegen einer ständigen Belastung und befinden sich in einer herausfordernden Umgebung. Dementsprechend hohe Ansprüche werden an die verwendeten Materialien gestellt. Rotguss und Bronze sind für die Schwimmbadtechnik hervorragende Materialien, da sie korrosionsbeständig und besonders langlebig sind. Maßgeblich für die Entscheidung, welcher der beiden Werkstoffe im Pool verwendet wird, sind die Einsatzbedingungen und die Zusammensetzung des Schwimmbadwassers.

Die von Hugo Lahme gefertigten Rotguss-Einbauteile sind langjährig bewährt und für die üblichen Bedingungen in einem Privatschwimmbad völlig ausreichend. Rotguss ist ein korrosionsbeständiges Material mit einer hohen Härte und Verschleißfestigkeit, wodurch es starken Belastungen standhält. Dennoch ist Rotguss leicht zu bearbeiten, was ihn ebenso für viele Fertigungsprozesse geeignet macht. Um den hohen Anforderungen der Trinkwasserverordnung gerecht zu werden, kann auch auf eine bleiarme Variante zurückgegriffen werden, die alle Anforderungen an REACH und RoHS erfüllt. Speziell in einem klassischen Schwimmbad mit Chlorwasser sind die Rotguss-Einbauteile bei einen Chlorgehalt bis 1,0 mg/l, einem Chloridgehalt bis 500 mg/l und einem pH-Wertbereich von 6,5 bis 9,5 gut einsetzbar. Rotguss wird hier bevorzugt verwendet, unter anderem da es im Vergleich zu Bronzelegierungen etwas preiswerter ist.

Bild 3: Einbauteile aus Rotguss oder Bronze für Schwimmbäder werden bei Hugo Lahme im Sandgießverfahren hergestellt.

Bronzelegierungen bei höherem Salzgehalt

Neben dem klassischen Schwimmbad mit Chlorwasser werden heutzutage vermehrt Schwimmbäder mit einem höheren Salzgehalt betrieben. „Baden wie im Meer" ist ein Wunsch, den viele Poolbesitzer haben. Gleichzeitig bewirken auch bestimmte Desinfektionsanlagen für das Poolwasser eine Aufsalzung, was zu einer erhöhten Korrosionsanfälligkeit der Einbauteile führen kann. Deshalb sollte bei der Planung eines Schwimmbeckens immer im Vorfeld geklärt werden, welche Zusammensetzung das Poolwasser haben wird und vor allem mit welcher Salzkonzentration zu rechnen ist. Ein höherer Salzgehalt stellt zwangsläufig besondere Anforderungen an die Einbauteile und somit auch an die dort verbauten Gussartikel.

Bei Schwimmbadwässern mit hohem Salzgehalt wird vorwiegend Bronze als Material für alle Einbauteile empfohlen. Bronzelegierungen sind verschleißfeste sowie harte Werkstoffe. Die Zerspanung ist im Vergleich zu Rotguss schwieriger, dennoch möglich. Sie ragen durch eine sehr gute Korrosionsbeständigkeit insbesondere gegen Meerwasser heraus. Sie sind resistent gegenüber einem Salzgehalt bis maximal 6 % bei gleichem pH-Wertbereich von 6,5 bis 9,5 wie Rotguss.

Weitere Zusätze optimieren die Eigenschaften der Kupfer-Zinn-Legierungen: Nickel erhöht die Festigkeit und wird z. B. für stärker beanspruchte Lager eingesetzt. Blei dient der leichteren Zerspanbarkeit und einer besseren Notlaufeigenschaft.

Rotguss und Bronze für die Umwelt

Der Umweltschutz ist neben den hervorragenden Materialeigenschaften für den Einsatz von Rotguss und Bronze in der Schwimmbadtechnik ein weiteres wichtiges Argument. Alle verwendeten Materialien lassen sich problemlos recyceln, und zwar komplett ohne Qualitätseinbußen. Rund 80 % des geförderten Kupfers gehen dank des Recyclings wieder zurück in den Kreislauf. Dies bedeutet gleichzeitig eine Energieeinsparung von rund 20 %. Die Langlebigkeit der Materialien dient dem Umweltschutz zusätzlich.

Alleinstellungsmerkmal in der Schwimmbadwelt

Mit der Herstellung von Gussprodukten aus Rotguss und Bronze in der eigenen Gießerei hält Hugo Lahme in der Schwimmbadwelt fast ein Alleinstellungsmerkmal inne. Es gibt nur noch einige wenige Hersteller in der Schwimmbadbranche, die ihre Produkte in der ganzen Prozesskette selbst herstellen. Vom Modellbau über die eigene Putzerei bis hin zur mechanischen Bearbeitung und Endmontage können alle Schritte in Eigenregie bewältigt werden (**Bild 3**). Dies garantiert „Made in Germany“. In Zeiten der Coronapandemie, als die Lieferketten gestört waren und die Waren nicht oder nur mit großer Verzögerung nach Deutschland importiert werden konnten, wurde der Unterschied zwischen Herstellern und Billigimporteuren deutlich sichtbar. Als Hersteller war Hugo Lahme jederzeit lieferfähig und konnte seinen guten Ruf als Qualitätsanbieter wieder einmal bestätigen.

www.lahme-metallguss.de

Lisa Hamann, Vertrieb Schwimmbadtechnik und Alexander Ischebeck, Vertrieb Kundenguss, Hugo Lahme GmbH, Ennepetal.

Notizen

4 Druckguss

4.1 Normen

DIN EN ISO 8062	Geometrische Produktspezifikation – Maß-, Form- und Lagetoleranzen für Formteile, 2008, Teile 1 und 3
DIN 1742:1971	Zinn-Druckgusslegierungen – Druckgussstücke
DIN EN 1706:2021	Aluminium und Aluminiumlegierungen – Gussstücke, Chemische Zusammensetzung und mechanische Eigenschaften
DIN EN 1676:2020	Aluminium und Aluminiumlegierungen – Legierte Masseln zum Wiedereinschmelzen – Spezifikationen
DIN EN 601:2004	Aluminium und Aluminiumlegierungen – Gussstücke, Chemische Zusammensetzung von Gussstücken, die in Kontakt mit Lebensmitteln kommen
DIN EN 577:1995	Aluminium und Aluminiumlegierungen – Flüssigmetall, Spezifikationen
DIN EN 1559 Teil 4:2015	Gießereiwesen – Technische Lieferbedingungen – Zusätzliche Anforderungen an Gussstücke aus Aluminiumlegierungen
DIN EN 1559 Teil 5:2017	Gießereiwesen – Technische Lieferbedingungen – Zusätzliche Anforderungen an Gussstücke aus Magnesiumlegierungen
DIN EN 1753:2019	Magnesium und Magnesiumlegierungen – Blockmetall und Gussstücke aus Magnesiumlegierungen
DIN EN 1982:2017	Kupfer und Kupferlegierungen, Blockmetalle und Gussstücke, November 2017
DIN EN 1774:1997	Zink und Zinklegierungen – Gusslegierungen – in Blockform und in flüssiger Form
DIN EN 12844:1999	Zink und Zinklegierungen – Gussstücke, Spezifikationen
DIN EN 1559-6:1999	Gießereiwesen – Technische Lieferbedingungen, Teil 6: Zusätzliche Anforderungen an Gussstücke aus Zinklegierungen
DIN EN 869:2009	Sicherungsanforderungen an Metall-Druckgießanlagen
ISO 16220:2017	Magnesium and magnesium alloys – Magnesium alloy ingots and castings

4.2 Additive Fertigung als zukunftsweisende Reparaturtechnologie

Ein hoher Kostenfaktor im Druckgießprozess ist der Verschleiß des Gießbehälters mit seinen entsprechenden Zubehörteilen. Mit speziellen Legierungen soll die Instandsetzung ohne Durchmesserveränderung sowie eine bessere Verschleißbeständigkeit erreicht und damit auch die mögliche Schusszahl erhöht werden.

FOTOS UND GRAFIKEN: RWTH AACHEN

Reparatur der Innenfläche eines Gießbehälters mittels Lasercladding.

Von Marie Bode, Gerhard Schoch

Magnesiumdruckgussprodukte gewinnen in der fortschreitenden Entwicklung der Leichtbauindustrie zunehmend an Bedeutung. Eine Vielzahl kleiner Magnesiumbauteile mit geringem Schussgewicht werden aufgrund ihrer hohen Produktivität im Warmkammerverfahren hergestellt. Dabei unterliegt der Gießbehälter, insbesondere die Kolbenlauffläche, erheblichen thermischen und mechanischen Belastungen.

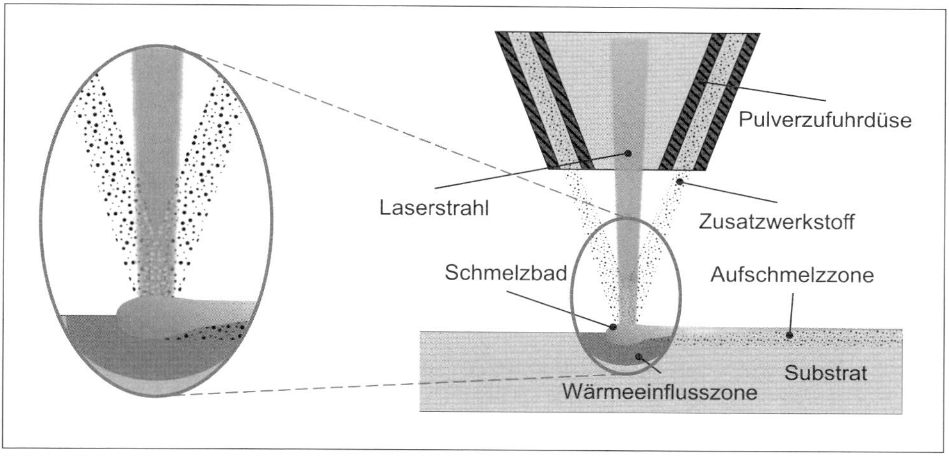

Bild 1: Schematische Darstellung des Prozesses des Lasercladding.

Herausforderungen

Die Gießtemperaturen von ca. 650 °C und die Bauweise von Warmkammermaschinen setzen den Gießbehälter permanent hohen Temperaturen aus. Mechanische Belastungen entstehen durch den hohen Gießdruck (200 - 400 bar) und die Kolbengeschwindigkeiten von bis zu 3 m/s. In Folge nutzt sich die Kolbenlauffläche ab, was zu einer ungleichmäßigen Form führt. Dadurch kann die Schmelze nicht mehr vollständig von den Kolbenringen abgedichtet werden und der nötige Druckaufbau wird verhindert. Die resultierende Verringerung der Gussqualität macht einen Gießbehälterwechsel erforderlich. Die derzeitige Lebensdauer eines Gießbehälters aus dem hochlegierten Stahl 1.2888 (X20CoCrWMo10-9) liegt zwischen 50 000 und 100 000 Schuss. Der Wechselprozess ist komplex und umfasst unter anderem die Vergrößerung des Innendurchmessers der Kolbenbohrung und damit den Einsatz angepasster Kolben und Kolbenringe. Dies wirkt sich nachteilig auf die Reproduzierbarkeit der Prozessparameter aus und kann zu erhöhtem Produktausschuss führen.

Neues Reparaturkonzept

Das aktuelle Forschungsprojekt, finanziert im Rahmen der Forschungsinitiative Technologietransfer-Programm Leichtbau des Bundesministeriums für Wirtschaft und Klimaschutz (BMWK), zielt darauf ab, diese Einschränkungen der Gießbehälternutzungsdauer zu überwinden. Mithilfe des additiven Fertigungsverfahrens Lasercladding (DED-LB/M) soll auf die Kolbenlauffläche Material appliziert werden, wodurch der Kolbenbohrungsdurchmesser konstant gehalten und der Verschleiß kompensiert werden sollen.

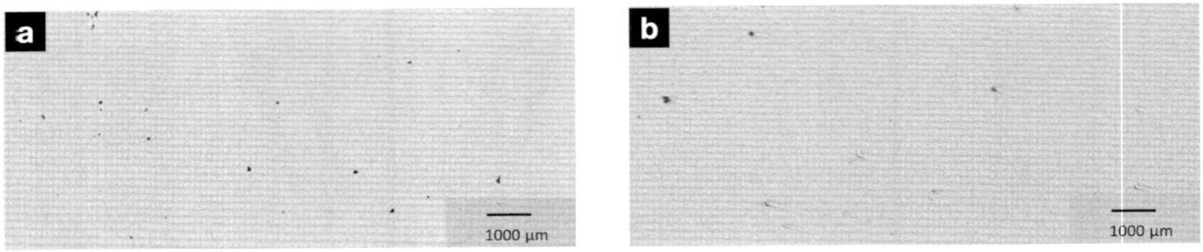

Bild 2: Mikroskopische Aufnahmen a) der Oberfläche eines Magnesiumgießbehälters, b) einer durch das Lasercladding erzeugten Schicht.

Das Lasercladding-Verfahren (DED-LB/M) wird in der vorgehonten Kolbenbohrung angewendet. Hierbei wird die Kolbenlauffläche durch Laserstrahlung lokal angeschmolzen, wobei sich ein Schmelzbad bildet (**Bild 1**). Parallel dazu erfolgt über eine Düse die präzise Zugabe eines pulverförmigen Zusatzwerkstoffs, der ebenfalls durch den Laserstrahl geschmolzen und gleichzeitig mittels eines Inertgases kontrolliert in das Schmelzbad eingebracht wird. Auf diese Weise verbindet sich das zugeführte Pulver schmelzmetallurgisch mit dem Substratwerkstoff und es entsteht eine hochwertige Stahlschicht, die die Oberfläche bzw. das Bauteil gegen Verschleiß und Korrosion schützt. Im Rahmen der Reparatur von Magnesiumgießbehältern handelt es sich bei diesem Zusatzwerkstoff um 1.2888 oder einen ähnlichen Warmarbeitsstahl.

Aufgrund der vielfältigen Einflussfaktoren dieses Prozesses wurden im Rahmen des Forschungsprojekts spezifische Parameter entwickelt, um eine geeignete Beschichtung mithilfe des Werkstoffs 1.2888 zu erzeugen. Damit eine Schicht als geeignete Beschichtung eingestuft werden kann, sollten ihre Eigenschaften denen des Gießbehälters ähneln. Der Vergleich zwischen einer aus einem Magnesiumgießbehälter entnommenen Probe und einer mittels Lasercladding erzeugten Schicht (**Bild 2**) zeigt, dass die Verteilung und die Größe der Poren in der erzeugten Schicht keine maßgeblichen Unterschiede aufweisen. Dies wird durch den Vergleich der ermittelten Dichte weiter bestätigt. Im betrachteten Bereich weist die Dichte der erzeugten Schicht mit 99,97 % sogar eine leichte Steigerung gegenüber der des Gießbehälters (99,91 %) auf. Der Mittelwert der gemessenen Härte der erzeugten Schicht liegt durch die rasche Abkühlung im Beschichtungsprozess mit 585 HV deutlich über den ermittelten 300 HV des Gießbehälters. Die Annahme ist, dass hierdurch der Verschleiß verringert und damit die Lebensdauer verbessert werden können.

Praxistests

Auf Basis dieser Erkenntnisse ist es nun möglich, die Kolbenlauffläche der Magnesiumgießbehälter durch eine erfolgreiche Beschichtung zu optimieren. Der Prozess einer Gießbehälterbeschichtung ist in **Bild 3** veranschaulicht. Bei einem Praxistest wurden Gießbehälter unter Serien-Einsatzbedingungen verbaut. Es zeigten sich beeindruckende Laufzeiten von über 120 000 Schuss, ohne dass dabei Qualitätsveränderungen an den Bauteilen festgestellt wurden. Somit erreicht die Laufzeit dieser beschichteten Gießbehälter mindestens das Niveau eines herkömmlichen, unbeschichteten Gießbehälters, wenn

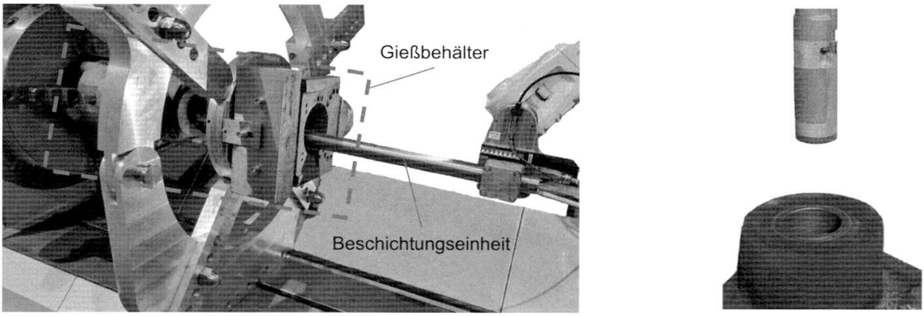

Bild 3: Darstellung des Beschichtungsprozesses: a) Gießbehälter an der Anlage und b) einer Konusbeschichtung.

man von gewissen Schwankungen der Prozessparameter im Produktionsprozess ausgeht. Aufgrund der Ähnlichkeiten in den Mikrostrukturen des Geißbehälters und der Schicht ist anzunehmen, dass dies auf die erhöhte Härte zurückzuführen ist. Zusätzlich zeigt sich nach 100 000 Schuss lediglich ein gemessener Abtrag innerhalb der Kolbenlauffläche von maximal 0,18 mm, während der maximal gemessene Verschleiß eines unbeschichteten Gießbehälters nach 50 000 Schuss bereits bei 0,26 mm lag. Die Beschichtung der Kolbenlauffläche durch den Einsatz des Lasercladding (DED-LB/M) gewährleistet folglich einen stabilen Gießprozess bei gleichzeitig längerer Standzeit des Gießbehälters.

Reparaturprozess

Der Ablauf einer Gießbehälterüberholung sieht folgende Schritte vor:
- Reinigen,
- Vorhonen auf eine exakte Bohrungsgeometrie,
- Materialauftrag mittels Lasercladding (DED-LB/M) mit Übermaß,
- anschließendes Honen auf den exakten Durchmesser.

Zusätzlich kann die Beschichtung nach jedem Verschleißen erneut aufgetragen werden, wodurch eine wiederholende Reparatur mit konstantem Innendurchmesser entsteht. Weiterhin ist es mit diesem Fertigungsverfahren auch möglich, den Düsenkonus des Gießbehälters (s. **Bild 3**) zu beschichten. Zur zusätzlichen Verringerung des Verschleißes können in einem nächsten Projektschritt neue Legierungen für die Beschichtung und damit die Wiederaufbereitung der Gießbehälter zum Einsatz kommen, die eine höhere Verschleißbeständigkeit aufweisen. Das verwendete additive Fertigungsverfahren kann aufgrund der Verarbeitung des Zusatzmaterials bisher unbeachtete Materialkombinationen erzeugen und so die Produktion von hochwertigen Magnesium-Gusserzeugnissen maßgeblich fördern.

www.dap-aachen.de, www.g-s-d.info

Marie Bode, M.Sc., Lehrstuhl für Digitale Additive Produktion, RWTH Aachen, marie.bode@dap.rwth-aachen.de. Gerhard Schoch, Gerhard Schoch Druckgießtechnik, Görlitz, office@g-s-d.info

Das diesem Artikel zugrundeliegende Vorhaben wurde mit Mitteln des Bundesministeriums für Wirtschaft und Klimaschutz unter dem Förderkennzeichen 03LB3050D gefördert. Die Verantwortung für den Inhalt dieser Veröffentlichung liegt bei den Autoren.

Gefördert durch:

Bundesministerium
für Wirtschaft
und Klimaschutz

aufgrund eines Beschlusses
des Deutschen Bundestages

Notizen

4.3 Tragstruktur für hybride Instrumententafel

Über Redesign sowie die Entwicklung einer neuen Werkzeugtechnologie gelang es der BMW Group, Werk Landshut, ein Magnesiumbauteil gewichtsneutral durch Aluminium zu substituieren und erhielt hierfür den 1. Preis des Druckgusswettbewerbs 2024, Kategorie Aluminium - im Folgenden mehr über die Technik dahinter.

FOTOS UND GRAFIKEN: BMW GROUP

LEAN – GREEN – DIGITAL – INNOVATIVE: Das Konzept für zukunftsweisende Entwicklung.

Von KLAUS SAMMER, THOMAS KOPP, RAINER GÜNTNER

Um CO_2-reduzierte Fahrzeuge anzubieten, wird bei dem prämierten Bauteil auf die Elemente des Leichtbaus eine besondere Aufmerksamkeit gelegt. Die Tragstruktur ist das zentrale Bauteil der hybriden Instrumententafel im Bereich der Lenksäule (**Bild 1**). Es handelt sich um ein sicherheitsrelevantes Bauteil, das hohe funktionale Anforderungen unter extremen klimatischen Bedingungen bei Winter- und Sommerbetrieb erfüllen muss. Um die ambitionierten Leichtbauziele in Fahrzeugen zu erreichen, wird die Tragstruktur als Magnesium-Druckgussbauteil dargestellt. Mit der patentierten und innovativen Vierplatten-Werkzeugtechnologie ist es ab sofort möglich, Wandstärken von kleiner 1,5 mm im Druckgießen herzustellen. Dies ist der Türöffner, um Magnesium gewichtsneutral durch Aluminium zu substituieren.

Umweltfreundliche Werkstoffalternative

Das Leichtmetall Magnesium ist das fünfthäufigste Element in der Erdkruste und in nahezu unbegrenzter Menge verfügbar. Bei der Produktion von Magnesium entstehen aber erhebliche Mengen an Treibhausgasen. Zum Erhalt einer lebenswerten Umwelt werden alternative Werkstoffe diskutiert. Auch die Versorgungssicherheit wird für diesen wichtigen Industrierohstoff in der Metallproduktion teilweise kritisch bewertet. In West- und Mitteleuropa findet aus wirtschaftlichen Gründen keine primäre Magnesiumproduktion statt. Darüber hinaus bedingen sowohl die Verarbeitung des leicht brennbaren Werkstoffs im flüssigen Zustand als auch der Bearbeitungsrückstände strenge Sicherheitsauflagen beim Brandschutz. Hohe Anforderungen an die Maschinen- und Gebäudetechnik sind zusätzlich die Folge. Exemplarisch sei an dieser Stelle die zur Vermeidung eines Magnesiumbrandes notwendige Schutzgasatmosphäre genannt. Durch die Substitution mit Aluminium kann demzufolge nicht nur der CO_2-Fußabdruck bis zu 75 % gesenkt werden, sondern auch die prozessualen Aufwände.

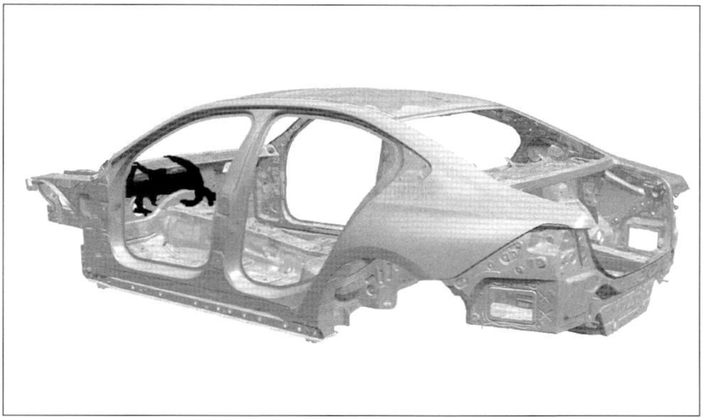

Bild 1: Einbausituation der hybriden Instrumententafel (grün) im Fahrzeug.

Funktionsoptimierte Werkstoffauswahl

Den hervorragenden Ruf als Leichtbauwerkstoff verdankt Magnesium in erster Linie seiner geringen Dichte von 1,8 g/cm³ bei guten mechanischen Eigenschaften. Um die umweltfreundlichere Werkstoffalternative Aluminium nutzen zu können, muss folglich der Dichteunterschied von 33 % zu Magnesium konstruktiv kompensiert werden. Dies ist beispielsweise über eine reduzierte Wandstärke zu erreichen, die im konkreten Beispiel der Tragstruktur bei 1,5 mm liegt. Ferner ergibt sich durch den 40 % höheren E-Modul von Aluminium im Vergleich zu Magnesium eine bessere Struktursteifigkeit, die einen weiteren Vorteil darstellt. Folglich kann durch den Entfall von Versteifungsrippen ein zusätzlicher Gewichtsvorteil generiert werden.

Vierplatten-Werkzeugtechnologie

Um qualitativ hochwertige Bauteile zu erzeugen, werden Anzahl und Größe der Anschnitte, Schussverlauf und Metalltemperatur aufeinander abgestimmt. Hier sind physikalische Grenzen bei der Verarbeitung des flüssigen Werkstoffes in geringen Wandstärken vorhanden. Bei der konventionellen Zweiplatten-Werkzeugtechnologie im Druckgießen können Wandstärken von 1,5 mm nur mit hohem Aufwand realisiert werden. Üblicherweise werden hier die Anschnitte außen am Bauteil angelegt und die Fließrichtungen sollten von dicken zu dünneren Wandstärken verlaufen (**Bild 2**a).

Eine Verlegung des Anschnitts Richtung Bauteilzentrum reduziert hingegen im Direktanguss die Fließlängen, wodurch die Verarbeitbarkeit der Legierung für dünnwandigere Bauteile erhöht wird (**Bild 2**b). Die entstehenden Hinterschneidungen können durch den Einsatz einer dritten Platte aufgelöst werden. In diesem Fall reißen aber beim Öffnen des

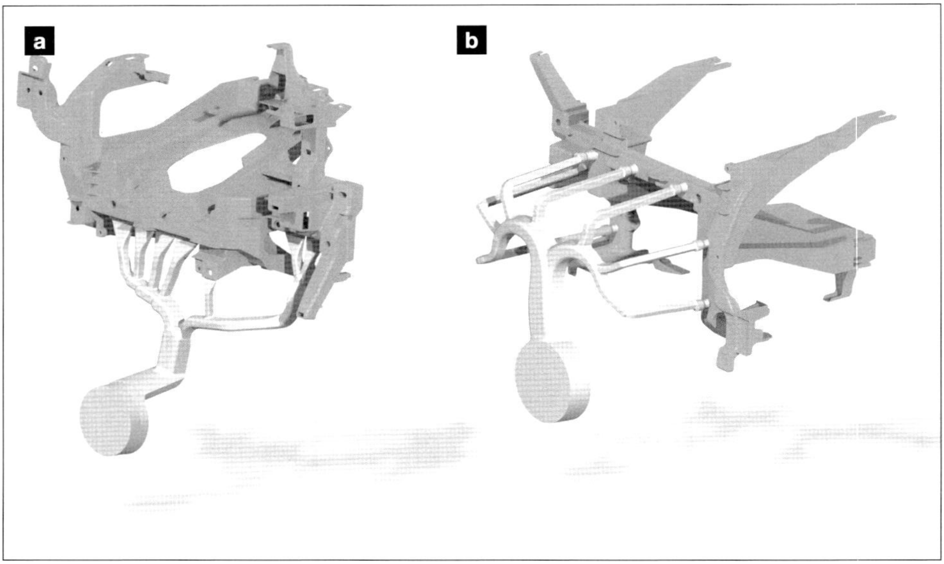

Bild 2: a) Konventionelles Gießsystem in Zweiplatten-Werkzeugtechnologie; b) Direktanguss in Vierplatten-Werkzeugtechnologie.

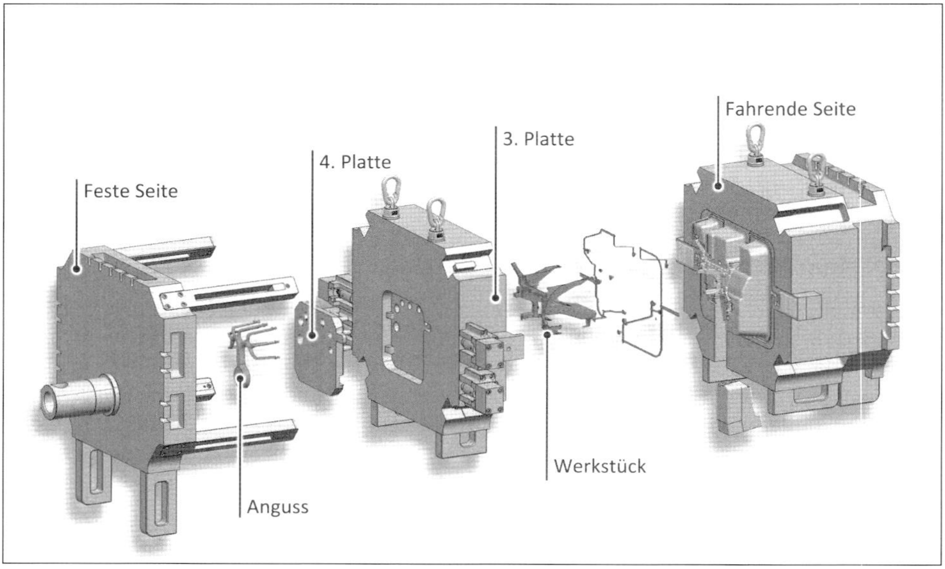

Bild 3: Explosionszeichnung Vierplatten-Werkzeugtechnologie.

Bild 4: Am Innovationspreis beteiligte Personen (v. links): Robert Auer, Franz Pongratz, Rainer Wallach, Klaus Sammer, Andreas Ulber, Andre Schäfer, Richard Frühmorgen, Moritz Schunk, Rainer Güntner, Thomas Kopp, Matthias Hermsdorf, Manuel Hager.

Werkzeugs die Anschnitte undefiniert im Bereich des Bauteils ab und erzeugen Mehraufwendungen in den Folgeprozessen.

Die Lösung dieses Problems erfolgt durch die innovative und patentierte Vierplatten-Werkzeugtechnologie. Eine weitere vierte Platte im Bereich der Anschnitte ermöglicht im Prozessablauf, das Bauteil vom Anguss kontrolliert zu lösen (**Bild 3**). Diese ist innerhalb der beweglichen dritten Platte geführt und kann durch seitliche Schieber translatorisch bewegt werden. Ein weiterer Vorteil dieser Technologie liegt in der Reduzierung der Sprengfläche, da sich Teile des Angusssystems im Bauteilschatten befinden. Dies ermöglicht den Einsatz auf Bestandsanlagen.

Ausblick

Diese von einem engagierten Team (**Bild 4**) vorangetriebene und bereits patentierte Weiterentwicklung der Werkzeugtechnologie befähigt die BMW Group zukünftig, das zentrale Bauteil der hybriden Instrumententafel, die Tragstruktur, aus Aluminiumlegierungen herzustellen und das ohne Gewichtsmehrung im Vergleich zur bisherigen Magnesiumbauweise. Neben den positiven Aspekten der Nachhaltigkeit, werden diese Bauteile unterstützt durch die numerische Simulation, zudem wirtschaftlich produziert und kostengünstig im Fahrzeug verbaut. *www.bmw.de*

Klaus Sammer, Leiter Produkt- und Prozessplanung, Dr.-Ing. Thomas Kopp, Teamkoordinator Vorentwicklung Technologiezentrum Leichtmetallguss, Rainer Güntner, Leiter Druckguss SBM-, Prozess- und Anlagenplanung; BMW Group Leichtmetallgießerei, Werk Landshut.

5. Additive Fertigung

5.1 Die Vorteile der hybriden Form- und Kernfertigung

Die Hybridproduktion kombiniert den traditionellen Sandformenbau mit dem 3-D-Drucken komplexer Sandkerne und kann Ihrem Gießereiunternehmen Wettbewerbsvorteile verschaffen. Erfahren Sie, wie Gießereien diesen modernen Ansatz nutzen, um komplexe Kerne schnell herzustellen, Arbeitsherausforderungen auszugleichen, die Teilequalität zu verbessern und das Risiko ihrer Lieferkette zu verringern – und das alles bei gleichzeitiger Senkung der Produktionskosten.

FOTO: EXONE

Humtown Products in Ohio betreibt 13 Sand-3-D-Drucker von ExOne.

Von Nonni Sri Athari

Gießereien weltweit verfolgen zunehmend eine hybride Produktionsstrategie, bei der die konventionelle Herstellung von Sandformen mit 3-D-gedruckten Sandkernen mittels Binder-Jetting-Technologie kombiniert wird (**Bild 1**). Der Wandel wird durch die sich rasch entwickelnden globalen Marktbedingungen vorangetrieben, die zu einer immer größeren Komplexität der Teile führen, und durch die zahlreichen geschäftlichen und technischen Vorteile, die dieser moderne Ansatz bietet. Trotz der zunehmenden Akzeptanz dieser hybriden Produktionsstrategie wissen viele Gießereien nicht genau, wie einfach diese in den konventionellen Betrieb zu integrieren ist und wie diese Strategie dazu beiträgt, dass ihr Unternehmen wettbewerbsfähig bleibt und auch in Zukunft erfolgreich sein kann.

ExOne, der Pionier und Weltmarktführer in der Sandbinder-Jet 3D-Drucktechnologie, führte dazu eine Sondierungsstudie durch, in der die Markttreiber und Vorteile einer hybriden Produktionsstrategie untersucht wurden. Das Unternehmen befragte mehrere Gießereien, die diese Strategie umgesetzt haben, und wertete die wissenschaftliche Literatur aus, die die Vorteile der hybriden Formen- und Kernproduktion dokumentiert. In diesem Beitrag werden die Ergebnisse der Sondierungsarbeit von ExOne kurz skizziert. Den vollständigen Bericht erhalten Sie über den QR-Code am Ende des Textes.

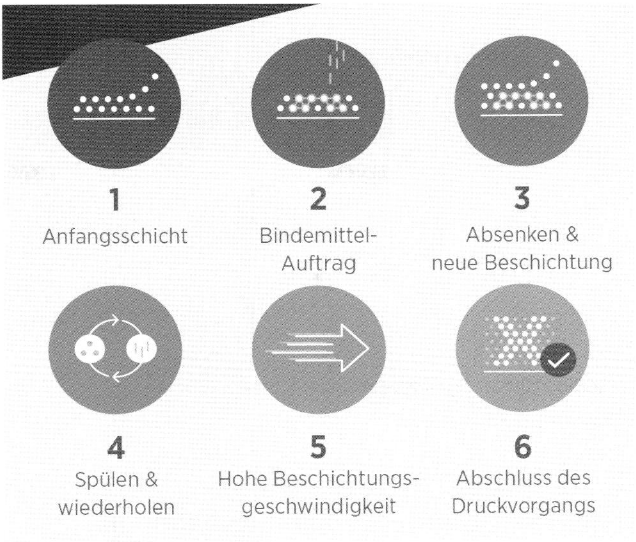

Bild 1: Das Binder-Jetting-Verfahren.

Ein moderner Ansatz: Hybride Form- und Kernfertigung

Wann sich die hybride Produktion von konventionellen Sandformen und 3-D-gedruckten Sandkernen auf dem Markt durchgesetzt hat, lässt sich nicht eindeutig sagen, aber ihre zunehmende Verwendung ist seit Jahren dokumentiert. Zur Beschreibung dieses innovativen Ansatzes werden oft sich leicht unterscheidende Begriffe wie Hybridformung, Hybridproduktion und Hybridkonzept verwendet. Im Bericht von ExOne wird der Begriff hybride Produktionsstrategie definiert als die Kombination einer konventionell hergestellten Sandform mit einem Binder-Jet-3-D-gedruckten Sandkern.

Praktisch der gesamte 3-D-Sanddruck beruht heute auf der Binder-Jet-Technologie. Binder Jetting ist eine von sieben Kategorien der Additiven Fertigung (AM), die von der ASTM International anerkannt sind. Beim Binder Jetting trägt ein industrieller Druckkopf selektiv ein flüssiges Bindemittel auf eine dünne Sandschicht auf. Anschließend wird eine weitere dünne Sandschicht im Baubereich abgeschieden. Der Vorgang wird Schicht für Schicht anhand einer Karte aus einer digitalen Designdatei wiederholt, bis das Objekt fertig ist. Das Verfahren ist weltweit etabliert, um hochwertige Teile und Modelle sowie Einzelstücke herzustellen.

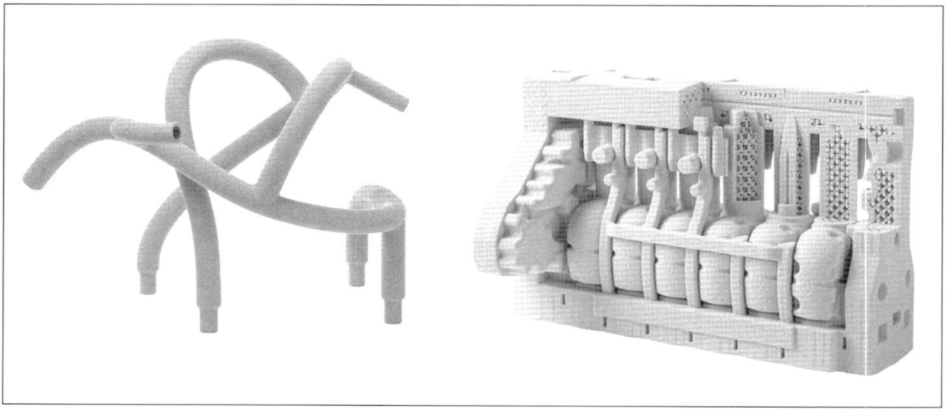

Bild 2: Komplexe Kerne.

Treiber der hybriden Produktionsstrategie

Ergebnis der ExOne-Studie war, dass die Umstellung auf diesen Fertigungsansatz durch eine Reihe sich ändernder Marktbedingungen, Herausforderungen in der Gießerei und intrinsische Effizienz- und Qualitätsvorteile vorangetrieben wird, wie z.B.:

1. Zunehmende Komplexität von Gussbauteilen

Moderne Produkte mit steigenden Anforderungen an Leistung, Nachhaltigkeit und Innovation treiben die Nachfrage nach komplexen Gussteilen voran, die in Zukunft noch weiter wachsen dürfte. Einer der stärksten Treiber ist das Streben nach mehr Nachhaltigkeit und Leistung bei praktisch allen Transportmitteln und Maschinen, die konventionelle CO_2-emittierende Kraftstoffe verwenden, was zu komplexeren Konstruktionen führt (**Bild 2**).

2. Arbeitsrechtliche Herausforderungen

Gleichzeitig mit der zunehmenden Komplexität der Teile wird es immer schwieriger, Arbeitskräfte zu finden, die die traditionell hergestellten Kernsegmente zuverlässig zusammenbauen. In der Studie von ExOne berichteten fast 50 % der Gießereien weltweit von Schwierigkeiten, Arbeitskräfte zu finden und/oder zu halten, die über das Wissen verfügen, Kerne zu hochwertigen Sandgussformen zusammenzubauen. Ein weiterer wichtiger Aspekt sind die hohen Arbeitskosten.

3. Forderung nach Qualitätsverbesserung mit weniger Ausschuss

Gießereien sind bestrebt, die Qualität ihrer komplexen Kerne zu verbessern. Durch den Wegfall der manuellen Montage komplexer Kernsegmente ergeben sich auf natürliche Weise Qualitätsverbesserungen, da spätere Gratbildung oder Fügelinien reduziert oder beseitigt werden und jeder Kern praktisch identisch zum vorherigen produziert wird.

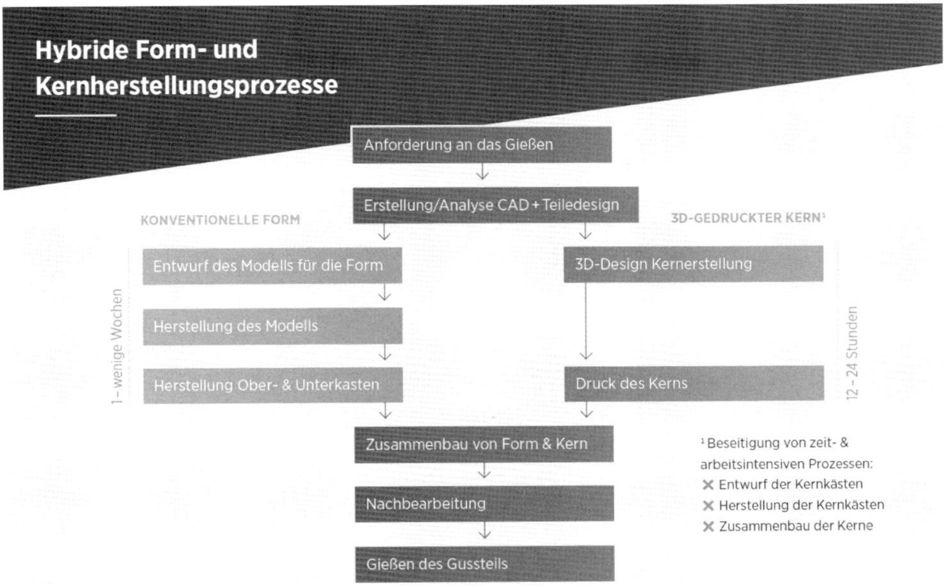

Bild 3: Hybride Form- und Kernherstellungsprozesse.

4. Immer kürzere Lieferzeiten

Zeit ist Geld. Für so gut wie jede Gießerei können versprochene Lieferzeiten darüber entscheiden, ob ein Auftrag gewonnen oder verloren wird. Geschwindigkeit zählt dabei für alle Arten von Volumina – vom Prototypen bis hin zu den höchsten Stückzahlen. Der Geschwindigkeitsvorteil, den der 3-D-Sanddruck bietet, insbesondere mit dem hybriden Kerndruckansatz, wird von den Anwendern oft als Hauptgrund für die Einführung genannt.

5. Gestörte Lieferketten

Die letzten Jahre haben gezeigt, dass Lieferketten sehr fragil sein können. Ob es sich um globale Pandemien, Wirtschaftskrisen, Kriege oder sogar extreme Wetterereignisse handelt, Komplikationen für Hersteller können schnell eskalieren und Zeitpläne durcheinanderbringen. Der 3-D-Sanddruck kann dazu beitragen, die Risiken in der Lieferkette zu verringern, indem er eine dezentrale Fertigungsstrategie ermöglicht. In der Tat berichteten mehrere Gießereien, dass die Unterbrechung der Lieferketten die Einführung des 3-D-Drucks beschleunigt habe.

6. Verbesserte Nachhaltigkeit

Die Gießerei-Industrie ist eine energieintensive Branche mit einem hohen CO_2-Ausstoß. Die damit verbundenen Herausforderungen, gepaart mit steigenden Energie- und Arbeitspreisen, zwingen Gießereien weltweit, ihre Strategien zu überdenken. Sowohl Anforderun-

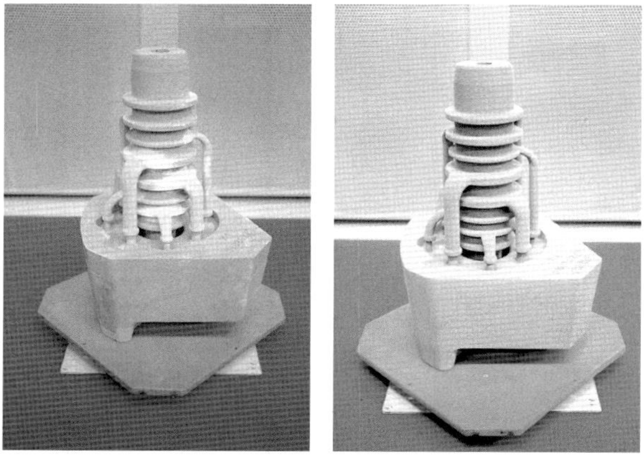

Bild 4: Der montierte Kern (links) und der 3-D-gedruckte Kern von GF Casting Solutions Leipzig in einem Stück (rechts).

gen als auch die unternehmerische Verantwortung machen die Realisierung einer „Grünen Gießerei“ und nachhaltiger Fertigungskonzepte unabdingbar.

7. Einfache Integration in bestehende Abläufe

Ein weiteres wichtiges Argument für den hybriden Ansatz ist für Gießereien die einfache Integration in ein konventionelles Gießsystem. Gießereien, die den 3-D-Sanddruck eingeführt haben, arbeiten weiterhin wie zuvor, erzeugen aber einfach komplexe Kerne über den Drucker statt mithilfe herkömmlicher Prozesse. Somit ist der 3-D-Sandrucker als ergänzendes Produktionswerkzeug anzusehen.

Hybride Form- und Kernherstellungsprozesse

Während der traditionelle Sandguss fortwährend Werkzeuge für die Herstellung von Mustern oder Modellen und Kernkästen erfordert, ist die Herstellung von Kernen per 3-D-Druck ein digitaler Prozess, wodurch die zeitaufwendige Konstruktion und Herstellung von Kernkästen sowie die Montage von Kernen entfallen. Mithilfe von 3-D-Konstruktionssoftware kann ein virtuelles Modell des Kerns entworfen und bei Bedarf schnell iteriert werden. Die digitale Datei wird für den 3-D-Druck des Kerns verwendet.

Gießereien berichteten, dass die Gesamtzeit, die für die hybriden Produktionsprozesse benötigt wird, variiert und schwer zu verallgemeinern ist, aber unbestreitbar kürzer ist. Der Produktionsprozess kann einige Tage, eine oder mehrere Wochen dauern – je nach Größe und Komplexität der Gussteile und der Situation in der Lieferkette. Der Zeitaufwand für den 3-D-Druck (rechte Seite von **Bild 3**) ist jedoch in der Regel sehr kurz, da mehrere Schritte entfallen, obwohl auch er von Faktoren wie der Größe und Komplexität des Kerns, dem Maschinentyp und dem Füllstand der Jobbox des Druckers abhängt.

Hauptvorteile der hybriden Form- und Kernfertigung

Sowohl Gießereien, die die hybride Produktionsstrategie anwenden, als auch wissenschaftliche Studien berichten von einer Reihe von Vorteilen dieses Ansatzes im Vergleich zur konventionellen Fertigung allein. Darüber hinaus zeigt sich, dass ein Nutzen zu vielen anderen Vorteilen führt, die oft miteinander verbunden sind.

1. Zusammenführen komplexer Kerne

Bei komplexen Gussteilen, die mehrere Kerne benötigen, sind Konstruktion und Montage dieser Kerne im herkömmlichen Verfahren zeit-, arbeits- und kostenintensiv. Je komplexer das Gussteil, desto mehr Ressourcen werden in der Produktion benötigt. Dank der Gestaltungsfreiheit im 3-D-Druck sind Gießereien nun in der Lage, ein virtuelles Design der komplexen Geometrie zu erstellen und diese in einem Stück – als monolithischen Kern – in 3-D zu drucken, anstatt wie beim herkömmlichen Kernverfahren viele Kerne herzustellen. Durch die Integration oder das Zusammenführen von Kernen per 3-D-Druck entfällt die Notwendigkeit komplexer Kernkästen und der Montage von Kernen, was eine umfangreiche Nachbearbeitung darstellt, die viele Ressourcen erfordert. Die GF Casting Solutions Leipzig GmbH beispielsweise produziert komplexe Sandkerne für hydraulische Drehdurchführungen (**Bild 4**). Konventionell hergestellt wurden zwölf Teilkerne benötigt, um Hinterschneidungen und dünne Kanäle zu realisieren. Mithilfe des ExOne S-Max 3-D-Druckers ist die Eisengießerei in der Lage, die Kerne in nur einem Stück herzustellen. Durch dieses Zusammenführen konnten sowohl die Qualität der Kerne für die hydraulische Drehdurchführung deutlich verbessert als auch die aufwendige manuelle Kernmontage und das anschließende Verputzen der Kernteilungen im Gussinnenraum reduziert werden.

2. Schnellere Lieferzeit/beschleunigte Vorlaufzeit

Der Sandguss leidet oft unter hohen Vorlaufzeiten, was auf viele Aspekte zurückzuführen ist, die unter anderem auf den langwierigen Prozess der Formherstellung und die unterbrochenen Lieferketten zurückzuführen sind. Ein wesentlicher Vorteil der hybriden Produktionsstrategie ist eine wesentlich kürzere Lieferzeit von Gussteilen aufgrund von mehreren Faktoren:

> Wegfall von speziellen Anforderungen an die Werkzeuge
> Wegfall oder Reduzierung von manueller Montage und anderer Nachbearbeitung
> Die Möglichkeit Kernsegmente zu verfestigen, oft in nur einem Stück
> Wegfall oder Reduzierung von zeitraubenden und unnötigen Qualitätsmängeln
> Der Einsatz von Hochgeschwindigkeits-Binder-Jet-3-D-Drucksystemen

Mithilfe der hybriden Produktionsstrategie kombiniert die Eisengiesserei Mezger in Kallnach, Schweiz, eine konventionell hergestellte Form mit einem monolithischen Kern, der mit dem S-Max Pro gedruckt wird. Hochwertige Kerne werden in nur 12 Stunden produziert, während ein rohes Gussteil in etwa drei bis fünf Tagen fertiggestellt ist. Die Geschwindigkeit des digitalen Workflows und des S-Max Pro ermöglicht es dem Unternehmen, Gussteile in Höchstgeschwindigkeit an die Kunden zu liefern. Weiteres Beispiel: Saudi Mechanical Industries (SMI) in Riad, Saudi-Arabien, liefert Gussteile für Pumpen, Ventile und Automobilteile. Die Gießerei teilte mit, dass sie die Gussteile mit dem hybriden Ansatz viel schneller liefern kann, da sie durch den 3-D-Druck viel Zeit bei der Produktion spart. Die Vorlaufzeit verkürzt sich durch den 3-D-Druck um 50 %, da die Gießerei keine Werkzeuge mehr herstellen muss.

Bild 5: Wasserraumkern bei BMW [19].

3. Reduzierte Produktionskosten

Angesichts der Tatsache, dass der 3-D-Druck die Produktionszeit verkürzt und Kosten wie spezielle Werkzeuge und Arbeitskräfte für die Kernproduktion entfallen, liegt es auf der Hand, dass die Kosten sinken. Obwohl es keine eindeutigen wissenschaftlichen Arbeiten zu diesem Thema gibt, haben frühere Untersuchungen die wirtschaftlichen Möglichkeiten des 3-D-Sanddrucks im Vergleich zur herkömmlichen Herstellung von Formen und Kernen aufgezeigt. Mehrere Gießereien berichteten, dass das Verfahren die Effizienz aufgrund der folgenden Faktoren verbessert:

> Der Wegfall von Werkzeugen (Kernkästen):
  - Keine Design- und Fertigungskosten für Kernkästen
  - Keine Lagerung von Kernkästen
  - Einfache und schnelle Iteration des virtuellen Kerndesigns
> Reduzierter Personalbedarf durch Zusammenführen der Kerne
  - Reduzierung des Montageaufwands und der damit verbundenen Kosten
  - Weniger Aufwand für Nachbearbeitung
  - Geringere Ausschusskosten

Aldo Randazzo, der bei der ExOne GmbH die Sanddruckanwendungen für Kunden leitet, betont: „Die hybride Formen- und Kernfertigung hat ein enormes Potenzial, die Gesamtproduktionskosten zu senken. Aber die Gießereien müssen alle Aspekte und Prozesse in der Produktion berücksichtigen, auch die Kosten in den nachgelagerten Prozessen, und nicht nur die Produktionskosten pro Kern“. Die Studie von ExOne ergab auch, dass nicht nur die Gießereien ihre Produktionskosten durch den hybriden Ansatz senken, sondern dass auch ihre Kunden davon profitieren können. Nach Angaben von Grede Iron Mountain in den USA sparen ihre Kunden beträchtliche Summen dadurch, dass die Investitionskosten für Werkzeuge entfallen, für die bei einigen Gussstücken traditionell mehrere Kernkästen gebaut werden mussten.

4. Bessere Kernqualität

Hochwertige Kerne tragen zu qualitativ hochwertigen Gussteilen bei. Die Gießereien in der ExOne-Studie und frühere Untersuchungen haben bewiesen, dass das Zusammenführen mehrerer Kerne mittels Binder-Jetting-3-D-Drucktechnologie eine bessere Qualität der Kerne in Bezug auf Ausschussraten, Oberflächenqualität und Präzision oder Detailgenauigkeit ermöglicht. Die GF Casting Solutions Leipzig GmbH druckt die Kerne für die hydraulische Drehdurchführung mit synthetischem Sand und einem kalt härtenden Phenolbinder (KHP). Die Gießerei nutzt die guten Eigenschaften des Einkomponenten-Bindersystems des 3-D-Druckers, wie z.B. hohe Temperaturbeständigkeit, gute Zerfallseigenschaften und geringen Kernreinigungsaufwand. Aufgrund der längeren Heißfestigkeit im Vergleich zu herkömmlichen Cold-Box-Bindemitteln können bei sehr dünnen Kanälen eine hohe Maßgenauigkeit und eine saubere Innenseite gewährleistet werden.

Weitere Vorteile der hybriden Form- und Kernfertigung

Neben den spezifischen Vorteilen der hybriden Produktionsstrategie berichteten die an der ExOne-Studie beteiligten Gießereien, dass die Integration des 3-D-Drucks in ihre traditionellen Fertigungsverfahren ihnen eine Reihe weiterer Vorteile verschafft hat, wie z.B. die Förderung des Geschäftswachstums, die Möglichkeit der Fertigung vor Ort, die Verbesserung der Produktivität und eine nachhaltigere Fertigung (**Bild 5**). Laden Sie das Whitepaper von ExOne herunter, um mehr darüber zu erfahren: teamdm.com/X1-hybride-Produktion.

Um den vollständigen Bericht von ExOne zu erhalten, scannen Sie bitte den QR-Code.

www.exone.com/de-DE

Dr. Nonni Sri Athari, Senior Global Marketing Manager, ExOne GmbH

5.2 Mit ColdMetalFusion Pumpenkomponenten kostengünstig herstellen

3-D-Druck-Verfahren werden seit Jahren zur Fertigung von Metallbauteilen eingesetzt, allerdings hauptsächlich zur Herstellung von Einzelteilen oder Kleinserien. Der Headmade Materials GmbH mit Sitz in Unterpleichfeld bei Würzburg gelingt hier ein ganz neuer Weg: Mit selbst entwickeltem Material und dem dazu passenden Verfahren ColdMetalFusion (CMF) schaffen die unterfränkischen Vorreiter den Sprung zur industriellen Serienfertigung mittels sinterbasiertem 3-D-Druck.

FOTO: SINTRATEC AG

Mit CMF-Technologie hergestellter Impeller.

Von Manfred Spörl

Pumpen und damit verbundene Komponenten wie z. B. Ventile werden in vielen unterschiedlichen Industriezweigen eingesetzt. Hierbei sind die Anforderungsprofile der eingesetzten Geräte sehr unterschiedlich, was zu einer hohen Variantenvielfalt in der Produktion führt. Da Pumpen jeglicher Art oft 24/7 betrieben werden, gewinnt die Optimierung verschiedener Komponenten auf den jeweiligen Einsatzbereich bei steigenden Energiepreisen immer mehr an Bedeutung. Dies führt zu einer weiteren Erhöhung der Variantenvielfalt, was wiederum traditionelle Fertigungsmethoden an deren technische und wirtschaftliche Grenzen bringt. Der 3-D-Druck, auf dieses Problem angewendet, kann hier große Vorteile bieten.

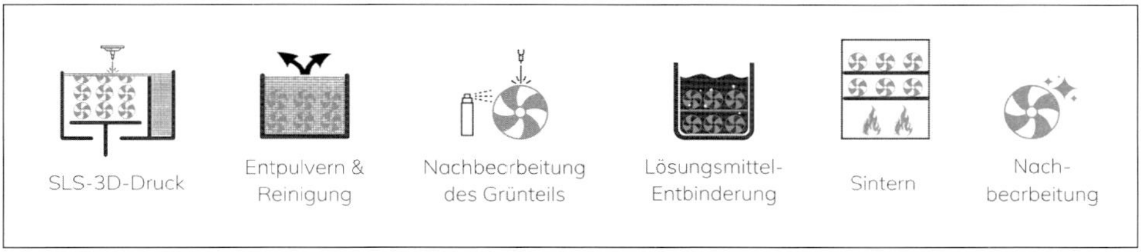

Bild 1: Darstellung der CMF-Prozesskette. Grafik: Headmade Materials.

Das CMF-Verfahren

Das CMF-Verfahren besteht aus einer mehrstufigen sinterbasierten Prozesskette und funktioniert mit langjährig erprobter Anlagentechnik (**Bild 1**). Der Prozess beginnt auf einer Lasersinteranlage (SLS), auf welcher der von Headmade Materials entwickelte pulverförmige Feedstock verarbeitet werden kann. Hierbei wird durch schichtweises und selektives Verschmelzen des Pulvers ein sogenanntes Grünteil hergestellt. Der 3-D-Druck erfolgt zeitsparend bei vergleichsweise niedriger Temperatur, was den gesamten Prozess enorm beschleunigt.

Es folgen die Entpulverung, Reinigung und gegebenenfalls eine mechanische Nachbearbeitung des Grünteils. Die Entwickler des Verfahrens weisen darauf hin, dass die Nachbearbeitung des Grünteils eine wesentliche Effizienzsteigerung und Kostenersparnis gegenüber der Bearbeitung im finalen Metallteil ermöglicht. Danach steht die Lösungsmittel-Entbinderung an.

Nun kommt der wichtigste Prozessschritt, das Sintern: Während des Sinterprozesses verbinden sich die Metallpartikel zu einem vollwertigen und dichten Metallbauteil. Im Abschluss können die Teile (optional) nachbearbeitet werden, beispielsweise durch Schleifen, Polieren, Anodizieren oder andere gängige Nachbearbeitungsmethoden.

So weit, so gut! Dieser Ablauf ist nicht neu und wird seit Jahrzehnten praktiziert. Fast alle Prozessschritte außer dem 3-D-Druck werden bereits im MIM-Verfahren (Metal Injection Moulding) so angewandt. Auch das SLS-3-D-Druck-Verfahren hat sich zur Herstellung von Kunststoffbauteilen längst etabliert. Neu ist die Kombination. Einen entscheidenden Faktor im CMF-Verfahren bildet vor allem die Robustheit der Prozesse mit geringem Ausschuss. Diese ist verknüpft mit der sorgfältigen Auswahl des passenden Materials und der Einstellung der optimalen Parameter. So wird ein hochfestes Grünteil erzeugt, das leicht zu reinigen und weiterzuverarbeiten ist. Nach dem Druckvorgang verbliebenes Pulver lässt sich vollständig wiederverwenden. Dies ist nicht nur besonders ressourcenschonend, sondern ermöglicht auch eine einfache Prozessführung.

Ideal für Pumpenkomponenten

Als eine wesentliche Zielbranche hat die Geschäftsführung, bestehend aus Christian Fischer und Christian Staudigel, die Pumpenindustrie identifiziert (**Bild 2**). Hier erwartet das junge Unternehmen ein dynamisches Wachstum, da CMF bei der Produktion von

FOTO: HEADMADE MATERIALS

Bild 2: Christian Staudigel (li.) und Christian Fischer, die Gründer der Headmade Materials GmbH.

Metallbauteilen für gängige Pumpen signifikante Vorteile aufweist. „Im Vergleich zu herkömmlichen Fertigungsverfahren können Pumpen häufig deutlich ökonomischer oder deutlich leistungsfähiger bei gleichen Kosten hergestellt werden", sagt Christian Fischer und liefert dafür handfeste Argumente.

Pumpen sind ein weites Feld und es gibt eine Vielzahl unterschiedlicher Funktionsprinzipien, erklärt der CMF-Experte. Sie eignen sich allein schon deswegen für additive Verfahren, da die Komponenten (Pumpenräder, Lüfter, Ventile, Gehäuse) in der Regel komplexe Geometrien mit innenliegenden Strukturen aufweisen. Diese werden – bisher – in großem Stil in arbeits- und energieintensiven Verfahren gegossen, geschweißt oder gefräst. Der direkte Vergleich der Fertigungstechnologien lässt einige wertvolle Einblicke in die Überlegenheit der neuen Technologie zu.

Beim Gießverfahren beispielsweise müssen zunächst Formen entwickelt und hergestellt werden. Dieser Schritt entfällt beim CMF-Verfahren gänzlich. Dies bietet die Chance, sowohl die Entwicklung mit schnellen, kostengünstigen Iterationen als auch die Serie im gleichen Verfahren abzubilden. Im zweiten Schritt wird beim Gießverfahren das Gussmaterial aufgeschmolzen. Der Schmelzpunkt von Edelstahl 316L, einem für Pumpenkomponenten häufig verwendeten Material, liegt bei ca. 1400 °C, bei Titan Ti_6Al_4V, einem weiteren interessanten Werkstoff, gar bei 1648 °C. Da die Sintertemperaturen deutlich darunter liegen, bewirkt CMF allein in diesem Schritt eine signifikante Energieeinsparung. Als Größenordnung der Gesamtkosteneinsparung nennt der Headmade Materials-Geschäftsführer beeindruckende 70 % bei der Produktion von diversen Komponenten.

Im Vergleich zum Fräsen zeigen sich im CMF-Prozess vor allem bei besonders widerstandsfähigen Metallen und Legierungen, die in sehr korrosiven, abrasiven oder thermisch belasteten Umgebungen nötig sind, große Vorteile. Ein weiterer Aspekt ist die nahezu 100%ige Wiederverwendbarkeit der Materialreste im CMF-Verfahren. So werden beim Fräsen häufig mehr als 50 % des Ausgangsmaterials zerspant, weiß Christian Fischer.

Bild 3: Mit CMF-Technologie hergestellter Impeller.

Weitere Vorteile

Neben Kosteneinsparungen kann CMF gegenüber gängigen Alternativen mit einigen weiteren Vorteilen glänzen: Infolge der Verwendung von schwer gieß- bzw. fräsbaren Materialien wie Titan oder Inconel – einer korrosionsbeständigen Nickelbasislegierung – eröffnen sich neue Möglichkeiten in der Metallfertigung. Varianten von Produkten lassen sich mit deutlich reduziertem Aufwand abbilden und somit der Kundennutzen disproportional steigern.

Auch gegenüber anderen sinterbasierten 3-D-Druck-Verfahren kann CMF überzeugen, da laut Christian Fischer die Schrumpfung während des Sinterns äußerst gleichmäßig und vorhersagbar ist. Durch diese Eigenschaft öffnet sich ein recht breites Prozessfenster, welches eine großskalige Produktion überhaupt erst ermöglicht.

Für Pumpenkomponenten werden am häufigsten vier Materialien verwendet: Titan Ti6Al4V, Inconel 625, Edelstahl 316L und Edelstahl 17/4PH. Titan eignet sich am besten für abrasive oder korrosive Durchflussmedien, Inconel 625 für Hoch-Temperatur-Anwendungen und Edelstahl für den Durchfluss von Wasser. In Frankreich war CMF und im Speziellen der Edelstahl 316L bereits Teil einer Studie des Institut Carnot Cetim (Centre Technique des Industrie Mécaniques). Hierbei wurde ein mit ColdMetalFusion herge-

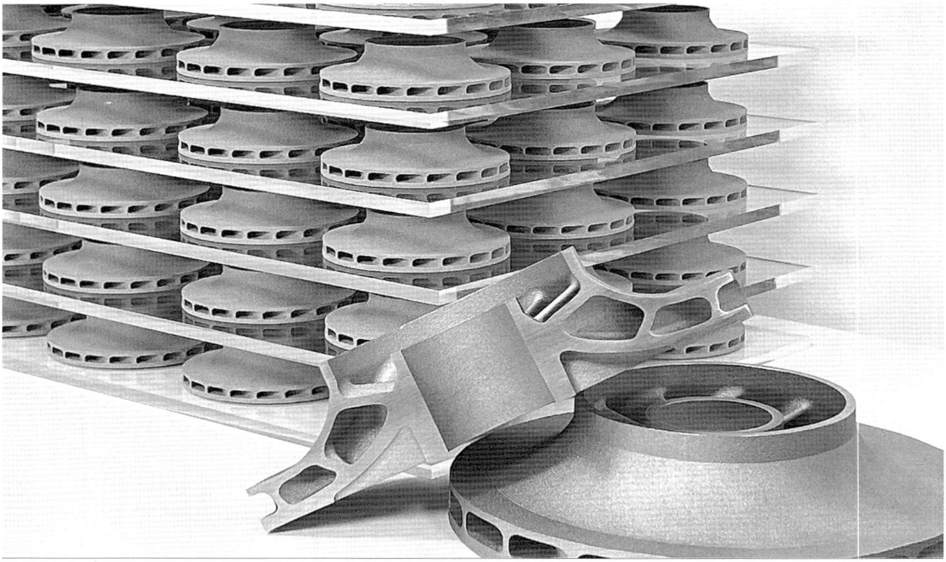

Bild 4: Eine Studie in Frankreich bestätigte die erstklassigen mechanischen Eigenschaften des CMF-Werkstoffs 316L. Foto: Headmade Materials.

stellter Benchmark-Impeller aus einer klassischen Pumpenanwendung mit anderen Technologien verglichen (**Bild 3**). Die Studie bestätigte laut Fischer „die erstklassigen mechanischen Eigenschaften des CMF-Werkstoffs 316L, der auch sehr große Geometrien und hohe Produktionsmengen ermöglicht" (**Bild 4**).

Bezüglich der Produktgrößen sind aktuell Abmessungen zwischen 50 und 400 mm möglich. Die Teile sollten Wandstärken zwischen 1 und 20 mm und eine Geometrie aufweisen, bei der die Schwerkraft durch das Bauteil in die Sinterauflage abgeleitet werden kann, wie es der Experte anschaulich formuliert. Darüber hinaus sollten die Teile vollständig und leicht entpulvert werden können.

Auch die Oberfläche, die bei Pumpengeometrien wesentliches Merkmal für eine einwandfreie Funktion ist, stellt für den innovativen Prozess kein Hindernis dar. „Mit seinen guten Voraussetzungen zur Oberflächenbearbeitung ermöglicht ColdMetalFusion eine kostengünstige Produktion bei gleichzeitiger Erfüllung aller Anforderungen beispielsweise an Hygiene und Korrosionsbeständigkeit", erklärt Christian Fischer.

Das Angebot von Headmade Materials an Pumpenhersteller

Mittlerweile stehen die Mainfranken mit namhaften Pumpenherstellern im Austausch. Mittel- bis langfristig möchte Headmade Materials weltweit noch mit weiteren Pumpenherstellern ins Geschäft kommen. Zunächst liegt der Fokus allerdings auf Europa und Nordamerika.

Das Angebot des innovativen Unternehmens beginnt mit der Beratung dazu, die richtige Anwendung oder das richtige Bauteil zu identifizieren. „Bauteile werden bewertet, neu gedacht, umgestaltet und für möglichst gewinnbringende Business Cases durch das ColdMetalFusion-Verfahren fit gemacht", erläutert Christian Fischer den ersten Schritt der Zusammenarbeit.

Der zweite Schritt umfasst eine Reihe von Tests, um die Umstellung der Produktion zu optimieren. „Dann geht es um einen möglichst reibungsfreien Produktionshochlauf und darum, die Wettbewerbsvorteile der CMF-Technologie auf weitere Produkte im Portfolio einer Firma oder Firmengruppe auszurollen", beschreibt der Geschäftsführer den weiteren Verlauf. Das Pulver wird grundsätzlich von Headmade Materials geliefert, während die benötigte Hardware von den Kooperationspartnern ebenfalls über das Unterpleichfelder Unternehmen oder auch direkt von den Herstellern bezogen werden kann.

Gemeinsam das Potenzial heben

Das junge und dynamische Unternehmen verfolgt ambitionierte Wachstumsziele. Das hochqualifizierte Team schätzt das Potenzial der CMF-Technologie gerade im Markt für Pumpenkomponenten als um ein Vielfaches höher ein als das der anderen metallverarbeitenden 3-D-Druckverfahren, zielt es doch auf zwei entscheidende Faktoren: Produktionskosten und Leistungsfähigkeit. Um diese Potenziale auszuschöpfen, initiierte die Geschäftsführung der Headmade Materials GmbH u. a. die ColdMetalFusion-Allianz.

Vorgestellt wird diese als Konsortium von Branchenführern mit jahrzehntelanger Erfahrung in den Bereichen Sintertechnik, Oberflächentechnik, Software und 3-D-Druck. „Gemeinsam erarbeiten die Mitglieder Standards für die jeweiligen Prozessschritte mit dem passenden Equipment und Dienstleistungen, um somit den Metall-3-D-Druck zu industrialisieren", führt Fischer aus. Aktuell stehen zwei schlüsselfertige Lösungen für den Einstieg zur Verfügung – das CMF LabSystem und der CMF JobShop.

Gebündelt und mit gemeinsamer Manpower wollen die Beteiligten schnell und effizient ihre Reichweite und Schlagkraft erhöhen. Somit dürfen Christian Fischer und seine Mitstreiter optimistisch ans Werk gehen. Mit ColdMetalFusion besitzen sie einen Trumpf in der Hand, den sie gerade erst beginnen, auszuspielen.

www.headmade-materials.de

Manfred Spörl, Pressebeck, Kitzingen

6. Industrie 4.0

6.1 Von der Datenerfassung zur KI-Steuerung einer Gießerei

Im gegenwärtigen Zeitalter der digitalen Transformation liegt der Schlüssel zum Erfolg in der Umwandlung von Daten in wertvolle Aktionen. RWP hat sich darauf spezialisiert, Gießereien dabei zu unterstützen, relevante Daten aus der Produktion zu erfassen und mit dem innovativen RWP Analytics-System effektiv zu visualisieren, zu analysieren und zu nutzen. Am Beispiel einer Sandgießerei wird aufgezeigt, wie mithilfe der gesammelten Prozessdaten die Rückverfolgbarkeit der Gussprodukte und so eine Verringerung der Ausschussraten erreicht werden konnte.

FOTOS UND GRAFIKEN: RWP

Von Chinnadit Baitiang

In den letzten Jahrzehnten konnten industrielle Hersteller ihre Produktivität durch den Einsatz von eingebetteten IT-Systemen und Automatisierungstechnik steigern. Insbesondere die Implementierung und Anwendung von Werkzeugen/Methoden wie Fabriksimulation, Six Sigma sowie Lean Production haben in vielen Branchen die gesamte Produktionskette von der Prozessvorbereitung bis zur Qualitätskontrolle optimiert.

Im Zeitalter von Industrie 4.0 generieren Maschinen und Sensoren große Mengen an Prozessdaten, die eine Echtzeitüberwachung und -steuerung ermöglichen. Trotz dieser Ressourcen und der Erfassung von Produktionsdaten durch Sensoren haben die meisten Gießereien und Gussteilhersteller heute noch ein Ausschussproblem (d.h. Produktion von Ausschussteilen) und keine geeignete Lösung dafür gefunden. Obgleich eines hohen Automatisierungsgrades in der Produktion müssen Gießereien immer damit rechnen, dass Fehler in der Produktion auftreten, z.B. durch eine ungeeignete Zusammensetzung von Schmelze und Sand oder durch Veränderung von Maschinen- und Prozessparametern.

Derzeit ist in einer Sandgießerei mit einer Ausschussrate von 5 bis 10 % zu rechnen. Die Reduzierung dieser Quote spart Energie und Rohstoffe für den Prozess. Es besteht also ein großes Potenzial, allein durch die Reduzierung der Ausschussrate Vorteile und Gewinne zu erzielen. Die Gießerei-Industrie benötigt Innovationen, um bestehende Produktionsprozesse anzupassen und zu optimieren. Dieser Beitrag stellt einen umfassenden methodischen Rahmen für den Aufbau und die Anwendung eines digitalen Prozesssteuerungsmodells in einer der modernsten Sandgießereien für Maschinenformguss in Europa (Ortrander Eisenhütte GmbH) vor, mit dem Ziel, eine geringere Ausschussrate und eine bessere Betriebsführung zu erreichen.

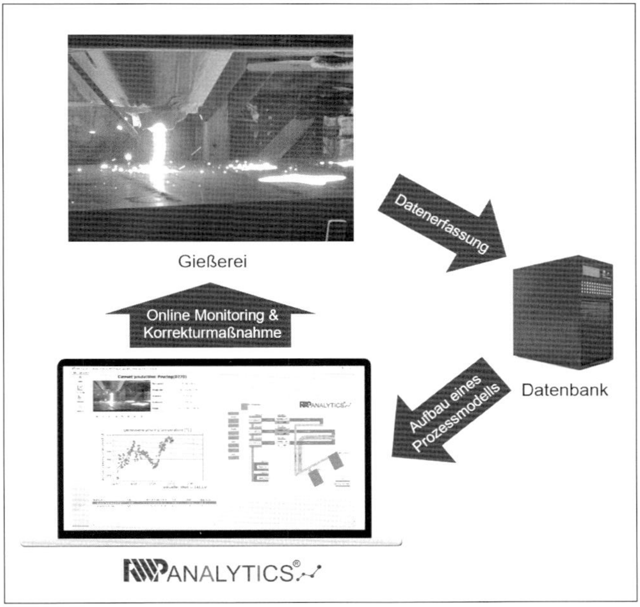

Bild 1: Funktionsweise des intelligenten Prozessüberwachungs-, Analyse- und Steuerungssystems RWP Analytics für Gießereien.

Die Gießerei stellt verschiedene Gusseisenprodukte im Vertikalformverfahren (Disamatic-Verfahren) her. Bei diesen Produkten handelt es sich um Automobil- und Ofenteile (Stückgewicht bis zu 35 kg). Typische Gussfehler sind Gasblasen, Sandeinschlüsse, Porosität, Kaltlaufstellen und Formbrüche. Das implementierte System umfasst die Rückverfolgbarkeit in der Gussproduktion, die Datenerfassung und -aufbereitung, die Analyse der Ausschussursachen und die Bestimmung eines guten Prozessfensters, den Aufbau eines datenbasierten Prozessmodells mittels KI-Ansätzen und die Anwendung des Modells zur intelligenten Prozessüberwachung und -steuerung. Die gesammelten Prozessdaten können mithilfe des von der Firma RWP in Deutschland entwickelten KI-Softwaretools RWP Analytics visualisiert, analysiert und effizient genutzt werden (**Bild 1**).

Rückverfolgbarkeit in der Gussproduktion

Bei Gussfehlern ist es oft schwierig, die Ursache zu ermitteln und Qualitätsprobleme zu lösen, da die teilespezifischen Prozessparameter nicht mit dem einzelnen Gussteil verknüpft sind. Dies ist jedoch durch die Implementierung von Rückverfolgbarkeitsmaßnah-

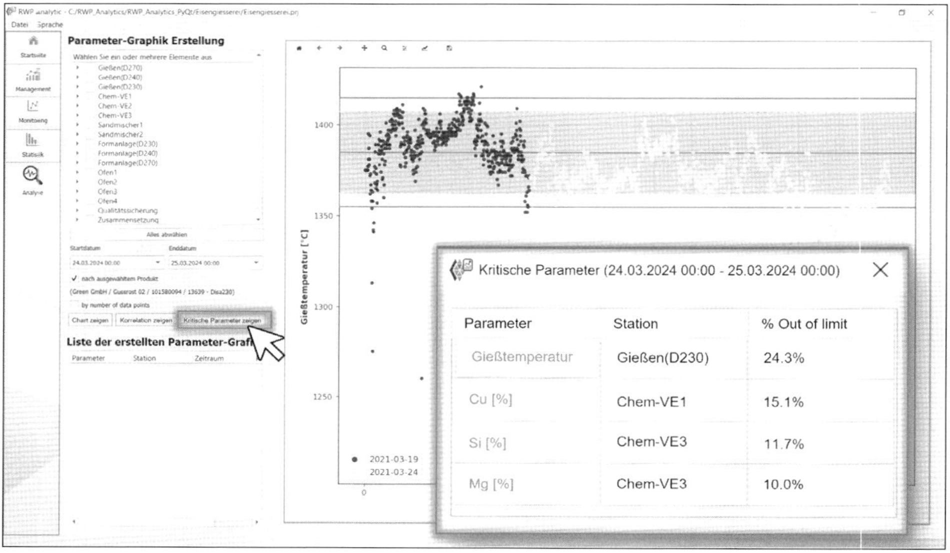

Bild 2: Berechnung aller Prozessparameter und Identifizierung der kritischen Parameter.

men und die Verwendung einer Identifikation für jedes Gussteil lösbar. In der Vergangenheit war die Rückverfolgbarkeit von Gussstücken ein ungelöstes Problem, insbesondere für Grünsandgießereien mit hohem Produktionsvolumen. Das Prinzip eines solchen Prozesses macht es schwierig, einzelne Gussstücke effizient zu verfolgen, z.B. während des Strahlens in einem Transporttunnel, in dem die Gussstücke gemischt werden.

Auf dem Gebiet der Rückverfolgbarkeit von Eisenguss wurden eine Reihe von wissenschaftlichen Publikationen veröffentlicht. Eine Rückverfolgbarkeitstechnik, die für den Sandgussprozess eingeführt wurde, ist zum Beispiel das Direct Part Marking (DPM) zur Erzeugung von Markierungen. Die Markierungen werden mit einem speziellen Werkzeug - dem paraffinbetriebenen, rekonfigurierbaren Stiftwerkzeug – angebracht, das in die Modellplatte integriert ist. Mit diesem Werkzeug können die Markierungssymbole für jede einzelne Form geändert werden. Auf diese Weise wird jeder Sandform eine eindeutige Kennung zugewiesen, die eine sequenzielle Markierung der Gusskomponenten und die Rückverfolgbarkeit der Teile während des gesamten Lebenszyklus des Gussteils ermöglicht.

Ein gut durchdachtes Rückverfolgbarkeitssystem wurde auch durch die vergleichende Bewertung verschiedener Teilemarkierungsmethoden untersucht, d.h. die Qualität der Codesymbole von Laser-, Nadelpräge- und Elektrolysetechniken. Eine weitere Option für Sandgießereien, die Kerne verwenden, ist die Markierung jedes Kernpakets in Verbindung mit einer optischen Kameraerkennung des Kernpakets während der Lagerung und Formgebung. Obwohl solche Rückverfolgbarkeitssysteme verfügbar sind, nutzen sie die meisten Gießereien nicht.

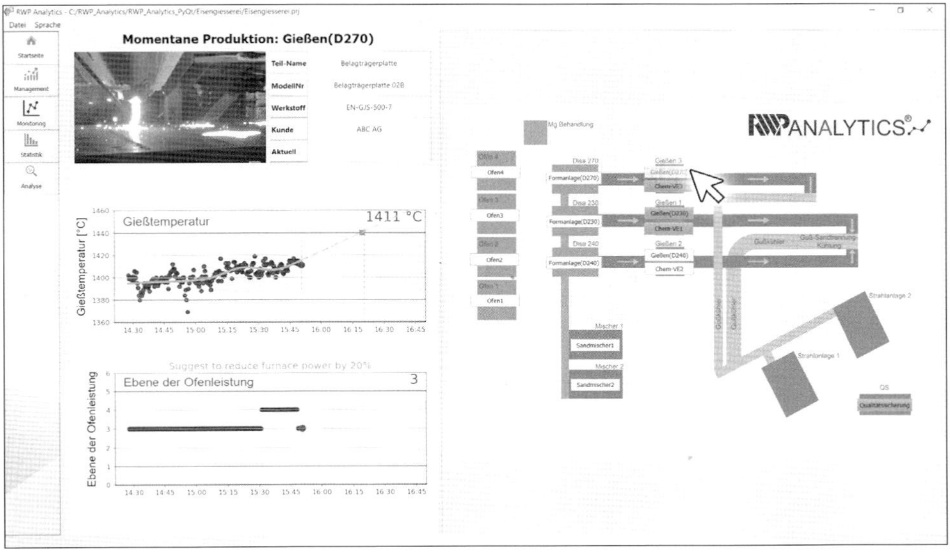

Bild 3: RWP Analytics-Online-Monitoring der gesamten Gießerei mit Trendvorhersage am Beispiel einer Vergießstation mit Nachverfolgung der Gießtemperatur und Ofenleistung.

Die Implementierung eines Rückverfolgbarkeitssystems in einen Gießereiprozess ist ein anspruchsvolles Unterfangen. Zahlreiche Probleme treten in verschiedenen Phasen des Prozesses auf. Für jeden Teilprozess muss ein eigener Rückverfolgbarkeitsplan erstellt werden. Ein relationales Datenbankmanagementsystem muss implementiert und alle Informationen über die Chargenproduktion sollten in einem zentralen Datenbanksystem gespeichert werden, um eine sofortige Informationsabfrage und eine Analyse der Prozessabhängigkeiten zu ermöglichen. Im Allgemeinen stellt dies eine beträchtliche Investition dar, und nicht alle Gießereien verfügen über die finanzielle Flexibilität, eine solche Investition zu tätigen. Tatsächlich sind nicht alle erfassten Gießprozessdaten teilespezifisch. Beispielsweise sind die gemessenen Qualitätsdaten einer Schmelze- oder Sandcharge für mehrere Gussteile verantwortlich. RWP möchte in diesem Beitrag zeigen, dass es nicht notwendig ist, die erfassten Daten vollständig teilespezifisch zu kennzeichnen, und dass es dennoch möglich ist, die Ursache für Ausschuss zu ermitteln und ein zuverlässiges Prozesssteuerungsmodell für die Produktion guter Gussteile zu entwickeln.

Datenerfassung und -aufbereitung

Mit modernen Sensoren, Messgeräten und Maschinen werden in der Gießerei Prozessdaten (u. a. Form-, Schmelz- und Gießparameter) sowie Datum, Uhrzeit der Messung und die Bezeichnung des jeweiligen Gussproduktes inline erfasst. Die Sandmischer, Formstoffprüfer und Formmaschinen messen verschiedene Parameter der Formstoffaufbereitung inline, während die Sandlaborgeräte diese offline messen. Mit dem Spektrometer und der Thermoanalyse (TA) werden die chemische Zusammensetzung und andere Eigenschaften der Schmelze während der Produktion untersucht. An der Gießstation erfolgt die Messung der Gießparameter wie Gießtemperatur, -geschwindigkeit und -menge. Sensoren und Maschine sind so programmiert, dass sie die Prozessdaten je nach Prozess mit unterschiedlichen Messfrequenzen messen. Die gemessenen Datenwerte werden entweder per Kommunikationskabel oder per Funksignal an ein Gateway (Datenbox) übertragen. Anschließend werden die Datenstrings über ein Ethernetkabel zu einer Serverdatenbank transportiert und dort gespeichert. Die an verschiedenen Stellen der Gießerei gesammelten Daten werden in verschiedenen Datenbanken gesichert. Die Analyse von Ausschussursachen und die datenbasierte Modellerstellung zur Prozesssteuerung stellen daher eine Herausforderung dar, da sie eine Integration und Synchronisierung der Daten erfordern. Hier kann das RWP Analytics-System helfen, indem es alle Daten an einer Stelle zusammenführt.

Analyse der Ausschussursachen und Ermittlung eines guten Prozessfensters

Der Wert der Prozessparameter, welche die Gussstückqualität beeinflussen, muss stabil und auf dem richtigen Niveau gehalten werden, um eine durchgehend gute Gussqualität zu gewährleisten. Um dies zu erreichen, ist es notwendig, diese Parameter und ihren korrekten Betriebsbereich zu identifizieren. Dies ist die Grundlage für die Erstellung zuverlässiger Prozessmodelle und -steuerungen. Bei bekanntem Prozessfenster (mit geeigneten oberen und unteren Kontrollgrenzen für die Prozessparameter), kann ein Bediener bei Verletzung der Grenzen gewarnt und Korrekturmaßnahmen durchgeführt werden.

Die Daten der Produktionstermine ohne Gussfehler wurden von RWP Analytics aus der Datenbank extrahiert. Mithilfe statistischer Methoden wurde ein Konfidenzintervall für die Daten berechnet und als gutes Prozessfenster angesehen. Darüber hinaus sind diese Grenzen auch als Referenz zur Unterscheidung hinsichtlich der Gussqualität guter und schlechter Daten verwendbar und helfen somit bei der Identifizierung instabiler Parameter. Zu diesem Zweck werden Prozessdaten von Produktionschargen mit Null- und hohen Ausschussraten miteinander verglichen. Die Parameter, deren Chargendaten die Grenzwerte am häufigsten überschreiten, werden als mögliche Ursache für Ausschuss in Betracht gezogen. Mit dem RWP Analytics-System erfolgt der Vergleich und die Ermittlung der ausschussrelevanten Parameter für einen bestimmten Produktionszeitraum automatisch und sehr schnell (**Bild 2**). Normalerweise dauert die Durchführung einer solchen Analyse Tage oder sogar Wochen. Jetzt ist dies innerhalb von Minuten möglich.

Aufbau datenbasierter Prozessmodelle

In diesem Schritt wird eine Gruppe von datenbasierten Prozessmodellen (Qualitätsvorhersagemodelle für Schmelze, Formstoff und Guss) mithilfe von Statistiken und Algorithmen des maschinellen Lernens, die im RWP Analytics-System verfügbar sind, erstellt. Diese Modelle dienen später zur Steuerung jedes einzelnen Teilprozesses in der Gießerei, um die Qualität der Form, der Schmelze und des Gusses und damit die Qualität des Gussteils sicherzustellen. Die Erstellung der Modelle erfordert eine geeignete Definition der Eingabe- und Ausgabedaten durch den Anwender, z. B. die Dosierung der Formstoffkomponenten und die daraus resultierenden Formsandeigenschaften. Die Auswahl einer geeigneten Modellierungsmethode für eine bestimmte Aufgabe ist ebenfalls ein wichtiger Schritt, der sorgfältig durchzuführen ist. Für Regressionsprobleme (Vorhersage quantitativer Werte), wie die Vorhersage der Formsandfeuchte, ist die multiple Regressionsanalyse die bevorzugte Methode. Für Klassifizierungsprobleme wie die Vorhersage der Gussfehlerart ist ein künstliches neuronales Netz eine gute Wahl.

Anwendung des Modells zur intelligenten Prozessüberwachung und -steuerung

Die Anwendung der Modelle kann in Form von modellbasierten Prozessregelkreisen erfolgen. Dazu ist es notwendig, ein System zur kontinuierlichen Prozessdatenüberwachung in den gesamten Sandgussprozess zu integrieren, um sicherzustellen, dass jeder Teilprozess überwacht und in einem geschlossenen Regelkreis mit den zugehörigen Eingangsgrößen und Ausgangsergebnissen verknüpft wird. Die überwachten Prozessdaten (z. B. Formsand- und Schmelze-Eigenschaften), ihre Kontrollgrenzen und die erstellten Modelle arbeiten zusammen, um die Prozessparameter stabil und in Übereinstimmung mit einem Zielwert zu halten. Wenn die aktuellen Werte der interessierenden Parameter nicht innerhalb der (aus Null-Fehler-Daten entwickelten) Grenzen liegen, müssen die entsprechenden steuerbaren Eingangsparameter auf der Grundlage der Modelle angepasst werden. Die Parameteranpassung kann entweder durch den Gießer oder durch das automatische System erfolgen. Zusätzlich bietet RWP Analytics eine Parametertrend-Vorhersage. Diese dient dazu, den Trend der Form-, Schmelz- und Gießdaten zu überwachen, um frühzeitig Korrekturmaßnahmen einleiten zu können. **Bild 3** zeigt die gesamte Schnittstelle zur Gießereiüberwachung mit dem RWP Analytics-System. RWP Analytics informiert in Echtzeit über den zu korrigierenden Parameter. In **Bild 3** zeigt es den Trend der Gießtemperatur an und schlägt eine Korrektur der Ofenleistung vor.

Fazit

Zusammenfassend kann festgestellt werden, dass das RWP Analytics-System nicht nur die Zeit verkürzt, die benötigt wird, um die Ursache von Gussfehlern zu ermitteln, sondern auch eine bessere Überwachung mit Trendprognosen für die gesamte Gießerei sowie Anweisungen für Prozesskorrekturen ermöglicht. Die gewonnenen Erkenntnisse führten zu einer Verbesserung der bestehenden Prozesssteuerung und damit zu einer Verringerung der Ausschussmenge. Allein durch den Einsatz von RWP Analytics konnte die Ausschussrate der Ortrander Eisenhütte von 7 % auf 3 % gesenkt werden.

www.rwp-group.de

Chinnadit Baitiang, RWP Gesellschaft beratender Ingenieure für Berechnung und rechnergestützte Simulation mbH, Roetgen

6.2 Anlagen instand halten, bevor sie ungeplant stillstehen

Maschinen reparieren, bevor sie kaputt gehen? Durch neue batteriebetriebene Funk-Sensoren und Algorithmen der Künstlichen Intelligenz ist das jetzt kostengünstig umsetzbar. Ungeplante Stillstände werden erheblich reduziert und die Lebensdauer der Anlagen verlängert. So profitieren Betriebe nicht nur von gesteigerter Effizienz und reduzierten Instandhaltungskosten, sondern auch von einer verbesserten Nachhaltigkeit ihrer Produktionsprozesse.

FOTO: SHUTTERSTOCK

Mitarbeiter können über ein Dashboard Anlagen einfach überwachen.

Von Elisabeth Schloten

Von der Alchemie zur Präzision in der Gießerei war es ein weiter Weg. Der nächste Schritt ist die Digitalisierung – doch für diesen Wandel haben wir keine Jahrhunderte Zeit. Durch den hohen Energiebedarf und den daraus resultierenden CO_2-Ausstoß ist die Branche sowohl von höheren Energiepreisen als auch gestiegenen regulatorischen Anforderungen massiv betroffen. Gleichzeitig nimmt der Druck durch neue Wettbewerber zu, und der Fachkräftemangel macht sich immer stärker bemerkbar.

Neue Technologien wie vernetzte IoT-Sensoren und Künstliche Intelligenz erscheinen von außen manchmal ebenfalls wie Alchemie. Doch in Wahrheit bieten sie erprobte

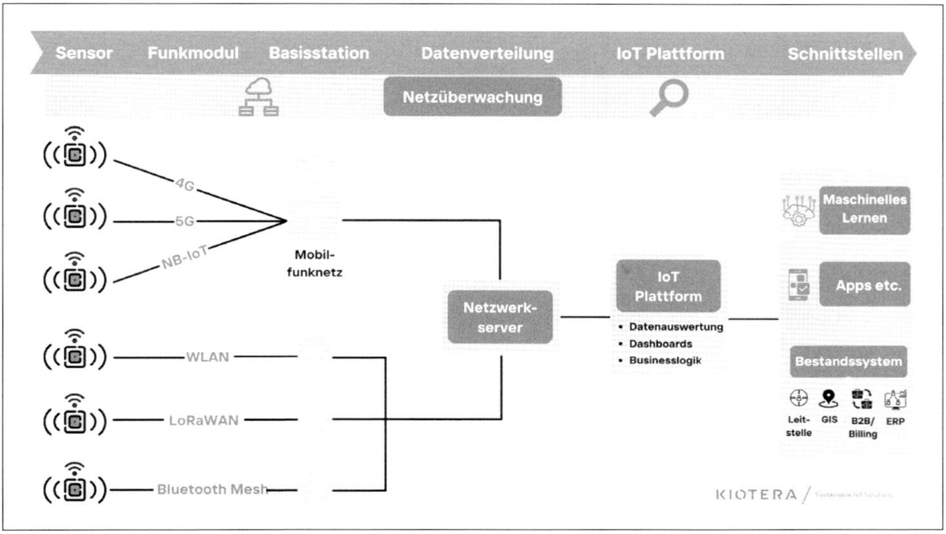

GRAFIKEN: KIOTERA

Bild 1: Funknetze und IoT-Architektur.

Lösungen für die spezifischen Herausforderungen der Branche. Sie unterstützen unter anderem bei

> der Reduktion ungeplanter Stillstände und
> der Reduktion des Energieverbrauchs und damit der Verringerung von Umweltauswirkungen sowie
> bei Maßnahmen gegen den Fachkräftemangel.

Kostengünstig vernetzte Sensoren nachrüsten

Da die Produktion in Gießereien in der Regel auf einer Mischung aus historisch gewachsenen und modernen Anlagen beruht, die sehr unterschiedlich mit Sensoren und Automatisierungstechnik ausgestattet sind, gibt es oft keine ganzheitliche Überwachung der Anlagen. In der Vergangenheit war das Nachrüsten von kleineren oder älteren Anlagen oft nicht wirtschaftlich, weil die Sensoren und ihre Anbringung sehr teuer waren.

Das hat sich in den letzten Jahren durch signifikante technische Fortschritte in der Funk-Datenübertragung deutlich geändert. Mehrere Funktechnologien besitzen mittlerweile eine Marktreife und Verlässlichkeit, sodass sie im industriellen Umfeld bestens einsetzbar sind. Das bedeutet, dass jetzt günstige Sensoren auch an schwer zugänglichen Orten installiert werden können. Da diese Sensoren nicht-invasiv, kabellos und batteriebetrieben sind, eignen sich hervorragend für die Nachrüstung an jeder Art von Anlagen und Infrastruktur. Beispiele für die neuen Übertragungsarten sind LoRaWAN, Narrowband-IoT oder Mesh-Netzwerke (**Bild 1**).

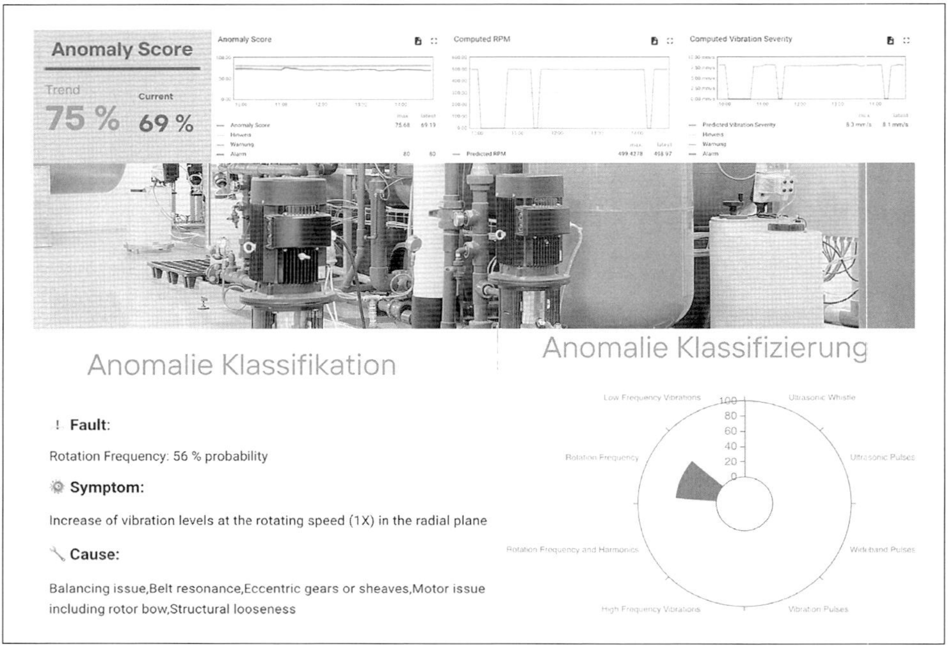

Bild 2: Das Dashboard zeigt Maschinenzustände, mögliche Fehlerquellen und Anomalie-Klassifizierungen auf übersichtliche Weise an.

Mit LoRaWAN können Unternehmen beispielsweise kostengünstig ein eigenes IoT-Netz für Sensoren aufbauen und betreiben. Die Technik ist daraufhin optimiert, kleine Datenpakete stromsparend über weite Strecken zu übertragen. Sie steht nicht in Konkurrenz zu 5G, sondern deckt ganz andere Anwendungsfälle ab – die beiden Technologien können sich sehr gut ergänzen. 5G ist gut geeignet, wenn große Datenmengen in Millisekunden, also in Quasi-Echtzeit, übertragen werden müssen – z. B. die Bewegungen eines Roboters oder Video-Streams. Dafür müssen die 5G-Geräte, im Gegensatz zu LoRaWAN-Geräten, eine dauerhafte Stromversorgung haben, zudem ist der Aufbau eines 5G-Netzes sehr kostenintensiv.

LoRaWAN funktioniert bereits in der industriellen Praxis: So setzt das Stahlwerk Unna LoRaWAN-Sensoren und Künstliche Intelligenz ein, um den Betrieb und die Instandhaltung seiner Anlagen zu optimieren. Sensoren erfassen laufend Betriebs- und Zustandsdaten, die kontinuierlich ausgewertet werden, um die Effizienz der Anlagen zu erhöhen und ungeplante Ausfälle und ihre Folgekosten zu vermeiden.

Kontinuierliche, automatische Schwingungsanalyse findet Fehler, bevor sie Probleme verursachen

Ultraschall-, Schwingungs- und Temperaturanalyse sind die Basis der Zustandsüberwachung von Motoren, Pumpen, Spindeln und Getrieben. Alle diese Geräte haben im normalen, unbeschädigten Einsatz konstante Muster in ihren Geräuschen, Schwingungen und Temperaturen. Bei Auftreten von Korrosion, zu wenig Öl, zu viel Spiel an einer Spindel etc. verändern sich diese Muster, erst leicht, dann immer stärker, bis es zu einer Fehlfunktion kommt. Der Fehler führt zu Folgeschäden und Produktionsausfällen – der berühmte ungeplante Stillstand. Je früher kleine Abweichungen und Fehler behoben werden, desto länger lebt die Gesamtanlage, desto weniger Geld, Ressourcen und Aufwand fallen für große Instandhaltungen an und desto produktiver ist die Anlage.

Auch die kontinuierliche Überwachung des Anlagenzustands an vielen kleinen Teilen ist mit kabelgebundener Technologie aus Kosten- und Aufwandsgründen kaum umsetzbar, mit den neuen Funktechnologien wird sie jedoch wirtschaftlich sinnvoll.

Sensoren werden direkt z.B. am Lager oder am Motor aufgeklebt oder geschraubt. Die Daten laufen in einer zentralen Plattform zusammen, wo sie kontinuierlich analysiert werden (**Bild 2**). Machine Learning(KI)-Algorithmen und statistische Methoden kommen zum Einsatz, um den Normalzustand und Abweichungen davon zu erkennen. Die Algorithmen sind heute oft so gut, dass sie nach kurzer Trainingszeit nicht nur erkennen, dass ein Fehler vorliegt, sondern die Art des Fehlers bestimmen und Aktivitäten zur Behebung vorschlagen können.

Lebensdauer der Anlagen verlängern

Die Kombination aus vernetzten Sensoren und Künstlicher Intelligenz unterstützt sowohl die Instandhaltung als auch die Produktion. Von schlechter Verankerung im Fundament bis zu losen Schrauben identifizierte Kiotera Probleme, sodass die Kunden durch rechtzeitige Reparaturen während geplanter Stillstände große Ausfälle verhindern konnten.

Ebenso beobachtet Kiotera, dass Anlagen außerhalb ihrer optimalen Einstellungen gefahren werden. So schädigen z.B. bei bestimmten Geschwindigkeiten die Schwingungen langfristig die Anlage, wohingegen sie bei einer anderen Geschwindigkeit optimal läuft. Auch falsche Materialien können Anlagen schädigen – das wird ebenfalls in der Schwingungs- und Ultraschallanalyse durch Künstliche Intelligenz sichtbar.

Durch dieses Wissen, und die entsprechenden Anweisungen an die Anlagenfahrer, wird die Anlagenlaufzeit deutlich verlängert und die Instandhaltungskosten sinken. Die Ergebnisse integriert Kiotera direkt in die bestehende Instandhaltungs-Software, z.B. zum Erstellen von Instandhaltungsaufträgen. Die finanziellen Vorteile eines solchen Systems sind hoch (**Bild 3**).

Da der Energieverbrauch in Gießereien eine besonders große Rolle spielt, ist es sinnvoll, kleinteilig und präzise die Verbräuche der Produktionsschritte und Anlagen zu messen. Zu den Messpunkten gehören unter anderem Schmelzöfen, Kühl- und Heizsysteme sowie Motoren und mechanische Übertragungseinheiten. Die Sensoren erfassen Daten wie

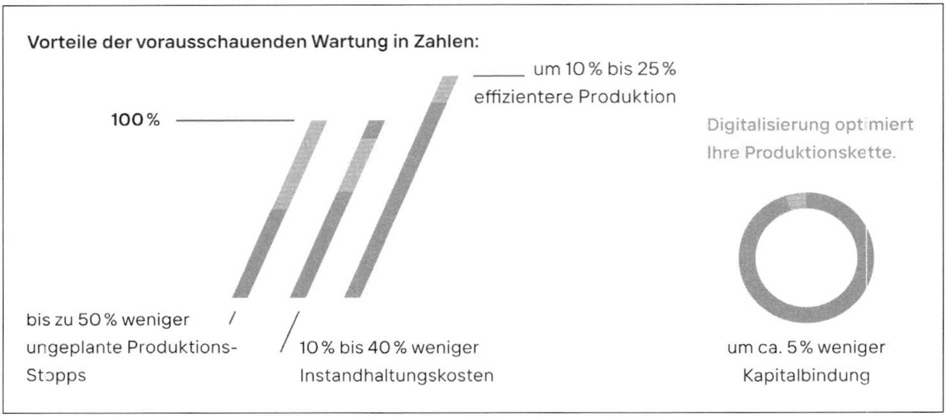

Bild 3: Vorteile von vorausschauender Wartung in Zahlen.

Stromverbrauch, Temperatur und Maschinenlaufzeiten. Durch die oben beschriebenen neuen Funktechnologien können kostengünstig viel mehr Messpunkte als früher erhoben werden. Die Daten werden in einem zentralen System gesammelt, das für die weitere Verarbeitung und Analyse ausgelegt ist.

Das Energiemanagementsystem bietet umfassende Reporting-Tools, die es ermöglichen, den Energieverbrauch detailliert zu analysieren und zu dokumentieren. Diese Berichte sind zur weiteren Optimierung der Betriebsabläufe und zur Kommunikation mit Stakeholdern wie der Unternehmensleitung oder Regulierungsbehörden nutzbar. Durch kontinuierliche, detaillierte Messung können die Energiedaten auch in die Algorithmen zur Erkennung von Anomalien einbezogen werden und unterstützen ebenfalls dabei, Fehler und Probleme in den Anlagen früh zu erkennen. Das Machine Learning-System kann auch Vorhersagen treffen, beispielsweise in Bezug auf den Energiebedarf bei unterschiedlichen Produktionsauslastungen.

Dem Fachkräftemangel entgegenwirken

In Gießereien erfordern viele Prozesse eine kontinuierliche Überwachung von Maschinen und Produktionsabläufen wie Temperaturkontrollen bei Schmelzöfen oder die Überwachung der Luftqualität. IoT-Sensoren können diese Daten automatisch erfassen und an eine zentrale IoT-Plattform senden, wo sie ausgewertet und für Berichte, Alarme oder Automatisierung genutzt werden. Die Automatisierung dieser Routineaufgaben entlastet das vorhandene Personal, das sich auf komplexere und wertschöpfendere Tätigkeiten konzentrieren kann. Dies trägt dazu bei, das Fachwissen effizienter zu nutzen und die Arbeitszufriedenheit zu erhöhen.

Mithilfe von IoT-Technologien lassen sich viele Prozesse auch aus der Ferne überwachen und steuern. Dies ermöglicht es Experten, mehrere Anlagen gleichzeitig zu betreuen, ohne vor Ort sein zu müssen. Auf diese Weise können Gießereien auch Fachkräfte einsetzen, die nicht unmittelbar am Standort verfügbar sind. Zudem eröffnet dies die Möglichkeit, weniger qualifiziertes Personal durch die Unterstützung von Experten aus der Ferne effektiver einzusetzen.

IoT-Plattformen können auch als Schulungs- und Wissensmanagementtools dienen. Die zentrale Erfassung und Analyse von Betriebsdaten erlaubt die schnellere Einarbeitung neuer Mitarbeiter. Zudem ermöglicht die Dokumentation von Betriebsabläufen und Störungsfällen eine kontinuierliche Schulung des Personals. So wird das Fachwissen innerhalb der Belegschaft vertieft und die Abhängigkeit von einzelnen Fachkräften reduziert.

Ein weiterer Vorteil: Die Arbeit in Gießereien ist oft mit Risiken verbunden – IoT-Sensoren können zur Überwachung von Umgebungsbedingungen wie Hitze, Rauchentwicklung und toxischen Gasen eingesetzt werden. Durch frühzeitige Warnungen und Alarme lassen sich Unfälle und Gesundheitsrisiken minimieren. Dies verbessert die Arbeitsbedingungen und trägt dazu bei, Fachkräfte langfristig an das Unternehmen zu binden.

Kontrolle und Automatisierung einfach und wirtschaftlich

Mit der gleichen Technik lassen sich Füllstände beobachten, Druck überwachen, Ventilstände kontrollieren und viele andere Anwendungsfälle günstig umsetzen. Wichtig ist, dass Technologie für die Darstellung und Analyse von Daten zum Einsatz kommt, die genug Flexibilität für die große Anwendungsvielfalt besitzt, die eine Gießerei mitbringt. Eine solche IoT-Plattform bringt Daten aus verschiedenen Bereichen und Technologien zusammen, wie z.B. 5G- und LoRaWAN-Daten, damit die Anwender nicht für jeden Sensor eine andere Plattform öffnen müssen. Auch die Integrationsfähigkeit in Bestandssysteme spielt eine große Rolle, um eine Prozessautomatisierung zu ermöglichen.

Durch die neuen zuverlässigen und kostengünstigen Funksensoren und vielseitigen analytischen Verfahren ist die IoT-Nachrüstung an Anlagen und Infrastruktur viel einfacher und wirtschaftlich sinnvoll geworden. Die umfassende und kontinuierliche Erhebung, Auswertung und Nutzung von Daten vereinfacht die Einhaltung regulatorischer Vorgaben. Ebenso werden Ressourcen, Aufwand und Kosten gespart, wodurch es leichter wird, dem Fachkräftemangel und den gestiegenen Energiepreisen entgegenzuwirken. Die Investition in eine solche digitale Infrastruktur verspricht nun einen schnellen Return-on-Investment – nicht nur monetär, sondern auch für die Umwelt. Es ist daher an der Zeit, die Möglichkeiten dieser neuen Technologien voll auszuschöpfen.

www.kiotera.de

Elisabeth Schloten, Geschäftsführerin, KIOTERA GmbH

7 Energiewirtschaft und Dekarbonisierung

7.1 Altsandregenerierung ist Standortsicherung

Entsorgung und Deponierung von Gießereialtsand verursachen stetig steigende Kosten. Eine Reduzierung der Altsandmengen und die Wiederverwendung der Einsatzstoffe im Materialkreislauf – eine Kernkompetenz der Gießereibranche – sind daher heute wichtiger denn je. Ist der Altsand geeignet und ein individuelles Konzept inklusive Wirtschaftlichkeitsberechnung zusammen mit dem Prozesslieferanten erstellt, kann die Regenerierung eine echte Alternative zur Deponierung sein. HWS bietet mit eigenen Regenerierverfahren und einem Technikum einen vollumfänglichen Service, um dieses Thema erfolgreich zu bewältigen.

FOTOS: HEINRICH WAGNER SINTO

Die Wiederverwendung von Gießereialtsand trägt zur Kreislaufwirtschaft bei und spart Kosten.

Von Alexander Dornhöfer und Kevin Grebe

Die Heinrich Wagner Sinto Maschinenfabrik GmbH (HWS) ist einer der international führenden Anbieter von Maschinen und Anlagen für die Gießerei-Industrie und Teil der Sintokogio-Unternehmensgruppe mit Stammsitz in Japan. Das Unternehmen beschäftigt am Standort Bad Laasphe mehr als 300 Fachkräfte. Der Schwerpunkt liegt in der Herstellung und dem Vertrieb von Formmaschinen und -anlagen sowie Vergießeinrichtungen für Sand- und Kokillenguss. Ergänzt wird das Portfolio durch Maschinen und Anlagen zur mechanischen Regenerierung von Altsanden in Grünsandgießereien.

Die Nutzung von Altsand als Wertstoff ist die folgerichtige Erweiterung des innerbetrieblichen Kreislaufmanagements. Sie bietet Möglichkeiten zur Verbesserung der Wirtschaftlichkeit und Schonung der natürlichen Ressourcen. Die Altsandregenerierung leistet so einen Beitrag zur langfristigen Standortsicherung, sorgt für mehr Nachhaltigkeit durch Steigerung der Recyclingquote, Reduzierung des Transportaufkommens und damit verbundener Senkung des CO_2-Ausstoßes. Die Frage ist nicht, ob wir regenerieren können und wollen, sondern wann wir beginnen. Einigkeit besteht darin, dass die Entsorgung einer der weltweit meistgenutzten und wertvollen Ressource Sand kein zukunftsfähiges Modell ist.

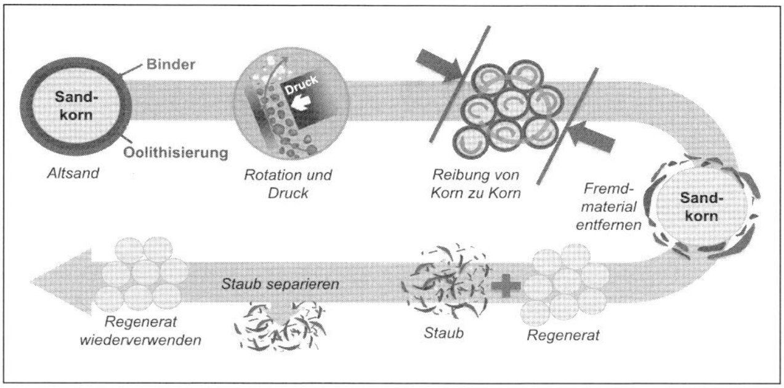

Bild 1: Regenerierprozess USR-II.

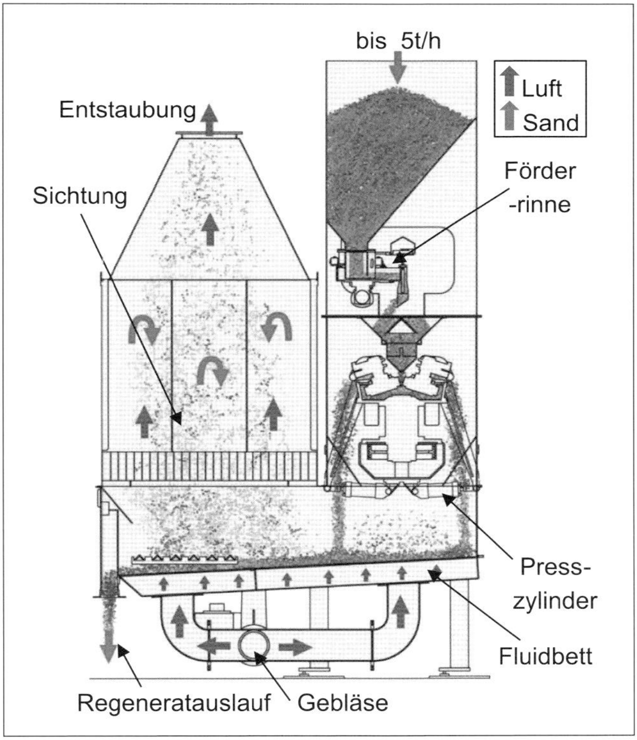

Bild 2: Arbeitsablauf und Maschinenübersicht USR-II.

Die Sandregenerierung

Die Formstoffregenerierung dient dem Abbau und der Entfernung der Binderhüllen und sonstigen Nichtsandbestandteilen zur Gewinnung eines wiederverwendbaren Formgrundstoffes [1]. Ziel ist es, diesen Formgrundstoff (Regenerat) als Neusandersatz, zumeist in der Kernherstellung, zu verwenden. Dabei ist in einer Grünsandgießerei anzunehmen, dass es sich bei dem zu regenerierenden Altsand in den meisten Fällen um Mischsande aus bentonitgebundenem Formsand und organisch gebundenem Kernsand (Cold-Box) handelt. Zu deren Regenerierung existieren verschiedene Verfahren, die sich vornehmlich in Hauptgruppen einteilen lassen.

Bild 3: Aufnahmen Altsand und Regenerat – Beispiel 1.

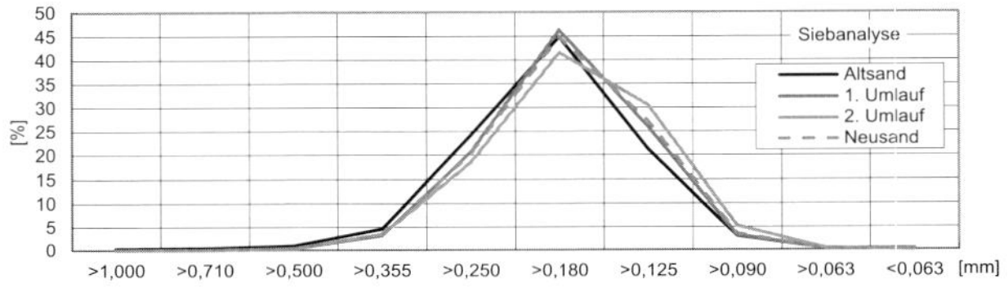

Bild 4: Sandanalyse Beispiel 1.

Vielfältiger als die Anzahl der Verfahren sind die Eigenschaften des spezifischen Altsandes, der regeneriert werden soll und zumeist von Gießerei zu Gießerei variiert. Die passende Lösung ist dabei idealerweise in enger Abstimmung mit den Maschinen- und Binderlieferanten zu suchen. Eine optimale Auslegung des Gesamtprozesses kann nur nach Feststellung der Ausgangslage und der geplanten Wiederverwendung des Regenerats getroffen werden. Die weitere Betrachtung soll sich hier auf die mechanische Regenerierung konzentrieren. Sofern nicht explizit anders benannt, steht der Begriff „Regenerierung" im Folgenden immer für die mechanische Regenerierung.

Mechanische Sandregenerierung

Die mechanischen Regenerierverfahren lassen sich in verschiedene Untergruppen unterteilen. Die Regenerierung von Altsand ist zudem immer als verketteter Gesamtprozess zu betrachten. Dieser besteht aus mehreren Stationen zur Sandvor- und Sandnachbehandlung sowie des Abreinigungsvorgangs an den Sandkörnern selbst. Abhängig von der Wahl des Regenerierverfahrens und des vorliegenden Ausgangsmaterials (Altsand) sind immer entsprechende Voraussetzungen für eine effiziente Abreinigung, wie z.B. Restfeuchte oder Kornvereinzelung, zu gewährleisten. Diese Voraussetzungen werden über eine Sandvorbehandlung eingestellt und sichern das Erreichen der benötigten Regenerateigenschaften. Sie werden außerdem maßgeblich von der gewählten Regeneriereinheit für den Abreinigungsprozess und den eingestellten Prozessparametern bestimmt. Dabei sollte das richtige Verhältnis von Regenerierungsgrad (Verringern der Signalkomponenten im Vergleich zum Altsand) und der Regeneratausbringung (Verhältnis Regenerat zu Altsand-Eingangsmenge) beachtet werden [2]. Für den wirtschaftlichen Betrieb einer Sandregenerieranlage gilt vereinfacht: „Regenerat so sauber wie nötig und Ausbringung so hoch wie möglich!". Abhängig vom Wiedereinsatzfall sichert eine angeschlossene Regenerat-Nachbehandlung die Einhaltung der weiteren Zielparameter (wie z.B. der Zieltemperatur), die nicht direkt von der Regeneriereinheit eingestellt werden.

Mechanisches Regenerieren durch Reibung – USR-II

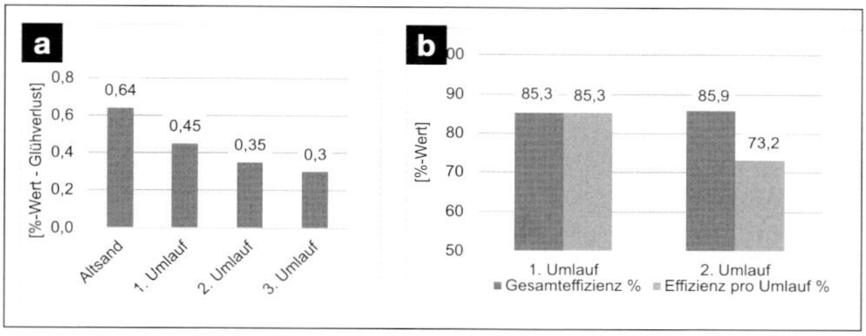

Bild 5: Beispiel 1: a) Glühverlust, b) Effizienz.

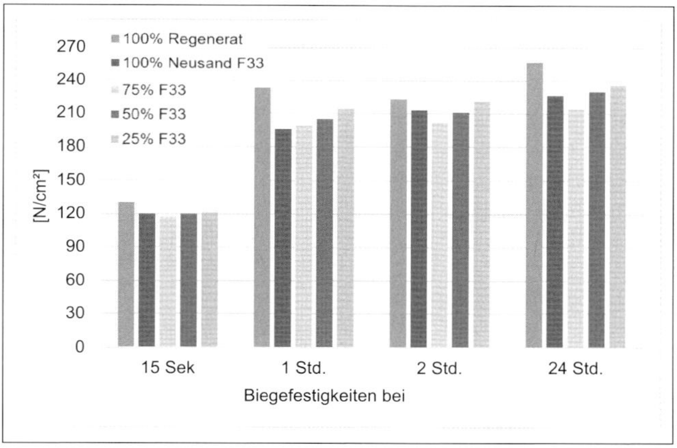

Bild 6: Biegefestigkeiten Testkerne – Beispiel 1.

Die HWS-Sandregenerierungseinheit vom Typ USR-II (Ultra Sand Reclaimer) mit einer Verarbeitungsleistung von bis zu 5 t Altsand pro Stunde, bildet das Herzstück einer HWS-Regenerieranlage für Grünsandgießereien. Sie sorgt für eine effiziente Abreinigung auf Basis eines Reibprozesses mit hoher Flexibilität hinsichtlich der Altsandkomposition und -menge. Sowohl für einfach als auch für anspruchsvoll zu regenerierende Altsande ist der Prozess mit Blick auf eine hohe Regeneratausbeute (Verhältnis Eingangsmenge zu Ausgangsmenge) individuell einstellbar. Ein wichtiges Merkmal ist die schonende Reibung von Korn zu Korn, ohne zusätzliche Reibwerkzeuge (**Bild 1**). So wird Kornbruch weitgehend vermieden und der Verschleiß am Sandkorn gering gehalten.

Zur Kornabreinigung wird eine mit Keramik ausgekleidete Rotationstrommel über einen Elektromotor mittels Keilriemen in Rotation versetzt. Der Gießereialtsand wird der Trommel über eine Vibrations-Förderrinne kontinuierlich zugeführt (**Bild 2**). Pneumatische Presszylinder üben über die Presswalzen Druck auf die Sandschicht zwischen Walzen und Trommel aus. Die resultierende Relativbewegung der Sandkörner untereinander sorgt für ein Abreiben der Binderhüllen, die dann als Staub im Regenerat vorliegen. Der Einsatz von Keramikbauteilen gewährleistet eine hohe Standzeit der Bauteile, die mit dem reibenden Sand in Berührung kommen. Gleichmäßig nachströmendes Material verdrängt den bereits regenerierten Sand und die Binderreste aus der Rotationstrommel.

Das erzeugte Sand-Staub-Gemisch fällt auf das Fluidbett im unteren Teil der Maschine und wird von diesem zur integrierten Sichtung transportiert (s. Bild 2). Die angeschlossene Entstaubungsanlage trennt den Sand von den Feinanteilen des durch das Fluidbett aufgewirbelten Sand-Staub-Gemisches. Die Sandkörner werden über das Fluidbett als

Regenerat zum Auslauf der Maschine transportiert.

Dieser Vorgang, respektive Durchlauf, wird bei einer Grünsandregenerierung in Abhängigkeit der Zieleigenschaften typischerweise zwei- bis viermal wiederholt, um die benötigte Regeneratqualität zu erzielen. Mit der richtigen Prozesskette kann in diesem kontinuierlichen Durchlaufverfahren Grünsand-Kernsand-Gemisch in Verteilungen bis jeweils 100 % Mengenanteil erfolgreich wieder nutzbar gemacht werden.

Bild 7: Aufnahmen Altsand und Regenerat – Beispiel 2.

HWS Technikum zur Sandregenerierung

Im hauseigenen Technikum bietet HWS interessierten Gießereien die Möglichkeit, sich von der Leistungsfähigkeit einer Altsandregenerierung zu überzeugen. Mit der USR-II-Maschine in seriennaher Ausführung sind Regenerierversuche unter produktionsähnlichen Bedingungen durchführbar. Dabei stehen die Feststellung der Regeneriereignung sowie die Ermittlung von Prozessparametern für die Konzeptionierung einer Gesamtanlage im Fokus.

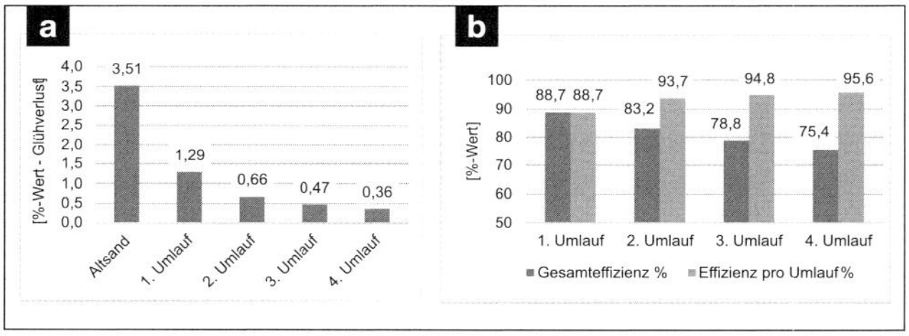

Bild 8: Beispiel 2: a) Glühverlust, b) Effizienz.

Beispielhafte Regenerierversuche

Die nachfolgenden Ausführungen zeigen repräsentative Auszüge aus bereits durchgeführten Regenerierversuchen mit europäischen Gießereien und unterschiedlichen Zielsetzungen zur Regeneratverwendung. Neben dem Einsatz in der Kernmacherei, in der große Neusandmengen verarbeitet werden, kann das Regenerat auch als Neusandersatz im Grünsandsystem der Sandaufbereitung dienen. Es folgen drei Beispiele mit unterschiedlichen Altsandzusammensetzungen hinsichtlich des Kernsand- und Grünsandanteils sowie eine kurze Einordnung der Versuchsergebnisse.

Tabelle 1: **Kriterium und Auswirkungen Cold-Box [3].**

Cold-Box-Verfahren		Auswirkungen auf		
Kriterium	Änderung	Binder-bedarf	Verarbeitbar-keitsdauer	Formteil-festigkeit
Wassergehalt	↑	–	–	↓↓↓
Glühverlust	↑	↑	–	↓
Schlämmstoffgehalt	↑	↑	(↓)	
pH-Wert	↑	–	↓↓↓	↓↓
pH-Wert	↓	–	(↑)	(↓)
Säureverbrauch	↑	–	↓↓↓	↓↓
Säureverbrauch	↓	–	(↑)	(↓)
Oolithisierungsgrad	↑	↑	↓↓	↓
Mittlere Korngröße (bei konstantem Gleichmäßigkeitsgrad)	↑	↓	–	(↑)

Beispiel 1: Aluminium-Grünsandgießerei mit > 95 % Cold-Box-Kernsand

Regeneratverwendung: Einsatz in der Kernmacherei als anteiliger Ersatz des Neusandes. Ziel-Regeneratanteil 50 bis 75 % (optional, temporär bis 100 %) im Cold-Box-Verfahren. **Bild 3** zeigt als Bildfolge die Aufnahmen der Sandkörner (Lichtmikroskop, 200-fache Vergrößerung) während der verschiedenen Durchläufe (Umläufe). Es konnte eine signifikante Abreinigung der Oberfläche erreicht werden, bei der eine nur sehr leichte Kantenrundung einsetzt, ohne nennenswerten Kornbruch herbeizuführen.

Ergänzend dazu zeigt **Bild 4**, dass sich die Siebkurve über die einzelnen Durchläufe im Vergleich zum Referenzwert des Neusandes nur geringfügig verändert hat. In **Bild 5** sind der Glühverlust (LOI) zu den jeweiligen Durchläufen und die Effizienz als kumulierte Gesamteffizient und Effizienz pro Regenerierumlauf dargestellt. Der Glühverlust nimmt prozentual mit zunehmender Anzahl an Umläufen und steigendem Abreinigungsgrad ab. Da immer weniger Fremdmaterial auf der Oberfläche des Sandkorns vorhanden ist, nimmt die Menge an entferntem Fremdmaterial auf den Sandkörnern ab und damit die Effizienz zu. Neben dem Abreinigungsgrad ist der Feinanteil im Regenerat ein signifikanter Wert für die Feststellung der Einsatzfähigkeit des Regenerats, womit der Entstaubung beziehungsweise Sichtung des erzeugten Materials eine entscheidende Rolle zukommt. Weitere wichtige Kriterien (Sandeigenschaften) und deren Auswirkungen auf den Einsatz im Cold-Box-Verfahren können der **Tabelle 1** entnommen werden, sodass hier nicht weiter auf diese eingegangen wird.

Bild 6 zeigt die Auswertung der Biegefestigkeiten von Testkernen mit dem gewonnenen Regenerat bei unterschiedlichem Neusandanteil. Die Werte der Biegefestigkeiten konnten gehalten bzw. übertroffen werden. Die Versuchsserie wurde in einem Cold-Box-System bei gleichem Harz- und Aktivatorgehalt in allen fünf Serien durchgeführt. Zu begründen sind die höheren Festigkeiten bei steigendem Regenerateinsatz mit der anteiligen Füllung von tieferen Strukturen auf der Sandkornoberfläche, wie auch der leichten Kantenrundung. Bei gleichem Bindergehalt steht mehr Binder für die Verbindungen der Sandkörner zur Verfügung als bei einer vollständigen Neuumhüllung von Neusand.

Bild 9: Aufnahmen Altsand und Regenerat – Beispiel 3.

Auf Basis der erreichten Werte zeigten weitergehende Untersuchungen unter Einbindung des Binderlieferanten weitere Optimierungsmöglichkeiten für die Reduzierung des Bindergehalts bei Erhaltung der benötigten Kernfestigkeiten.

Beispiel 2: Grünsandgießerei mit <10 bis 20 % Cold-Box-Kernsand

Regeneratverwendung: Einsatz in der Kernmacherei als anteiliger Ersatz des Neusandes (Cold-Box-Verfahren). **Bild 7** zeigt als Bildfolge die Aufnahmen der Sandkörner (Lichtmikroskop, 200-fache Vergrößerung) der verschiedenen Durchläufe (Umläufe). Hier ist die zunehmende Abreinigung zu erkennen. Bereits nach drei Regenerierdurchläufen konnten die Zielvorgaben für den Einsatzfall des Regenerats erreicht werden.

Ein Entfallen des vierten Umlaufs, mit einem nur noch leicht verbesserten Abreinigungsgrad, resultiert in einer höheren Effizienz (**Bild 8**) sowie in einem vereinfachten Anlagenkonzept, reduzierter Staubmenge zur Entsorgung und geringeren Betriebskosten der Gesamtanlage. Es gilt, nur so weit wie nötig, nicht so weit wie möglich zu regenerieren. So wird ein wirtschaftlicher Betrieb der Regenerieranlage erreicht. Empirische Werte zeigen einen Trend zur Wiedereinsatzfähigkeit bei einem ermittelten Glühverlust im Bereich von ≤0,5 %. Dieser Wert allein ist jedoch nur ein erster Indikator. Er muss durch entsprechende Laboruntersuchungen zu weiteren Kriterien aus Tabelle 1 gestützt werden. Die endgültige Wiedereinsatzfähigkeit ist im individuellen Fall anhand der Zielvorgaben zu verifizieren.

Beispiel 3: Grünsandgießerei mit <10 % Cold-Box-Kernsand

Regeneratverwendung: Einsatz in der Kernmacherei als anteiliger Ersatz des Neusandes (Cold-Box-Verfahren). **Bild 9** zeigt als Bildfolge die Aufnahmen der Sandkörner (Lichtmikroskop, 200-fache Vergrößerung) der verschiedenen Durchläufe (Umläufe). Wie in Beispiel 2 konnte der notwendige Abreinigungsgrad nach drei Umläufen erreicht werden.

Im vorliegenden Anwendungsfall erfolgte eine nachgelagerte, zusätzliche Sichtung des Regenerats um den Feinanteil (Material mit < 0,09 mm) weiter zu reduzieren. Der Anspruch an die Regeneratqualität war ein Erreichen von gleichen Festigkeitswerten der Sandkerne, bei möglichst gleichem Bindergehalt. **Bild 10** zeigt entsprechende Siebkurven der Durchläufe. Die zusätzliche Sichtung (Ergebnis benannt als Entstaubt) konnte eine deutliche Abnahme im Bereich der Feinanteile nach dem dritten Durchlauf bewirken.

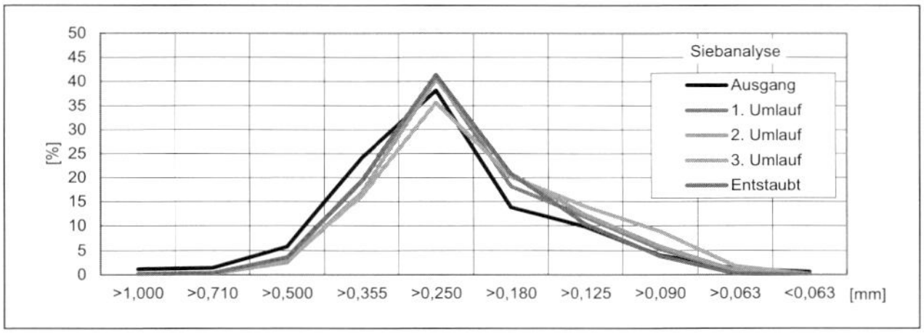

Bild 10: Sandanalyse - Beispiel 3.

Die Auswertung in **Bild 11** zeigt das Verhältnis von Glühverlust und Effizienz der einzelnen Durchläufe und dem Sichtungsvorgang (Entstaubt). **Tabelle 2** zeigt die Festigkeiten von Testkernen aus der Serienanwendung mit Neusand und einem geringen Anteil an kornvereinzeltem, nicht abgegossenem Kernbruch sowie der Testkerne aus einem Regenerat-Neusand-Gemisch im dargestellten Verhältnis. Die Versuchsserie wurde im Cold-Box-Verfahren durgeführt und abschließend konnte die notwendige Festigkeit durch eine geringfügige Erhöhung des Bindergehalts um 0,05 % erreicht werden.

Fazit

Die aufgeführten Beispiele mit ihren Auszügen aus Versuchsserien zeigen deutlich, dass die Formstoffe der jeweiligen Gießereien individuell zu betrachten sind. Insbesondere ist die Regeneriereignung des Materials in Abhängigkeit der definierten Zielvorgaben zu prüfen. Die Auswertung und gemeinsame Interpretation aller Daten zwischen Prozesslieferanten und Gießerei bildet die Basis für ein bedarfsgerechtes Gesamtkonzept.

Altsandregenerierung statt Deponierung

Ist die Regenerierung von Altsand eine echte Alternative zur Deponierung? Dieser Frage müssen sich viele Gießereien stellen. Bei festgestellter Regeneriereignung, individueller

Tabelle 2: **Vergleich der Festigkeiten – Beispiel 3.**

	Serienanwendung Festigkeit [N/cm²]	70 % Regenerat + 30 % Neusand Festigkeit [N/cm²]
10 Minuten	255	vergleichbar zur Serie*)
3 Stunden	240	vergleichbar zur Serie*)
24 Stunden	250-255	vergleichbar zur Serie*)

**) Hinweis: Anpassung des Bindergehalts um 0,05 %*

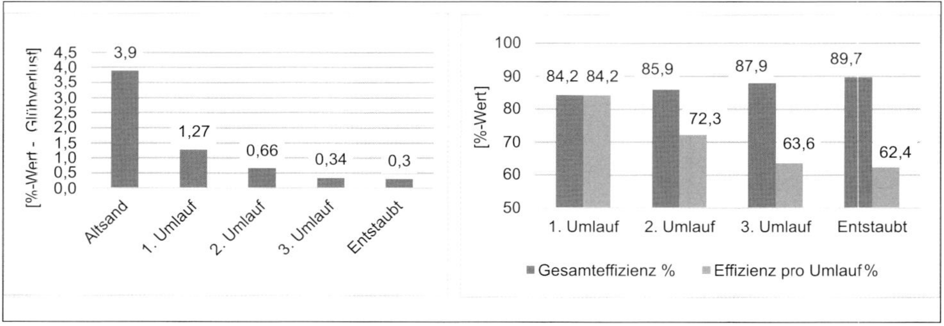

Bild 11: Beispiel 3: a) Glühverlust, b) Effizienz.

Konzeptplanung in Zusammenarbeit mit dem Prozesslieferanten und einer Wirtschaftlichkeitsbetrachtung für die Gesamtinvestition, kann die Regenerierung eine echte Alternative sein. Dazu muss eine nachhaltige Kostenreduzierung gewährleistet sein. Weitere Effekte, wie zum Beispiel die Schonung von natürlichen Ressourcen und die verbesserte CO_2-Bilanz des Betriebes, tragen zusätzlich zu einer gesteigerten Zukunftsfähigkeit bei und sollten für eine Entscheidungsfindung zur Investitionsfreigabe mitberücksichtigt werden. Bereits heute muss die Regenerierung in die Strategie zur langfristigen Standortsicherung unserer Gießereien in Europa einbezogen werden. HWS bietet mit dem eigenen Regenerierverfahren und Technikum einen vollumfänglichen Service, um sich diesem Thema erfolgreich zu stellen.

www.wagner-sinto.de

Alexander Dornhöfer, Projektleiter, Kevin Grebe, Teamleitung Unternehmensentwicklung, Heinrich Wagner Sinto Maschinenfabrik GmbH

Literatur

[1] Oberschelp, P.: Formstoffregenerierung. In: Grundlagen und Praxis der Sandaufbereitung und Steuerung von tongebundenen Formstoffen. VDG-Qualifizierungslehrgang, Düsseldorf, 28./29.02.2008.

[2] Polzin, H.: Zustand der Sandkornoberflächen vor und nach der Regenerierung.

1. BDG Fachtagung Altsand – 03./04. 04.2017, Hannover, April 2017.

[3] Verein Deutscher Giessereifachleute e.V. – Merkblatt R 093, Regenerierte Sande als Formgrundstoff: Anforderungen, Beurteilungskriterien, Februar 1992.

Notizen

072 Wie grün ist Grünsand – Anforderungen und Anpassungen

Auf dem Weg zu einer klimaneutralen Produktion sind alle Anwendungen innerhalb eines Betriebes auf dem Prüfstand, bei denen fossile Rohstoffe genutzt werden. Wie sieht die Zukunft des Grünsandverfahrens aus, ist diese Technologie zukunftsfähig, innovativ und umweltfreundlich genug?

FOTOS UND GRAFIKEN: CALDERYS

Der thermische Einfluss auf den Formsand und seine Komponenten hat weitreichende Auswirkungen.

Von Oleg Podobed, Sandra Böhnke

Die industriellen und politischen Entwicklungen der letzten 3-4 Jahre stellen eine Reihe traditioneller Technologien wie z.B. den Verbrennungsmotor, die Energiegewinnung oder auch die Ernährung auf den Prüfstand. Auch die europäische Gießerei-Industrie muss zeitnah Antworten liefern, um weiterhin auf dem globalen Markt zu bestehen und nicht aufgrund von z.B. Carbon Leakage oder anderen Limitierungen ihre führende Position abzugeben. Davon sind unterschiedliche Bereiche betroffen, im Schmelzbetrieb werden die sichere Stromversorgung oder die Zukunftschancen eines Kupolofens diskutiert, in der Kernmacherei neue organische und anorganische Bindemittel und Additive getestet und deren Umweltpotenzial sowie Leistungsfähigkeit verglichen. Die Putzerei hofft, dass neben

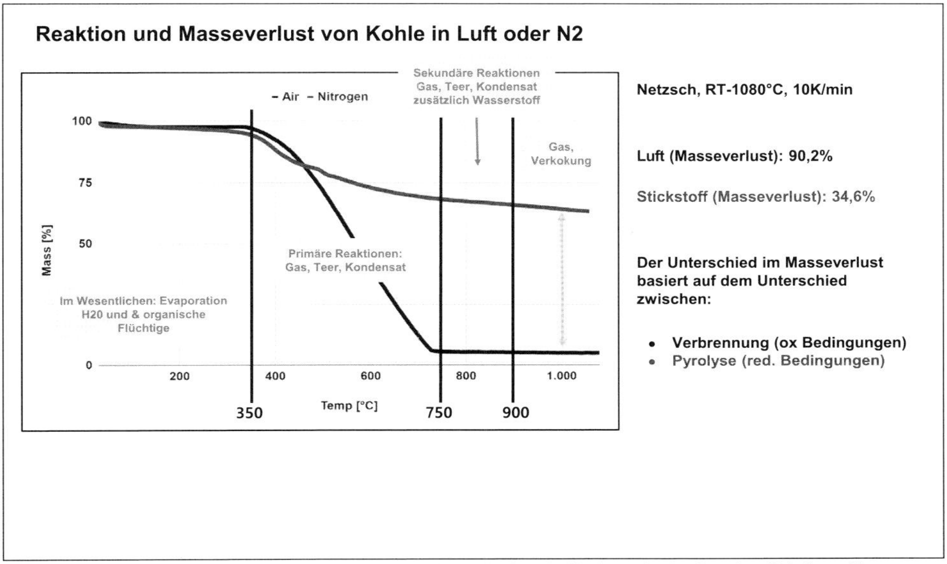

Bild 1: Reaktionen und Masseverlust von Kohle beim Aufheizen in Luft oder Stickstoff.

fortschreitender Robotisierung der Fachkräftenachschub gesichert ist. Der Schwerpunkt der Branche liegt derzeit auf der Energiegewinnung und alternativen Energie-Methoden. Der BDG schreibt [1] „Der Gesamtenergiebedarf der deutschen Gießereien lag laut Statistischem Bundesamt im Jahr 2019 bei etwa 12,4 Terawattstunden. Damit trägt der Industriezweig etwa zu einem Prozent zu den gesamtdeutschen CO_2-Emissionen bei.“ Doch neben der Energie sind auch alle anderen Anwendungen innerhalb eines Betriebes im Fokus.

Dieser Beitrag befasst sich explizit mit dem Grünsandverfahren, also der Formherstellung mit bentonitgebundenem Formstoff und physikalischer Formverdichtung (Schießen, Pressen etc. in verschiedenen Ausführungsnuancen). Mit dieser Formtechnologie werden weltweit konservativ geschätzt ca. 50 Mio. t Guss hergestellt. In einigen Ländern sind es bis zu 75 % aller Gussteile.

Flexibilität und Leistungsfähigkeit

Das Gussteilespektrum an den kastenlosen Formanlagen erstreckt sich über Bauteile mit einem Gewicht von 50 g bis zu Einzelteilen mit 130 kg Gussgewicht. Mit einer Produktivität von bis zu 600 Formballen pro Stunde können zum Beispiel Bremsbeläge, Bremsscheiben oder Motorblöcke millionenfach produziert werden. Beim Ofenguss ist das Verfahren führend. Zum Teil laufen die Anlagen sogar ohne Personal. Über kastengebundenen Anlagen können Gussteile mit einem Gewicht von 100 g bis über 1200 kg, also einem Gießgewicht von 1500 kg, serienmäßig hergestellt werden. Bei Stückzahlen und Geometrien gibt es dabei technisch gesehen kaum Grenzen.

Bild 2: Einflussnehmende Faktoren zur Berechnung des CO_2-Äquivalents.

Rohstoff- und Umweltschonend

Die Zusammensetzung des Grünsandes richtet sich nach dem Gussprogramm sowie den Erfahrungen einzelner Gießereien und ist spezifisch an die Anlagen angepasst. Ferner werden zunehmend Umweltanforderungen in Bezug auf BTEX, MAK, Geruch und nun auch CO_2-Reduzierung berücksichtigt. Ein weiterer wichtiger Faktor ist die Optimierung des Deponieverhaltens (TOC, BTEX, niedrigere Deponieklasse oder Wiederverwertung) aufgrund des sich verringernden Deponieraumes.

Die Zusammensetzung der bentonitgebundenen Formstoffe liegt im folgenden Bereich:
> Aktivtongehalt von 5,5 bis 11 %,
> einem entsprechenden Schlämmstoffgehalt zwischen 8 und 16 %,
> einem Glühverlust von 2 bis 8 %.

Beim Glühverlust ist zwar der Trend zu niedrigeren Werten über die letzten 10 Jahre erkennbar, aber noch recht langsam. Aufgrund neuer Regelungen aus dem EU-Klimapakt kann hier eine Änderung erwartet werden. Die eingesetzten Rohstoffe Quarzsand, Bentonite, Kohlenstoffe und Wasser sind (noch) verfügbar und relativ kostengünstig. Die Verwendung emissionsreduzierter Formstoffe steht weiterhin im Fokus.

Wiederverwendbarkeit und Regenerierungsverhalten

Der eingesetzte Formstoff wird mit einer Quote von bis zu 99 % wiederverwendet, ohne dass die klassische Regenerierung zum Tragen kommt. Kommt letztere doch zum Einsatz, kann sowohl das Regenerat für die Kernherstellung als auch für die Systemauffrischung gewonnen werden. Stäube werden ebenfalls teilweise direkt oder aufbereitet zurückgeführt. So reduziert sich der Abfall und die Rohstoffe können eingespart werden. Werden Form- und Kernsand getrennt, können Gießereien bereits heute einen Verbrauch an Kohlenstoffträgern / Glanzkohlenstoffbildnern von <10 kg/t Flüssigeisen realisieren und den Neusandverbrauch (sowohl Quarzsand als auch z.B. Chromerzsand) bis zu 75 % reduzieren.

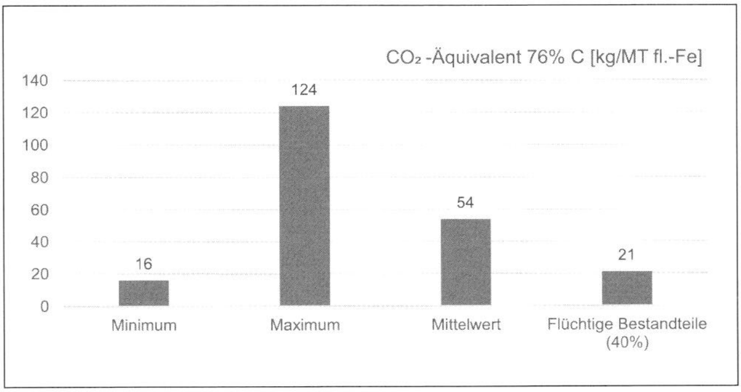

Bild 3: Berechnung des CO_2-Äquivalents basierend auf dem spezifischen Verbrauch an Kohlenstoffträgern (Mittelwert der Massenbilanzen von 27 Gießereien).

Qualitativ hochwertiger Quarzsand ist nicht nur in der Gießerei-Industrie ein begehrter Rohstoff, sondern auch im Baugewerbe und der Glasindustrie, sodass ein schonender Umgang damit immer mehr an Bedeutung gewinnt. Alternative Formgrundstoffe natürlicher oder künstlicher Natur gewinnen sehr langsam Marktanteile. Anbieter von Regenerierungsanlagen für Grünsand etablieren sich mit ihren erprobten Lösungen immer mehr und können modulare Anlagen je nach Gießereibedarf anbieten. Abhängig vom Anwendungsbereich des Regenerats können die Anlagen teilweise ohne thermische Regenerierung auskommen, um die Wirtschaftlichkeit des Verfahrens sicherzustellen. Die dabei entstehenden Stäube sollten im Idealfall wiederverwertet werden. Vielleicht öffnen sich zukünftig noch mehr Wege für die Verwertung von Stäuben und Altsanden, ansonsten ist die großflächige Einführung der Regenerierung ebenso abhängig von den regionalen Entsorgungskosten.

Kohlenstoffe/Schwarzstoffe im Grünsand

Bereits seit einigen Jahrhunderten und nach wie vor setzt man dem bentonitgebundenen Formstoff Kohle zu, begründet durch das spezifische, chemische und thermische Verhalten der Kohle beim Abgießen und die guten technischen Ergebnisse in Bezug auf die Oberflächengüte und das Auspackverhalten. Im Jahr 2000 lag der Fokus der Branche auf der Reduzierung und Vermeidung von Emissionen und Immissionen, dem Einsatz anorganischer Kernbinder sowie der Regenerierung. Es gab eine Renaissance anorganischer Bindemittel basierend auf Wasserglas (Warm Box etc.). 20 Jahre später hat das seit diesen Anfängen weiterentwickelte Verfahren insbesondere im Nichteisenguss Einzug gehalten und teilweise organische Binder ersetzt.

Die Cold-Box-Technologie dominiert weiterhin, jetzt mit Umweltoptimierungen im Bereich Lösemittel und Amin, aber auch beim Herstellungsprozess selbst. Ein Beispiel ist hier die Reduzierung des Binderverbrauchs. Regenerierprozesse sind weiterentwickelt worden, könnten jedoch durch steigende Energie- und Entsorgungskosten ausgebremst werden. Verknappung des Deponieraums und der Rohstoffe können und werden die Regenerierung weiter beflügeln. Im Bereich Grünsand-Additive wurde der Anteil hochflüchtiger Glanzkohlenstoffbildner, wie zum Beispiel Harze, reduziert und durch niedrigflüchtige Glanzkohlenstoffbildner, Grafit oder weitere anorganische Additive ersetzt. Zulässige Grenzwerte im Kamin und im Altsand können damit eingehalten werden.

Reduzierung und Berechnung des CO2 Äquivalents

Das Ziel jedes produzierenden Unternehmens ist, neben der Wirtschaftlichkeit und Nachhaltigkeit, eine konsequente Reduzierung des Kohlendioxids (direkt und indirekt) als Indikator für die Verwendung bzw. Reduzierung fossiler Rohstoffe. Das Procedere ist in 3 Stufen systematisiert, bekannt als Scope 1, 2 und 3. Die verschiedenen Prozesse einer Gießerei tragen in unterschiedlichem Ausmaß zur Kohlendioxidbelastung bei. Zu erwähnen sind hier insbesondere der Schmelzprozess und alle im Kern- und Formstoffbereich verwendeten Rohstoffe sowie deren Peripherie. Dieser Punkt wird in unserem Beitrag nicht näher erläutert, mit Ausnahme der Zusammenhänge in Bezug auf Lieferung, Verwendung und Entsorgung der Kohlenstoffträger bzw. Glanzkohlenstoffbildner im Formstoff.

Heute stehen eine Vielzahl von Berechnungstools zur Verfügung, die es Unternehmen einfacher machen, den CO_2-Abdruck zu ermitteln. In Datenbanken sind Werte für verschiedene Rohstoffe, Prozesse und Transportwege hinterlegt, mit denen das spezifische CO_2-Äquivalent für die eigenen Prozesse und eine Gesamtbilanz für das eigene Unternehmen zu erstellen sind. Bei den Formsanden liegt, wie schon erwähnt, der Fokus auf den kohlenstoffhaltigen Additiven, insbesondere den Steinkohlen. Bei der Ermittlung des CO_2-Abdruckes wird für Additive im Formsand als Berechnungsgrundlage der Kohlenstoffgehalt verwendet. Basierend auf der Annahme, dass der Kohlenstoff C zu 100 % zu CO_2 gemäß der Reaktion (1) oxidiert wird. Mit den molaren Massen (2) ergibt sich daraus der bekannte und in allen gängigen Berechnungstools verwendete Faktor 3,67 (3) sowie das CO_2-Äquivalent einer im Prozess eingesetzten Masse an Kohlenstoff im Prozess:

$C + O2 \rightarrow CO_2$ (1)

$12 - 32 \rightarrow 44$ (g/mol) (2)

100 t C * 44/12 (= 3,67)

$\rightarrow$ 367 t CO_2-Äquivalent (3)

Im genannten Beispiel ergibt sich für 100 t Kohlenstoff bei 100 % Oxidation und Umsetzung zu CO_2 ein CO_2-Äquivalent von 367 t. Im realen Prozess findet man jedoch andere Bedingungen vor.

Bild 1 zeigt die thermogravimetrischen Kurven bzw. den Masseverlust einer Kohle-Probe bei Aufheizung bis 1080 °C (Messbedingungen: TG-DTA Netzsch, 10K/ min). Je nach umgebender Atmosphäre, in diesem Fall Luft oder Stickstoff, kommt es zur Verbrennung oder Pyrolyse mit Einfluss auf den Masseverlust und den verbleibenden Rückstand. In sauerstoffhaltiger Atmosphäre, hier Luft, werden ca. 90 % der Kohle umgesetzt und verflüchtigt. Beim Rückstand handelt es sich im Wesentlichen um die Asche der mineralischen Bestandteile der Kohle. Steht kein Sauerstoff zur Verfügung und erfolgt die Messung z.B. in Stickstoff, liegen pyrolytische Bedingungen vor. Abhängig vom Temperaturbereich kommt es zu unterschiedlichen Reaktionen [2]. Der Masseverlust von

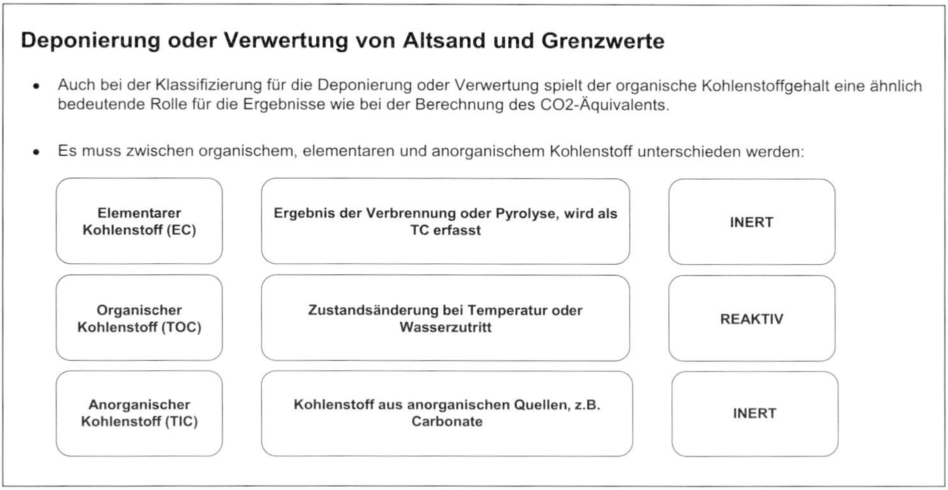

Bild 4: Unterschiede EC, TOC und TIC [5, 6].

ca. 35 % entspricht ca. dem Gehalt an flüchtigen Bestandteilen gemessen nach [3].

Daher ist es für die CO_2-Bilanzierung wichtig, die besonderen Umstände und einflussnehmenden Faktoren (**Bild 2**) im Umlauf-System und bei den eingesetzten Rohstoffen wie folgt zu beachten:

> Die verwendeten kohlenstoffhaltigen Rohstoffe bestehen nicht zu 100% aus Kohlenstoff. Kohle kann also nicht pauschal 1:1 mit Kohlenstoff gleichgesetzt werden.
> Es liegen nur begrenzt oxidierende Bedingungen vor, sodass die oben beschriebene Reaktion (1) nur teilweise erfolgt. Abhängig vom Gussprogramm und der Formauslastung, wird nicht der komplette Kohlenstoff pro Umlauf oxidiert.
> In reduzierenden Bedingungen reagieren kohlenstoffhaltige, anorganische Zusatzstoffe anders, d.h. sie oxidieren erst bei höheren Temperaturen, im Vergleich zu organischen Additiven.
> Kohlenstoffhaltige Materialien werden z. T. mit dem Überlaufsand aus dem System ausgeschleust (z.B. durch Austauschprozesse/Kernsand-Neusandzulauf) und tragen daher nur teilweise zur direkten Bildung von CO_2 bei.

Aus der Massenbilanz [4] kann man für jede Gießerei und das jeweilige Sand-System die Menge an Kohlenstoffträgern in Kilogramm pro Tonne Flüssigeisen berechnen. Basierend auf diesen Angaben, dem Kohlenstoffgehalt und dem Umrechnungsfaktor 3,67 (3) ergibt sich für verschiedene Gießereien eine Range von 16 bis 124 kg, im Mittelwert 54 kg/t Flüssigeisen (**Bild 3**). Würde man rein reduzierende Bedingungen (die nicht vorliegen) annehmen, könnte das CO_2-Äquivalent anhand der flüchtigen Bestandteile, hier im Beispiel 40 %, auf einen Wert von 21 kg reduziert werden. Aufgrund der tatsächlichen Atmosphäre in der Form und Unterschieden in den verwendeten Rohstoffen und flüchtigen Bestandteilen liegen die Werte vermutlich zwischen 54 und 21 kg.

Tabelle 2: **Grenzwerte Deponie-Verordnung [7].**						
Nr.	Parameter	Maßeinheit	DK 0	DK I	DK II	DK III
1	**Organischer Anteil des Trockenrückstandes der Originalsubstanz**					
1.01	bestimmt als Glühverlust (550°)	Masse-% TM TM	≤ 3	≤ 3	≤ 5	≤ 10
1.02	bestimmt als TOC	Masse-% TM	≤ 1	≤ 1	≤ 3	≤ 6
2	**Feststoffkriterien**					
2.01	Summe BTEX (Benzol,Toluol, Ethylbenzol, o-, m-, p-Xylol, Styrol, Cumol)	mg/kg TM	≤ 6			
2.03	Mineralölkohlenwasserstoffe (C 10 bis C 40)	mg/kg TM	≤ 500			
2.04	Summe PAK nach EPA	mg/kg TM	≤ 30			
3	Eluatkriterien					
3.01	pH-Wert		5,5-13	5,5-13	5,5-13	4-13
3.02	DOC	mg/l	≤ 50	≤ 50	≤ 80	≤ 100

Im oben betrachteten Beispiel geht es nur um den Einsatz kohlenstoffhaltiger Additive im Formsand, basierend auf ihrem Anteil an Kohlenstoff und den Bedingungen, in denen sie genutzt werden. Betrachtet werden hier nicht deren Produktion oder der Transport der Rohstoffe oder des Überlaufsandes. Eine weitere Reduzierung des CO_2-Abdrucks organischer, kohlenstoffhaltiger Additive kann durch den Ersatz durch alternative Rohstoffe erreicht werden und bietet zusätzliche Vorteile:

> 50 % Austausch durch alternative Additive reduziert das CO_2-Äquivalent im Mittel auf weniger als 11-27 kg/MT fl.-Fe,
> Die Geruchsbelästigung und Geruchsverbreitung können potenziell weiter reduziert werden,
> Unter reduzierenden, bzw. sauerstofffreien Bedingungen bei thermischer Behandlung werden aus anorganischem Kohlenstoff, wie z. B. Grafit, kaum flüchtige Bestandteile oder CO_2 freigesetzt.

Deponieren oder Verwerten von Altsand und Grenzwerte

Auch bei der Einteilung der Deponieklasse oder der Verwertung spielt insbesondere der organische Kohlenstoffgehalt eine ähnlich bedeutende Rolle für die Ergebnisse wie bei der Berechnung des CO_2-Äquivalents. Hier haben alle kohlenstoffbezogenen Parameter wie z. B. BTEX, PAKs einen wesentlichen Einfluss auf die Deponiekosten und somit auf die Planbarkeit und die Wirtschaftlichkeit der Entsorgung. Es muss insbesondere zwischen organischem und elementarem oder anorganischem Kohlenstoff unterschieden werden, da zwischen beiden ein wesentlicher Unterschied in der Reaktionsfähigkeit und Lagerung in einer Deponie besteht.

Die Deponiekapazitäten und entsprechende Kosten zeigen enorme regionale Unterschiede, aber mit einer gemeinsamen Tendenz: die Kosten steigen jährlich und nicht selten im zweistelligen Prozentbereich. Daher ist ein richtiger Umgang mit den anfallenden Stoffen (Entsorgungswirtschaft) von entscheidender Bedeutung:

Probenahme, Analytik und Bewertung der Ergebnisse

Bei der Probenahme sollten eine Reihe von Informationen beachtet oder notiert werden: Datum, Entnahmestelle, Name des Probennehmers und eine eindeutige Bezeichnung des Stoffes, z.B. Altsand oder Staub. Ebenso sollten die Analysemethoden des jeweiligen Labors dem Analysezweck entsprechen. Geht es bei der Analyse um die Entsorgung, Verwertung oder aus anderen Gründen um Hinweise auf die Zusammensetzung, z.B. Ermittlung des Fluorgehaltes oder der Emissionen, insbesondere Benzol, Toluol, Ethylbenzol und Xylol, sind hier die in den Verordnungen aufgeführten und vom BDG empfohlenen Verfahren heranzuziehen. Die Vernachlässigung dieser Informationen führt zu Missverständnissen, Fehlinterpretationen und nicht zuletzt zu falschen Entscheidungen mit nachfolgenden Zusatzzeiten und -kosten.

Wichtig ist die richtige Zuordnung verschiedener Parameter zueinander. So ist der Glühverlust immer höher als der Gesamtkohlenstoff [5, 6], da neben kohlenstoffhaltigen flüchtigen Bestandteilen auch aus den anorganischen Formsandbestandteilen wie dem Bentonit, bei höheren Temperaturen z.B. Wasser freigesetzt wird. Der Gehalt an organischem Kohlenstoff ist wiederum niedriger als der Gesamtkohlenstoff. Zum Beispiel können inerte Reaktionsprodukte der Kohle entstehen oder kohlenstoffhaltige, inerte Additive wie z. B. Grafit werden als Zusatzstoffe dem System von vornherein zugegeben. **Bild 4** zeigt eine Einstufung verschiedener Kohlenstoffe und **Tabelle 1** Analysenergebnisse und Normen, hier Messung des Glühverlustes bei 550°C.

Handlungsempfehlungen

Folgende wichtige Hinweise zur Beurteilung der Ergebnisse und Empfehlungen:

> stets das Rückstellmuster der Probe aufbewahren,
> immer den Glühverlust des Altsandes bestimmen (bei 550° oder 900°C), Glühverluste (900 °C) von Gießereiformsanden liegen meistens im Bereich von 3,5 - 5,5 %. Glühverluste bei Gießereistäuben liegen dagegen bei 10 - 50 %,

Eine Plausibilitätsprüfung ist dringend erforderlich (mehrfach nachgewiesen):

> steigt der TOC-Gehalt des Altsandes plötzlich von 4 auf 15 %, so wurden Altsand und Staub vertauscht,
> steigt der Phenol-Index um ein Vielfaches, so wurden Kernsand und Altsand verwechselt,

> steigen z.B. BTEX-Werte im Staub, so wurde Staub aus der Putzerei (Schleifsteine) beigemischt,
> usw.

Beachtet man die oben genannten Empfehlungen, werden Missverständnisse, zusätzliche Kosten und Probleme zu Beginn vermieden. Zusätzlich gibt es Möglichkeiten einer umweltfreundlichen Vorgehensweise besonders in Bezug auf den CO_2-Abdruck und die Deponierung oder Verwertung von Altsand oder Stäuben.

Wiederverwendung von Stäuben

Der Zusatz von 0,1 bis 0,3 % Staub in den Formsand kann die Kosten für feinen Sand und die (hohen) Entsorgungskosten für den Staub reduzieren. Der im Staub enthaltene Bentonit sowie der Kohlenstoff sorgen für die Reduzierung des Verbrauchs an neuen Rohstoffen.

Reduzierung des Zielwertes für Glühverlust und Kohlenstoffgehalt

Meistens können Gießereien zufriedenstellende Gussoberflächen mit einem Glühverlust von < 5 % und einem Kohlenstoffgehalt von < 3,5 % produzieren. Calderys hat bereits Kunden mit 3 % Glühverlust und 2 % Kohlenstoffgehalt.

Form- und Kernsandtrennung

Diese technische Maßnahme erleichtert die Bedingungen für die nachfolgende Regenerierung und wirkt ressourcen- und kostenschonend durch den geringeren Kohlenstoffbedarf (für Kernsandeintrag).

Neue Wege der Altsandverwertung/Wiederverwendung

Altsandverwertung ohne oder mit einem minimalen Energieeintrag wie z.B. in den Zementwerken, im Straßenbau, bei der Verfüllung alter Schächte wäre aus heutiger Sicht ein weiterer Beitrag zur Reduzierung des Carbon-Footprints und CO_2-Äquivalents. Ebenso wichtig und empfehlenswert ist es, die kritischen Größen für eine angedachte Deponieklasse, inklusive möglicher Eintragsquellen, zu identifizieren. Daraus können dann gezielt Optimierungsmaßnahmen abgeleitet werden, wie z.B. die Verwendung fluorfreier Speiser, kohlenstoffarmer Glanzkohlenstoffbildner oder optimierter Cold-Box-Binder. **Tabelle 2** zeigt die wesentlichen Parameter und Grenzen, die sich auf kohlenstoffhaltige Stoffe beziehen und an Feststoffen sowie Eluaten gemessen werden. Für einige Grenzwerte gibt es Ausnahmeregelungen, die der Deponieverordnung und Übersicht der Grenzwerte entnommen werden können [7].

Schlussfolgerungen

Die Lebenszyklusanalyse aller eingesetzten Rohstoffe, Produkte und Prozesse stehen zusätzlich zu weiteren umweltbedingten Faktoren wie den Emissionen immer mehr im Fokus. Trotz der steigenden Anforderungen an den eigenen Prozess kann man mithilfe einer gezielten, aber auch kritischen Betrachtung die eigenen Faktoren im Gesamtkontext

Tabelle 1: **Kohlenstoffbezogene Parameter, deren Normen sowie Ergebnisse**				
Analyse	**Norm**	**Messgenauigkeit**	**Einheit**	**Ergebnis**
Glühverlust (550°C)	DIN EN 15169:2007-05	0.1	Ma.-% TS	3,50
TC (Gesamtkohlenstoff)	DIN EN 15936: 2012-11	0.1	Ma.-% TS	3,10
TOC	DIN EN 15936:2012-11	0.1	Ma.-% TS	2,80
(Organischer Kohlenstoff)	(AN, L8: Ver.A; FG; F5: Ver. B)			

TC: Total Carbon, TOC Total Organic Carbon

besser einschätzen und so Probleme vermeiden und Kosten reduzieren. Zusätzlich können für die Optimierung hinsichtlich CO_2-Abdruck und Deponierung in jedem Bereich Maßnahmen ergriffen werden. Diese Maßnahmen reichen von einer kompletten Umstellung von Prozessen, dem Einsatz neuer, optimierter Produkte bis zu kleinen Änderungen oder Anpassungen.

www.calderys.com

Dr. Oleg Podobed, Technical Director GMSA, EMEA, Sandra Böhnke, Science & Technology Engineer, CALDERYS Metalcasting Germany GmbH, Marl

Literatur:

[1] BDG, InnoGuss: www.guss.de/innoguss?L=172, recherchiert am 15.01.2024.

[2] Radenovic, A.: Pyrolysis of Coal, Kem. Ind. 55 (2006) (7-8), S. 311–319.

[3] DIN 51720:2001-03 Prüfung fester Brennstoffe - Bestimmung des Gehaltes an Flüchtigen Bestandteilen.

[4] Egen, H.V.: Grundlagen zur Steuerung der Sandzusammensetzung von bentonitgebundenem Formsand beim Aufbereitungsvorgang in Umlaufsystemen Teil 1, Giesserei 71 (1984) 8, S.319-325, Teil 2 Giesserei 71 (1984) 9, S. 358-361.

[5] BDG-Richtlinie R 401, Analytik von Gießerei-Altsanden. Parameter TOC und EC, März 2017.

[6] DIN EN 15936:2022-09: Boden, Abfall, behandelter Bioabfall und Schlamm - Bestimmung des gesamten organischen Kohlenstoffs (TOC) mittels trockener Verbrennung.

[7] Verordnung über Deponien und Langzeitlager (Deponieverordnung - DepV) Anhang 3 Zulässigkeits- und Zuordnungskriterien (zu § 2 Nummer 5 bis 9, 23 bis 26, 37, § 6 Absatz 2 bis 5, § 8 Absatz 1, 3, 5 und 8, § 14 Absatz 3, den §§ 15, 23, 25 Absatz 1).

8 Qualitätssicherung

8.1 Normenübersicht Qualitätssicherung

Die nachfolgenden Tabellen geben eine Übersicht über den Stand der wichtigsten Normen, die auch für den Bereich Gießerei anwendbar sind. Die aktuellste Ausgabe sollte verwendet werden. Die Normen können beim Beuth-Verlag (www.beuth.de) bestellt werden.

8.1.1 Qualitätsmanagementsysteme

Unter dem Begriff Qualitätsmanagementsystem (QM-System) ist jener Teil des übergeordneten Managementsystems zu verstehen, der die Organisationsstruktur, Planungstätigkeiten, Verantwortlichkeiten, Methoden, Verfahren, Prozesse und Ressourcen zur Entwicklung, Umsetzung, Erfüllung, Bewertung und Aufrechterhaltung der Qualität umfasst. Das wohl bekannteste Normenwerk zu diesem Thema ist die DIN EN ISO 9000 ff.

Internationale Normen

Inhalt	Derzeit gültige Ausgabe der Norm
Grundlagen	**DIN EN ISO 9000: 2015-11** Qualitätsmanagementsysteme – Grundlagen und Begriffe
Anforderungen	**DIN EN ISO 9001: 2015-11** Qualitätsmanagementsysteme – Anforderungen
Leitfaden	**DIN EN ISO 9004: 2018-08** Qualitätsmanagement - Qualität einer Organisation - Anleitung zum Erreichen nachhaltigen Erfolgs

Branchenspezifische Richtlinien und Spezifikationen

VDA Band 06, 01.01.2017, Verband der Automobilindustrie e.V. Grundlagen für Qualitätsaudits
IATF 16949: **2016-10** Anforderungen an Qualitätsmanagementsysteme für die Serien- und Ersatzteilproduktion in der Automobilindustrie

8.1.2 Abnahmeprüfzeugnisse

Inhalt	National (DIN)	Europäisch (EN)	International (ISO)
Abnahmeprüfzeugnis	**DIN EN 10204:** 2005-01 (Ersatz für DIN 50049)		**ISO 10474**: 2013-07 (nur Stahlguss)

8.1.3 Zerstörende Prüfverfahren für metallische Werkstoffe

Metallische Verfahren	National (DIN) / Europäisch (EN)	International (ISO)
Zugversuch (RT)	**DIN EN ISO 6892-1**: 2020-06	**ISO 6892-1**: 2019-01
Zugversuch (HT)	**DIN EN ISO 6892-2**: 2018-09	**ISO 6892-2**: 2018-03
Zugversuch (LT) Druckversuch	**DIN EN ISO 6892-3:** 2015-07 **DIN 50106**: 2023-02	**ISO 6892-3:** 2015-04
Brinellhärte	**DIN EN ISO 6506-1**: 2023-11	**ISO 6506-1:** 2014-10
Vickershärte	**DIN EN ISO 6507-1**: 2024-01	**ISO 6507-1:** 2023-10
Rockwellhärte	**DIN EN ISO 6508-1**: 2024-04	**ISO 6508-1:** 2023-12
Härte-Umrechnung	**DIN EN ISO 18265**: 2014-02	**ISO 18265:** 2013-10
Umrechnung Bruchdehnungswerte un-/niedriglegierte Stähle austenitische Stähle	 **DIN EN ISO 2566-1:** 2022-10 **DIN EN ISO 2566-2:** 2022-10	 **ISO 2566-1:** 2021-12 **ISO 2566-2:** 2021-12
Kerbschlagbiege-versuch (Charpy-V)	**DIN EN ISO 148**: 2017-05	**ISO 148**: 2016-10
Umlaufbiegeversuch	**DIN 50113**: 2018-12	**ISO 1143**: 2021-07
Zeitstandversuch Zug	**DIN EN ISO 204**: 2023-10	**ISO 204**: 2023-07
Relaxationsversuch Zug	**DIN EN 10319**: 2003-09	
Biegeversuch	**DIN EN ISO 7438:** 2021-03	**ISO 7438:** 2020-10

8.1.4 Zerstörungsfreie Prüfverfahren für metallische Werkstoffe

Prüfverfahren	National (DIN) / Europäisch (EN)	International (ISO)
Oberflächenzustand Vergleichsmuster	**DIN EN 1370 :** 2012-03, bestätigt 2023	
Eindringprüfung alle Gusswerkstoffe Feinguss	 **DIN EN 1371-1:** 2012-02, bestätigt 2022 **DIN EN 1371-2:** 2015-04	 **ISO 4987:** 2020-01
Magnetpulverprüfung Eisen- und Stahlguss	 **DIN EN 1369:** 2013-01, bestätigt 2022	 **ISO 4986:** 2020-02
Ultraschallprüfung Stahlguss Stahlguss f. bes. Anford. Eisenguss	 **DIN EN 12680-1:** 2003-06, Überarbeitung 2022-24 **DIN EN 12680-2:** 2003-06, Überarbeitung 2022-24 **DIN EN 12680-3:** 2012-02, Überarbeitung 2022-24	 **ISO 4992-1:** 2020-03 **ISO 4992-2:** 2020-03
Durchstrahlungsprüfung Filmtechnik Digitale Radiographie Vergleichsbilder GJL-GJS	 **DIN EN 12681-1:** 2018-02, Überarbeitung 2023-24 **DIN EN 12681-2:** 2018-02, Überarbeitung 2023-24 **DIN SPEC 8204:** 2020-04	 **ISO 4993:** 2024-03

8.2 Digitaler Zwilling überwacht den Tiegelzustand

Kommt es im Schmelzofen zum Tiegelbruch, steht meist die ganze Gusszelle still. Um die Ausfallzeit der Anlage zu minimieren, sind Reinigungs- und Wartungsarbeiten in fixen Intervallen unerlässlich. Aufgrund der extremen und intransparenten Bedingungen im Ofen kann es trotzdem zu Problemen kommen. Rauch Furnace Technology hat die Sicherheit bei seinen Magnesium-Schmelzöfen drastisch erhöht. Ein simulationsbasierter Digitaler Zwilling überwacht permanent den Tiegelzustand.

FOTOS: RAUCH FT

Magnesium-Schmelzofen von Rauch-FT.

Von Teresa Alberts, Florian Sipek, Alexander Kunz, Christian Abramowski

Der Physiker Florian Sipek beschäftigt sich als Leiter Forschung und Entwicklung beim österreichischen Spezialisten für Schmelztechnik Rauch Furnace Technology (FT) auch mit neuen Technologien, welche die eigenen Produkte und Prozesse verbessern. Als ihm in verschiedenen technischen Fachpublikationen und auf Konferenzen immer wieder erfolgreiche Projekte zum Thema „prädiktive Wartung" von Bauteilen, Systemen und Anlagen begegneten, fiel ihm auf: Sie stammen aus unterschiedlichsten Branchen und Anwendungsfeldern, aber kein einziges aus seinem Bereich, der Schmelztechnik. Deshalb befasste er sich nicht nur intensiv mit der Technologie, sondern übertrug die Möglichkeiten eines „Digitalen Zwillings" auf sein eigenes Tätigkeitsfeld in der Ofen- und Thermomechanik-Technik.

Digitaler Zwilling kurz erklärt

Bild 1: Nachchargieren einer Schmelzanlage mit Magnesium-Masseln. Die Qualität des Schmelzmaterials bestimmt maßgeblich den Wartungsbedarf der Anlage.

Unter einem Digitalen Zwilling versteht man im Kontext der prädiktiven Wartung ein detailliertes digitalisiertes Modell eines Produkts und seines Verhaltens unter verschiedensten Belastungen im laufenden Betrieb. Dieses Verhalten wird durch echte und virtuelle, d. h. simulationsgestützte Sensoren beschrieben. Betreiber von Anlagen oder Geräten profitieren von Digitalen Zwillingen durch eine verbesserte Verfügbarkeit der Produkte. Die genaue Kenntnis über den aktuellen Anlagenzustand und entstehende Probleme, z. B. ausgelöst durch Verschleiß, verhindert nicht nur Stillstandszeiten und Produktionsausfälle, sondern macht auch die Arbeit des Bedienpersonals sicherer. Darüber hinaus erlauben Digitale Zwillinge auch einen Blick in die Zukunft und zeigen, wie der Betrieb systematisch optimiert werden kann, etwa durch den Ausgleich von Energiekosten, Laufzeit, Wartungsbedarf, Anlagenleistung und Produktqualität.

Zusätzlich zum reinen Hardware-Geschäft hinaus ermöglichen Digitale Zwillinge Anbietern insofern ganz neue Dienstleistungen – man denke an Wartungsempfehlungen, Ersatzteilmanagement oder Laufleistungsmanagement. Solche zusätzlichen, betriebsorientierten Dienstleistungen können ein wertvoller Baustein zum Aufbau oder zur Festigung von langfristigen Kundenbeziehungen sein, denn sie verbessern das Feedback zur tatsächlichen Nutzung und zum Bedarf an zukünftigen Produkteigenschaften.

Florian Sipek begeisterte mit seiner Idee auch seine Kollegen und die Geschäftsführung – Innovation und Mut zu neuen Wegen gehören zu Rauch-FT. Sie haben das kleine, aber hochspezialisierte Unternehmen aus Gmunden in Oberösterreich an die Weltspitze in der Schmelztechnik geführt, bei Schmelzanlagen für Magnesium gilt es als Weltmarktführer.

Die Digitalisierung der Extreme

Die Schmelztechnik ist im Vergleich zu vielen anderen Branchen von extremen physikalischen Kräften geprägt, die in den Anlagen wirken. Ihre Abbildung in digitalen Modellen ist daher eine besondere Herausforderung, der sich in der industriellen Praxis bisher nur wenige gestellt haben. Dementsprechend haben es auch die Magnesium-Schmelzöfen von Rauch-FT „in sich“: Wenn darin Metalle geschmolzen, recycelt und auflegiert werden, ist es bis zu 2000 °C heiß, Gasströme haben Geschwindigkeiten von 1000 km/h, Belastungswechsel sind die Regel (**Bild 1**).

Bild 2: Schmelztiegel eines Magnesium-Schmelzofens mit einem Nenninhalt von 4,3 Tonnen Magnesium-Legierung.

Noch keine vergleichbaren Ansätze in der Gießereitechnik

Rauch-FT ist die Herausforderung, die Schmelzöfen durch digitale Methoden sicherer zu machen, nicht allein, sondern mit den Partnern ITficient und CADFEM angegangen. ITficient für Datenmanagement, Geschäftsmodell- und IT-Architektur, CADFEM für die Simulation von Strömung über verschiedene transiente und nichtlineare strukturmechanische Anwendungen und Sensitivitätsstudien bis hin zu Systemsimulationen inklusive Zustandsüberwachung.

Bei Rauch-FT werden bereits viele Anlagen und Komponenten simuliert. Meist geht es um Strömungsmechanik, das Spektrum reicht von transienten Abkühl- und Aufheizprozessen über Vorgänge in Dosier- oder Strömungspumpen bis hin zu chemischen Reaktionen. Zudem ist neben einer leistungsfähigen IT-Infrastruktur über die Fernwartung schon ein großer Datenpool zur Anlage vorhanden. Dessen Auswertung liefert wertvolle Erkenntnisse zum Betrieb der Öfen, die ebenfalls in den Digitalen Zwilling einfließen – gute Voraussetzungen also.

Von der Idee zum Konzept

Ausgangspunkt für die Realisierung des Projekts war ein von ITficient moderierter Intensiv-Workshop mit eingehender Analyse von Anforderungen, Zielen und Voraussetzungen. Darin wurden elementare Aspekte herausgearbeitet und präzisiert:

- Stakeholder: Wer bei Rauch-FT ist betroffen?
- Sichtweisen: Welche Herausforderungen gibt es, was sind die Mehrwerte?
- Personas: Wer sind die zukünftigen aktiven Nutzer?
- Priorisierung: Welcher Use Case eignet sich zum Einstieg?
- Technische Analyse: Welche Modelle, Sensordaten, IT-Infrastrukturen sind vorhanden?

Am Workshop teilgenommen hat ein interdisziplinäres Team bestehend aus Geschäftsführung, Vertrieb, Produktmanagement, Service und dem Engineering. Die Ausarbeitung erfolgte unter Anwendung der Design Thinking Methode. Im Use Case Exploration-Workshop wurde unter anderem über die Themen CO_2-Bilanz, Optimierung der Prozessabläufe, Anlagenverfügbarkeit und Arbeitssicherheit diskutiert. Was soll mit dem

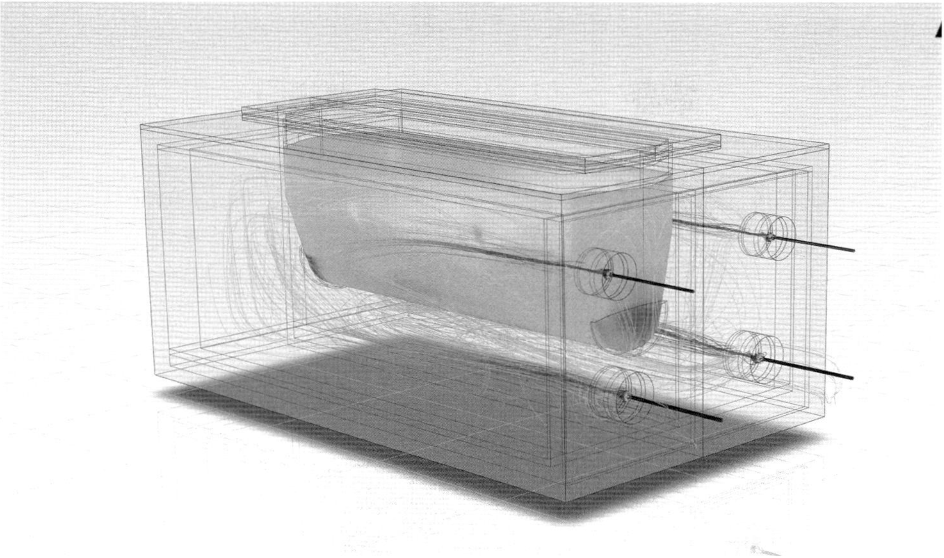

Bild 3: Die präzise Simulation der thermischen Vorgänge im Ofenraum, die in Zusammenarbeit mit CADFEM durchgeführt wurde, trägt wesentlich zu einer verlässlichen Vorhersage des Tiegelzustands bei.

Digitalen Zwilling erreicht werden? Das bisherige Bauchgefühl soll in explizites Wissen umgewandelt werden und der Kunde soll aus den Erfahrungen im Umgang mit Magnesium vom Unternehmen profitieren.

In einem zweiten Schritt wurde dann eine technische Bestandsanalyse erstellt. Unter anderem wurden folgende Fragen diskutiert: Welche Einflussgrößen haben eine Auswirkung auf die Lebensdauer des Tiegels? Welche Modelle, Sensordaten und welche IT-Infrastruktur sind vorhanden? Nach der Bestandsaufnahme wurde durch die CADFEM- und ITficient-Experten ein übergreifendes Konzept für die technische Realisierung sowie die Roadmap und der Projektplan erstellt. Dabei wurde der Tiegel als Herzstück des Digitalen Zwillings deklariert (**Bild 2**). Bei der Umsetzung wurde der Plan regelmäßig überprüft und wenn nötig an neue Randbedingungen angepasst. Das komplette Projekt erfolgte gemeinschaftlich und mit dem klaren Ziel, einen umfassenden Wissenstransfer zu Rauch-FT zu erreichen.

Wie lange hält der Tiegel durch?

Der Tiegel aus Stahl, der sich beim initialen Workshop als das ideale Bauteil für die erste praktische Umsetzung entpuppt hatte (**Bild 3**), ist im Betrieb hoch belastet: „1000 °C heißes Rauchgas außen, korrosives Schutzgas und hydrostatischer Druck von bis zu 4 Tonnen schwerer Schmelze innen", erklärt Florian Sipek. „Hinzu kommen extreme

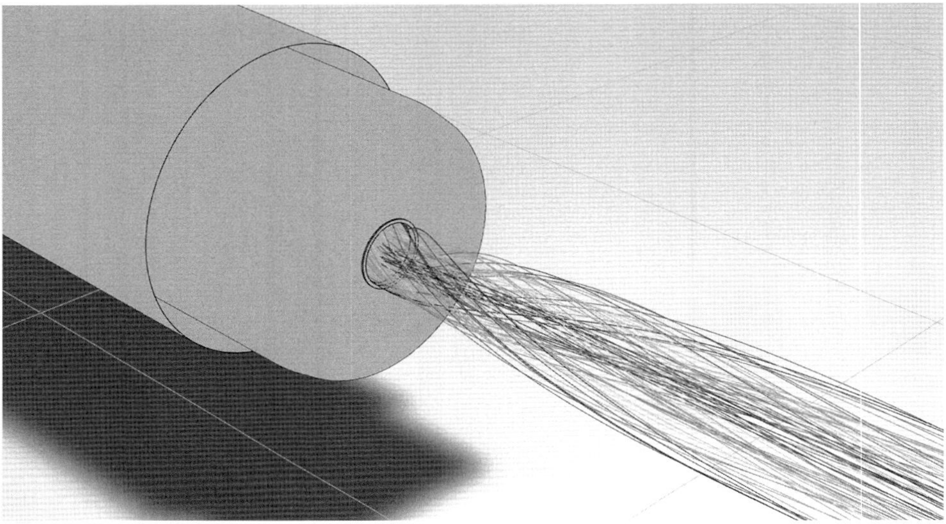

Bild 4: Komplexe und extrem schnelle Strömungsvorgänge im Ofenraum müssen abgebildet werden.

Temperaturgradienten, die Strahlungsleistung der Flamme und hohe Geschwindigkeiten bei einer inhomogen verteilten Strahlungsenergie" (**Bild 4**).

Versagt der Tiegel, steht das System still. Die Wartung basiert üblicherweise auf Erfahrungswerten, was funktionieren kann – in einer idealen Welt. Sobald aber Unregelmäßigkeiten in den Prozessen oder bei der Handhabung auftreten, droht ein Versagen und damit Folgeschäden. „Genau dann zeigt sich der Wert der prädiktiven Wartung", fasst Florian Sipek zusammen.

Beispiel: Einflüsse der Segregation

Ein konkretes Beispiel mit einem direkten und integren Einfluss auf die Tiegellebensdauer ist die Segregation der Legierung. In jeder Legierung sind intermetallische Phasen vorhanden, die in ihrer intrinsischen Dichte unterschiedlich sind. Diese Änderungen der Eigenschaften beeinflussen direkt die lokalen Wärmeübergänge vom Ofenraum durch den Tiegel in die Schmelze. Sie begünstigen eine weitere inhomogene Temperaturverteilung an der Außenwand. Speziell im Bereich der Schweißnähte können dadurch erhöhte mechanische Spannungen entstehen. Da zielgerichtete Messungen an der Ofenanlage einen direkten Rückschluss auf die Sumpfmenge ermöglichen, wird diese Eigenschaft als eine Randbedingung für die Simulation herangezogen. Außerdem soll sie direkt am HMI beim Kunden ausgegeben werden, um Reinigungsaufforderungen anzuzeigen.

Die Sumpfmenge ist demnach eine wichtige Kenngröße für eine korrekte Aussage zur Echtzeit-Belastung des Tiegels und damit auch für die Verlässlichkeit der prädiktiven

Wartung. Aufgrund der Umgebungsbedingungen im Tiegel und im Ofen ist die Nutzung realer Sensorik für die Temperaturmessung ansonsten kaum möglich. Deshalb sah das Konzept virtuelle Sensoren für Simulationen vor. So kann mit den richtigen Messstellen und Eingangsgrößen auf eine lokale Belastung am Tiegel geschlossen werden.

Blick in die Simulation zur Vorhersage des Tiegelzustands

Für die Vorhersage der verbleibenden Standzeit des Tiegels sind die präzise Modellierung der Temperaturverteilung im Ofenraum (Ergebnis der Strömungssimulationen, Computational Fluid Dynamics, CFD) und der Spannungen an den Schweißnähten (Ergebnis der strukturmechanischen FEM-Berechnungen) essenziell. Simuliert wird ein Magnesium-Schmelzofen mit einer Schmelzrate von bis zu 1200 kg/h und einer Beheizung mittels vier Erdgas-/LPG Rekuperator-Brennern mit einer Nenn-Anschlussleistung von bis zu 860 kW.

CFD-seitig wird für eine korrekte Vorhersage der Flammentemperatur, der Wärmestrahlung und des Impulseintrags eine Verbrennungssimulation des Brenners und des Ofenraums mit der Software Ansys Fluent durchgeführt. Auf Basis der CFD-Ergebnisse erfolgen anschließend Temperaturfeld- und Spannungsanalysen, mit der Schmelze als variable Wärmesenke, um das Aufschmelzen eingeworfener Barren abzubilden.

Der Rekuperator, der Wärmeüberträger, wird vereinfacht als Randbedingung modelliert, jedoch nicht direkt mitsimuliert. Es wird somit nicht die Leistung direkt vorgegeben (denn diese wird schon gerechnet), sondern nur die Massenströme und Temperaturen der Prozessgase. Diese Verbrennungsrechnung ist die Basis für die gesamte Temperatur- und Geschwindigkeitsverteilung im Ofenraum, welche wiederum in einen Wärmeübergang (d.h. Wärmeübergangskoeffizient + Temperaturverteilung) am Tiegel resultiert.

Der Stahltiegel selbst wird ebenfalls modelliert, wodurch hier mittels Konduktion die Temperaturverteilung in die Schmelze übertragen wird. Die Schmelze wird zudem als Fluid modelliert – und nicht wie so oft als Festkörper mit konstanten physikalischen Bedingungen – um die freie und ggf. erzwungene Konvektion zu berücksichtigen. Die gesamte Rechnung erfolgt stationär mit einer konstanten Schmelzrate, welche als Wärmesenke innerhalb der Schmelze lokal berücksichtigt werden kann. Durch diese anpassbare Lokalität der Wärmesenke kann hineinfallendes aufzuschmelzendes Material je nach Kundenlayout in der Position variiert werden. Insgesamt hat das mit Ansys Fluent vernetzte Modell eine enorme Größe von knapp 12 Millionen Zellen und würde entsprechend lange Rechenzeiten benötigen. Daher werden in der thermisch-strukturmechanischen Simulation die Spannungen in Abhängigkeit aller relevanten thermischen Einflussgrößen, abgebildet. Dazu gehören auch die strömungsmechanischen und thermischen Effekte der Schmelze und des Sumpfes, die in Anlehnung an CFD-Simulationen durch ein Netzwerk aus Strömungsfäden abgebildet werden. **Bild 5** zeigt das FEM-Modell mit den Strömungsfäden für zwei verschiedene Sumpfhöhen. Da die Ergebnisse in Echtzeit vorliegen müssen, kommt ein Reduktionsverfahren zum Einsatz.

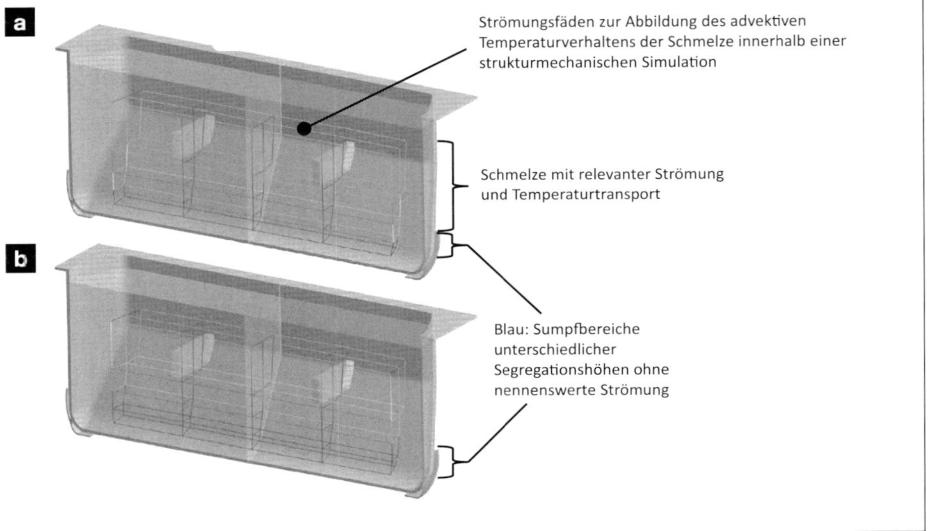

GRAFIK: CADFEM

Bild 5: Strömungsgeschwindigkeit der Schmelze a) bei einer Sumpfhöhe von 150 mm und b) bei einer Sumpfhöhe von 300 mm.

Modellreduktion auf die entscheidenden Parameter

Für die Erzeugung eines reduzierten Modells (ROM) wird zuerst eine Sensitivitätsstudie aus einer Stichprobe von 100 verschiedenen Parametervariationen durchgeführt. Die Ein- und Ausgangsparameter bilden eine 9x6-dimensionale Hyperfläche. Außerdem werden transiente Änderungen des Zustands basierend auf den Echtzeit-Messdaten an der Anlage in der FEM-Spannungsanalyse berücksichtigt, dies ist vor allem bei plötzlichen Stillständen, Wochenend- oder Nachtbetrieb relevant. Auch eine Analyse etwaiger Einflüsse von nichtlinearen Materialeigenschaften wurde durchgeführt. Eine möglichst präzise Modellierung von Fließprozessen und Spannungen an den Schweißnähten ist essenziell für die Vorhersage der Standzeit des Tiegels.

Insbesondere die Temperaturverteilung am Tiegel ist von herausragender Bedeutung für die „Gesundheit" des Ofensystems. Durch die unwirtlichen Bedingungen im Ofenraum bzw. im und am Ofen selbst ist es unmöglich reale Sensoren so anzubringen, dass eine direkte Beurteilung möglich wäre. Durch die Erstellung des ROMs und des Digitalen Zwillings werden „virtuelle" Sensoren erzeugt, welche die notwendigen Parameter und Randbedingungen für eine weitergehende Analyse in Echtzeit liefern.

Eine besondere Herausforderung bei diesem Prozess war, dass bei den CFD-Analysen sehr unterschiedliche physikalische Modelle zu berücksichtigen waren: Die Chemie der Verbrennung, die Strömung mit Turbulenz im Ofenraum, die Wärmeübertragung (d.h. Strahlung, Konvektion und Konduktion) und das Strömungsverhalten der Schmelze. Diese Modelle verlangen – auch bei stationären Berechnungen – nach verschiedenen Zeitkonstanten, die erheblich auseinanderliegen können. So ist die Strömung vor allem lokal sehr schnell und benötigt kleine Zeitschritte, während die Wärmeübertragung in den Tiegel viel größere Berechnungsintervalle erlauben würde. Das Beispiel zeigt, dass mit der entsprechenden Expertise auch extrem komplexe Prozesse in einem Digitalen Zwilling abbildbar und damit vorhersehbar gemacht werden können.

In jeder Infrastruktur

Der Digitale Zwilling muss die individuellen Voraussetzungen beim Endkunden adaptieren – bei den abzubildenden Prozessen genauso wie bei der genutzten IT-Infrastruktur. Ein detailliertes Konzept zur Integration des Digitalen Zwillings in die IT-Infrastruktur ist der wichtigste Baustein bei der Umsetzung. Hier wird u. a. der Umgang mit den Sensordaten, die Echtzeit-Anforderung des Systems, die Speicherung und Darstellung der Resultate sowie Security- und Compliance-Anforderungen definiert.

Eine weitere Frage, die in einer frühen Phase beantwortet werden muss, ist die Betriebsart des Digitalen Zwillings. Grundsätzlich lässt sich der Digitale Zwilling in einem extern oder intern verwalteten Cloud-Dienst, auf Systemen im eigenen Rechenzentrum oder in der Edge in unmittelbarer Nähe des physikalischen Assets betreiben. Jede Betriebsart hat je nach Use Case und Anforderungen des Kunden ihre Vor- und Nachteile.

Bei Rauch-FT konnte ITficient auf eine extern verwaltete IoT-Plattform in der Cloud aufsetzen. Hier werden bereits Sensordaten von Schmelztiegeln im Feld gesammelt. Die IoT-Plattform verfügt des Weiteren über Erweiterungsmöglichkeiten in Form von Microservices, die in bestehende Prozesse integriert werden können. Mithilfe dieser Technologie wurden verschiedene Microservices entwickelt, welche sich u. a. um das Laden der Sensor- und Maschinendaten, Berechnung der virtuellen Sensoren und Ausführung von Pre- und Postprocessing-Routinen kümmern. Für die Visualisierung konnte auf das in der IoT-Plattform vorhandene Dashboard-Tool zurückgegriffen werden. Somit lassen sich die verfügbaren IT-Ressourcen optimal ausschöpfen und durch die Integration des Digitalen Zwillings in die bestehende Infrastruktur entsteht auch keine Insellösung. Mithilfe eines adaptiven Sensorik-Pakets lassen sich bestehende Anlagen in kürzester Zeit nachrüsten und virtuelle Sensoren in die interaktive Cloud-Umgebung implementieren. Somit stehen auch älteren Anlagen alle Vorteile der prädiktiven Wartung zur Verfügung. Rauch-FT behält die volle Kontrolle über alle Vorgänge in der Hand, kann selbständig Digitale Zwillinge erstellen oder bearbeiten und falls nötig die implementierten Prozesse weiterentwickeln.

ITficient und CADFEM

Ein leistungsfähiger Digitaler Zwilling hat zwei wesentliche Ebenen: akkurate Simulationen und eine zuverlässige IT-Infrastruktur. Erfolgreich wird das Projekt dann, wenn beide Seiten ineinandergreifen. Dies ist bei Rauch-FT auch deshalb gelungen, weil mit CADFEM und ITficient zwei Partner eingebunden wurden, die in ihrem jeweiligen Bereich viel Erfahrung mitbringen. Gleichzeitig stehen sie in engem und vertrauensvollem Austausch, sind sie doch beide als Unternehmen der CADFEM-Group auch organisatorisch eng miteinander verbunden.

Der Tiegel war erst der Startpunkt – Rauch-FT will die erworbenen Fähigkeiten zu Planung, Aufbau und Management eines Digitalen Zwillings skalieren und künftig alle relevanten Bauteile wie Dosierpumpen, Beheizungssysteme oder Umwälzpumpen und ganze Anlagen mit digitalen Lösungen zur prädiktiven Wartung zur Verfügung stellen und damit in der Gießereitechnik und bei Kunden wie Georg Fischer Maßstäbe setzen.

Diese Vision endet nicht bei den eigenen Produkten. Eine klassische Druckgießzelle besteht nicht nur aus dem Schmelzofen, sondern aus weiteren Komponenten verschiedener Hersteller. Seien es Roboter, Presse, Heiz-/Kühlgerät oder die Druckgießmaschine selbst – in der Gießerei hat beinahe jedes Bauteil das Potenzial für einen Digitalen Zwilling. Der Anfang ist gemacht!

www.rauch-ft.com
www.itficient.com
www.cadfem.de

Teresa Alberts, Geschäftsführerin, ITficient AG, Florian Sipek, Leiter Forschung & Entwicklung, RAUCH Furnace Technology GmbH, Alexander Kunz, Redakteur, CADFEM Germany GmbH, Christian Abramowski, Leiter Technik Geschäftsstelle Hannover

Notizen

8.3 Neue Radarlösung für hohe Genauigkeit und Zuverlässigkeit

Für die Füllstandsmessung von flüssigem Metall hat der Radarspezialist Ondo-Sense, Freiburg, eine Sensorlösung entwickelt, die eine bisher unerreichte Präzision und Verlässlichkeit verspricht. Das robuste und wartungsarme Radarsystem misst Füllstände von bis zu 1600 °C heißem Stahl, Aluminium oder Kupfer auch bei Staub, Dämpfen, Rauch, Vibrationen oder Funkenschlag. Dabei muss der Sensor in der Regel nicht aktiv gekühlt werden, was die Inbetriebnahme deutlich vereinfacht.

FOTOS UND GRAFIKEN: ONDOSENSE

Radarsensoren ermöglichen genaue Füllstandsmessungen bis zu 1600 °C.

Von Matthias Meisenheimer

Die Lösung basiert auf dem OndoSense apex Radarsensor (**Bild 1**) und bietet eine Messgenauigkeit von bis zu 300 μm, eine Messrate von 300 Hz und einen Messbereich von 0,1 bis 15 Meter. Damit bietet OndoSense den genauesten und schnellsten Radarsensor zur Füllstandsmessung von Flüssigmetall. Diese Radarlösung trägt nicht nur zur Produktivitätssteigerung und Kostensenkung bei, sondern ermöglicht es, sicherheitsrelevante Prozesse zu automatisieren, die eine Gefahr für Operatoren darstellen können. Darüber hinaus leistet sie einen Beitrag zur Reduzierung der CO_2-Emissionen in der metallverarbeitenden Industrie.

Minimaler Wartungsaufwand, einfache Inbetriebnahme

Bild 1: Der Radarsensor dient als Basis für die neue Messlösung.

Zusätzlich zur hohen Performance und erhöhten Produktivität bietet das Radarsystem viele weitere Vorteile: So sichert der minimale Wartungsaufwand der Radartechnik höchste Verfügbarkeitszeiten. „Radar hat keine beweglichen Teile oder sensible Optiken. Daher ist die Langlebigkeit der Sensoren sehr hoch. Zudem misst der Radarsensor auch bei verschmutzter Linse einwandfrei und muss nur sehr selten gereinigt werden. Temperaturschwankungen, Metallspritzer oder Reflexionen haben keinen Einfluss auf die Füllstandsmessung. Unsere Radarsensorik ist einfach in der Integration und Inbetriebnahme. Das garantiert eine unkomplizierte, zuverlässige und hochproduktive Füllstandsmessung“, erläutert Dr.-Ing. Mathias Klenner, Co-Geschäftsführer und Gründer von OndoSense.

Aktive Kühlung im Regelfall nicht erforderlich

Die Sensorlösung zur Füllstandsmessung auf Basis des OndoSense apex Radarsensors eignet sich sowohl für Schmelztiegel, -pfannen und -wannen als auch für Schmelzöfen oder Gussformen. Im Regelfall ist eine aktive Kühlung des Füllstandsradars nicht erforderlich. „Meist bietet ein Schutzfenster aus Keramik bereits einen hinreichenden Hitzeschutz, ohne die hohe Genauigkeit und Qualität unserer Messung zu beeinträchtigen. Für Spezialfälle haben wir ein optionales Heavy-Duty-Gehäuse zur Abschirmung der Sensorelektronik gegen extreme Hitze entwickelt“, so Mathias Klenner.

Neben der Füllstandsmessung von flüssigem Metall umfasst das Anwendungsspektrum des Sensors u.a. die Breiten- und Dickenmessung von Metallhalbzeugen im Walzwerk, die Positionierung von Abschlackmaschinen in Chargenöfen und die Positionskontrolle des Stahlbands in der Coating oder Picking-Anlage. Der OndoSense apex ist auch für weitere Branchen und Anwendungsbereiche mit widrigen Produktionsumgebungen geeignet. Hierzu gehört zum Beispiel die Bergbauindustrie, der Maschinen- und Anlagenbau oder der Energiesektor.

Genau und schnell – auch in harschen Umgebungen

Ob Dreck, Rauch, Dampf, Hitze oder widrige Lichtverhältnisse: Die Radarsensorlösung bietet auch in den extremen Bedingungen der Metall- und Stahlbranche zusätzlich zur hohen Messpräzision von bis zu 1 µm eine Messgenauigkeit von 300 µm. Damit erfüllt die Sensorlösung die hohen Anforderungen der Branche: „Viele unserer Kunden in der Stahl- und Metallindustrie benötigen nicht nur sehr präzise Messungen, also mit höchstmöglich übereinstimmenden Werten bei wiederholten Messungen, sondern auch sehr genaue Messungen mit einer möglichst geringen Abweichung zwischen ermitteltem und realem Messwert. Wir sind stolz darauf, unseren OndoSense apex-Kunden eine absolute Messgenauigkeit von bis zu 300 µm anbieten zu können", so Dr.-Ing. Axel Hülsmann, Technischer Leiter und ebenfalls Gründer von OndoSense. Mehr Information zur Unterscheidung von Messgenauigkeit und Messpräzision finden Interessenten im Radar-Glossar auf der Webseite des Unternehmens:https://tinyurl.com/28td8bgj.

Bild 2: Eine für Radar durchlässige Keramik-Scheibe bietet einen zusätzlichen Hitzeschutz.

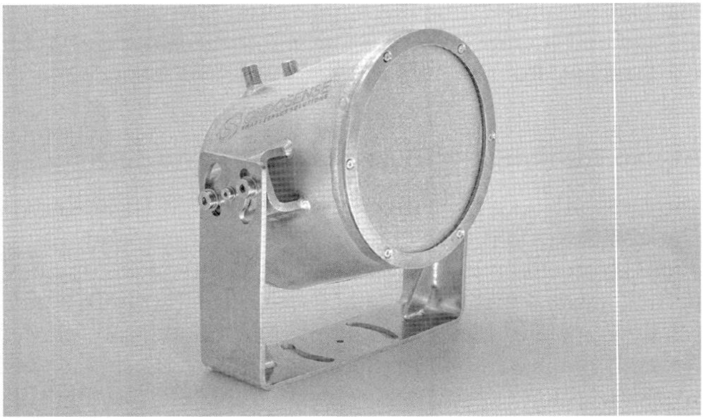

Bild 3: Das Heavy-Duty-Gehäuse besteht aus massivem Edelstahl.

Heavy-Duty-Gehäuse als Schutz gegen extreme Hitzeentwicklung

Für Anwendungen mit extremer Hitzeentwicklung umfasst die Radarlösung bei Bedarf ein Heavy-Duty-Gehäuse zur Abschirmung der Sensorelektronik. Das Gehäuse aus massivem Edelstahl (**Bild 2**) sorgt nicht nur für eine passive Hitzeabführung: Über entsprechende Anschlüsse kann der Radarsensor falls erforderlich auch aktiv gekühlt werden. Zudem verfügt das Heavy-Duty-Gehäuse über ein Fenster, welches mit einer hitzeresistenten Keramik-Scheibe abgedeckt ist (**Bild 3**). Diese ist durchlässig für Radarstrahlung, sodass der Radarsensor abgesichert hinter dem Fenster platziert werden kann. Dieser Aufbau beeinträchtigt die hohe Verlässlichkeit und Genauigkeit der Messung nicht.

www.ondosense.com

Matthias Meisenheimer, Head of Application Engineering, OndoSense, Freiburg

Notizen

9 Berufsausbildung und Weiterbildung

VDG-Akademie – Bildungspartner für die Gießereibranche

Die VDG-Akademie ist der führende, zertifizierte Anbieter von Weiterbildungsveranstaltungen für die Gießerei-Industrie und deckt den Qualifizierungsbedarf auf allen Ebenen innerhalb der Branche ab. Seit Januar 2022 ist die VDG-Akademie in der BDG-Service integriert. Das ständig ausgebaute und aktualisierte Weiterbildungsprogramm umfasst Workshops und Fachtagungen zu gießereitechnischen Themen und aus angrenzenden Bereichen des Management und der Arbeitsorganisation, das berufsbegleitende VDG-Zusatzstudium Gießereitechnik, Lehrgänge zum Industriemeister Gießerei sowie auf die Unternehmensziele zugeschnittene Inhouse-Schulungen.

Bei der VDG-Akademie erworbene Qualifikationen und zertifizierte Abschlüsse erfüllen höchste Qualitätsanforderungen und genießen deshalb nicht nur in der Gießereibranche hohes Ansehen. Als Arbeitnehmer können Sie damit Ihre Chancen im Unternehmen und auf dem Arbeitsmarkt entscheidend verbessern.

Die VDG-Akademie ist stark vernetzt und fest in die fachlichen Strukturen von VDG und BDG eingebettet. Es besteht eine Vielzahl von erfolgreichen Kooperationen mit Universitäten, Berufsschulen, externen Weiterbildungsanbietern und Dienstleistern.

Die Veranstaltungen der VDG-Akademie finden in den eigenen Räumlichkeiten im Haus der Gießerei-Industrie in Düsseldorf, in externen Tagungsstätten oder als Inhouse-Schulungen statt.

Weitere Informationen zur VDG-Akademie und das aktuelle Weiterbildungsprogramm finden Sie unter www.vdg-akademie.de.

9.1 VDG-Zusatzstudium Gießereitechnik

Das VDG-Zusatzstudium wendet sich mit einem modular aufgebauten Angebot an Interessenten, die in der Gießerei-Industrie tätig sind oder sein wollen und ein vertieftes Wissen über die gießereitechnischen Prozesse erwerben wollen. Mit dem vorliegenden Konzept wird das notwendige Wissen in berufsbegleitender Form parallel zur eigenen praktischen Tätigkeit vermittelt. Die für eine erfolgreiche Berufsausbildung benötigte Flexibilität und Anpassungsfähigkeit wird erreicht. So erhalten Führungskräfte eine höhere berufliche Kompetenz und Seiteneinsteiger solide Kenntnisse über gießereitechnische Problemstellungen. Duie Veranstaltungen finden im Haus der Gießereiindustrie sowie auch an namhaften Hochschulen und Universitäten in ganz Deutschland statt.

Das Zusatzstudium hat einen Umfang von fünf Wochen, die sich über ca. 1,5 Jahre in Vorlesungsblöcken verteilen. Das Studium wird mit insgesamt zwei schriftlichen Prüfungen und einem Kolloquium abgeschlossen, das den Wissenstransfer feststellt und die erfolgreiche Teilnahme bestätigen soll.

Bei Rückfragen richten Sie sich bitte an:

VDG-Akademie
Hansaallee 203, 40549 Düsseldorf
Telefon (0211) 6871-0
E-Mail: info@vdg-akademie.de

Weitere Informationen finden Sie auf unserer Internet-Seite www.vdg-akademie.de.

9.2 Berufsausbildung in der Gießerei

9.2.1 Ausbildungsverordnung für Gießereimechaniker

Die Verordnung über die Berufsausbildung zum Gießereimechaniker/ zur Gießereimechanikerin vom 2. Juli 2015 wurde durch die Änderungsverordnung vom 9. Januar. 2017 ergänzt. Die Ausbildungsdauer beträgt 3,5 Jahre.

Die Gießereimechaniker/-innen erlernen im ersten Ausbildungsjahr Inhalte aus der Metallgrundbildung. In Folge werden dann schwerpunktübergreifende Inhalte vermittelt.

Im letzten Ausbildungshalbjahr erfolgt die Spezialisierung in sechs Wahl-Schwerpunkte:

- Handformguss,
- Maschinenformguss,
- Druck- und Kokillenguss,
- Feinguss,
- Schmelzbetrieb oder
- Kernherstellung.

Die Abschlussprüfung besteht aus den beiden zeitlich auseinanderfallenden Teilen 1 und 2. Die Abschlussprüfung Teil 1 soll vor dem Ende des zweiten Ausbildungsjahres durchgeführt werden, Teil 2 am Ende der Berufsausbildung.

Die neue Ausbildungsordnung wurde am 9. Juli 2015 auf Seite 1134-1137 im Bundesgesetzblatt Teil I, Nr. 28 veröffentlicht und kann unter www.bgbl.de abgerufen werden.

Weitere Informationen:

VDG-Akademie
BDG-Service GmbH
Hansaallee 203, 40549 Düsseldorf
Tel. +49 (0)211 6871-0
E-Mail: info@vdg-akademie.de

9.2.2 Technischer Modellbauer/Technische Modellbauerin

Ausbildungsdauer: 3 1/2 Jahre

Die Ausbildung erfolgt im Betrieb und in der Berufsschule. Aktuell gültig ist die Ausbildungsverordnung vom 27. Mai 2009. Ein Neuordnungsverfahren soll in 2025 starten.

Arbeitsgebiet

Technische Modellbauer/Technische Modellbauerinnen arbeiten in Betrieben des Modell-, Formen-, Lehren- und Musterbaus sowie in Betrieben des Automobil- und Fahrzeugbaus.

9.2.3 Metall- und Glockengießer/-in

Die Ausbildung erfolgt in den Fachrichtungen
- Metallgusstechnik
- Zinngusstechnik
- Kunst- und Glockengusstechnik

Ausbildungsdauer: 3 Jahre

9.2.4 Industrielle Metallberufe

Es kann u. a. in diesen Metallberufen ausgebildet werden:
- Industriemechaniker/-in
- Anlagenmechaniker/-in
- Konstruktionsmechaniker/-in
- Werkzeugmechaniker/-in und
- Zerspanungsmechaniker/-in

Weitere Informationen finden Sie unter www.berufenet.de

9.3 Industriemeister, Fachrichtung Gießerei

Industriemeister spielen in modernen Gießereibetrieben eine Schlüsselrolle. Hat der Meister bisher seinen Mitarbeitern Arbeitsaufgaben zugewiesen und deren sachgemäße Ausführung überprüft, so übernimmt er heute in der Rolle des operativen Managers an der Schnittstelle von kaufmännischen und technischen Funktionsbereichen im zunehmenden Maße planende, steuernde und überwachende Aufgaben. Fragen der betrieblichen Organisation beschäftigen Industriemeister ebenso wie die Führung der Mitarbeiter.

Berufsbegleitende Lehrgänge

Die von der VDG-Akademie veranstalteten Lehrgänge zur Vorbereitung auf die Industriemeisterprüfung, Fachrichtung Gießerei, werden berufsbegleitend in Blockform durchgeführt. Die Prüfungen erfolgen nach den Rechtsvorschriften der Industrie- und Handelskammer.

Lehrgangsdauer

Die Ausbildung umfasst etwa 1000 Unterrichtsstunden. Sie verteilen sich auf 12 zweiwöchige Veranstaltungsblöcke mit Ganztagsunterricht, die über einen Zeitraum von ungefähr 2 Jahren durchgeführt werden.

Prüfung

Die Industriemeisterprüfung wird vor der Industrie- und Handelskammer abgelegt und gliedert sich auf Grundlage der besonderen Rechtsvorschriften für die Fortbildungsprüfung zum Industriemeister/Geprüfte Industriemeisterin – Fachrichtung Gießerei in folgende drei Prüfungsteile: berufs- und arbeitspädagogische Qualifikationen, fachrichtungsübergreifende Basisqualifikationen und handlungsspezifische Qualifikationen. Erfolgreiche Absolventen erhalten den Meisterbrief von der IHK sowie ein Zertifikat der VDG-Akademie.

Auskünfte:
BDG-Service GmbH, VDG-Akademie
Hansaallee 203, 40549 Düsseldorf
Telefon: 0211-6871-0
E-Mail: info@vdg-akademie.de

Weitere Informationen zu aktuellen Terminen und Orten finden Sie auf unserer Internet-Seite www.vdg-akademie.de.

9.4 Staatlich geprüfter Techniker, Fachrichtung Gießereitechnik

Arbeitsgebiete

Der/die Techniker/-in ist mittlere Führungskraft zwischen Meister und Diplomingenieur. In vielen kleinen und mittleren Betrieben nimmt er/sie allerdings aufgrund seiner/ihrer Berufserfahrung und technischen Qualifikation Führungsaufgaben bis hin zur Betriebsleitung wahr.

Die Absolventen kennen bereits den beruflichen Alltag und können daher kurzfristig in betriebliche Zusammenhänge einsteigen und zur Wertschöpfung des Unternehmens beitragen.

Ausbildung

Die Ausbildung zum/zur Gießereitechniker/in erfolgt in einer Fachschule und dauert 2 Jahre in Vollzeitform.

Auf die Ausbildungsdauer kann in einem Umfang von 1 Jahr angerechnet werden:
- Abschluss des gewerblich-technischen Berufskollegs
- Hochschulreife oder Fachhochschulreife
- Meisterprüfung und ein mittlerer Bildungsabschluss.

Aufnahmevoraussetzungen:
1. Hauptschulabschluss
2. abgeschlossene Berufsausbildung
3. Berufsabschlusszeugnis
4. 60 Monate Berufserfahrung inkl. der Berufsausbildung
5. Gute Englischkenntnisse entsprechend der 9. Klasse der Hauptschule

Adresse und Ansprechpartner:

Wilhelm-Maybach-Schule
Fachschule für Technik
Gnesener Straße 44
70374 Stuttgart

Für Rückfragen:

Frau Kalmbach
Tel.: (0711) 21689603
E-Mail: Gisela.Kalmbach@stuttgart.de

9.5 Ingenieurausbildung für Gießereien

Studienorte und Abschlüsse

Tabelle 9.5 zeigt die Studienorte und Abschlüsse.

Tabelle 9.5 Studienorte/Abschlüsse

Ort	Kontakt	Studiengang	Abschlüsse
Aachen	Rheinisch-Westfälische Technische Hochschule Aachen (RWTH), Gießerei-Institut, Intzestraße 5, 52056 Aachen, Telefon (0241) 80-95880, Fax (0241) 80-92276, Ansprechpartner: Prof. Dr.-Ing. A. Bührig-Polaczek sekretariat@gi.rwth-aachen.de, www.gi.rwth-aachen.de	Werkstoffingenieurwesen	Bachelor Master
		Materialwissenschaften	Bachelor Master
		Wirtschaftsingenieurwesen Fachrichtung Werkstoff- und Prozesstechnik	Bachelor Master
		Materials Engineering	Master
Aalen	Hochschule Aalen, Giesserei-Technologie Aalen Beethovenstraße 1, 73430 Aalen, Telefon (07361) 576-2252, Fax (07361) 576-2270 Ansprechpartner: Prof. Dr.-Ing. L. Kallien Lothar.Kallien@hs-aalen.de, www.gta.htw-aalen.de	Maschinenbau/Produktion und Management	Bachelor
		Maschinenbau/Wirtschaft und Management	Bachelor
		Advanced Materials and Manufacturing	Master
Clausthal-Zellerfeld	Technische Universität Clausthal, Institut für Metallurgie, Robert-Koch-Straße 42, 38678 Clausthal-Zellerfeld, Telefon: (05323) 72-2070, Fax (05323) 72-3527, Ansprechpartnerin: Frau Prof. Dr.-Ing. B. Tonn babette.tonn@tu-clausthal.de, www.tu-clausthal.de	Materialwissenschaft und Werkstofftechnik mit Wahlschwerpunkt Metallurgie (u.a. Gießereitechnik)	Bachelor
		Materialwissenschaft und Werkstofftechnik mit Wahlschwerpunkt Gießereitechnik	Master

Tabelle 9.5 Studienorte/Abschlüsse (Fortsetzung)

Ort	Kontakt	Studiengang	Abschlüsse
Düsseldorf	Hochschule Düsseldorf, Fachbereich Maschinenbau und Verfahrenstechnik Lehr- und Forschungsgebiet Fertigungsverfahren und Werkstofftechnik (mit Gießereitechnik) Gebäude 5, Münsterstraße 156, 40476 Düsseldorf Ansprechpartner: Prof. Dr.-Ing. C. J. Heckmann, carl.heckmann@hs-duesseldorf.de www.hs-duesseldorf.de	Maschinenbau – Produktentwicklung; Maschinenbau – Produktionstechnik	Bachelor
Erlangen-Nürnberg	Friedrich-Alexander-Universität Erlangen-Nürnberg (FAU) Lehrstuhl für Gießereitechnik	Maschinenbau Intern. Prod. Engineering and Management	Bach., Mast. Master
	Dr.-Mack-Str. 81, 90762 Fürth Ansprechpartner: Prof. Dr.-Ing. Sebastian Müller, seb.mueller@fau.de, www.fau.de	Mechatronik Wirtschaftsingenieurwesen Elektromobilität ACES	Bach., Mast. Bach., Mast. Bachelor
Freiberg/ Sachsen	Technische Universität Bergakademie Freiberg, Giesserei-Institut, Bernhard-von-Cotta-Straße 4, 09599 Freiberg, Ansprechpartner: Prof. Dr.-Ing. Gotthard Wolf Gotthard.Wolf@gi.tu-freiberg.de, www.tu-freiberg.de/fakult5/gi/lehre	Werkstoffwissenschaft und Werkstofftechnologie Studienrichtung: Gießereitechnik	Dipl.-Ing.
		Gießereitechnik Metallic Materials Technology	Bach., Mast. Master
Kassel	Universität Kassel Institut für Produktionstechnik und Logistik, Fachgebiet Gießereitechnik Kurt-Wolters-Straße 3, 34125 Kassel Ansprechpartner: Univ.-Prof. Dr. M. Fehlbier sekretariat-gtk@uni-kassel.de www.uni-kassel.de/maschinenbau/institute/	Maschinenbau	Bachelor Master
		Wirtschaftsingenieurwesen	Bachelor Master

Tabelle 9.5 Studienorte/Abschlüsse (Fortsetzung)

Ort	Kontakt	Studiengang	Abschlüsse
Magdeburg	Otto-von-Guericke-Universität Magdeburg, Institut für Fertigungstechnik und Qualitätssicherung IFQ, Abteilung Urformtechnik, Universitätsplatz 2, 39106 Magdeburg, Ansprechpartner: Prof. Dr.-Ing. habil. R. Bähr ruediger.baehr@mb.uni-magdeburg.de, www.uni-magdeburg.de	Maschinenbau	Bachelor
Meschede	Fachhochschule Südwestfalen Abteilung Meschede, Lindenstraße 53, 59872 Meschede Ansprechpartner: Prof. Dr.-Ing. Christoph Sommer sommer.christoph@fh-swf.de, www.fh-swf.de	Maschinenbau und Wirtschaftsingenieurwesen-Maschinenbau Vertiefungsrichtung: Gießereitechnik läuft mit dem Sommersemester 2025 aus	Bachelor
München	Technische Universität München TUM School of Engineering and Design Lehrstuhl für Umformtechnik und Gießereiwesen, Walther-Meißner-Straße, 85747 Garching, Ansprechpartner: Prof. Dr.-Ing. W. Volk info@utg.de, www.utg.mw.tum.de	Maschinenwesen	Bachelor Master

9.6 Ausbildungsstatistik

Ausbildungsverhältnisse und Abschlussprüfungen industrielle Gießereiberufe

Jahr	Gießereimechaniker				Technischer Modellbauer (DIHK)			
	Ausbildungs-verhältnisse		Abschluss prüfungen		Ausbildungs-verhältnisse		Abschluss-prüfungen	
	Gesamt	davon neue Verträge	geprüft	bestanden	Gesamt	davon neue Verträge	geprüft	bestanden
2008	2 282	774	485	462	–	–	–	–
2009	2 197	505	500	454	105	105	–	–
2010	2 019	446	568	527	278	146	–	–
2011	1 915	601	624	592	479	188	1	1
2012	1 639	476	694	642	622	195	46	45
2013	1540	380	437	399	644	181	142	141
2014	1498	419	390	363	642	182	177	177
2015	1391	422	488	442	643	190	179	175
2016	1290	367	392	348	616	168	182	177
2017	1283	377	320	302	576	142	168	165
2018	1227	369	371	345	552	151	166	160
2019	1103	293	306	293	491	128	180	174
2020	966	197	293	285	394	75	153	152
2021	855	219	282	272	336	69	110	110
2022	744	230	290	272	264	51	130	125
2023	679	220	236	220	212	67	92	91

Ausbildungsverhältnisse und Abschlussprüfungen handwerkliche Gießereiberufe

Jahr	Metall- und Glockengießer*) (ZDH)					Technischer Modellbauer (bis 2008 Modellbauer) (ZDH)				
	Ausbildungs-verhältnisse		Abschluss-prüfungen		Ausbildungs-stätten	Ausbildungs-verhältnisse		Abschluss-prüfungen		Ausbildungs-stätten
	Ge-samt	davon neue Verträge	ge-prüft	be-standen	Anzahl	Ge-samt	davon neue Verträge	ge-prüft	be-standen	Anzahl
2008	50	23	11	8	27	748	238	171	158	319
2009	38	7	12	12	24	695	155	142	133	351
2010	33	14	12	12	21	630	141	167	159	376
2011	20	8	9	9	15	574	180	170	164	308
2012	25	14	4	4	17	558	185	145	141	234
2013	18	3	6	5	13	566	171	112	111	229
2014	11	4	8	7	9	566	161	133	129	231
2015	8	5	5	5	7	557	155	111	106	215
2016	14	8	1	1	11	544	174	189	184	205
2017	16	6	2	2	14	538	154	133	126	197
2018	16	6	4	4	13	536	150	126	120	199
2019	11	1	3	3	10	508	133	122	120	193
2020	9	3	3	3	8	423	83	120	115	175
2021	8	5	5	5	7	343	72	103	99	153
2022	13	7	1	1	10	268	60	111	103	13
2023	15	2	2	2	10	243	77	80	78	121

*) Fachrichtungen: Zinngusstechnik/Kunst- und Glockengusstechnik/Metallgusstechnik (ab 1.8.06)

Industriemeisterprüfungen, Fachrichtung Gießerei

	VDG Düsseldorf			**WMS Stuttgart**		
Jahr	durch-geführte Lehrgänge	geprüfte Teilnehmer	erfolgreiche Teilnehmer	durch-geführte Lehrgänge	geprüfte Teilnehmer	erfolgreiche Teilnehmer
2010	1	31	28	1	35	30
2011	2	58	50	1	35	30
2012	2	50	39	1	19	16
2013	1	27	24	2	43	35
2014	2	48	19	1	30	26
2015	1	19	16	1	28	23
2016	1	22	16	1	28	22
2017	1	23	21	1	26	17
2018	1	24	24	1	28	15
2019	1	16	16	1	25	17
2020	1	15	7	1	29	21
2021	1	24	16	1	17	15
2022	1	16	11	1	14	11
2023	1	14	9	2	15	13

Gießereitechnikerprüfungen

Jahr	**2015**	**2016**	**2017**	**2018**	**2019**	**2020**	**2021**	**2022**	**2023**
Anzahl	24	0	0	0	0	0	0	0	5

Absolventen des Gießereiwesens an Technischen Hochschulen, Technischen Universitäten, Bergakademien, Gesamthochschulen, Fachhochschulen und Ingenieurschulen

Jahr	Technische Hochschule Aachen			Technische Universität Clausthal			Bergakademie Freiberg		
	Dr.-Ing.	Dipl.-Ing.	Master/ Bachelor	Dr.-Ing.	Dipl.-Ing.	Master/ Bachelor	Dr.-Ing.	Dipl.-Ing.	Master/ Bachelor
2010	6	8	3 / 6	1	7	0 / 1	2	22	6
2011	2	2	3 / 2	1	2	1 / 3	2	28	12
2012	4	3	6 / 13	1	1	2 / 4	1	22	11
2013	4	4	8 / 13	1	0	2 / 3	1	27	2 / 3
2014	–	5	13 / 18	2	1	2 / 7	4	20	2 / 13
2015	5	2	27 / 19	2	–	3 / 2	6	23	4 / 6
2016	1	–	13 / 6	1	–	5 / 4	2	14	7 / 8
2017	2	-	11 / 13	1	-	5 / 3	2	4	1 / 6
2018	3	-	10 / 11	-	-	5 / 8	2	4	2 / 8
2019	2	-	19 / 8	1	-	5 / 4	3	8	5 / 2
2020	0	-	20 / 7	1	-	4 / 2	0	3	8 / 5
2021	5	-	20 / 9	1	-	5 / 2	0	23	9 / 2
2022	4	-	19 / 7	-	-	2 / 0	1	2	17 / 1
2023	6	-	10 / 13	1	-	1/ 0	0	2	22 / 2

Absolventen des Gießereiwesens an Technischen Hochschulen, Technischen Universitäten, Bergakademien, Gesamthochschulen, Fachhochschulen und Ingenieurschulen, Fortsetzung

Jahr	Universität Erlangen-Nürnberg Maschinenbau gesamt		Hochschule Aalen Fachbereich Gießereitechnik		Technische Universität München Lehrstuhl für Umformtechnik und Gießereiwesen (utg)	
	Dr.-Ing.	Master/ Bachelor	Dipl.-Ing. (FH)	Master/ Bachelor	Dr.-Ing.	Master/ Bachelor
2010	k.A.	k.A.	1	13	k.A.	k.A.
2011	k.A.	k.A.	1	10	k.A.	k.A.
2012	k.A.	k.A.	7	12	k.A.	k.A.
2013	k.A.	k.A.	4	4 / 13	k.A.	k.A.
2014	k.A.	k.A.	3	5 / 12	k.A.	k.A.
2015	k.A.	k.A.	4	7 / 11	k.A.	k.A.
2016	k.A.	k.A.	5	9 / 9	k.A.	k.A.
2017	k.A.	k.A.	–	12	k.A.	k.A.
2018	k.A.	k.A.	–	8	k.A.	k.A.
2019	k.A.	k.A.	–	10	k.A.	k.A.
2020	k.A.	k.A.	-	8	k.A.	k.A.
2021	k.A.	k.A.	-	7	k.A.	k.A.
2022	k.A.	k.A.	Dr.-Ing. 1	3 / 6	1	3 / 1
2023	-	62 / 46	-	7	1	4 / 6

10 Forschungsförderung

10.1 Industrielle Gemeinschaftsforschung (IGF) für die Branche

Innovative AiF-Forschung für die Gießereibranche

Selbstverständnis und Tätigkeit der FVG Forschungsvereinigung Gießereitechnik e. V. basieren auf der Idee, praxisorientierte Forschung über die Grenzen des Wettbewerbs einzelner Unternehmen hinaus gemeinsam zu organisieren.

Die FVG ist gemeinnützig und war bis Dezember 2024 Mitglied der AiF Arbeitsgemeinschaft industrieller Forschungsvereinigungen. Seit dem 01.01.2024 arbeitet die FVG im Rahmen der Industriellen Gemeinschaftsforschung (IGF) mit dem DLR-Projektträger zusammen, der die Projektträgerschaft von der AiF übernommen hat. Durch direkte Mitgliedschaft sowie über den BDG Bundesverband der Deutschen Gießerei-Industrie gehören der FVG ca. 350 Unternehmen der deutschen Gießereiindustrie sowie der Zulieferindustrie an. Die Forschungsvereinigung kooperiert mit zahlreichen renommierten Forschungseinrichtungen an Hochschulen sowie Instituten anderer öffentlicher und privater Träger. Diese bilden die wissenschaftliche, personelle und strukturelle Basis für die Bearbeitung anwendungsorientierter Forschungsthemen der Gießereien. Die FVG ist gemeinnützig und eine der derzeit 85 Mitglieder der AiF Arbeitsgemeinschaft industrieller Forschungsvereinigungen. Die Förderung von Vorhaben der branchenweiten Industriellen Gemeinschaftsforschung hat zum Ziel, die strukturbedingten Nachteile kleiner und mittlerer Unternehmen (KMU) auf dem Gebiet von Forschung und Entwicklung (FuE) auszugleichen. Im Rahmen der IGF können KMU ihre gemeinsamen Probleme durch gemeinsame Forschungsaktivitäten lösen, die vor allem von Hochschulen und gemeinnützigen wirtschaftsnahen Forschungseinrichtungen durchgeführt werden. Aktive Beteiligung an Forschung und Entwicklung (FuE) lohnt sich!

Neben dem Bundesministerium für Wirtschaft und Klimaschutz (BMWK) bieten weiterhin das Bundesministerium für Bildung und Forschung (BMBF) sowie die Länderministerien und auch Stiftungen vielfältige Fördermöglichkeiten an. Hinzu kommen die Programme der Europäischen Union. Jede Beteiligung an FuE bringt einen Wissensvorsprung und ermöglicht eine frühzeitige Umsetzung in den eigenen Betrieb. Sollten Sie Hilfestellung bei der Umsetzung einer Forschungsidee benötigen oder haben Sie Interesse, an einem Verbundprojekt mitzuarbeiten, dann wenden Sie sich an:

FVG Forschungsvereinigung Gießereitechnik e. V.
Hansaallee 203, 40549 Düsseldorf
Telefon: 0211/6871-245
E-Mail: fvg@bdguss.de
www.fvguss.de

Der Vorstand der FVG

Vorsitz: **Dipl.-Ing. Gerd Röders**

stellvertretender Vorsitz: **Dr.-Ing. Stuart Wiesner**

Satzung der FVG

Die Satzung der FVG sowie weitere Informationen zur FVG, insbesondere der Leitlinien des Forschungsbeirats zur Beurteilung von Forschungsanträgen im Rahmen der industriellen Gemeinschaftsforschung, finden Sie unter www.fvguss.de.

Der Forschungsbeirat der FVG

Der Forschungsbeirat nimmt zu gießereitechnischen Forschungsanträgen, die dem Verein vorgelegt werden, gutachterlich Stellung und entscheidet über deren Weiterleitung an den Fördermittelgeber.

Mitglieder des Forschungsbeirats sind der Vorsitzende, sein Stellvertreter und die Fachausschussleitenden des Bundesverbandes der Deutschen Gießerei-Industrie (BDG).

Durch das BMWK geförderte IGF-Vorhaben

Informationen zu aktuellen und abgeschlossenen Forschungsprojekten finden Sie unter www.guss.de/forschung/igf.

Die vollständigen Abschlussberichte sind erhältlich bei der Forschungsvereinigung Gießereitechnik e. V., E-Mail: fvg@bdguss.de

10.2 Forschungseinrichtungen für Gießereitechnik in Deutschland

- Hochschule Aalen Technik und Wirtschaft – Gießerei Technologie Aalen – GTA
- Hochschule Düsseldorf – Fachbereich Maschinenbau und Verfahrenstechnik
- Hochschule Kempten Fakultät Maschinenbau – Fachgebiet Gießereitechnik
- Leibniz-Universität Hannover – Institut für Werkstoffkunde
- Friedrich-Alexander-Universität Erlangen-Nürnberg – Lehrstuhl für Gießereitechnik
- Rheinisch Westfälische Technische Hochschule (RWTH) Aachen – Gießerei-Institut
- Technische Universität Bergakademie Freiberg – Gießerei-Institut
- Technische Universität Braunschweig – Institut für Füge- und Schweißtechnik
- Technische Universität Clausthal – Institut für Metallurgie – Abt. Gießereitechnik
- Technische Universität München – Lehrstuhl für Umformtechnik und Gießereiwesen utg
- Universität Duisburg-Essen, Forschungs- und Lehrgebiet Metallurgie – Lehrstuhl für Metallurgie und Umformtechnik
- Universität Kassel – Institut für Produktionstechnik und Logistik/Fachgebiet Gießereitechnik
- Fraunhofer-Institut für Gießerei-, Composite- und Verarbeitungstechnik IGCV, Garching
- Fraunhofer-Institut für Fertigungstechnik und angewandte Materialforschung IFAM, Bremen und Dresden
- Fraunhofer-Institut für Betriebsfestigkeit und Systemzuverlässigkeit LBF, Darmstadt

10.3 Die Akademische Interessensgemeinschaft Gießereitechnik: Vielfalt bündeln und Wahrnehmung steigern

Die Akademische Interessensgemeinschaft Gießereitechnik (akaGuss) ist eine Arbeitsgemeinschaft von Professoren, die sich für das Gießereiwesen engagieren. Sie setzt sich für eine größere Bedeutung der Gießereitechnik in den Hochschulen sowie der universitären Forschung in der Branche ein.

Das Ziel ist es, durch die gemeinsame Initiative eine hohe Sichtbarkeit der Gießereitechnik im Maschinenbau, in der Produktionstechnik sowie in der Werkstofftechnik und Materialwissenschaft zu erreichen und darüber hinaus ein exzellentes Ausbildungs- und Technologieniveau auch branchenübergreifend zu stabilisieren.

Durch die Bündelung der Kompetenzen in der Lehre können an den unterschiedlichen Hochschulstandorten in Deutschland, Dänemark und Österreich effizient auf hohem Niveau Lehre auch fachübergreifend angeboten und dabei gleichzeitig die Kernkompetenzen stärker fokussiert werden.

Die akaGuss sucht dafür die effektive Kooperation mit der Industrie.

Es werden neue Kommunikationswege eröffnet sowie Kompetenzen und Austausch in der akademischen Ausbildung und Forschung gesteigert, zum Nutzen für Betriebe und Forschungsstellen sowie der Studierenden und Absolventen.

Die beteiligten Hochschulinstitute sowie weitere Informationen zu den Zielen sind über die Website der akaGuss.de zu erfahren.

Akademische Interessensgemeinschaft Gießereitechnik (akaGuss)

c/o TU München
Walther-Meißner-Str. 4
85748 Garching
Telefon +49 (0)89/289-13791
Telefax +49 (0)89/289-13738
E-Mail info@akaguss.de
www.akaguss.de

11 Statistik für Gießereien und Abnehmerbranchen

Detaildaten zu einzelnen Werkstoffen können erfragt werden beim

BDG-Referat für Marktanalysen und Volkswirtschaft
Tillman van de Sand, Telefon: +49(0)211/6871-301
E-Mail: tillman.vandesand@bdguss.de

Quelle: BDG (wenn nicht anders angegeben)

11.1 Kennzahlen deutsche Gießerei-Industrie

11.1.1 Gießerei-Industrie gesamt

Auftragseingang

Jahr	in t	%-Veränd. zum Vorjahr
2015	5.318.236	-4,4
2016	5.348.534	0,6
2017	5.467.304	2,2
2018	5.342.198	-2,3
2019	4.464.715	-16,4
2020	3.742.019	-16,2
2021	4.376.877	17,0
2022	3.787.309	-12,8
2023	3.409.780	-10,6

Umsatz (fachl. Betriebsteile)

Jahr	in Mio EUR	%-Veränd. zum Vorjahr
2015	12.729	0,1
2016	12.397	-2,6
2017	13.114	5,8
2018	13.578	3,9
2019	12.433	-8,8
2020	9.877	-20,6
2021	11.623	17,7
2022	13.822	18,9
2023	13.955	1,0

Quelle: Stat BA
(Abschneidegrenze Betr. mit >50 Pers.)

Produktion

Jahr	in t	%-Veränd. zum Vorjahr
2015	5.341.682	1,1
2016	5.167.823	-3,3
2017	5.391.014	4,3
2018	5.432.930	0,8
2019	4.820.178	-11,3
2020	3.483.237	-27,7
2021	3.964.603	13,8
2022	3.930.272	-0,9
2023	3.866.342	-1,6
2023 darunter		%-Anteil
Fahrzeugbau	2.404.373	62,2
Maschinenbau	728.066	18,8
Sonstige	733.897	19,0

Auftragsbestand

Ende des Monats	in t	%-Veränd. zum Vorjahresmonat
Dez 2015	2.120.611	0,9
Dez 2016	2.272.455	7,2
Dez 2017	2.084.123	-8,3
Dez 2018	1.951.434	-6,4
Dez 2019	1.669.284	-14,5
Dez 2020	1.487.298	-10,9
Dez 2021	1.650.356	11,0
Dez 2022	1.660.440	0,6
Dez 2023	1.434.535	-13,6

Inlandsabsatz

Jahr	in t	%-Veränd. zum Vorjahr
2015	3.569.454	2,0
2016	3.493.901	-2,1
2017	3.612.044	3,4
2018	3.612.634	0,0
2019	3.141.712	-13,0
2020	2.320.614	-26,1
2021	2.603.944	12,2
2022	2.534.849	-2,7
2023	2.451.610	-3,3

Zahl der fachl. Betriebsteile

Jahr		%-Veränd. zum Vorjahr
2015	411	-1,7
2016	406	-1, 2
2017	405	-0,2
2018	396	-2,2
2019	382	-3,5
2020	371	-2,9
2021	351	-5,4
2022	358	2,0
2023	348	-2,8

Quelle: Stat BA
(Abschneidegrenze Betr. mit >50 Pers.)
Stand Ende des Jahres

Export

Jahr	in t	%-Veränd. zum Vorjahr
2015	1.772.228	-0,8
2016	1.673.921	-5,5
2017	1.778.969	6,3
2018	1.820.296	2,3
2019	1.678.466	-7,8
2020	1.162.623	-30,7
2021	1.360.659	17,0
2022	1.395.423	2,6
2023	1.414.732	1,4

Zahl der Beschäftigten (fachl. Betriebsteile)

Jahr		%-Veränd. zum Vorjahr
2015	78.866	0,1
2016	77.073	–2,3
2017	77.741	0,9
2018	78.829	1,4
2019	75.197	-4,6
2020	67.118	-10,7
2021	65.899	-1,8
2022	68.647	4,2
2023	67.372	-1,9

Quelle: Stat BA
(Abschneidegrenze Betr. mit >50 Pers.)
Stand Ende des Jahres

Zahl der fachl. Betriebsteile (BDG Erhebung)

Jahr		%-Veränd. zum Vorjahr
2015	588	-1,2
2016	583	-0,9
2017	577	-1,0
2018	569	-1,4
2019	562	-1,2
2020	552	-1,8
2021	543	-1,6
2022	539	-0,7
2023	526	-2,4

Investitionen Gießerei-Industrie insgesamt (Fe + NE)

Jahr	in Mio. Euro	%-Veränd. zum Vorjahr
2015	684	11,2
2016	691	1,0
2017	665	-3,7
2018	643	-3,4
2019	574	-10,7
2020	406	-29,3
2021	439	8,1
2022	482	9,8

Quelle: Stat. BA: Betriebe, Investitionserh. im verarb. Gewerbe, Ifo

11.1.2 Eisen- und Stahlguss

Auftragseingang

Jahr	in t	%-Veränd. zum Vorjahr
2015	4.151.106	-6,0
2016	4.036.545	-2,8
2017	4.186.637	3,7
2018	4.118.978	-1,6
2019	3.442.199	-16,4
2020	2.958.362	-14,1
2021	3.553.812	20,1
2022	2.987.782	-15,9
2023	2.595.872	-13,1

Produktion

Jahr	in t	%-Veränd. zum Vorjahr
2015	4.120.406	-0,7
2016	3.918.998	-4,9
2017	4.184.887	6,8
2018	4.256.230	1,7
2019	3.800.947	-10,7
2020	2.713.809	-28,6
2021	3.158.418	16,4
2022	3.119.946	-1,2
2023	3.032.100	-2,8
2023 darunter		%-Anteil
Fahrzeugbau	1.759.199	58,0
Maschinenbau	721.122	23,8
Sonstige	551.779	18,2

Umsatz (fachl. Betriebsteile)

Jahr	in Mio EUR	%-Veränd. zum Vorjahr
2015	6.985	-3,3
2016	6.632	-5,1
2017	7.147	7,8
2018	7.511	5,0
2019	6.875	-8,4
2020	5.448	-20,8
2021	6.433	18,1
2022	7.632	18,6
2023	7.799	2,2

Quelle: Stat BA
(Abschneidegrenze Betr. mit >50 Pers.)

Auftragsbestand

Ende des Monats	in t	%-Veränd. zum Vorjahresmonat
Dez 2015	1.775.279	2,4
Dez 2016	1.858.333	4,7
Dez 2017	1.737.981	-6,5
Dez 2018	1.668.179	-4,0
Dez 2019	1.424.104	-14,6
Dez 2020	1.293.945	-9,1
Dez 2021	1.470.016	13,6
Dez 2022	1.479.908	0,7
Dez 2023	1.256.741	-15,1

Inlandsabsatz

Jahr	in t	%-Veränd. zum Vorjahr
2015	2.498.531	-0,3
2016	2.393.313	-4,2
2017	2.554.336	6,7
2018	2.586.437	1,3
2019	2.262.206	-12,5
2020	1.667.955	-26,3
2021	1.909.761	14,5
2022	1.830.468	-4,2
2023	1.720.415	-6,0

Export

Jahr	in t	%-Veränd. zum Vorjahr
2015	1.621.875	-1,4
2016	1.525.685	-5,9
2017	1.630.551	6,9
2018	1.669.793	2,4
2019	1.538.742	-7,8
2020	1.045.854	-32,0
2021	1.248.657	19,4
2022	1.289.478	3,3
2023	1.311.685	1,7

Zahl der fachl. Betriebsteile (BDG Erhebung)

Jahr		%-Veränd. zum Vorjahr
2015	248	-2,4
2016	243	-2,0
2017	240	-1,2
2018	239	-0,4
2019	232	-2,9
2020	225	-3,0
2021	220	-2,2
2022	218	-0,9
2023	211	-3,2

Zahl der Beschäftigten (fachl. Betriebsteile)

Jahr		%-Veränd. zum Vorjahr
2015	43.969	-1,4
2016	41.844	-4,8
2017	41.774	-0,2
2018	42.000	0,5
2019	39.675	-5,5
2020	35.385	-10,8
2021	34.657	-2,1
2022	34.985	0,9
2023	34.650	-1,0

Quelle: Stat BA
(Abschneidegrenze Betr. mit >50 Pers.)
Stand Ende des Jahres

Zahl der fachl. Betriebsteile

Jahr		%-Veränd. zum Vorjahr
2015	195	-3,0
2016	190	-2,6
2017	192	1,1
2018	190	-1,0
2019	182	-4,2
2020	179	-1,6
2021	172	-3,9
2022	167	-2,9
2023	163	-2,4

Quelle: Stat BA
(Abschneidegrenze Betr. mit >50 Pers.)
Stand Ende des Jahres

Investitionen Gießerei-Industrie insgesamt (Fe)

Jahr	in Mio. Euro	%-Veränd. zum Vorjahr
2015	294	4,4
2016	301	2,3
2017	259	-13,7
2018	235	-9,3
2019	200	-15,0
2020	143	-28,4
2021	142	-0,8
2022	184	29,6

Quelle: Stat. BA
Betriebe, Investitionserh. im verarb. Gewerbe

11.1.3 NE-Metallguss

Auftragseingang

Jahr	in t	%-Veränd. zum Vorjahr
2015	1.167.130	1,6
2016	1.311.989	12,4
2017	1.280.666	-2,4
2018	1.223.220	-4,5
2019	1.022.516	-16,4
2020	783.656	-23,4
2021	823.065	5,0
2022	827.224	0,5
2023	813.908	-1,6

Auftragsbestand

Ende des Monats	in t	%-Veränd. zum Vorjahresmonat
Dez 2015	345.332	-6,0
Dez 2016	414.122	19,9
Dez 2017	346.142	-16,4
Dez 2018	283.255	-18,2
Dez 2019	245.179	-13,4
Dez 2020	193.353	-21,1
Dez 2021	180.340	-6,7
Dez 2022	180.532	0,1
Dez 2023	177.794	-1,5

Produktion

Jahr	in t	%-Veränd. zum Vorjahr
2015	1.221.276	7,7
2016	1.248.824	2,3
2017	1.206.126	-3,4
2018	1.176.700	-2,4
2019	1.019.230	-13,4
2020	769.084	-24,5
2021	806.136	4,8
2022	810.326	0,5
2023	834.242	3,0
2022 darunter		%-Anteil
Fahrzeugbau	645.174	77,3
Maschinenbau	6.944	0,8
Sonstige	182.118	21,8

Inlandsabsatz

Jahr	in t	%-Veränd. zum Vorjahr
2015	1.070.923	7,8
2016	1.100.588	2,8
2017	1.057.708	-3,9
2018	1.026.198	-3,0
2019	879.506	-14,3
2020	652.659	-25,8
2021	694.183	6,4
2022	704.380	1,5
2023	731.195	3,8

Umsatz (fachl. Betriebsteile)

Jahr	in Mio EUR	%-Veränd. zum Vorjahr
2015	5.744	4,6
2016	5.765	0,4
2017	5.963	3,4
2018	6.128	2,8
2019	5.558	-9,3
2020	4.429	-20,3
2021	5.190	17,2
2022	6.190	19,3
2023	6.156	-0,5

Export

Jahr	in t	%-Veränd. zum Vorjahr
2015	150.353	7,0
2016	148.236	–1,4
2017	148.418	0,1
2018	150.503	1,4
2019	139.724	-7,2
2020	116.769	-16,4
2021	112.001	-4,1
2022	105.946	-5,4
2023	103.047	-2,7

Quelle: Stat BA
(Abschneidegrenze Betr. mit >50 Pers.)

Zahl der fachl. Betriebsteile (BDG Erhebung)

Jahr		%-Veränd. zum Vorjahr
2015	340	-0,3
2016	340	0,0
2017	337	-0,9
2018	330	-2,1
2019	330	0,0
2020	327	-0,9
2021	323	-1,2
2022	321	-0,6
2023	315	-1,9

Zahl der Beschäftigten (fachl. Betriebsteile)

Jahr		%-Veränd. zum Vorjahr
2015	34.897	2,0
2016	35.229	1,0
2017	35.967	2,1
2018	36.829	2,4
2019	35.522	-3,5
2020	31.733	-10,7
2021	31.242	-1,5
2022	33.662	7,7
2023	32.722	-2,8

Quelle: Stat BA
(Abschneidegrenze Betr. mit >50 Pers.)
Stand Ende des Jahres

Zahl der fachl. Betriebsteile

Jahr		%-Veränd. zum Vorjahr
2015	216	-0,5
2016	216	0,0
2017	213	-1,4
2018	206	-3,3
2019	200	-2,9
2020	192	-4,0
2021	179	-6,8
2022	191	6,7
2023	185	-3,1

Quelle: Stat BA
(Abschneidegrenze Betr. mit >50 Pers.)
Stand Ende des Jahres

Investitionen Gießerei-Industrie insgesamt (Ne)

Jahr	in Mio. Euro	%-Veränd. zum Vorjahr
2015	390	16,9
2016	390	0,0
2017	406	4,1
2018	408	0,4
2019	374	-8,3
2020	263	-29,7
2021	297	13,0
2022	298	0,3

Quelle: Stat. BA
Betriebe, Investitionserh. im verarb. Gewerbe

12 Normung für die Gießerei-Industrie

12.1 Aufgaben und Chancen der Normung

Normung definiert den Stand der Technik. Technologisch ist Deutschland weiterhin an der Weltspitze. Viele Gießereitechnologien wurden hier erforscht und entwickelt. Die Ergebnisse schlagen sich in Werkstoffherstellung und Qualitätssicherung nieder und werden im Normenwerk festgehalten. Dieses wird laufend an technische Fortschritte in den Fertigungsverfahren angepasst.

Normung ist Interessenvertretung – Mehrwert für BDG-Mitgliedsfirmen

Der BDG vertritt die Interessen seiner Mitglieder in nationalen und internationalen Normengremien. Durch aktive Mitgestaltung sorgt er dafür, dass aufgrund langjähriger Erfahrung erstellte Standards nicht aufgeweicht werden.

Spiegelausschüsse In den technischen Arbeitsgremien des GINA werden die europäischen (EN) und internationalen (ISO) Normen überprüft (= „gespiegelt"). Die wichtigsten Gremien für die deutsche Gießerei-Industrie sind

- Normenausschuss Gießereiwesen (GINA = Gießerei-Normen-Ausschuss)
- Normenausschuss Eisen und Stahl (FES, für die Stahlguss-Normung, mit VDEh)
- Normenausschuss Nichteisenmetalle (FNNE)

Beobachtet werden die Aktivitäten in weiteren DIN-Normenausschüssen wie Schweißtechnik (NAS), Materialprüfung (NMP), Technische Grundlagen (NATG).

12.2 Finanzierung und Beteiligung

Der BDG fördert die Arbeit „seiner" Normengremien aus Mitgliedsbeiträgen. Dies nutzt der gesamten Branche. Mitarbeiten und damit mitgestalten dürfen jedoch nur die Mitgliedsfirmen des BDG – ein Angebot des BDG an seine Mitglieder!

12.3 Überarbeitung / Überprüfung bestehender Normen

Die laufenden Arbeiten bieten die Chance, bestehende Regelungen zu verbessern bzw. zu korrigieren.

Werkstoffnormen

Vielfach als zu niedrig kritisiert, sind die Werkstoffkennwerte in den Normen jedoch abgestimmt und stellen Daten dar, die prozesssicher von allen deutschen Gießereien erreichbar sind – unabhängig vom Fertigungsverfahren. Informativ werden häufig auch Anwendungseigenschaften angegeben – dies ist z. T. eine Besonderheit bei Guss.

Produktnormen

sind teilweise außerhalb des Fokus der genannten Normenausschüsse, werden aber vom BDG beobachtet, um ggf. die Anforderungen zu überprüfen.

12.4 Normenübersichten

Den tagesaktuellen Stand dieser Normen können Sie bei DIN Media (www.dinmedia.de) abrufen.

12.5 Aktualität der Normung

Normung geht zu langsam? – Nicht unbedingt. Bei Bedarf können Normenprojekte kurzfristig realisiert werden. Eine geeignete Vorstufe sind BDG-Richtlinien, aber es gibt auch schnelle Projekte wie DIN-SPEC. Bei Bedarf kann es auch schnell gehen!

12.6 Mitarbeit bei der Normung

Normung ist vielseitig. Sie wird nicht allein von Gießereien gemacht – in manchen Fällen sitzen Gussabnehmer mit am Tisch. Für diese anspruchsvolle Arbeit werden Experten aus den Unternehmen benötigt, die dabei auch ihr eigenes Unternehmen vertreten. Das macht Normenarbeit doppelt wertvoll! Der Arbeitsaufwand ist überschaubar; eine einfache Stellungnahme erübrigt manche Sitzung. Wann machen Sie mit?

12.7 Ihre Ansprechpartner bei der Normung

BDG-Technik, Eisen- und Stahlguss: Pascal Steinküller
Telefon: 0211-6871-342
E-Mail: pascal.steinkueller@bdguss.de

BDG-Technik, NE-Metallguss: Dr.-Ing. Achim Keidies.
Telefon: 0211-6871-349
E-Mail: achim.keidies@bdguss.de

DIN-GINA: Dipl.-Ing. Michaela Treige
Telefon: 030-2601-0
E-Mail: michaela.treige@din.de

12.8 Die aktualisierte DIN EN 16079

Gusseisen mit Vermiculargrafit (GJV) ist ein vergleichsweise neuer Werkstoff. Erstmalig genormt wurde er in ASTM A842 von 1985. Seitdem durchlief der Werkstoff einige Entwicklungsstufen. Den aktuellen Stand der Technik stellt DIN EN 16079 dar, deren neue Ausgabe im Januar 2024 veröffentlicht wurde.

FOTO: FRITZ WINTER EISENGIESSEREI

Augenmaß allein reicht nicht aus. Verlässliche Richtlinien müssen dem neuesten Stand der Technik entsprechen.

Von Ingo Steller, Marc Walz

Zusätzlich zu ASTM A 842 entstand für GJV, englisch Compacted Graphite Iron (CGI), 2002 ein VDG-Merkblatt (W50). Seit 2006 existierte eine ISO-Norm und ab 2012 die DIN 16079. Ihre Neuauflage erscheint in diesem Monat. Die wesentlichen Änderungen werden im Folgenden kurz vorgestellt.

Gusseisen mit Vermiculargrafit

Gusseisen mit Vermiculargrafit (GJV) ist eine Art Zwischenstufe zwischen Gusseisen mit Lamellengrafit (GJL) und Gusseisen mit Kugelgrafit (GJS). Der Grafit erscheint wurmförmig im zweidimensionalen metallografischen Schliff. Tatsächlich ist der Vermiculargrafit eine dreidimensionale Struktur (**Bild 1**). Er entsteht bei einer Magnesium-Unterbehandlung eines entschwefelten Basiseisens. Dadurch enthält er „echte“ Grafitkugeln wie im GJS, aber auch Schnittlagen der 3-D-Struktur. Die Anzahl der Kugeln beeinflusst sowohl die mechanischen als auch die thermischen Eigenschaften.

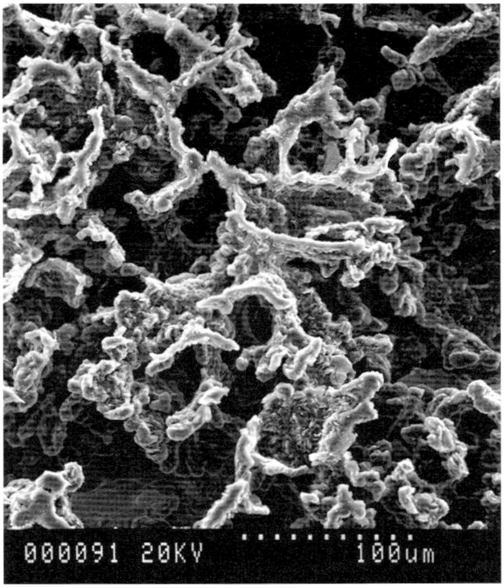

FOTO: SINTERCAST

Bild 1: Rasterelektronenmikroskop (REM)-Aufnahme eines GJV-Gefüges.

GJV vereint eine gute mechanische Festigkeit mit einer guten Wärmeleitfähigkeit, bei guter Gieß- und Zerspanbarkeit. Daher wird GJV häufig im Motorenbau angewendet (**Bild 2**); ursprüngliches Ziel war die Steigerung der Zylinderdrücke für emissionsärmere Verbrennungsmotoren. Prozesstechnisch ist der Werkstoff anspruchsvoller als EN-GJS. Die Werkstoffgruppe wurde bereits in den 1950er-Jahren entwickelt, aber zunächst aufgrund mangelnder Prozessstabilität nicht eingesetzt, und erst 1968 in Österreich patentiert.

Die Unterbehandlung von Magnesium war bereits bekannt, Titan erweiterte das Prozessfenster für die Produktion, auch Cer kam schon sehr früh zum Einsatz. Durch genaue Prozesskontrolle mittels thermischer Analyse in den 1990er-Jahren wurde der Werkstoff prozesssicher in großer Serie herstellbar. Eine gute Übersicht gibt eine Serie von Veröffentlichungen von Dr. Lampic ab GIESSEREI 1/2014 [1-5].

Geschichte der GJV-Normung

Wie eingangs erwähnt, wurde eine erste Norm für „compacted grafite cast iron (CGI)” in 1985 veröffentlicht (ASTM A842-85). Genormt wurden die Sorten (Grade) 250, 300, 350, 400 und 450, erstere mit einer Mindestbruchdehnung von 3 %.

Außerdem entstand in den USA die SAE J1887, erstmals veröffentlicht 2002. Auch sie endete bei Grade 450. In Deutschland wurde ab 2000 das VDG-Merkblatt W50 entwickelt, zunächst mit nur drei Sorten GJV-300, 400 und 500 (mit Härtebereich nach oben, ähnlich GJL) und Richtwerten für die Brinellhärte. Treiber waren Fachleute der großen Automobilgießereien, allen voran Dr. Milan Lampic (Fritz Winter), Dr. Rolf Weber (Eisenwerk Brühl) und Ulrich Dieterle (Halberg Guss). Indirekt waren auch die Anwender eingebunden. W50 wurde im März 2003 veröffentlicht und spezifizierte fünf Sorten: 300, 350, 400, 450 und 500.

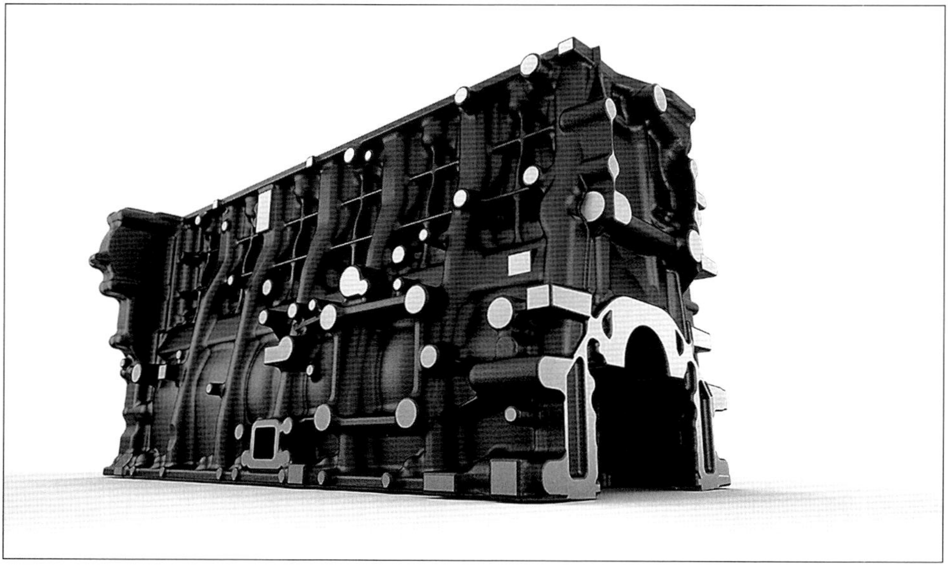

FOTO: FRITZ WINTER EISENGIESSEREI

Bild 2: Nutzfahrzeug-Zylinderkurbelgehäuse mit 2,5 mm Nominalwandstärke, hergestellt im Kernpaketverfahren.

Dies war die Basis für die Entwicklung einer Internationalen Norm: ISO 16112 wurde im August 2006 veröffentlicht. Auch sie umfasste fünf Sorten bis GJV-500. Anhang B enthielt ein Verfahren zur Bestimmung der Nodularität (Formfaktor) einschließlich Klassengrenzen für die Bildanalyse, sowie eine grobe Gefüge-Richtreihe. Anhang C enthielt metallurgische Einflussgrößen auf die Zerspanbarkeit. Auf der Basis von W50 und ISO 16112 entwickelte man in Europa (Sekretariat: DIN) ab 2008 die EN 16079, die im Februar 2012 veröffentlicht wurde und die Werkstoffsorten EN-GJV-350, 400, 450 und 500 normte. Von Anfang an wurden verschiedene gegossene Proben und Probendicken definiert.

Anhang C enthielt die Keildruckprüfung, Anhang F eine 6teilige Gefügerichtreihe zur visuellen Bestimmung der „Vermicularität“. Parallel wurde ASTM A842 überarbeitet und 2011 veröffentlicht (revidiert 2018). Sie endet weiterhin bei Grade 450.

2015 begann die Überarbeitung der ISO 16112, die im Februar 2017 veröffentlicht wurde. Direkt im Anschluss begann die Überarbeitung der EN 16079, die nun abgeschlossen ist. Nicht mehr enthalten sind die Hinweise zu Einflussgrößen auf die Härte, da das Problem seit langem gelöst ist, sowie die Keildruckprüfung, die nicht mehr angewendet wird, da weder Streckgrenze noch Dehnung ermittelt werden können und brauchbare Zugfestigkeitswerte nur mit Dehnungen < 2 % erhalten werden (Verformung der Probe).

Eindeutige Bezeichnung des Gefüges

Anfangs litt die neue Werkstoffgruppe unter Einführungsproblemen. Die Kunden wollten gern von GJL auf GJV umstellen, übersahen aber, dass dies nicht 1:1 in der mechanischen Bearbeitung umgesetzt werden konnte. Es fehlte das „schmierende" Mangansulfid, das dem GJL eine exzellente Zerspanbarkeit verleiht. Anstatt die Bearbeitungsparameter anzupassen, wurde der Werkstoff kritisiert. Eine Reihe von CGI-Machining-Workshops löste diese Probleme. Aus dieser Zeit resultiert der informative Anhang in ISO 16112:2006 mit Hinweisen zu Einflussgrößen auf die Zerspanbarkeit.

Als Maß für die Güte des Gefüges wurde in EN 16079:2012 die „Vermicularität" definiert (Anzahl der Vermiceln dividiert durch alle Grafitteilchen). Ziel waren möglichst viele gut ausgebildete Grafit-Vermicel, bzw. ein Maximalwert für die Grafitkugeln. 2017 wurde die „Nodularität" bei EN-GJS neu definiert, weil die Gefüge mit der automatisierten Bildanalyse bestimmt werden sollten. Zusätzlich zur DIN EN ISO 945-1 (visuelle Bestimmung) wurde die ISO 945-4 entwickelt, mit Vergleichsbildern und festen Klassengrenzen (messbare Parameter) für die Bildanalyse. Die „Nodularität" wurde nun auch für GJV zum Kriterium, denn die Anzahl der Grafit-Kugeln im Gefüge bestimmt die Eigenschaften. Ganz besonders bei EN-GJV-500, der höhere Kugel-Anteile hat und in seinen Eigenschaften dem GJS ähnlicher ist. Dem gegenüber stand der Begriff „Vermicularität", der etwas Ähnliches meinte, aber gewissermaßen ein reziproker Wert war. Es wurde gewünscht, auch hier von einer „Nodularität" zu sprechen, allerdings mehr im Sinne der maximal tolerierbaren Grafitkugelzahl (Formen V und VI). Als Anhaltswert wurde bei 20 % eine allgemeine Grenze gesehen, höhere Kugelanteile mit dem Kunden aber vereinbart werden konnten, je nach Anwendungsfall.

Lamellengrafit war schon immer ein Ausschluss-Kriterium. Allerdings nur innerhalb des Guss-Gefüges. In der Randzone nahe der Gusshaut könnten aufgrund metallurgischer Reaktionen mit dem Formstoff bzw. der Schlichte, Grafit-Lamellen auftreten, die bis zu einer Tiefe von 1 mm grundsätzlich erlaubt sein sollten.

Motivation zur Überarbeitung der Norm

Die Einleitung war kurz und gab keine Erläuterungen zur Anwendung der Norm. Ebenso wenig der Anwendungsbereich (Scope). ISO 16112 gab hier etwas mehr Hinweise. Die Wanddickenabhängigkeit der Kennwerte tritt auch bei EN-GJV auf, allerdings weniger stark ausgeprägt als bei GJL. Manche Kunden-Fragen blieben unbeantwortet.

Es galt, vor allem fünf Dinge zu erreichen:

- Verbesserung der Einführung (Informationen für Anwender),
- Empfehlung, möglichst große Proben zu verwenden (bessere Statistik),
- Ersatz der „Vermicularität" durch „Nodularität",
- Streichung der Keildruckprüfung,
- Übernahme der fortschrittlichen, auf Bildanalyse ausgerichteten Gefügebeschreibung der ISO 16112:2006.

Außerdem sollte die eher selten angefragte und hinsichtlich des Gefüges nicht ganz ins Konzept passende Werkstoffsorte EN-GJV-500 aus den Standard-Sorten genommen werden. Nicht zur Diskussion stand die häufiger anregte Anpassung der Klassengrenzen, die noch aus der Zeit der ISO 16112:2006 stammen. Die „krummen“ Werte (0,625) stellen Mittelwerte dar und sind seitdem mit Rundheits-Werten in Bildanalyse-Systemen verknüpft, weshalb ein Abrunden auf 0,6 leider nicht folgenlos möglich ist. Um dies zu ändern, ist eine umfangreiche Datensammlung und -auswertung erforderlich, was nicht das Ziel dieser Revision war.

Klärung von Kundenfragen

Die Einführung spricht nun offen die Wanddickenabhängigkeit der Kennwerte an (die aus Tabelle 1 hervorgeht). Ziel der Tabelle 1 ist vor allem die Werkstoffbezeichnung mit Blick auf die vom Kunden angegebene relevante Wanddicke: hieraus ergibt sich der Typ der gegossenen Probe. Es wird klar unterschieden zwischen Proben für die Werkstoffbezeichnung und Proben zur Bestimmung der Eigenschaftskennwerte. Bei Letzteren wird von vornherein auf Bauteilproben verwiesen, deren Kennwerte im Anhang C angegeben sind. Die Größe der Proben ist an das Bauteil anzupassen. Dies sollte helfen, den Anwendern den Sinn und die Auswahl der Proben zu erläutern, denn dies findet sich in keinem Handbuch.

Der mittlerweile selten bestellte Werkstoff EN-GJV-500 passte immer weniger gut ins Konzept der Norm, denn die hohe Festigkeit ist nur mit einem erhöhten Grafitkugel-Anteil von mindestens 30 % erreichbar. Im Automotive-Bereich wird er nur noch sehr selten benötigt. Für einzelne Anwendungen werden heute, analog zu GJS, mischkristallverfestigte Werkstoffe angeboten. Da dies ein anderes Legierungskonzept darstellt, wurden diese Werkstoffe nicht in die Basisnorm aufgenommen. Die Keildruckprüfung wird auch in Europa nicht mehr als notwendig angesehen, denn im Gegensatz zu GJL hat GJV eine messbare Streckgrenze.

Freigabe durch den Fachausschuss Eisenguss

Der neue Entwurf wurde 2018 im BDG-Fachausschuss „Eisenguss“ vorgestellt und genehmigt. Vertreten waren alle Hersteller von GJV. Der Schlussentwurf wurde im August 2022 geprüft. Fehler in der deutschen Übersetzung zeigten, dass einige Formulierungen in der englischen Fassung nicht ganz klar waren. Wie bei EN 1561 wurde versucht, dies in der Schlussabstimmung zu beheben, was zur Ablehnung seitens CEN und einer zweiten Schlussabstimmung führte. Ein europäische Editing Committee würde die Arbeit an dieser Stelle erleichtern. Die englische Fassung wurde im Januar 2024 veröffentlicht, gefolgt von der deutschen Übersetzung im März 2024.

Fazit

Wir hoffen, dass die leichten Anwendungsprobleme mit der Ausgabe 2024 ausgeräumt sind. Die wesentlichen Änderungen gegenüber der Ausgabe 2012 sind im Anhang F dargestellt. Die ältere Ausgabe (2012) der DIN EN 16079 ist nun nicht mehr „Stand der Technik". Zwischen Hersteller und Käufer können besondere Vereinbarungen getroffen werden, auch wenn dieser z.B. einen GJV-500 wünscht. Insgesamt ist die aktualisierte Norm fit für die nächsten Jahre. Der BDG dankt allen Gießereien, die zum Gelingen dieses Projekts beigetragen haben, und DIN für die organisatorische Unterstützung.

www.guss.de

Dr. Ingo Steller, Fachreferent Technik, Eisen- und Stahlguss, Normung, Bundesverband der Deutschen Gießerei-Industrie (BDG), Düsseldorf, Marc Walz, Leiter Materialentwicklung, Fritz Winter Eisengießerei GmbH & Co.KG, Stadtallendorf

Literatur:

[1] Giesserei 101 (2014), [Nr. 1], S. 214-227.
[2] Giesserei 101 (2014), [Nr. 2], S. 86-95.
[3] Giesserei 101 (2014), [Nr. 3], S. 60-71.
[4] Giesserei 101 (2014), [Nr. 6], S. 68-81.
[5] Giesserei 101 (2014), [Nr. 7], S. 50-61.

13 Gießereiorganisationen in Deutschland

13.1 Bundesverband der Deutschen Gießerei-Industrie e. V. (BDG)

Hauptgeschäftsstelle:
Hansaallee 203, 40549 Düsseldorf
Telefon: (0211) 6871-0, Fax: (0211) 6871-333
E-Mail: info@bdguss.de
www.guss.de

Präsident:

Dipl.-Ing./Dipl.-Wirt.-Ing. Clemens Küpper

Vizepräsidenten:
Hans-Peter Grohmann
Reinhard Tweer
Lars Steinheider

Weitere Präsidiumsmitglieder:
Hartmut Fischer
Dr. Klaus Lellig
Dr. Christiane Heunisch-Grotz
Dr. Marc Mateika
Dirk Engels
Stefan Michel
sowie die kooptierte Geschäftsführung

Hauptgeschäftsführer

RA Max Schumacher
Telefon: (0211) 6871-215, Fax: (0211) 6871-40 208
E-Mail: max.schumacher@bdguss.de

Bezüglich des Auftrags und der Aufteilung des BDG in Fach- und Landesverbände, in technische Fachgruppen und Referate wird auf die Website des BDG, www.guss.de, verwiesen.

13.2 Verein Deutscher Giessereifachleute e. V. (VDG)

Hauptgeschäftsstelle:
Hansaallee 203, 40549 Düsseldorf
Telefon.: (0211) 6871-0, Fax: (0211) 6871-333
E-Mail: info@vdg.de
www.vdg.de

Präsident

Lars Steinheider

Vizepräsidenten
Dr.-Ing. Dr.-Ing. E. h. Erwin Flender
Dr. Klaus Lellig

Landesgruppenvorsitzende:

Jörg Dossmann (Landesgruppe Süd)
N.N. (Landesgruppe Mitteldeutschland)
Dr.-Ing. Andreas Huppertz (Landesgruppe NRW)
Dr.-Ing. Wolfgang Lenz (Landesgruppe Südwest)
Dr.-Ing. Carsten Kuhlgatz (Landesgruppe Niedersachsen-Nord)
Dr.-Ing. Wolfgang Lenz (Landesgruppe Hessen)
Dr.-Ing. Steffen Klan (Landesgruppe Bayern)

Vorsitzender des Forschungsbeirates der FVG
Dipl.-Ing. Gerd Röders

Vertreter der Wissenschaft

Prof. Dr.-Ing. Andreas Bührig-Polaczek
Prof. Dr.-Ing. Wolfram Volk

Vertreter der Wirtschaft
Dr.-Ing. Georg Wilhelm Dieckhues
Dirk Engels
Dr.-Ing. Katrin Müller
Michael Neubert
Tino Noack
Hagen Stein
Dr.-Ing. Jens Wiesenmüller

VDG-Mitgliederstelle
Simone Bednareck
Telefon: (0211) 6871-332, Fax: (0211) 6871-40-332
E-Mail: simone.bednareck@bdguss.de

13.3 BDG-Service GmbH

Geschäftsführer: Ralf Gorski

Haus der Gießerei-Industrie
BDG-Service GmbH
Hansaallee 203, 40549 Düsseldorf
Telefon: (0211) 6871-266
ralf.stog@bdg-service.de
www.bdg-service.de
www.vdg-akademie.de

Kompetenzzentrum der Gießerei-Industrie

Mit den Möglichkeiten der modern gestalteten Labore der BDG-Service GmbH, einer einhundertprozentigen Tochter des Bundesverbandes der Deutschen Gießerei-Industrie (BDG), wird der Gießereibranche ein hochwertiger Service angeboten. In Verbindung mit umfangreichen Beratungsleistungen übernimmt die BDG-Service GmbH im Haus der Gießerei-Industrie die Aufgaben eines technischen Kompetenzzentrums für Gießereien, Gießereizulieferer, Gussabnehmer und Entsorger. Die BDG-Service GmbH betreibt ein zertifiziertes Qualitätsmanagementsystem nach DIN EN ISO 9001:2015. Bereits seit dem Jahr 2009 wird die BDG-Service GmbH nach dem Normenwerk der DIN EN ISO/IEC 17025 überprüft. Zusätzlich sind die Labordienstleistungen durch die Deutsche Akkreditierungsstelle auf Basis der DIN EN ISO/IEC 17025:2018 akkreditiert.

In den BDG-Service eigenen Werkstätten können Gussteile aller Werkstoffarten bearbeiten werden. Dazu stehen moderne Bearbeitungszentren zur Verfügung. Durch die enge Zusammenarbeit aller Abteilungen im Haus der Gießerei-Industrie können die Mitarbeiter der Service GmbH ihren Wettbewerbsvorteil Schnelligkeit gegenüber anderen Wettbewerbern am Markt voll ausspielen.

Die Analyse von Qualitätsproblemen von Gussteilen und der Prozesse zu deren Herstellung ist ein Schwerpunkt der Aktivitäten der BDG-Service GmbH. Die Mitarbeiter lösen Ihre Probleme und Fragen direkt vor Ort in der Gießerei und leisten ingenieurtechnische Unterstützung bei der Optimierung Ihrer Prozesse zur Verbesserung von Gussteilqualität. Begleitende Analysen und Untersuchungen sind eine notwendige Voraussetzung für eine prozesssichere Fertigung. Die BDG-Service GmbH bietet hierfür alle relevanten Mess- und Untersuchungsverfahren als Dienstleistung im Einzel- oder Dauerauftrag an. Erfahrene Spezialisten betreuen die Messungen und beraten Sie bei der fachlichen Bewertung der Ergebnisse. Dazu zählen selbstverständlich auch Verbesserungsvorschläge und Abhilfemaßnahmen bei Herausforderungen im Gießereibetrieb vor Ort.

Beratung

Die Analyse von Qualitätsproblemen und die Optimierung der Prozesse zu deren Herstellung ist ein Schwerpunkt der Aktivitäten der BDG-Service GmbH. BDG-Service Mitarbeiter widmen sich Ihren Problemen und Fragen vor Ort und leisten ingenieurtechnische Unterstützung bei der Optimierung Ihrer Prozesse zur Verbesserung von Gussteilqualität und Prozesssicherheit.

VDG-Akademie

Die VDG-Akademie bietet Fortbildungsseminare für Ingenieure und Techniker, Qualfizierungslehrgänge für Produktionsmitarbeiter, maßgeschneidetere Inhouse-Schulungen zur beruflichen Weiterbildung der Mitarbeiter und Führungskräfte der Gießerei-Industrie sowie ihrer Zulieferer und Abnehmer. Darüber hinaus werden die Führungskräfte von morgen in den Langzeitmaßnahmen „Lehrgänge zur Vorbereitung auf die Industriemeisterprüfung, Fachrichtung Gießerei" und „Berufsbegleitendes VDG-Zusatzstudium Gießerei" für die sich ständig wandelnden Herausforderungen der Gießereiwelt vorbereitet.

Auf Grundlage der langjährigen gießereitechnologischen Erfahrungen schulen BDG-Service-Mitarbeiter in Zusammenarbeit mit der VDG-Akademie Gießereifachleute aller Bereiche und Ebenen durch individuell auf Ihre Bedürfnisse zugeschnittene Inhouse-Seminare, z. B. zu den Themen Werkstoffpalette, Schmelz- und Formverfahren, Fertigungsbedingungen, Umwelt- und Arbeitsschutz sowie Energiemanagement.

Wenn Sie sich für Weiterbildung für sich oder ihre Mitarbeiter interessieren, bitte wenden Sie sich an uns.

Chemische Labore und Formstofflabor

Die chemischen Labore der BDG-Service GmbH bieten alle relevanten Mess- und Untersuchungsverfahren für die Analyse von Metallen, Einsatzstoffen und Reststoffen, z. B. mit dem Röntgenfluoreszenzspektrometer oder mit der nasschemischen Analyse mittels optischer Emissionsspektroskopie (ICP-OES). Um Ursachen für formstoffbedingte Gussfehler zu ermitteln und daraus resultierend die Fertigungs- und Formstofftechnik zu optimieren, untersucht die BDG-Service GmbH Formgrundstoffe, Formstoffe, Regenerate, Zusatzstoffe und Hilfsstoffe nach BDG-Richtlinien und Deutschen Einheitsverfahren.

Metallografie

Für Werkstoff- und Bauteiluntersuchungen sind metallografische Prüfmethoden zur Qualitätseinschätzung und Schadensanalytik unentbehrlich. Die BDG-Service GmbH arbeitet mit den neuesten metallografischen Untersuchungsverfahren und passt sie spezifischen Aufgabenstellungen an. Für das Leistungsangebot der Metallografie stehen der Service GmbH eine auf dem neuesten Stand eingerichtete Probenvorbereitung und

Mikroskopie einschließlich digitaler Bildanalyse, -Verarbeitung und -archivierung zur Verfügung. Der Vorteil dabei ist, dass auf der Grundlage der metallografischen Untersuchungsergebnisse Herstellungsbedingungen und Bauteilverhalten beurteilt werden können. Gerne werden Untersuchungen mittels mobiler Metallografie auch direkt beim Kunden vor Ort durchgeführt. Alle Untersuchungen werden von BDG-Service-Experten dokumentiert und ausgewertet.

Rasterelektronenmikroskopie

Die Rasterelektronenmikroskopie bietet umfassende Möglichkeiten der Bildgebung sowie der chemischen Analytik an nahezu jedem Probekörper. Bei der Probengeometrie bestehen wenige Einschränken, so sind z. B. Untersuchungen von Proben bis 20 cm Länge ohne Präparation möglich. Neben metallischen Proben können auch andere Materialien (außer Flüssigkeiten) direkt im Rasterelektronenmikroskop untersucht werden. Auch bei der Untersuchung von Gussfehlern bietet das Rasterelektronenmikroskop, welches mittels EDX die chemische Identifikation von Einschlüssen jeglicher Art ermöglicht und damit den Gießereien langwierige Versuche beispielsweise zur Vermeidung von Schlackestellen erspart. Durch gekoppelte mikroanalytischen EDX-/WDX-Untersuchungen können an den Materialien direkt die chemischen Zusammensetzungen in Ortsauflösung bestimmt werden.

Mechanische Werkstoffprüfung

Im Bereich der Werkstoffprüfung verfügt die Service GmbH über alle gängigen Verfahren der statischen, dynamischen und zyklischen Charakterisierung der mechanisch-technologischen Eigenschaften der unterschiedlichsten Werkstoffe für Lasten bis 250 kN und einem Temperaturbereich von – 196 bis 1200 °C. Neben den Methoden der zerstörenden Werkstoffprüfung bietet die Service GmbH alle üblichen Werkstoffprüfungen an. Die Herstellung der Proben erfolgt dabei auf hochwertigen CNC-Maschinen, die es erlauben, auch bei größeren Probenmengen mit einer hohen Gleichmäßigkeit und in engen Toleranzen zu fertigen. Allen Werkstoffprüfungen liegen die jeweils gültigen Normen und Prüfvorschriften zugrunde (DIN, EN, ISO, ASTM, SEP usw.). Davon abweichende Prüfungen sind im Einzelfall festzulegen.

Umwelt-, Arbeitsschutz und Energiemanagement

Die Rahmenbedinungen für Umweltschutz und Energieeffizienz werden für Gießereien kontinuierlich durch Änderungen in der Gesetzgebung angepasst. Die BDG-Service GmbH entwickelt für Sie betrieblich integrierte Lösungen für die Vermeidung oder Verminderung von Expositionen, Emissionen und Immissionen. Ergänzt wird das Angebot durch Abfallanalysen, Unterstützung bei immissionsschutzrechtlichen Genehmigungsverfahren, gießereitechnische Bewertung hinsichtlich der „Besten Verfügbaren Gießereitechniken“ sowie bei der Einrichtung effizienter, kostengünstiger umwelttechnischer Anlagen. Auch kann ein externer Immissionsschutzbeauftragter oder die Fachkraft für Arbeitssicherheit gestellt werden.

Die Reduzierung des Energiebedarfs sowie der sparsame Einsatz von metallischen und mineralischen Rohstoffen ist für Gießereien von existenzieller Bedeutung. Um einen kontinuierlichen Verbesserungsprozess in den Gießereien aufrecht zu erhalten und von gesetzlichen Teilentlastungen zu profitieren, unterstützt die Service GmbH bei Aufbau und der Auditierung von Systemen zur Verbesserung der Energieeffizienz und Energiemanagementsystemen nach DIN EN ISO 50001. Gerne stellt die Service GmbH für Sie auch dauerhaft den externen Energie- und Umweltmanagementbeauftragten.

13.4 Deutscher Formermeister Bund e. V. Berufsverband gießereitechnischer Berufe

Deutscher Formermeisterbund
Ziegelhüttenweg 4
63743 Aschaffenburg
Telefon: +49 (0)6021 96660
1. Bundesvorsitzender: Dr. Heiko Glathe
E-Mail: ho_ge@gmx.de
www.dfb-info.de (derzeit wegen Neugestaltung inaktiv)

13.5 Bundesverband Modell- und Formenbau

Bundesverband Modell- und Formenbau e.V.
Kreuzstr. 108-110
44137 Dortmund
Telefon: +49 (0)231 912010 27,
E-Mail: bundesverband@modell-formenbau.eu
www.modell-formenbau.eu

14 Internationale Gießereiorganisationen

14.1 EFF – European Foundry Federation (ehemals: CAEF – The European Foundry Association)

Generalsekretariat: vakant
Hansaallee 203, 40549 Düsseldorf
Telefon (0211) 6871-217
E-Mail: info@caef.eu
www.caef.eu

Präsidentin 2024-2026: Chiara Danieli

Generalsekretär: vakant

Mitgliedsländer:

Belgien
Bulgarien
Dänemark
Deutschland
Finnland
Frankreich
Italien
Kroatien
Litauen
Niederlande
Norwegen
Österreich
Polen
Portugal
Schweden
Schweiz
Slowenien
Spanien
Tschechische Republik
Türkei
Ungarn
Vereinigtes Königreich

Board

Committee of Managing Directors

Kommission für Umwelt, Gesundheit und Arbeitssicherheit

Kommission für Wirtschaft und Statistik

Gruppe NE-Metallguss

Gruppe Stahlguss

Sektion Automobilguss

Sektion Feinguss

Sektion Guss für Windkraftanlagen

Sektion Maschinenbau

Sektion Strangguss

Sektion Walzen

14.2 Europäischer Feingießerverband European Investment Casters' Federation (eicf)

Verwaltung: Holly Cottage; Gorcott Hill; Beoley, Redditch, Worcestershire, B98 9EW; Vereinigtes Königreich
Telefon (+44) 1564 743077
E-Mail: julieboyce@eicf.org; www.eicf.org
Sitz: La Maison des Associations Internationales (MAI), Rue Washington 40; 1050 Ixelles, Belgien

14.3 Engineers Europe (ehemals FEANI)

ENGINEERS EUROPE Central Secretariat AISBL,
c/o REGUS EU Commission
Schuman Square 6, 5th floor, 1040 Brüssel, Belgien
Telefon (+ 32) 2 234 78 78
E-Mail: secretariat.general@engineerseurope.com
www.engineerseurope.com

14.4 Nationale Gießereiorganisationen

Anschriften, E-Mail- und Internet-Adressen sind ständig einem Wechsel unterworfen. Über folgende Web-Adressen können ggf. aktualisierte Adressen und Links gefunden werden:

www.afsinc.org
www.thewfo.com

Ägypten:

CMRDI Central Metallurgical Research and Development Institute **)
www.cmrdi.sci.eg

Argentinien:

CIFRA
Alsina 1609 3er Piso
1088 Buenos Aires, Argentinien
Telefon (+54) 810 345 9060, int. 2152
E-Mail: fundidores@cifra.org.ar
www.fundidores.org.ar

Australien:

AFI Australian Foundry Institute **)
PO Box 910, Innisfail, QLD 4860, Australien
Telefon: (+61) 407 163 371
E-Mail: joe.vecchio@crevet.com.au
www.australianfoundryinstitute.com.au

Belgien:

AGORIA – Groupe „Fonderies“ *)
BluePoint Brussels, A. Reyerslaan 80, 1030 Brüssel, Belgien
Telefon (+32) 2 706 79 32
E-Mail: stijn.pauwels@agoria.be
www.agoria.be

---

*):Mitglied EFF (European Foundry Federation); **): Mitglied WFO (World Foundry Organization).

Bosnien-Herzegowina:

BiH - Foundrymen's Association **)
Travnicka 1, 72000 Zenica, Bosnien-Herzegowina
Telefon (+387) 72 287511, Fax (+387) 72 412112
E-Mail: pihura@yahoo.com

Brasilien:

ABIFA - Associação Brasileira de Fundição-
Av. Paulista, 1274-20° andar - Cerqueira Cesar; 01310-925 São Paulo, SP, Brasilien
Telefon (+55) 113549 3344, Fax: (+55) 113549 3355
www.abifa.org.br

Bulgarien:

BBCMB - Bulgarian Foundry Union - The Bulgarian Branch Chamber - Machine Building *)
18, Shipchenski prohod blvd., Galaxy Trade Center, office 303, 1113 Sofia, Bulgarien
Telefon (+358) 2 988 4044
E-Mail: office@bbcmb.org; www.bbcmb.org/#en-about-bbcmb.html

Chile:

ASIMET - Asociación de Industrias Metalúrgicas y Metalmecánicas A.G.
Av. Andrés Bello 2777 Of.; 401 Las Condes; Santiago de Chile, Chile
Telefon (+56) 2 24216501,
E-Mail: asimet@asimet.cl, www.asimet.cl

China (VR) und Taiwan:

China Foundry Association
14th Floor; China Academy Of Science & Technology Building
No.2 Shouti South Road; Haidian District 100044, Beijing, China V R
Telefon (+86) 10 68418899, Fax (+86) 10 68458356
Email: youyang@foundry.com.cn, www.foundry-china.com

Foundry Institution of Chinese Mechanical Engineering Society (FICMES) **)
17 South Yunfeng Street; Tiexi District, Shenyang, 110022, China V R
Telefon (+86) 24 25855720
E-Mail: society@foundrynations.com
www.foundrynations.com/en

Taiwan Foundry Society,
1001 Kao-nan Highway, Nan-Tze 811; Kaohsiung, Taiwan
Telefon (+886) 7 3534791 2
E-Mail: foundry@seed.net.tw
www.foundry.org.tw

---

*):Mitglied EFF (European Foundry Federation); **): Mitglied WFO (World Foundry Organization).

Dänemark:

Danmarks Støberitekniske Forening
c/o Vald Birn, Frojkvej 75, 7500 Holstebro, Dänemark
E-Mail. jod@birn.dk

Danske Støberiers Brancheforening (DSBF - The Association of Danish Foundries) *)
c/o Confederation of Danish Industry
H.C. Andersens Boulevard 18; 1553 Kopenhagen V, Dänemark
Telefon (+45) 3377 3932
E-Mail: bjba@di.dk
www.di.dk

Deutschland:

Bundesverband der Deutschen Gießerei-Industrie e. V. (BDG) *)
Hansaallee 203; 40549 Düsseldorf
Telefon (0211) 6871-0, Fax (0211) 6871-333
E-Mail: info@bdguss.de
www.guss.de

Institut für Metallurgie der Technischen Universität Clausthal *)
Robert-Koch-Str. 42; 38678 Clausthal-Zellerfeld
Telefon: +49 5323 72-2267; Fax: +49 5323 72-3120
E-Mail: marina.kratzin@tu-clausthal.de
www.imet.tu-clausthal.de

Verein Deutscher Giessereifachleute e.V. (VDG)
Hansaallee 203, 40549 Düsseldorf,
Telefon (0211) 6871-0, Fax (0211) 6871-40-332
E-Mail: info@vdg.de
www.vdg.de

Finnland:

The Finnish Foundry Technical Association
Mustarousku 11; 02730 Espoo, Finnland
Telefon: (+358) 40 776 8470
E-Mail: tommi.sappinen@svy.info
www.svy.info

Association of Finnish Foundry Industry *) **)
Kalevantie 2, 33100 Tampere, Finnland
Telefon: (+358) 50 556288
E-Mail: juhani.orkas@techind.fi
www.techind.fi

---

*):Mitglied EFF (European Foundry Federation); **): Mitglied WFO (World Foundry Organization).

Frankreich:

Association Technique de Fonderie (ATF) **)
14, Avenue de l'Opéra; 75001 Paris, Frankreich
Telefon (+33) 06 02 58 01 09
E-Mail: atf-sg@atf-asso.com, www.atf.asso.fr

Federation Forge Fonderie *)
45 rue Louis Blanc; 92400 Courbevoie, Frankreich
Postanschrift: 45 rue Louis Blanc; CS 30080; 92038 La Défense Cedex, Frankreich
Telefon (+33) 1 4334-7630,
E-Mail: contact@forgefonderie.org
www.forgefonderie.org

Georgien:

Georgian Foundrymen and Material Scientists Society
77 Kostava str., Tbilisi 0175, Georgien,
Telefon (+995) 32 2364016
E-Mail: a.barbakadze@gtu.edu.ge
www.fms.org.ge (aktuell nicht aktiv)

Indien:

The Institute of Indian Foundrymen **)
IIF Center
335, Rajdanga Main Road; East Kolkata Township P.O; 700 107 Kolkata, Indien
Telefon (+98) 21 8882 7202 - 888249278
E-Mail: admin@indianfoundry.org
www.indianfoundry.org

Iran:

Iranian Foundrymen's Society
Taleghani St. North Bahar St. 174, 3rd floor
Tehran, Iran
Telefon: (+98) 21 8882 7202
E-Mail: irfs.edu@gmail.com
www.www.facebook.com/iranfoundry/

Italien:

Assofond – Federazione Nazionale delle Fonderie *), **)
Via Niccolò Copernico 54, 20090 Trezzano sul Naviglio (MI), Italien
Telefon (+39) 02 48400967
E-Mail: info@assofond.it
www.assofond.it

*):Mitglied EFF (European Foundry Federation); **): Mitglied WFO (World Foundry Organization).

Associazione Italiana di Metallurgia AIM
Via Filippo Turati 8; 2012 Mailand (MI); Italien
Telefon (+39) 02 76021132, Fax (+39) 02 76020551
E-Mail: aim@aimnet.it
www.aimnet.it

Japan:

Japan Die & Mold Industry Association
6F Kanagata Nenkin Bldg. 33-12, Yushima,
2-Chome, Bunkyo-ku, Tokyo 113 - 0034, Japan
Telefon (+81) 3-5816-5911
E-Mail: info@jdmia.or.jp
www.jdmia.or.jp

Japan Foundry Society, Inc.
Room 501, Kikai Shinko Kaikan, 3-5-8, Shiba-Koen, Minato-ku
Tokyo 105-0011, Japan
Telefon (+81) 3 34322991, Fax: (+81) 3 34337498
E-Mail: info@foundry.jp
https://foundry.jp

Japan Foundry Engineering Society **)
Toyokawa Building 8-12-13; Ginza Cho-ku; Tokyo 104-0061, Japan
Telefon (+81) 3 35412758
E-Mail:jfs@jfs.or.jp
www.jfs.or.jp

Kanada:

Canadian Foundry Association
270 Albert Street, Suite 402; Ottawa, ON K1P 5G8, Kanada
Telefon (+1) 613 7894894
E-Mail: : info@foundryassociation.ca
www.foundryassociation.ca

Korea:

Korean Foundry Society **)
11, Yeongdeungporo 27 street
Yeongdeungpo-gu, Seoul, 150-041, Korea
Telefon (+82) 2 2069-2877,
E-Mail: kfs@kfs.or.kr
www.kfs.or.kr

---

*):Mitglied EFF (European Foundry Federation); **): Mitglied WFO (World Foundry Organization).

Kroatien:

Croatian Chamber of Economy, Industry Sector
Metal Industry Association - -affiliation of Foundries *)
Nova Cesta 7; 10000 Zagreb, Kroatien
Telefon: (+385) 14606-736
E-Mail: hgk@hgk.hr, www.hgk.hr

Croatian Foundry Association **)
Aleja narodnik heroia 3; 44000 Sisak, Kroatien
E-Mail: cro-foundry@simet.hr, https://crofoundry.simet.hr

Litauen:

Liejyklu Asociacija *)
R. Kalantos 49-310, 52303 Kaunas, Litauen
Telefon (+370) 37 264435
E-Mail: ketus@ketus.lt, www.ketus.lt

Luxemburg:

FEDIL
7, rue Alcide de Gasperi; Postfach 13 04; Kirchberg, 1013 Luxembourg, Luxemburg
Telefon (+352) 435366-1
E-Mail: fedil@fedil.lu
www.fedil.lu

Mexiko:

Camara Nacional de la Industria CANACINTRA
Av San Antonio 256; Ampliación Nápoles; Benito Juárez, 03849 CDMX, Mexiko
Telefon: 01 (55) 5482 3000
E-Mail: informes@canacintra.org.mx
www.canacintra.org.mx

Niederlande:

Metaal Nederland*)
Bornsestraat 365, 7601 PB Almelo, Niederlande
Telefon (+31) 88 400 8528
E-Mail: info@metaalnederland.com
www.metaalnederland.com

Koninklijke Metaalunie
Einsteinbaan; 3439 NJ Nieuwegein, Niederlande
P.O.Box 2600, 3430 GA Nieuwegein, Niederlande
Telefon (+31) 30 6053344
E-Mail: info@metaalunie.nl
www.metaalunie.nl

---

*):Mitglied EFF (European Foundry Federation); **): Mitglied WFO (World Foundry Organization).

Nederlandse Vereniging van Gieterij Technici (NVvGT)*)
Karel Doormanstraat 12, 5262 CJ Vught, Niederlande
Telefon (+31) 6 17 70 43 94
E-Mail: info@nvvgt.nl
www.nvvgt.nl

Norwegen:

Norges støperitekniske forening **)
Linnesbakken 11; 3426 Gullag, Norwegen
E-Mail: post@stoperi.no
www.stoperi.no

Norsk Industri *)
Næringslivets Hus, Middelthuns gate 27, 0306 Oslo, Norwegen
Telefon (+47) 97187797
E-Mail: torstein.taerum@norskindustri.no
www.norskindustri.no/bransjer/stoperi

Österreich:

Fachverband Metalltechnische Industrie *)
Wiedner Hauptstraße 63, 1045 Wien, Österreich
Telefon (+43) 5 90 900 3482
E-Mail: giesserei@wko.at
www.diegiesserei.at

Verein PROGUSS AUSTRIA
Wiedner Hauptstraße 63, PF 339; 1045 Wien, Österreich
Telefon (+43) 590 900 3463
E-Mail: office@proguss-austria.at
www.proguss-austria.at

Pakistan:

Pakistan Foundry Association **)
14 KM G.T, near Orange Line Station Dera Gujran, Lahore, Pakistan
Telefon (+92) 322-8487873
E-Mail: pakistanfoundryassociation@gmail.com
www.pfa.org.pk

---

*):Mitglied EFF (European Foundry Federation); **): Mitglied WFO (World Foundry Organization).

Philippinen:

Department of Science and Technology
Advanced Science and Technology Institute
DOST-ASTI Bldg., UP Technology Park Complex
C.P. Garcia Avenue, Diliman, Quezon City, Philippines 1101
Telefon (+63) 2 8249 8500; 8426 9755
E-Mail: info@asti.dost.gov.ph
www.asti.dost.gov.ph

Polen:

Odlewnicza Izba Gospodarcza (Handelskammer Gießerei) *)
ul. Dukatów 8; 31-431 Krakau, Polen
Telefon: (+48) 12 352 4245
E-Mail: biuro@oig.com.pl, www.oig.com.pl

Stowarzyszenie Techniczne Odlewników Polskich **)
(Verein Polnischer Gießereifachleute)
ul. Dukatów 8, 31-431 Krakau, Polen
Telefon/Fax (+48) 12 3523960
E-Mail: zg@stowarzyszenie-stop.pl, szkolenia@przeglad-odlewnictwa.pl
www.stowarzyszenie-stop.pl

Portugal:

Associação Portuguesa de Fundição *)
Rua Eng. Ezequiel de Campos, nº 525 - 1º; 4100-233 Porto, Portugal
Telefon (+351) 22 6090675
E-Mail: info@apf.com.pt
www.apf.com.pt

Republik Südafrika:

South African Institute of Foundrymen
P.O. Box 14863; Wadeville, 1422, Republik Südafrika
Besucheradresse: University of Johannesburg, Metal Casting Technology Station, John ORR Building, Crn. Siemert and Beit Street, Doornfontein, Johannesburg
Telefon (+27) 11 559 6455, Fax (+27) 11 559 6526
E-mail: mbiljon@uj.ac.za, saif@foundries.org.za
www.foundries.org.za

Rumänien:

Romanian Foundry Technical Association (ATTR) **)
Calea Bucuresti 20, Vidra 077185, Rumänien
Telefon (+40) 213321956
E-Mail: office@foundry-attr.ro, www.foundry-attr.ro

---

*):Mitglied EFF (European Foundry Federation); **): Mitglied WFO (World Foundry Organization).

Russland:

Russian Association of Foundrymen
Presnenski val 14, 123557 Moskau, Russland
Telefon: (+7 499) 253 5091
E-Mail: foundryral@mail.ru
www.ruscastings.ru

Schweden:

Svenska Gjuteriforeningen/Swedish Foundry Association *) **)
C/o DoSpace, Vaggerydsgatan 1, 553 30 Jönköping, Schweden
Telefon (+46) 70 696 6647
E-Mail: info@gjuteriforeningen.se
www.gjuteriforeningen.se

Sveriges Gjuteritekniska Förening / Swedish Foundrymen Association
Kullgatan 17, 56146 Huskvarna, Schweden
Telefon (+46) 36 504 24
E-Mail: sgf-ghs@telia.com
www.sgf-ghs.com

Schweiz:

Giesserei-Verband der Schweiz (GVS) *) **)
Hallenstraße 15; 8008 Zürich, Schweiz
Postfach 4063; 8024 Zürich, Schweiz
Telefon (+41) 43 366 00 84
E-Mail: info@giesserei-verband.ch
www.giesserei-verband.ch

Serbien:

Serbian Foundrymen Society **)
Karnegjeva 4; 11120 Belgrad, Serbien
Telefon (+381) 11337 0502
E-Mail: srdjan@tmf.bg.ac.rs
www.sld-sfs.rs

Slowakische Republik:

The Association of Foundries and Forges of Slovakia **)
Pavla Mudroňa 45; 03601 Martin, Slowakische Republik
Telefon (+421) 905 742643
E-Mail: zzks@zzks.sk
www.zzks.sk

*):Mitglied EFF (European Foundry Federation); **): Mitglied WFO (World Foundry Organization).

Slowenien:

Chamber of Commerce and Industry of Slovenia
Metals and Nonmetals Association
Dimiceva 13; 1504 Ljubljana, Slowenien
Telefon: (+386) 1 5898 274, 000
E-Mail: zkm@gzs.si
www.gzs.si

Drustvo livarjev Slovenije, (Verein der Gießereifachleute Sloweniens)*) **)
Lepi pot 6, P.P. 424; 1001 Ljubljana, Slowenien
Telefon (+386) 12522488, Fax (+386) 14269934
E-Mail: drustvo.livarjev@siol.net
www.drustvo-livarjev.si

Spanien:

Federación Espanõla de Asociaciones de Fundidores (FEAF) *)
Alameda Urquijo, 33-1D; 48008 Bilbao (Bizcaia), Spanien
Telefon (+34) 944 700707
E-Mail:info@feaf.es
www.feaf.es

Instituto de Fundición TABIRA **)
Aliendalde Auzunea, 6, 48200 Durango, Bizkaia, Spanien
Telefon (+34) 94 6215470, Fax (+34) 94 6215471
E-Mail: info@iftabira.org
www.iftabira.org

Taiwan: siehe China (VR) und Taiwan

Thailand:

Thai Foundry Association
86/6, 1st Floor, Bureau of Supporting Building, Soi Trimitr,
Rana IV Road; Klong toei, Klong toei, Bangkok 10110, Thailand
Telefon (+66) 2 712 2391
E-Mail: manager@thaifoundry.com
www.thaifoundry.com

Tschechische Republik:

Česká slévárenská společnost **)
(Czech Foundrymen Society)
Divadelní 614, 602 00 Brno-střed, Tschechische Republik
Telefon: (+420) 5 42214481; (+420) 603 342 176
E-Mail: slevarenska@volny.cz
www.slevarenska.cz

---

*):Mitglied EFF (European Foundry Federation); **): Mitglied WFO (World Foundry Organization).

Svaz sléváren České republiky *)
(Association of Czech Foundries)
Technická 2896/2, 616 00 Brno, Tschechische Republik
Telefon (+420) 739 516 529
E-Mail: svaz@svazslevaren.cz
www.svazslevaren.cz

Türkei:

TUDOKSAD *), **),
Ortaklar Cad. Bahçeler Sok. 18 İş
Merkezi Kat:4 Mecidiyeköy Istanbul, Türkei
Telefon (+90) 212 2671398
E-Mail: info@tudoksad.org.tr
www.tudoksad.org.tr

Ukraine:

Foundry Association of Ukraine (ALU)
PO Box 56, 04078 Kiev, Ukraine
Telefon: (+38) 66 229-09-96
E-Mail: SOUZ@LITYO.COM.UA
www.lityo.com.ua

Technical Institute of Metals and Alloys
Akademika Vernads'koho Blvd, 34, 03142 Kyiv, Ukraine
Telefon: (+380) 44424-35-15
E-Mail: metal@ptima.kiew.ua

Ungarn:

Országos Magyar Bányászati és Kohászati Egyesület
(Verein Ungarischer Berg- und Hüttenleute, Gießereiabteilung)
1107 Budapest, Hizlaló tér 1, Ungarn
Telefon: (+36) 12017337
E-Mail: ombke@ombkenet.hu
www.ombkenet.hu

Magyar Öntészeti Szövetség (Association of Hungarian Foundries) *), **)
Öntöde utca 10, 1211 Budapest, Ungarn
Telefon (+36) 1 420-4812
E-Mail: foundry@foundry.hu
www.foundry.hu

*):Mitglied EFF (European Foundry Federation); **): Mitglied WFO (World Foundry Organization)..

Vereinigtes Königreich:

Cast Metals Federation *)
National Foundry Training Center ECMS
Tipton Road; Tipton, West Midlands DY4 7UW, Vereinigtes Königreich
Telefon (+44) 121 8093500
E-Mail: admin@cmfed.co.uk
www.castmetalsfederation.com

The Institute of Cast Metals Engineers **)
National Foundry Training Center ECMS
Tipton Road; Tipton, West Midlands DY47UW, Vereinigtes Königreich
Telefon (+44) 121 8093500
E-Mail: admin@cmfed.co.uk, www.castmetalsfederation.com

Vereinigte Staaten von Amerika:

American Foundry Society **)
1695 N. Penny Lane, Schaumburg, IL 60173, USA
Telefon (+1) 847 824-0181, (+1) 800 537-4237, Fax (+1) 847 824-7848
E-Mail: cusserv@afsinc.org, www.afsinc.org

Foundry Educational Foundation,
1695 N. Penny Lane, Schaumburg, IL 60173, USA
Telefon (+1) 847 490-9200
E-Mail: info@fefinc.org, www.fefinc.org

Investment Casting Institute
1 Paragon Drive, Suite 110, Montvale, NJ 07645, USA
Telefon (+1) 201 573-9770
E-Mail: ici@investmentcasting.org, www.investmentcasting.org

Non-Ferrous Founders' Society
905 E. Chicago Road, Suite One, Sturgis MI 49091, USA
Telefon (+1) 847 299-0950, www.nffs.org

North American Die Casting Association (NADCA)
3250 N. Arlington Heigths Rd-Ste 101, Arlington Heights, IL 60004, USA
Telefon (+1) 847 279 0001
E-Mail: nadca@diecasting.org
www.diecasting.org

Steel Founders' Society of America
780 McArdle Drive, Unit G, Crystal Lake, IL 60014-8155, USA
Telefon (+1) 815 455-8240
www.sfsa.org

*):Mitglied EFF (European Foundry Federation); **): Mitglied WFO (World Foundry Organization).

Notizen

15 Weitere Organisationen

15.1 Technisch-wissenschaftliche Vereine

Arbeitsgemeinschaft industrieller Forschungsvereinigungen
„Otto von Guericke“ e. V. (AiF), Bayenthalgürtel 23, 50968 Köln
Telefon (0221) 37680-0, Fax (0221) 3768027
E-Mail: info@aif.de; www.aif.de

Bundesministerium für Umwelt, Naturschutz, nukleare Sicherheit und Verbraucherschutz (BMUV)
Stresemannstraße 128 - 130, 10117 Berlin
Telefon: (030) 18 305-0
E-Maill: poststelle@bmuv.bund.de; www.bmuv.de

DECHEMA Gesellschaft für Chemische Technik und Biotechnologie e. V.
Theodor-Heuss-Allee 25, 60486 Frankfurt
Telefon (069) 7564-0
E-Mail: info@dechema.de; www.dechema.de

Deutsche Forschungsgemeinschaft e. V. (DFG)
Kennedyallee 40, 53175 Bonn
Telefon (0228) 885-1, Fax (0228) 885-2777
E-Mail: postmaster@dfg.de; www.dfg.de

Deutsche Gesellschaft für Materialkunde, e. V.
Kamillenweg 16-18, 53757 Sankt Augustin
Telefon (069) 75306-750
E-Mail: dgm@dgm.de; www.dgm.de

Deutsche Gesellschaft für Qualität e. V. (DGQ)
August-Schanz-Straße 21 A, 60433 Frankfurt am Main
Telefon (069) 95424-0, Fax (069) 95424-133
E-Mail: info@dgq.de; www.dgq.de

Deutsche Gesellschaft für Zerstörungsfreie Prüfung e. V. (DGZfP)
Max-Plank-Straße 6, 12489 Berlin
Telefon (030) 67807-0, Fax (030) 67807-109
E-Mail: mail@dgzfp.de, Internet: www.dgzfp.de

Deutsche Keramische Gesellschaft e. V. (DKG)
Bergerstraße 145a, 51145 Köln
Telefon (02203) 9989877-0, Fax (02203) 9898779
E-Mail: info@dkg.de; www.dkg.de

Deutscher Email Verband e. V. (DEV)
An dem Heerwege 10, 58093 Hagen
Telefon (02331) 788651
E-Mail: info@emailverband.de; www.emailverband.de

Deutscher Verband für Materialforschung und -prüfung e. V. (DVM)
Gutshaus Steglitz, Schloßstraße 48, 12165 Berlin
Telefon (030) 8113066, Fax (030) 8119359
E-Mail: dvm@dvm-berlin.de; www.dvm-berlin.de

DVS – Deutscher Verband für Schweißen und verwandte Verfahren e. V.
Aachener Straße 172, 40223 Düsseldorf, Postfach 10 19 65, 40010 Düsseldorf
Telefon (0211) 1591-0, Fax (0211) 1591-200
E-Mail: info@dvs-home.de; www.dvs-home.de

Deutscher Verband Technisch-Wissenschaftlicher Vereine
c/o VDI Verein Deutscher Ingenieure e. V.
VDI-Platz 1, 40468 Düsseldorf
Telefon (0211) 6214305
E-Mail: gf@dvt-net.de; www.dvt-net.de

DIN e. V.
Am DIN-Platz, Burggrafenstraße 6, 10787 Berlin
Tel.: (030) 2601-0
E-Mail: info@din.de; www.din.de

GDMB Gesellschaft der Metallurgen und Bergleute e. V.
Paul-Ernst-Straße 10, 38678 Clausthal-Zellerfeld
Telefon (05323) 93790, Fax (05323) 937937
E-Mail: gdmb@gdmb.de; www.gdmb.de

Institut für Arbeitsschutz der Deutschen Gesetzlichen Unfallversicherung (IFA),
Alte Heerstraße 111, 53757 Sankt Augustin,
Tel: (030) 13001-0
E-Mail: ifa@dguv.de; www.dguv.de/ifa

RAL Deutsches Institut für Gütesicherung und Kennzeichnung e. V.
Fränkische Straße 7, 53229 Bonn
Telefon (0228) 68895-0
E-Mail: kontakt@ral.de; www.ral.de

RKW Rationalisierungs- und Innovationszentrum der Deutschen Wirtschaft e. V.
Kompetenzzentrum, Düsseldorfer Straße 40 A, 65760 Eschborn
Telefon (06196) 495-0, Fax (06196) 495-4801
E-Mail: kommunikation@rkw.de; www.rkw.de

REFA Fachverband e. V.
Wittichstraße 2, 64295 Darmstadt
Telefon (06151) 8801-0, Fax (06151) 8801-27
E-Mail: refa@refa.de; www.refa-verband.de

Stahlinstitut VDEh
Sohnstraße 65, 40237 Düsseldorf
Telefon (0211) 6707-0
E-Mail: info@vdeh.de; www.vdeh.de

Leibniz-Institut für Werkstofforientierte Technologien - IWT
Badgasteiner Str. 3, 28359 Bremen
Telefon: (0421) 218 - 51400
E-Mail: iwt@iwt-bremen.de; www.iwt-bremen.de

VDI Verein Deutscher Ingenieure e. V.
VDI-Platz 1, 40468 Düsseldorf
Telefon (0211) 6214-0
E-Mail: vdi@vdi.de; www.vdi.de

15.2 Wirtschaftsverbände und Interessengemeinschaften

Bundesverband der Deutschen Industrie e. V.
Hausanschrift: Breite Straße 29, 10178 Berlin, Postanschrift: 11053 Berlin
Telefon (030) 2028-0
E-Mail: info@bdi.eu; www.bdi.eu

DIHK Berlin,
Deutscher Industrie- und Handelskammertag (DIHK) e. V.
Breite Straße 29, 10178 Berlin
Telefon (030) 20308-0, Fax (030) 20308-1000
E-Mail: info@dihk.de; www.dihk.de

Deutsches Kupferinstitut Berufsverband e.V.
Emanuel-Leutze-Str. 11, 40547 Düsseldorf
Telefon: (0211) 239469-0
E-Mail: technik@kupfer.de; www.kupferinstitut.de

Fachverband Armaturen im VDMA e. V.
Lyoner Straße 18, 60528 Frankfurt,
Telefon: (069) 66 03-12 41
E-Mail: laura.dorfer@vdma.org; www.vdma.org/armaturen

Fachverband Giessereimaschinen im VDMA
Lyoner Straße 18, 60528 Frankfurt
Telefon: (069) 66 03-14 14
E-Mail: ingrid.kirchner@vdma.org; www.vdma.org/metallurgy

Aluminium Deutschland e. V.
Fritz-Vomfelde-Straße 30, 40547 Düsseldorf
Telefon (0211) 47960
E-Mail: information@alu-d.de; www.aluminiumdeutschland.de

VDMA Verband Deutscher Maschinen- und Anlagenbau e. V.
Lyoner Straße 18, 60528 Frankfurt
Telefon (069) 66030, Fax (069) 6603-1511,
E-Mail: kommunikation@vdma.org; www.vdma.org

Verband der Chemischen Industrie e. V.
Mainzer Landstraße 55, 60329 Frankfurt
Telefon (069) 2556-0, Fax (069) 2556-1471
E-Mail: vci@vci.de; www.vci.de

Verband der Deutschen Feuerfest-Industrie e. V.
Rheinstraße 58, 56203 Höhr-Grenzhausen
Telefon (02624) 9433-100, Fax (02624) 9433-155
E-Mail: info@vdffi.de; www.feuerfest-online.com

WirtschaftsVereinigung Metalle e. V.
Wallstr. 58 / 59, 10179 Berlin
Telefon: (030) 72 62 07 100
E-Mail: info@wvmetalle.de, Internet: www.wvmetalle.de
- Europabüro: Rue Marie de Bourgogne 58, 1000 Brüssel, Belgien
Telefon: (+32) 2 502 19 88
E-Mail: info@wvmetalle.de; www.wvmetalle.de

Wirtschaftsvereinigung Stahl
Sohnstraße 65, 40237 Düsseldorf
Telefon: 0211-6707-0
E-Mail: info@wvstahl.de; www.stahl-online.de

Zentralverband Elektrotechnik- und Elektronikindustrie (ZVEI) e. V.
Lyoner Straße 9, 60528 Frankfurt am Main
Telefon (069) 6302-0
E-Mail: zvei@zvei.org; www.zvei.org

Zentralverband Oberflächentechnik e. V. (ZVO)
Giesenheide 15, 40724 Hilden
Telefon (02103) 255610, Fax (02103) 255625
E-Mail: mail@zvo.org; www.zvo.org

Kallenberger Ingenieur-GmbH
in Zusammenarbeit mit der Instaplan Ingenieure GmbH
Forststr. 57, 40721 Hilden
Telefon: (02103) 58 12 90
E-Mail: info@instaplan-ing.de; www.instaplan-ingenieure.de

15.3 Gewerbliche Berufsgenossenschaften

Deutsche Gesetzliche Unfallversicherung (DGUV)
Alte Heerstraße 111, 53757 Sankt Augustin
Telefon: (030) 13001-0, Fax: (030) 13001-9876
E-Mail: info@dguv.de; www.dguv.de

Adressen der einzelnen Berufsgenossenschaften finden Sie unter:
www.dguv.de/de/bg-uk-lv/bgen/index.jsp

15.4 Arbeitgeber-Vereinigungen

Bundesvereinigung der Deutschen Arbeitgeberverbände e. V.
Breite Straße 29, 10178 Berlin
Telefon (030) 2033-0, Fax (030) 2033-2105
E-Mail: info@arbeitgeber.de; www.arbeitgeber.de

15.5 Technische Überwachungsvereine

TÜV Verband e.V.
Friedrichstraße 136, 10117 Berlin
Telefon (030) 760095-400, Fax (030) 760095-401
E-Mail: berlin@tuev-verband.de; www.tuev-verband.de

15.6 Patentämter und Patentgericht

Deutsches Patent- und Markenamt
Zweibrückenstraße 12, 80331 München, Postanschrift: 80297 München
Telefon (089) 2195-1000, Fax (089) 2195-2221
E-Mail: info@dpma.de; www.dpma.de

Bundespatentgericht
Cincinnatistraße 64, 81549 München, Postfach 900253, 81502 München
Telefon (089) 69937-0, Telefax (089) 69937-5100
E-Mail: bundespatentgericht@bpatg.bund.de; www.bpatg.de

Notizen

Der VDG – Verein Deutscher Giessereifachleute e. V.

Hauptgeschäftsstelle

Haus der Gießerei-Industrie

Verein Deutscher Giessereifachleute e. V.,
Hansaallee 203, 40549 Düsseldorf

Telefon: +49 (0)211/6871-0
E-Mail: info@vdg.de
www.vdg.de

Präsident: Lars Steinheider

Vizepräsidenten: Dr.-Ing. Dr.-Ing. E. h. Erwin Flender
Dr. Klaus Lellig

Hauptgeschäftsführung: Dr.-Ing. Dr.-Ing. E. h. Erwin Flender
Telefon: +49 (0)211/6871-292
E-Mail: erwin.flender@bdguss.de

Der VDG – eine starke Gemeinschaft

Der Verein Deutscher Giessereifachleute ist die Organisation für alle in der Gießereibranche tätigen Fachleute. Er ist das persönliche und fachliche Netzwerk und arbeitet mit dem Anspruch „Zukunft gestalten“ ausschließlich im Interesse seiner Mitglieder. Primäre Ziele sind die gezielte Entwicklung und Verbreitung des technisch-wissenschaftlichen Fortschritts in der Gießereitechnik, die Förderung und Hilfestellung für den fachlichen Nachwuchs und die persönliche Zukunft der Mitglieder.

Der VDG greift zukunftsrelevante Themen im Dialog mit seinen Mitgliedern aktiv auf, organisiert kontinuierlich eine Vielzahl von technisch-wissenschaftlichen Fachveranstaltungen und agiert so als hochwertige Plattform für Wissensvermittlung und -transfer. Die international führende Stellung der deutschen Gießerei-Industrie sichert umfassende Schulungen und Seminare, insbesondere auch für Themen der Gießereipraxis. Gemeinsam und füreinander erweitern und festigen VDG-Mitglieder ihre Wissensbasis und garantieren so ein leistungsfähiges und belastbares persönliches Netzwerk vom Meister bis zum Geschäftsführer.

Zukunftswerkstatt

Die Veranstaltung „Führungskräfte treffen Studenten“ unterstützt über Impulsvorträge von Unternehmern und Führungskräften mit moderierter Diskussion das Kennenlernen der Gießereibranche. Hier können Netzwerke gebildet und Erfahrungen ausgetauscht sowie die Motivation für eine berufliche Karriere gestärkt werden. Die Veranstaltung bietet eine Plattform des aktiven Austauschs für Studenten und junge Gießereifachleute und unterstützt so nicht zuletzt auch die Nachwuchssicherung.

Young Professionals

Die Mitglieder des Young Professionals Programs (YPP) versteht sich als ein Netzwerk junger, verantwortungsbewusster, nachhaltig agierender Führungskräfte, das sich in Eigenregie und -verantwortung stetik erweitern möchte. Das Team setzt sich insbesondere für einen Erfahrungsaustausch zwischen Deutschland, USA und Japan ein. Dabei sollen vorrangig außerwettbewerbliche, nachhaltige Themen von internationaler Bedeutung, wie z.B. Nachwuchs, Aus- und Weiterbildung, Umwelt und Ressourcenschonung vorangebracht werden. Es finden jährliche Treffenstatt, die jeweils von einem der drei Länder (Deutschland, USA und Japan) ausgerichtet werden. Ziel dieses Programmes ist es, in enger Zusammenarbeit mit den Gießerkollegen vielversprechende junge Potenziale der Branche an Top-Führungspositionen heranzuführen und durch die internationale Zusammenarbeit den Austausch dieser drei wichtigen Gießereinationen zu stärken.

Entwicklungsdialog und VDG-Studienfonds

In jährlichen Treffen und einem darüber hinaus kontinuierlichen Entwicklungsdialog zwischen dem VDG / BDG und den Professoren, die Gießereitechnik an den Universitäten sowie Hochschulen lehren, erfolgt ein intensiver Austausch über Aktivitäten, Erfordernisse und Ideen. Dadurch werden die Zusammenarbeit und das Miteinander in Projekten und an gemeinsamen Zielen gefördert. Vom Verband werden dabei die den Gießereien und der gussabnehmenden Industrie wichtigen Themenfelder für Forschungs- und Entwicklungsaktivitäten dargestellt. Für Studienförderung, studentische Exkursionen, Lehrveranstaltungen und Auslandspraktika stellt der VDG jährlich einen nennenswerten Geldbetrag zur Verfügung.

VDG-Fachausschuss

Im VDG-Fachausschuss „Geschichte“ wird die Geschichte der Gießereitechnik aufgearbeitet und dokumentiert. Traditionen, langfristige Verfahrensentwicklungen und Besonderheiten, auch kuriose, sollen nicht in Vergessenheit geraten. Hinzu kommen gemeinsame Reisen und Ausflüge in die Gießereiwelt. .

Persönlicher Kontakt und Erfahrungsaustausch (VDG-Landesgruppen)

Den wertvollsten und nachhaltigsten Ausdruck findet die Gemeinschaftsarbeit des VDG im persönlichen Gedanken- und Erfahrungsaustausch. Jeder aktive Fachmann braucht und sucht solche Kontakte und das persönliche Gespräch. Gerade in der täglichen Arbeit ist dies sehr wertvoll. Ständig lernen wir Ingenieure selbst fachlich dazu und daher sind Kenntnisse und Erfahrungen anderer nicht immer leicht verfügbar und auch nicht „wartungsfrei“. Deshalb bietet der VDG seinen Mitgliedern zahlreiche Plattformen und Foren für den permanenten Austausch mit Kollegen. Die VDG-Landesgruppen-Veranstaltungen schaffen dazu eine besondere Atmosphäre. Die Kollegen im Ruhestand sind dabei ebenso herzlich willkommen wie die jungen, angehenden Fachkräfte.

VDG-Mitglieder treffen sich auf Tagungen und Kongressen mit Kollegen aus der gussteilentwickelnden sowie -verarbeitenden Industrie und tauschen sich über Zukunftsthemen wie Additive Fertigung oder Digitale Transformation aus. Ein „Come together“ für die gesamte Gießereibranche ist dabei der jährlich stattfindende Gießereitag mit seinem stets breiten Spektrum an wissenschaftlichen, technischen und betriebswirtschaftlichen Themen.

Publikationen

Um Arbeitsergebnisse und technisch-wissenschaftliche Neuheiten schnell zugänglich zu machen, verfügt die Branche über zahlreiche Publikationen wie z.B. die GIESSEREI, das international führende, deutschsprachige technisch-wissenschaftliche Fachmagazin, das englischsprachige „Casting Plant and Technology“ (CPT), VDGaktuell, das die persönlichen Mitglieder des VDG über neue Arbeitsergebnisse aus Forschung und Betrieb, Veranstaltungen der Branche und berufsspezifische Entwicklungen informiert sowie das GIESSEREI-JAHRBUCH, das wichtige Tabellenwerke, Fachartikel, das Mitgliederverzeichnis des VDG und ein Bezugsquellenverzeichnis enthält. Alle Publikationen werden zu einem reduzierten Preis den persönlichen Mitgliedern des VDG zur Verfügung gestellt.

VDG-Mitgliederstelle

Ansprechpartnerin: Simone Bednareck
Telefon: +49 (0)211/6871-332,
Fax: +49 (0)211/6871-40-332
E-Mail: simone.bednareck@bdguss.de

Die Satzung des VDG finden Sie unter www.vdg.de/mitgliedschaft-im-vdg.

Dort finden Sie auch einen Aufnahmeantrag für Ihre persönliche Mitgliedschaft.

Notizen

Vorsitz und Geschäftsführung des Vereins Deutscher Giessereifachleute seit der Gründung

Ehrenpräsident

1993	Eberhard Möllmann, Dipl.-Ing., Wetzlar, † 29.6.2012

Vorsitzende und Präsidenten

1909–1927	Hermann Dahl, Dr.-Ing. E.h., Berlin, † 13.1.1941
1927–1933	Carl Humperdinck, Dr.-Ing. E.h. Dr.jur.h.c., Wetzlar, † 8.2.1933
1933–1945	Wilhelm Bannenberg, Dipl.-Ing., Velbert, † 9.8.1953
1947–1955	Jacob Heinrich Küster, Köln, † 20.3.1957
1955–1959	J. Günther Schwietzke, Professor Dr.-Ing. habil., Kierspe, † 10.5.1991
1959–1965	Rudolf Spolders, Professor Dr.-Ing., Hattingen, † 25.2.1974
1965–1968	Hellmut Friederichs, Dr.-Ing., Remscheid, † 7.4.2001
1968–1971	Kurt Bandow, Dr.-Ing., Rottach-Egern, † 4.6.1987
1971–1974	Heribert A. Krall, Dipl.-Ing., Würzburg, † 11.4.2007
1974–1980	Wolfgang Schaefers, Dr.-Ing., Meschede, † 07.12.2021
1980–1983	Willi Finger, Schaffhausen/Schweiz, † 28.4.2008
1983–1993	Eberhard Möllmann, Dipl.-Ing., Wetzlar, † 29.6.2012
1993–2002	Wilhelm Kuhlgatz, Dipl.-Ing., Hannover,
2002–2011	Hans-Dieter Honsel, Dipl.-Ing. Dipl.-Wirt.-Ing., Meschede
2011-2012	Stefan Mettler, Dipl.-Ing., Krefeld
2012–2014	Lars Steinheider, Dipl.-Ing., Breidenbach
2014-2024	Jens Wiesenmüller, Dr.-Ing., Lienen
2024	Lars Steinheider, Dipl.-Ing., Aßlar

Geschäftsführung

1909–1945	Fritz Bock, Hütteningenieur, † 11.10.1963
1947–1953	Erich Hugo, Dr.-Ing., † 14.7.1953
1954–1974	Philipp Schneider, Professor Dr.-Ing., † 23.4.1986
1975–1993	Gerhard Engels, Professor Dr.-Ing., † 14.4.2024
1993–2002	Niels Ketscher, Dr.-Ing., † 17.9.2020
2002–2011	Gotthard Wolf, Dr.-Ing.
2012	Erwin Flender, Dr.-Ing. Dr.-Ing. E.h.

Ehrungen und Auszeichnungen

Adolf-Ledebur-Denkmünze
Gestiftet 1934

Statuten

Zum dauernden Gedächtnis an den Altmeister der deutschen Gießereitechnik und an seine großen Verdienste um die technische Entwicklung des Gießereiwesens hat der Verein Deutscher Giessereifachleute im Jahre 1934, also im fünfundzwanzigsten Jahre seines Bestehens, die Stiftung der

Adolf-Ledebur-Denkmünze

beschlossen. Die Denkmünze, in Bronzeguss künstlerisch ausgeführt, soll auf einer Seite das Bildnis Adolf Ledeburs mit den Jahreszahlen 1909 bis 1934 und auf der anderen Seite die Widmung:

„Dem verdienstvollen Förderer der deutschen Gießereitechnik“

tragen. Die Denkmünze soll, von einer Urkunde begleitet, in der Regel jährlich auf der Mitgliederversammlung des Vereins Deutscher Giessereifachleute an solche Personen verliehen werden, die sich um die Gießereitechnik im allgemeinen oder um den Verein Deutscher Giessereifachleute im Besonderen hervorragende Verdienste erworben haben.

Die Verleihung erfolgt durch Beschluss und im Namen des Vorstandes des Vereins Deutscher Giessereifachleute. Vorschläge für die Auszeichnung können über den Vorstand an die Hauptgeschäftsführung gemacht werden. Im Mitgliederverzeichnis sollen unter „Ehrungen und Auszeichnungen“ die Namen der Inhaber der Adolf-Ledebur-Denkmünze und das Verleihungsjahr als erste laufend geführt werden.

Inhaber der Adolf-Ledebur-Denkmünze

Verleihungsjahr	
1934	Karl Emmel, Gießereidirektor i.R., Hemer, † 15.4.1951
	Karl Sipp, Dr.-Ing. E.h., Gießereidirektor, Mannheim, † 10.1.1951
	Wilhelm Lauer, Gießereidirektor i.R., Brebach, † 2.6.1938
1935	Bernhard Osann, Dr.-Ing. E.h., em. Professor der Bergakademie Clausthal, Geh. Bergrat, Hannover, † 4.4.1940
1955	Fritz Bock, Hütteningenieur, Berlin, † 11.10.1963
1956	Jacob Heinrich Küster, Gießereidirektor i.R., Köln, † 20.3.1957
1959	Hans Jungbluth, Professor Dr.-Ing. habil., Karlsruhe, † 17.4.1966
1965	Karl Roesch, Professor Dr.-Ing., Remscheid, † 3.4.1988
1968	Rudolf Spolders, Professor Dr.-Ing., Hiddesen, † 25.2.1974
1969	J. Günther Schwietzke, Professor Dr.-Ing. habil., Kierspe, † 10.5.1991
1973	Otto Paes, Direktor, Brühl, † 17.4.1997
1975	Philipp Schneider, Professor Dr.-Ing., Düsseldorf, † 23.4.1986
1977	Hellmut Friederichs, Dr.-Ing., Remscheid, † 7.4.2001
1978	Karl Löhberg, Professor Dr. phil., Berlin, † 21.4.1988
1979	Heinrich Eyckeler, Dr.-Ing., Viersen-Dülken, † 28.6.1979
1983	Reinhard Opitz, Dr.-Ing. E.h., Schwerte, † 17.8.2011
	Eberhard Schürmann, Professor Dr.-Ing., Clausthal,† 13.12.1998
1984	Willi Finger, Schaffhausen/Schweiz, † 28.4.2008
1986	Wolfgang Schaefers, Dr.-Ing., Meschede, † 07.12.2021
1989	Gerhard Engels, Professor Dr.-Ing. Dr.-Ing. E.h., Meerbusch, † 14.4.2024
1990	Eckhart Röders, Dipl.-Ing., Soltau, † 14.3.2011
1991	Eberhard Möllmann, Dipl.-Ing., Wetzlar, † 29.6.2012
1992	Anton Alt, Schaffhausen/Schweiz, † 21.4.1994
1993	Dietmar Boenisch, Professor Dr.-Ing., Aachen, † 1.5.2012
1996	Karl Eugen Höner, Professor Dr.-Ing., Berlin, † 15.12.2017
1997	Karl-Heinz Caspers, Dr.-Ing., Schwaig
1999	Peter R. Sahm, Prof. Dr.-Ing. Dr.-Ing. E. h., Aachen, † 19.12.2013
2002	Niels Ketscher, Dr. Ing., Markkleeberg, † 17.9.2020
2004	Winfried Hespers, Bielefeld, † 10.11.2008
2005	Wilhelm Kuhlgatz, Dipl.-Ing., Delligsen
2011	Hans-Dieter Honsel, Meschede
2016	Carsten Kuhlgatz, Dr.-Ing., Hannover
2023	Erwin Flender, Dr.-Ing. Dr.-Ing. E. h., Aachen

Ehrenmitglieder

Ernennungsjahr

1919	Emil Heyn, Dr.-Ing. E.h. Geh. Reg.-Rat, Berlin, † 1.3.1922
	Bernhard Osann, Dr.-Ing. E.h., Geh. Bergrat, Professor, Clausthal, † 4.4.1940
1949	Fritz Bock, Hütteningenieur, Berlin-Charlottenburg, † 11.10.1963
	Carl Geiger, Dr.-Ing. Professor i.R., Eßlingen, † 2.3.1958
	Heinrich Hugo, Gießereidirektor i.R., Schwerte, † 19.3.1957
1950	Wilhelm Bannenberg, Dr.-Ing., Direktor, Velbert, † 9.8.1953
1951	Karl Emmel, Gießereidirektor i.R., Hemer, † 15.4.1954
1954	Theodor Geilenkirchen, Dr.-Ing., Düsseldorf, † 28.9.1954
1956	Max Vuilleumier, Direktor, Zürich, † 1.3.1971
	V. C. Faulkner, London, † 24.5.1975
1957	Mario Olivo, Mailand, † Sept. 1976
	Aloys Heuvers, Gießereidirektor i.R., Bochum, † 1.6.1967
1959	Otto Beckmann, Obering. i.R., Berlin, † 29.1.1961
	Ernst Neuhoff, Direktor i.R., Düsseldorf, † 4.4.1979
	Paul Schmidt, Direktor i.R., Mönchengladbach, † 9.11.1974
1960	Hermann Schenck, Professor Dr.-Ing. Dr. h.c. Dr.-Ing. E.h., Aachen, † 28.10.1991
1968	Walter Hövelmann, Schwerte, † 8.9.1975
	Alexander Wiedenhoff, Hüttendirektor i.R. Senator, Mülheim, † 24.11.1989
1969	H. J. Meerkamp van Embden, Dipl.-Ing., Waalre/Niederlande, † 21.10.1984
1970	Willy Oelsen, Professor Dr. phil., Düsseldorf, † 25.7.1970
1972	Michael Mountjoy Hallett, C.B.E., Lichfield, Staffs./England, † 28.6.1987
	J. Günther Schwietzke, Professor Dr.-Ing. habil., Kierspe, † 10.5.1991
1980	Franz Sigut, Dr.-Ing. Dipl.-Kfm., Wien/Österreich, † 5.4.2007
1984	Josef Czikel, Professor Dr.-Ing. habil., Leoben/Österreich, † 26.2.1992
1986	Maurice Grandpierre, Paris/Frankreich, † 5.9.1991
1988	Lars Villner, Dipl.-Ing., Jönköping/Schweden, † Februar 2002
1989	Hans Drescher, Dr. phil. h.c., Hamburg-Harburg, † 11.2.2019
	Jürg Gerster, Dr. jur., Zürich/Schweiz
1990	Karl Stölzel, Professor Dr.-Ing., Freiberg, † 5.4.1997
1993	Eberhard Möllmann, Dipl.-Ing., Wetzlar, † 29.6.2012

1994	Soli H. Commissariat, Bombay/Indien, † 15.8.2009
1999	Gerhard Engels, Professor Dr.-Ing. Dr.-Ing. E.h., Meerbusch, † 14.4.2024
2002	Wilhelm Kuhlgatz, Dipl.-Ing., Delligsen
2008	Winfried Hespers, Bielefeld, † 10.11.2008
2012	Hans-Dieter Honsel, Meschede
2017	Werner Tilch, Professor Dr.-Ing. habil, Freiberg

Bernhard-Osann-Medaille
Gestiftet 1962

Statuten

Aus Anlass des 100. Geburtstages seines Ehrenmitgliedes Geh. Bergrat Professor Dr.-Ing. E.h. Bernhard Osann am 27. August 1962 beschließt der Verein Deutscher Giessereifachleute auf seiner 53. Mitgliederversammlung die Stiftung der

Bernhard-Osann-Medaille.

Damit soll die Erinnerung an den um die praxisnahe Lehre der Gießereikunde und Ausbildung von Gießerei-Ingenieuren an der Bergakademie Clausthal sowie um die Ziele des Vereins Deutscher Giessereifachleute hochverdienten Fachmann, Hochschullehrer und Forscher erhalten werden.

Die als Eisenkunstguss hergestellte Medaille wird, begleitet von einer Urkunde, in der Regel jährlich in der Mitgliederversammlung des Vereins Deutscher Giessereifachleute an solche Mitglieder verliehen, die sich um die Arbeit des Vereins, namentlich in den Landesgruppen und den Fachausschüssen, besonders verdient gemacht haben. Die Verleihung geschieht durch Beschluss und im Namen des Vorstandes des Vereins Deutscher Giessereifachleute. Vorschläge für die Auszeichnung können von den Fachausschussvorsitzenden, den VDG-Landesgruppenvorsitzenden und dem Vorstand an die Hauptgeschäftsführung gemacht werden. Die Namen der Inhaber und das Jahr der Verleihung sollen im Mitgliederverzeichnis hinter den Namen der Ehrenmitglieder laufend aufgeführt werden.

Inhaber der Bernhard-Osann-Medaille

Verleihungsjahr

1963	Johannes Breitenfeldt, Dipl.-Ing., Mölln, † 16.11.1976
	Heinz Gries, Dr.-Ing., Wetzlar, † 20.4.1975
	Paul Schiegries, Hilden, † 25.11.1964
1964	Ernst Debus, Dipl.-Ing., Niefern-Öschelbronn, † 28.10.1995
	Erich Schmitt, Dipl.-Ing., Kaiserslautern, † 25.11.1977
1965	Gustav Lieby, Obering., Fellbach, † 16.10.1977
	Friedrich Nielsen, Ziv.-Ing., Mühlacker, † 4.5.1980
1966	Franz Roll, Professor Dr. phil., Angermund, † 7.3.1991
	Karl Stockamp, Dr.-Ing., Wetzlar, † 2.9.1972
1968	Robert Wlodawer, Ing. (grad.), Winterthur/Schweiz, † 17.6.1981
1969	Eduard Bertram, Dipl.-Ing., Neckarsulm, † 27.1.1987
	Gustav Lauterjung, Fabrikant, Solingen, † 9.1.1979
1970	Ernst Günter Nickel, Dr.-Ing., Hagen/Berlin, † 14.9.2003
1971	Heiko Pacyna, Professor Dr. mont., Leoben/Österreich, † 15.11.2011
1972	Alois Dahlmann, Dr.-Ing., Düsseldorf, † 21.1.1983
	Diethard Schock, Dipl.-Ing. Dr. mont., Buchenberg, † 2.5.2014
1973	Anton Alt, Schaffhausen/Schweiz, † 21.4.1994
1975	Erhard Weisner, Dipl.-Ing., Sigmaringen, † 24.12.2001
1977	Waldemar Gesell, Professor Dr.-Ing. i.R., Kissing, † 18.6.1999
1978	Heinz Berndt, Dr.-Ing., Wetzlar, † 4.11.2009
1980	Wolfgang Büchen, Dipl.-Ing., Mettmann, † 01.01.2018
1983	Reinhard Döpp, Professor Dr.-Ing., Clausthal-Zellerfeld
	Karl Kessler, Direktor i.R., Stockach, † 19.8.1988
1984	Karl Wagner, Dipl.-Ing. Dr. mont., Rettenberg, † 19.02.2018
1986	Peter Karabasch, Dipl.-Ing., Heidelberg, † 26.3.2011
	Manfred Kinne, Dipl.-Ing., Wetzlar
1988	Karl-Heinz Caspers, Dr.-Ing., Schwaig
	Willibald Venus, Dipl.-Ing., Gronsdorf, † 28.3.2002
1989	Winfried Hespers, Bielefeld, † 10.11.2008
	Heinrich Stein, Dipl.-Ing., Bielefeld, † 9.7.2007
	Wolfgang Tappen, Dipl.-Ing., Neckarsulm
1990	Richard Staufenbiel, Ing. (grad.), Saarbrücken, † 03.04.2018
1991	Eckart Flemming, Professor Dr. sc. techn., Freiberg, † 23.3.2005
1992	Wilhelm Kuhlgatz, Dipl.-Ing., Hannover
	Herbert Thurner, Ing. (grad.), Markt Schwaben, † 28.5.2003

1993 Kurt Detering, Dipl.-Ing., Korb, † 28.6.2024
1994 Albrecht Engels, Dr.-Ing., Remscheid, † 22.9.2023
Rudolf Weiss, Professor Dr. rer. nat., Frechen, † 26.1.2012
1995 Friedrich Hort, Obering., Winnenden, † 9.2.2009
Helmut H. Jürgens, Dipl.-Ing., Gröbenzell, † 2.12.1999
1996 Erwin Hauschild, Dipl.-Ing., Ingolstadt, † 28.05.2021
Franz Neumann, Professor Dr.-Ing., Unna, † 15.11.2014
Diether B. Wolters, Dr.-Ing., Mülheim
1997 Anton Vogt, Dipl.-Ing., Hanau
1998 Joachim Wilhelms, Dipl.-Ing., Hannover
2000 Peter Fischer, Dr.-Ing., Leipzig
Wilhelm Ries, Dipl.-Ing., Bochum
2001 Hans-Dieter Landwehr, Dipl.-Ing., Mettmann
Edmund Wilms, Dipl.-Ing., Heiligenhaus
2002 Joachim von Hirsch, Dr.-Ing., Schwerte
Burkhard Lange, Dr.-Ing., Kitzingen, † 27.3.2015
Fritz-Otto Thielmann, Düsseldorf
2003 Rolf Rietzscher, Dipl.-Ing., Mettmann
Reinhard Woltmann, Dipl.-Ing., Gröbenzell
2004 Ernst du Maire, Dipl.-Ing., Mölln, † 11.8.2022
2005 Wilhelm Kallen, Dipl.-Ing., Mönchengladbach
2006 Rolf Mollenkott, Dr.-Ing., Waiblingen
2007 Hans-Helmut Jeschke, Dipl.-Ing., Schlangen
2008 Werner Tilch, Prof. Dr.-Ing. habil., Feiberg
2010 Erich Nechtelberger, Dipl.-Ing., Wien, † 30.9.2020
Bernd Voigtländer, Dipl.-Ing., Dresden
2011 Bruno Mayer, Dipl.-Ing., Bochum
2012 Till Casper, Dipl.-Ing., Remchingen
2014 Ansgar Pithan, Dipl.-Ing., Meschede
Rolf Weber, Dr.-Ing., Aachen
2015 Matthias Moelle, Dipl.-Ing., Mainz
2019 Franz-Josef Feikus, Prof.-Dr.-Ing., Bonn
Andreas Nissen, Dipl.-Ing, Frankenberg
2021 Andreas Huppertz, Dr.-Ing., Gütersloh
Ernst-Rudolf Kallien, Dipl.-Ing., Schriesheim
2023 Matthias Heinrich, Dipl.-Ing., Leipzig

Eugen-Piwowarsky-Preis
Gestiftet 1955

Statuten (Fassung 2019)

1. Name des Preises

Zur Ehren des Pioniers der wissenschaftlichen Erforschung des Gießereiwesens,

Herrn Professor Dr.-Ing. habil. Eugen Piwowarsky
(geb. am 10.11.1891, gest. am 17.10.1953),

und zu seinem Andenken kann jährlich auf der Mitgliederversammlung des VDG ein Preis für eine im Rahmen eines Wettbewerbs nachgewiesene hervorragende Leistung auf dem Gebiete der Gießereitechnik und -wissenschaft verliehen werden, der den Namen

Eugen-Piwowarsky-Preis

trägt. Er wurde erstmalig zur 47. Mitgliederversammlung im Jahre 1956 vergeben.

2. Wettbewerbsbedingungen

Der Preis wird für die beste Arbeit vergeben, die im Laufe des vorhergehenden Jahres von einem VDG-Mitglied, das das 40. Lebensjahr noch nicht vollendet hat, in den Zeitschriften GIESSEREI oder GIESSEREI SPECIAL veröffentlicht worden ist.

3. Höhe des Preises und Verwendung

Der Preis besteht aus einer Urkunde, einer Plakette und einem Geldbetrag. Der Geldbetrag soll zur persönlichen Weiterbildung verwendet werden. Der Betrag wird jedes Jahr vom Vorstand des VDG neu festgelegt.

4. Auswahl der Arbeit

Die Auswahl der Arbeit wird vom Forschungsbeirat der Forschungsvereinigung Gießereitechnik e.V. (FVG) vorgenommen. Falls erforderlich, können noch weitere Sachverständige hinzugezogen werden. Die Auswahl der Veröffentlichungen muss sowohl nach ihrem wissenschaftlichen als auch technisch-praktischen Wert geschehen. Das Bewertungssystem wird dem Forschungsbeirat überlassen.

5. Entscheidung über die Verleihung der Preise

Der Vorstand des VDG entscheidet über den Vorschlag des Forschungsbeirates, ob ein Preis zuerkannt wird und an wen. Bei gleichwertigen Leistungen kann der Preis auf zwei Bewerber verteilt werden. Sind keine prämierungswürdigen Veröffentlichungen vorhanden, kann die Verleihung des Preises ausgesetzt werden. Die Entscheidung des Vorstands des VDG ist endgültig und unanfechtbar.

Inhaber des Eugen-Piwowarsky-Preises

Verleihungsjahr	
1956	Dieter Pohl, Professor Dr. rer. nat., Aalen
	Hans Zeuner, Dr.-Ing., Remscheid, † 22.2.2009
1957	Dietmar Boenisch, Professor Dr.-Ing., Aachen, † 1.5.2012
	Jürgen Motz, Professor Dr.-Ing., Ratingen, † 24.2.2010
	Heiko Pacyna, Professor Dr. mont., Leoben/Österreich, † 15.11.2011
1958	Rudolf Kümmerle, Dr.-Ing., Stuttgart, † 1.5.1989
	Margarete Varney, Dipl.-Ing., Hamburg
1959	Franz Neumann, Professor Dr.-Ing., Unna, † 15.11.2014
1960	Alois Dahlmann, Dr.-Ing., Düsseldorf, † 21.1.1983
1961	Siegfried Engler, Professor Dr.-Ing., Aachen, † 9.8.2020
	Walter Koppe, Dr.-Ing., München
1962	Alfred Kolorz, Dr.-Ing., Mettmann, † 24.6.2015
1963	Reinhard Döpp, Professor Dr.-Ing., Clausthal-Zellerfeld
	Benno Lux, o. Professor Dr.-Ing., Wien/Österreich, † 4.3.2013
1964	Karl-Ernst Granitzki, Dr.-Ing., Königswinter
1965	Fritz Krützner, Dipl.-Ing. Dr. mont., Hattingen, † 6.2.2000
	Lothar Kucharcik, Dipl.-Ing., Mettmann, † 21.8.2024
1966	Hans Friedrich Smets, Ing., Meerbusch, † 8.6.2022
	Wolfram Weis, Dr.-Ing., Monheim, † 1.12.2018
1967	Peter Merz, Ing., Wiesendangen/Schweiz
1971	Hans-Josef Lücking, Ing. (grad.), Remchingen
1972	Wolf Dieter Schneider, Dr.-Ing., Roetgen
1973	Helmut Mücke, Dr.-Ing., Sörup
1974	Manfred Dette, Professor Dr.-Ing., Duisburg
1975	Rainer Ellerbrok, Dr.-Ing., Aachen
1976	Herbert Löblich, Dr.-Ing., Hilden, † 27.5.2017
1978	Alexander Fischer, Dr.-Ing., Brühl
1979	Ludger Kalvelage, Dr.-Ing., Trebur
1981	Ingo Klaus Geissler, Dr.-Ing., Nürnberg
1982	Hans-Joachim Voss, Dr.-Ing., Hamburg-Harburg

1983 Sebastian Rossmann, Dipl.-Ing.(FH), Elgg/Schweiz

1984 Paul-Werner Nogossek, Dr.-Ing., Berlin

1986 Wolfgang Kallmeyer, Dr.-Ing., Gaimersheim

1987 Rainer Engel, Dr.-Ing., Wendlingen

1988 Erwin Flender, Dr.-Ing., Stolberg

1990 Wolfgang Lenz, Dr.-Ing., Saarbrücken-Brebach
Anne Satir-Kolorz, Dr. sc. techn., Zürich/Schweiz

1991 Ludger Ohm, Dr.-Ing., Olpe

1996 Katrin Müller, Dr.-Ing., Berlin

1997 Babette Tonn, Prof. Dr.-Ing., Clausthal

1998 Alexander Schrey, Dr.-Ing., Brüggen

2000 Kerstin Olivia Brecht, Dipl.-Ing., Werningerode

2002 Ingo Wagner, Dr.-Ing., Essen

2006 Regina Lenz, Dr.-Ing., Düsseldorf

2012 Frank Iden, Dr.-Ing., Düsseldorf

2018 Sebastian Fischer, Dr.-Ing., Kempen

Langjährige Mitgliedschaft im VDG

Der Verein Deutscher Giessereifachleute verleiht seinen Mitgliedern verschiedene Auszeichnungen für langjährige Mitgliedschaft.

Die **Silberne Ehrennadel** wird für 25jährige Vereinszugehörigkeit verliehen und von den Vorsitzenden der Landesgruppen vergeben.

Die **Goldene Ehrennadel** wird für 40jährige Vereinszugehörigkeit verliehen. Diese Auszeichnung wird auf der jährlichen Mitgliederversammlung vom Präsidenten des VDG übergeben.

Bild der Hermann-Dahl-Plakette

Für 50jährige Mitgliedschaft wird die **Hermann-Dahl-Plakette** verliehen. Dr.-Ing. e. h. Hermann Dahl war der Gründungsvorsitzende des VDG. Er führte den Verein von 1909 bis 1927.

Die **Goldene Ehrennadel mit Brillant** wird für 60jährige Vereinszugehörigkeit verliehen. Diese Auszeichnung wird auf der jährlichen Mitgliederversammlung vom Präsidenten des VDG übergeben.

Verzeichnis der persönlichen VDG-Mitglieder

(Stand 01. Oktober 2024)

aus Datenschutzgründen werden hier nur dienstliche Kontaktdaten aufgeführt

Abel, Andrea, James Durrans GmbH, Am Niederheiderhof 3, 47877 Willich, +49 (0)2154-584-0

Acker, Richard, Dr.-Ing., ArcelorMittal Eisenhüttenstadt GmbH, Werkstraße 1, 15890 Eisenhüttenstadt, +49 (0)3364 37-6396

Agath, Kurt, Faces S.p.A.Fonderia Acciai Speciali, Via delle Industrie 23, 30020 Marcon (VE), Italien, kurt.agath@facesspa.it

Aguilar, Julio, Dr.-Ing., ADVANCED TURBINE AIRFOILS RESEARCH CENTEPFX / SAFRAN TECH, 171 Boulevard de Valmy, 92700 Colombes, Frankreich, +33 (0)147 6076-15, julio-alejandro.aguilar-ortiz@safrangroup.com

Ahlborn, Klaus, Duisburg

Ahlborn, Wolfgang, Duisburg

Ahmed, Mostafa, Magdeburg

Aitsuradse, Malkhaz, Dr.-Ing., Fraunhofer Institut THM, Am St.-Niclas-Schacht 13, 09599 Freiberg

Albrecht, Heinz, Gießereibedarf E. Albrecht, Lessingstraße 11, 37441 Bad Sachsa, +49 (0)5523-152109

Allmang, Michael, Wedelheine

Altenhoven, Heinz-Peter, hofmann CERAMIC GmbH, Mühlweg 14, 35767 Breitscheid-Erdbach, +49 (0)2777-9145-36, heinz-peter.altenhoven@ifgl-hofmann.de

Amend, Christoph, DÜKER Email Technolgie GmbH Werk Laufach, Hauptstraße 39-41, 63846 Laufach, +49 (0)6093 87-267, cha@dueker.de

Ammer, Rebecca, procast, Bälshult 202, 31492 Längaryd, Schweden, +46 706 936699, rebecca@procastab.se

Andorff, Eberhard, Rendsburg

Andrzejewski, Tomasz, Leipzig

Anger, Heinz, Queidersbach

Angermann, Uwe, Angermann GmbH, Anton-Zickmantel-Straße 41, 04249 Leipzig

Angermeier, Andreas, Carl Zeiss GOM Metrology GmbH, Schmitzstrasse 2, 38122 Braunschweig, +49 531 39029-560, Andreas.Angermeier@zeiss.com

Anke, Mike, FONDIUM Mettmann GmbH, Flurstraße 15-17, 40822 Mettmann, +49 (0) 2104 984-279, mike.anke@fondium.eu

Anschlag, Sven, FONDIUM Mettmann GmbH, Flurstraße 15-17, 40822 Mettmann, sven.anschlag@fondium.eu

Ansorg, Michel, Eisengießerei Hans Dhonau, Schonachbach 7, 78098 Triberg im Schwarzwald, +49 (0) 7722 9624-15, michel.ansorg@dhonau.de

Apitzsch, Florian, GF Casting Solutions Leipzig GmbH, Georg-Fischer-Straße 2, 04249 Leipzig, +49 (0) 341 4823-235, florian.apitzsch@georgfischer.com

Apitzsch, Mike, Pleissner Guss GmbH, Duderstädter Straße 17, 37412 Herzberg am Harz, +49 (0) 5521 83-214, mike.apitzsch@gmh-gruppe.de

Arndt, Björn, BOHAI Trimet Automotive Holding GmbH, Erhardtstraße 18, 99610 Sömmerda

Arnold, Tobias, BMW Group, Meisenstraße 29, 84030 Ergolding, tobias.ta.arnold@bmw.de

Arnold, Marc-Oliver, Georgsmarienhütte GmbH, Neue Hüttenstraße 1, 49124 Georgsmarienhütte, +49 (0) 5401 39-4130, marc-oliver.arnold@gmh-gruppe.de

Arnold, Eddy, ZOLLERN GmbH & Co. KG, Hitzkofer Straße 1, 72517 Sigmaringendorf-Laucherthal, Eddy.Arnold@zollern.com

Arnold, Malte, Oerlinghausen

Artz, Thomas, Düsseldorf

Ata, Mustafa, Continental Teves AG & Co. oHG, Guerickestraße 7, 60488 Frankfurt am Main, +49 (0) 69 76035906, mustafa.ata@continental-corporation.com

Atik, Mehmet Kamil, Atik Metal San. Ve Tic. A.S., 10037 Sok. Nr: 6, 35620 Cigli-Izmir, Türkei, +90 232 3283510, mehmetatik@atikmetal.com.tr

Aue, Henning, Soest

Aurich, Benjamin, Dr.-Ing., Sachsen Guss GmbH, Obere Hauptstraße 228-230, 09228 Chemnitz OT Wittgensdorf, +49 (0) 3722 64-2395, benjamin.aurich@sachsenguss.de

Aust, Kirsten, Meschede

Axmann, Wolfgang, Dr.-Ing., Sankt Augustin

Bachmann, Thomas, GF Casting Solutions Leipzig GmbH, Georg-Fischer-Straße 2, 04249 Leipzig, +49 (0) 341 4823-366, thomas.bachmann2@georgfischer.com

Badzun, Karl Friedrich, Hennef

Baechler, Frank, IVB-Industrievertretungen, Altheimer Weg 17, 72189 Vöhringen, +49 (0) 7454-407181, info@ivb-baechler.de

Baesgen, Alexander, Dr.-Ing., Oskar Frech GmbH + Co. KG, Schorndorfer Straße 32, 73614 Schorndorf, +49 (0) 7181 702-750, baesgen.alexander@frech.com

Bagyetistiren, Yasin, TU Bergakademie Freiberg Giesserei-Institut, Bernhard-von-Cotta-Straße 4, 09596 Freiberg/Sachsen

Bähr, Rüdiger, Prof. Dr., Otto-von-Guericke Universität Magdeburg Institut für Fertigungstechnik und Qualitätssicherung, Universitätsplatz 2, 39106 Magdeburg, +49 (0) 391 67-58315, ruediger.baehr@ovgu.de

Baier, Andreas, FOSECO Foundry Division, Vesuvius GmbH, Gelsenkirchener Straße 10, 46325 Borken, +49 (0) 2861 83-294, andreas.baier@vesuvius.com

Bald, Totnan, Dr.-Ing., Bosch Rexroth AG Werk LoP 3, Zum Eisengießer 1, 97816 Lohr am Main, +49 (0) 9352 180, Totnan.Bald@boschrexroth.de

Bangel, Karlheinz, Braunfels

Bansemer, Klaus, Giesen

Bardenheuer, Peter W., Dr.-Ing., Düsseldorf

Barnstorff, Gunter, Fritz Winter Eisengießerei GmbH & Co. KG, Albert-Schweitzer-Straße 15, 35260 Stadtallendorf, +49 (0) 6428-78-0, gunter.barnstorff@fritzwinter.de

Barrmeyer, Konstantin, Dr. rer. pol., Schlingmeier Quarzsand GmbH & Co. KG, Ackerstraße 8, 38179 Schwülper, +49 (0) 5303 950-131, k.barrmeyer@schlingmeierquarzsand.de

Bartel, Michael, Reis Robotics GmbH & Co. KG, Walter-Reis-Straße 1, 63785 Obernburg, +49 (0) 6022 503-146, Michael.Bartel@reisrobotics.com

Bartels, Christine, Dr.-Ing., REKONA GmbH & Co. KG Werkstoffuntersuchung, Schadensfallanalyse, Beratung, Möwenweg 13, 33415 Verl, +49 (0) 5246 805430, c.bartels@rekona.net

Barth, Andreas, Dr.-Ing., Steinenbronn

Bärtschi, Hans-U., Thun, Schweiz

Basibüyük, Gökhan, Nassau

Bast, Dominik, TU Bergakademie Freiberg Giesserei-Institut, Bernhard-von-Cotta-Straße 4, 09596 Freiberg/Sachsen, +49 (0) 3731-39-0, bast.dominik@googlemail.com

Bast, Jürgen, Prof. Dr.-Ing. habil., Freiberg

Bastian, Alfred, Bad Endbach-Günterod

Bauch, Gerhard, Saarbrücken

Bauch, Helmar, Chemnitz

Bauer, Reiner, Dr.-Ing. Dipl.-Wirt.-Ing., Hoesch Metallurgie GmbH, Birkesdorfer Straße 5, 52353 Düren, +49 (0) 2421-809-0

Bauer, Gunter, Machern

Baukat-Kmieciak, Sven, FONDIUM Mettmann GmbH, Flurstraße 15-17, 40822 Mettmann, +49 (0) 2104-984-430, sven.baukat-kmieciak@fondium.eu

Baulig, Dominik, SCHMEES cast Langenfeld GmbH, Rudolf-Diesel-Weg 6-8, 40764, Langenfeld, +49 (0) 2173 8505-42, dominik.baulig@schmees.com

Baumann, Benedict, TU Bergakademie Freiberg Giesserei-Institut, Bernhard-von-Cotta-Straße 4, 09596 Freiberg/Sachsen, +49 (0) 3731 39-2536, benedict.baumann@gi.tu-freiberg.de

Baumann, Ulrich, Maulbronn

Baumhof, Frank, Dörrenberg Edelstahl GmbH, Hammerweg 7, 51766 Engelskirchen, +49 (0) 2263 79-1

Baunach, Johannes, Vesuvius GmbH, Gelsenkirchener Straße 10, 46325 Borken, +49 (0) 9373 200-1355, johannes.baunach@vesuvius.com

Bautz, Heiner, Unna

Bechinka, Uwe, Landesverband der Baden-Württembergischen Industrie e.V., Türlenstraße 2, 70191 Stuttgart, +49 (0) 711 998870-12, bechinka@lvi.de

Beck, Andreas, Herborner Pumpentechnik GmbH & Co. KG, Littau 3-5, 35745 Herborn, +49 (0) 2772 933-241, abeck@herborner-pumpen.de

Beck, Oliver, Metallwaren, Ferdinandstraße 12, 48147 Münster

Beck, Dieter, Amstetten

Becker, Holger, BDG-Service GmbH, Hansaallee 203, 40549 Düsseldorf, +49 (0) 211 6871-271, holger.becker@bdg-service.de

Becker, Alexander, Eisenwerk Hasenclever & Sohn GmbH DIHAG Foundry Group, Auhammer 1, 35088 Battenberg, +49 (0) 6452 801186, a.becker@dihag-hasenclever.com

Becker, Marcel, Hochschule Aalen Technik und Wirtschaft Aalen University of Applied Sciences, Beethovenstraße 1, 73430 Aalen, +49 (0) 7361 576-2497, marcel.becker@hs-aalen.de

Becker, Petra, Dr., Matplus GmbH, Hofaue 55, 42103 Wuppertal, petra.becker@matplus.eu

Becker, Reiner, STILL GmbH, Berzeliusstraße 10, 22113 Hamburg, info@arbeitssicherheit-becker.de

Becker, Jörg, Zülpich

Becker, Reiner, Rabenau

Beckmann, Johannes, Benninger Guss AG Maschinenfabrik u. Giesserei, Fabrikstraße, 9240 Uzwil, Schweiz, –41 71 955-8847, johannes.beckmann@benningerguss.ch

Beckmann, Kai, MAGMA Gießereitechnologie GmbH, Kackertstraße 16-18, 52072 Aachen, +49 (0) 241 88901-714, K.Beckmann@magmasoft.de

Beckmann, Jürgen, Hofgeismar

Beele, Günther, Kerpen

Beer, Stephan, Dr.-Ing., Dr.-Ing. h.c. F. Porsche AG, Porschestraße 911, 71287 Weissach, +49 (0) 711 911-81531, stephan.beer2@porsche.de

Beganovic, Thomas, Dr., Volkswagen Group Components, Gifhorner Straße 180, 38112 Braunschweig, +49 (0) 531-298-86118, thomas.beganovic@volkswagen.de

Behm, Ingolf, Dr.-Ing., Otto-von-Guericke Universität Magdeburg Institut für Fertigungstechnik und Qualitätssicherung, Universitätsplatz 2, 39106 Magdeburg, +49 (0)391 67-51312, Ingolf.Behm@ovgu.de

Beier, Simon-Rene, Freiberg

Beilfuß, Corinna, FONDIUM Mettmann GmbH, Flurstraße 15-17, 40822 Mettmann, +49 (0) 2104-984-317, corinna.beilfuss@fondium.eu

Benz, Norbert, Mönchengladbach

Bepperling, Hagen, Wetter

Berens, Markus, Eisenwerk Brühl GmbH, Kölnstraße 262-266, 50321 Brühl, +49 (0) 2232 75-395, markus.berens@eb-bruehl.de

Berg, Jan Phillip, Caterpillar Castings Kiel GmbH, Falckensteiner Straße 2, 24159 Kiel, +49 (0) 431 3995-2548, berg_janphillip@cat.com

Berger, Rainer, Berger Consult e.K., Neuer Weg 32, 71111 Waldenbuch, rainer.berger@bergerconsult.de

Berger, Florian, Berger Industrieberatung, Magniolienweg 13, 42651 Solingen, berger.industrieberatung@gmail.com

Berger, Eduard, Kirchhain

Berndt, Kerstin, Vesuvius GmbH, Gelsenkirchener Straße 10, 46325 Borken, +49 (0) 2861 83-321, kerstin.berndt@vesuvius.com

Berthold, Ralf, Procast Guss GmbH, Brockhäger Straße 217, 33330 Gütersloh, +49 (0) 5241-938-242, r.berthold@procast-guss.de

Best, Klaus Jürgen, Dr. Dipl.-Ing., Bad Homburg

Bestehorn, Uwe, Nortorf

Betz, Gerhard, Dr.-Ing., Dycobond GmbH, Saarner Straße 433, 45478 Mülheim, +49 (0) 208 589-435, info@dycobond.de

Beuershausen, Bernd, Volkswagen AG HUH Gießerei, Mecklenheidestraße 74, 30419 Hannover, +49 (0) 511-798-8560, bernd.beuershausen@volkswagen.de

Beul, Christian, ABA BEUL GmbH, Dieselstraße 11, 57439 Attendorn, +49 (0) 2722 699-141, cbeul@ababeul.de

Beyer, Stefan, Freital

Biehl, Sebastian, thermobiehl Apparatebau, Brüggenstraße 7, 45968 Gladbeck, +49 (0) 2043-32494, thermobiehl@t-online.de

Bier, Steffen, Homberg (Ohm)

Bierett, Klaus, Dr.-Ing., Düsseldorf

Bilgery, Mark, Albert HandtmannMetallgußwerk GmbH & Co. KG, Arthur-Handtmann-Straße 25-31, 88400 Biberach, +49 (0) 7351-342-6196, mark.bilgery@handtmann.de

Bingel, Horst, Meerbusch

Bischof, Franz-Josef, ISG Ingenieurbüro, Im Krümpel 32, 31073 Delligsen, +49 (0) 5187-957446

Bischof, Stefanie, Vulcast Germany GmbH, Graf-von-Manderscheid-Str. 1, 54584 Jünkerath, +49 (0) 6597 12-222, stefanie.bischof@vulcast.de

Bischof, Emil, Schneeberg

Bischoff, Uwe, Dr.-Ing., Leipzig

Bissels, Joshua, Deggendorf

Bittermann, Klaus, Berlin

Bittmann, Ronny, FUG GmbH, Alte Ziegelei 11 a, 51588 Nümbrecht, +49 (0) 2293-816396-8, office@fug-gmbh.com

Bittniok, Rudi, Vesuvius GmbH, Gelsenkirchener Straße 10, 46325 Borken, rudi.bittniok@vesuvius.com

Blank, Werner, BLANK Holding GmbH, Industriestraße 18, 88499 Riedlingen, +49 (0) 7371-923-733, werner.h.blank@gmx.de

Blankenagel, Dieter, Bochum

Bleicher, Christoph, Dr.-Ing., Fraunhofer Institut für Betriebsfestigkeit und Systemzuverlässigkeit LBF, Bartningstraße 47, 64289 Darmstadt, 06151-(0) 705-8359, christoph.bleicher@lbf.fraunhofer.de

Blumenauer, Lukas, GF Casting Solutions Leipzig GmbH, Georg-Fischer-Straße 2, 04249 Leipzig, +49 341-4823368, lukas.blumenauer@georgfischer.com

Bock, Thomas A., Ingenieur-Büro Bock GmbH, Görlitzer Ring 13 A, 23879 Mölln, +49 (0) 4542-9957966, thomas.bock@officebock.de

Bodenbender, Markus, WESO-Aurorahütte GmbH, Aurorahütte 1, 35075 Gladenbach, +49 (0) 6462 921-0, Weso@Weso.de

Bodenburg, Mathias, MAGMA Gießereitechnologie GmbH, Kackertstraße 16-18, 52072 Aachen, +49 (0) 241 88901-702, M.Bodenburg@magmasoft.de

Böhm, Kilian, AIT Austrian Institute of Technology LKRRanshofen GmbH, Lamprechtshausenerstraße 61, 5282 Ranshofen, Österreich, +43 50550 6919, kilian.boehm@ait.ac.at

Böhm, Peter, Ferroatlantica Deutschland GmbHc/o Regus, 5. Etage, Grugaplatz 2-4, 45131 Essen, +49 (0) 201-8789579-17, Peter.Boehm@ferroatlantica.de

Böhmfeld, Florian, Gießereigesellschaft mbH Böhmfeld & Co., Brenker Straße 3, 59590 Geseke, +49 (0) 2942 9786-480, f.boehmfeld@boehmfeld.de

Böhner, Wolfgang, Erkrath

Böhnke, Sandra, CALDERYS Metalcasting Germany GmbH, Schmielenfeldstraße 78, 45772 Marl, +49 (0) 2365 804-292, sandra.boehnke@calderys.com

Böhnlein, Christian, Dr.-Ing., Robert Bosch Automotive Steering GmbH, Richard-Bullinger-Straße 77, 73527 Schwäbisch Gmünd, christian.boehnlein@bosch.com

Boldau, Hans-Ulrich, Silbitz Guss GmbH, Dr.-Maruschky-Straße 2, 07613 Silbitz, +49 (0) 36693 80-224, hans-ulrich.boldau@silbitz-group.com

Bomeier, Michael, Renningen

Boos, Roderich, Wetzlar

Borbe, Peter Chr., Dr.-Ing., Garbsen

Börke, Bernhard, Weingarten

Borrmann, Ralf, Moers

Bosse, Manuel, BDG-Service GmbH, Hansaallee 203, 40549 Düsseldorf, +49 (0) 211 6871-341, manuel.bosse@bdg-service.de

Bothen, Lukas, Chemnitz

Böttcher, Martin, Bosch Rexroth AGDC-MA/NE 4 Casting, Partensteiner Straße 23, 97816 Lohr am Main, +49 (0) 9352-18 47 79, martin.boettcher4@boschrexroth.de

Böttger, Klaus, Hainburg

Brähler, Heiko, Bühler AG, Gupfenstraße 5, 9240 Uzwil, Schweiz, 0041-719552074

Brand, Renate, Varel

Brandenberger, Urs, Düsseldorf

Brandt, Reiner, Stelzenberg

Braune, Carl-Ernst, Wetzlar

Brehm, Frank, Daimler Truck AGWerk Mannheim, Hanns-Martin-Schleyer-Straße 21-57, 68305 Mannheim, +49 (0) 621 393-2109, frank.brehm@daimlertruck.com

Breidbach, Götz, Büdingen

Breithaupt, Matthias, Badische Stahlwerke GmbH, Graudenzer Straße 45, 77694 Kehl, +49 (0) 7851-83-0, info@bsw-kehl.de

Brenke, Jan, IMI Hydronic Engineering Deutschland GmbH, Völlinghauser Weg, 59597 Erwitte, jan.brenke@imi-hydronic.com

Breuer, Jacqueline Marcella, Technik + Sprachen Stech GbR, Bergstraße 26, 31789 Hameln, +49 (0) 5151- 409131, jacqueline.breuer@technikundsprachen-stech.de

Brinschwitz, Frank, Metallguss Brinschwitz GmbH, Lochfeldstraße 19, 76437 Rastatt, +49 (0) 7222-52081, info@guss-mgb.de

Brinschwitz, Ralf, Metallguss Brinschwitz GmbH, Lochfeldstraße 19, 76437 Rastatt, +49 (0) 7222-52081

Britt, Hanspeter, Winterthur, Schweiz

Bromkamp, Andreas, Bromkamp GmbH, Weusterstraße 19, 46240 Bottrop, +49 (0) 2041-7715-0, andreas.bromkamp@bromkamp.de

Brotzki, Jörg, ASK Chemicals GmbH, Reisholzstraße 16-18, 40721 Hilden, +49 (0) 211-71103-19, joerg.brotzki@ask-chemicals.com

Bruch, Karl-Hermann, Dr.-Ing., BBB Beratungs- und Beteiligungs-GmbH, Heinrich-Sträter Str. 3a, 44229 Dortmund, +49 (0) 7365-417244

Brunsch, René, Dr., apromace data systems GmbH, Am Bahnhof 7, 09599 Freiberg, +49 (0) 3731-21 85 69-1, rene.brunsch@apromace.de

Buch, Friedrich-Wilhelm, Wetzlar

Büch, Manfred, Aschaffenburg

Buchheit, Niklas, Tholey

Buchholz, Stephan, Buchholz & Cie. Giesserei GmbH, Pirmasenser Straße 106-108, 66482 Zweibrücken, +49 (0) 6332 4799-21, sb@buchholz-guss.de

Buchholz, Frank, M. Busch GmbH & Co. KG, Ruhrstraße 1, 59909 Bestwig, +49 (0) 2904 988-420, buchholz@mbusch.de

Buchholz, Heinz, Moers

Buchholz, Jürgen, Dr.-Ing., Magdeburg

Buchholz, Walter, Zweibrücken

Bücking, Hannah, FONDIUM Mettmann GmbH, Flurstraße 15-17, 40822 Mettmann, hannah.buecking@fondium.eu

Bührig-Polaczek, Andreas, Prof. Dr., RWTH Aachen Giesserei-Institut, Intzestraße 5, 52072 Aachen, +49 (0) 241 80-95880, office.buehrig-polaczek@gi.rwth-aachen.de

Bunte, Martin, Chemex GmbH Foundry Solutions Vertriebsbüro Düsseldorf, Wiesenstraße 23, 40549 Düsseldorf, mbunte@chemex.de

Burda, Hanna, Dr., Bad Füssing

Burger, Helmut, Prof. Dr.-Ing., Biedenkopf

Bürger, Jutta, Dr.-Ing., Neukirchen/Erzgebirge

Burkart, Peter, Wendelstein

Busack, Kay, Teutloff Bildungszentrum Wernigerode, Weinbergstraße 17, 38855 Wernigerode, +49 (0) 3943 937-143, busack@teutloff-wernigerode.de

Busch, Matthias, ASK Chemicals GmbH, Reisholzstraße 16-18, 40721 Hilden, matthias.busch@ask-chemicals.com

Buschjohann, Thomas, KSM Castings Group GmbH, Cheruskerring 38, 31137 Hildesheim, +49 (0) 5121 505-281, Thomas.Buschjohann@ksmcastings.com

Bußkamp, Stefan, K+B Kerne GmbH & Co. KG, Brügger Esch 1, 46414 Rhede, +49 (0) 2872 948688-56, s.busskamp@k-b-kerne.de

Butz, Franz Friedrich, Hüttenes-Albertus Chemische Werke GmbH, Hansastraße 1, 30419 Hannover, franz.butz@ha-group.com

Bystrich, Olaf, Koblenz

Carnaghi, Werner, Gießerei Carnaghi, Josef-Eberle-Straße 6, 89346 Bibertal-Bühl, +49 (0) 8226-685

Caspari, Norbert, Caspari GmbHTechnologie-Giessereiservice, Reiterweg 40, 68163 Mannheim, +49 (0) 621-403757

Casper, Felix, Karl Casper GmbH + Co. KG, Tullastraße 14-22, 75196 Remchingen, +49 (0) 7232-3669-22, felix.casper@casper-guss.de

Casper, Till, Karl Casper GmbH + Co. KG, Tullastraße 14-22, 75196 Remchingen, +49 (0) 7232-3669-20, till.casper@casper-guss.de

Caspers, Karl-Heinz, Dr.-Ing., Nürnberg

Castro Castro, Pablo Ignacio, Straubing

Celik, Erdal, ASK Chemicals GmbH, Reisholzstraße 16-18, 40721 Hilden, +49 (0) 211 71103-0, erdal.celik@ask-chemicals.com

Chakrabarti, Robin, Allied Mineral Products Europe, Peter-Röser-Straße 17, 50827 Köln, robin.chakrabarti@alliedmin.com

Chawla, Teja Singh, Kitzingen

Chomiak-Janus, Melanie, CHOMIAK-JANUS Führungsakademie, Alte Kalkumer Straße 37, 40489 Düsseldorf, info@chomiak-janus.de

Christiansen, Jens U., Kiel

Claeßen, Peer, Eisengiesserei Baumgarte GmbH, Duisburger Straße 35, 33647 Bielefeld, +49 (0) 521-4044-132, p.claessen@eisengiesserei-baumgarte.de

Claus, Steffen, SPEFORM Metall-Chemie GmbH, Pörtnerskamp 4-6, 46286 Dorsten, +49 (0) 2369-8054, info@speform.de

Common, Manfred, Ötisheim

Cramer, Bernd, Mettmann

Creydt, Martin, Dr.sc.techn. Dipl.-Ing., Brunnen, Schweiz

Cüppers, Julius, RWTH Aachen Giesserei-Institut, Intzestraße 5, 52072 Aachen

Custovic, Edin, Dr.-Ing., DATA FORM DESIGN Dr.-Ing. Edin Custovic, Residenzstr. 114, 13409 Berlin, dr.custovic@dfd-software.de

Czajka, Manfred, FONDIUM Mettmann GmbH, Flurstraße 15-17, 40822 Mettmann, +49 (0) 2104-984-395, manfred.czajka@fondium.eu

Cziegler, Andreas Kurt, Dr., Montanuniversität Leoben, Franz-Josef-Straße 18, 8700 Leoben, Österreich, +43 3892 402-3303, anton.cziegler@unileoben.ac.at

Czirski, Egon, Czirski Industries, Mörikeweg 6, 45657, Recklinghausen, +49 (0) 2361-9383745

Dahlmann, Martin, Hüttenes-Albertus Chemische Werke GmbH, Wiesenstraße 23, 40549 Düsseldorf, +49 (0) 211 5087-370, martin.dahlmann@ha-group.com

Dahmen, Christof, Dr.-Ing., Otto Junker GmbH Geschäftsbereich Edelstahlgiesserei, Jägerhausstraße 22, 52152 Simmerath, +49 (0) 2473 601-236, christof.dahmen@otto-junker.com

Dalewski, Günter, Pulheim

Damm, Tobias, Franken Guss GmbH & Co. KG, An der Jungfernmühle 1, 97318 Kitzingen, +49 (0) 9321932-0, tobias.damm@frankenguss.de

Dankwort, Volker, Oberhausen

de Buhr, Arno, FWH Stahlguss GmbH, Friedrich-Ebert-Straße 125, 45473 Mülheim an der Ruhr, +49 (0) 208 451-7283, Buhr@fwh.de

De Jesus Mendes, Fausto, FWH Stahlguss GmbH, Friedrich-Ebert-Straße 125, 45473 Mülheim/Ruhr, +49 (0) 208 451-7103, mendes@fwh.de

de Vries, Klaas Jan, Hüttenes-Albertus Benelux, Bredastraat 29, 3290 Diest, Belgien, 0032-13-333224

Decher, Andreas, Dr.rer.nat., Andreas Decher Minerals. Services, Zum Holtmicker Berge 5, 57482 Wenden, +49 (0) 2762 987535, a.decher@minerals.services

Deibel, Frank, Trakya Dokum San.Tic. A.S., Buyukdere Cad. Soyak Binasi 38-2, 34387 Mecidiyekoy - ISTANBUL, Türkei, +49 (0) 6357 989-3347, fdeibel@trakyadokum.com.tr

Deike, Rüdiger, Prof. Dr.-Ing., Universität Duisburg Essen Fakultät für Ingenieurwissenschaften, Lotharstr. 1, 47057 Duisburg, +49 (0) 203 379-3455, ruediger.deike@uni-due.de

Deinat, Horst, Hundhausen Casting GmbH A Member of Beinbauer Group, Ostendamm 23, 58239 Schwerte, +49 (0) 2304-105-220, Horst.Deinat@beinbauer-group.de

Deisenroth, Wolfgang, Speckenheuer GmbH, Karolingerstraße 36, 52070 Aachen, +49 (0) 241-93678321, deisenroth@waermeleitrohre.de

Dell, Gotthard, Walldürn

Demmig, Bernhard, Fürth

Derstroff, Franz Josef, Oestrich-Winkel

Dette, Manfred, Prof. Dr.-Ing., Düsseldorf

Deubelbeiss, René, Fritz Fischer GmbH Metallgusswerk, Kisslingweg 55, 75417 Mühlacker, +49 (0) 7041 81518, rene.deubelbeiss@fischer-guss.de

Dhonau, Hans, Eisengießerei Dhonau GmbH & Co. KG, Schonachbach 7, 78098 Triberg im Schwarzwald, +49 (0) 7722-9624-0, hans.dhonau@dhonau.de

Dhonau, Björn, ThyssenKrupp Steel AG, Kaiser-Wilhelm-Straße 100, 47166 Duisburg, +49 (0) 1525-8015237, bjoern.dhonau@thyssenkrupp.com

Dichtl, Hansjörg, Dr. mont., Salzburg, Österreich

Dickel, Kuno, Walchum

Dickhaus, Carl Hans, Dr.-Ing., AUDI AG, Ettinger Straße, 85045 Ingolstadt, +49 (0) 841 89-31852, carl.dickhaus@audi.de

Dieckhues, Harald, Grunewald GmbH & Co. KG Werk II, Am Busskolk 35, 46395 Bocholt, +49 (0) 2871 2507-213, h.dieckhues@grunewald.de

Dieckhues, Georg Wilhelm, Dr.-Ing., Ohm & Häner Metallwerk GmbH & Co. KG, Im Grüntal 1, 57462 Olpe, +49 (0) 2761-921-310, g.dieckhues@ohmundhaener.de

Diederichs-Mittler, Ina Christina, Sinterwerke Herne GmbH Sumitomo Electric Group, Forellstraße 100, 44629 Herne, ina.diederichs-mittler@sinterwerke.com

Dietrich, Fabian, TU Bergakademie Freiberg Giesserei-Institut, Bernhard-von-Cotta-Straße 4, 09596 Freiberg/Sachsen, +49 (0) 3731-39-0, simone.wickleder@gi.tu-freiberg.de

Dietz, Georg, MAHLE International GmbH, Pragstraße 26-46, 70376 Stuttgart, +49 (0) 711 501-12754, georg.dietz@mahle.com

Dietz, Andreas, Neukirchen/Erzgebirge

Dietz, Georg, Mainz

Distler, Sven, Vesuvius GmbH, Gelsenkirchener Straße 10, 46325 Borken, +49 (0) 2861-83-250, sven.distler@Foseco.com

Dobmeier, Fabian, München

Dommaschk, Claudia, Dr.-Ing., TU Bergakademie Freiberg Giesserei-Institut, Bernhard-von-Cotta-Straße 4, 09596 Freiberg/Sachsen, +49 (0) 3731 39-2446, Claudia.Dommaschk@gi.tu-freiberg.de

Dongfang, Yunan, Bad Wildbad im Schwarzwald

Döpp, Reinhard, Prof. Dr.-Ing., Ennepetal

Dori, Sebastian, WABCO Fahrzeugbremsen GmbH, Am Lindener Hafen 21, 30453 Hannover, +49 (0) 511-9221262, helmut.dettmer@wabco-auto.com

Dörnenburg, Frank, Dr.-Ing., Federal-Mogul Nürnberg GmbHA TENNECO Group Company, Nopitschstraße 67, 90441 Nürnberg, +49 (0) 911-4233-398, frank.doernenburg@tenneco.com

dos Santos, Roberto, Dr.-Ing., Zollern & Comandita, Rua Jorge Ferreirinha, 1095, 4470-909 Maia, Portugal

Doßmann, Jörg Wilhelm, Dossmann GmbHEisengiesserei und Maschinenfabrik, Amorbacherstraße 43, 74731 Walldürn-Rippberg, +49 (0) 6286 18-40, joerg.dossmann@dossmann.de

Dötsch, Erwin, Dr.-Ing., Dortmund

Dreher, Felix, DGS Druckguss Systeme AG, Industriestraße 10, 9015 St. Gallen, Schweiz

Drewniok, Daniel, Alsbach-Hähnlein

Drossel, Günter, Dr.-Ing., Freiberg

Droste, Werner, Dr.-Ing., SPEIRA GmbH, Aluminiumstr. 1, 41515 Grevenbroich, +49 (0) 228-552-02

Duit, Bert, VDL Castings Heerlen, De Koumen 2, 6433 KD Hoensbroek, Niederlande, b.duit@vdlcastingsheerlen.nl

Dul, Pawel-Jan, Borbet Thüringen GmbH, Am Fliegerhorst 17, 99947 Bad Langensalza, +49 (0) 3603-89465657, p.dul@borbet-thueringen.de

Dul, Jenö, Dr.-Ing., Miskolc, Ungarn

Dürmeier, Thorsten, Dürmeier GmbH Anlagenbau & Verfahrenstec, Herrenwiesen 8, 71665 Vaihingen an der Enz, +49 (0) 7042-82250, info@duermeier.de

Dürr, Stefan, Richard Anton KG, Würmstraße 55, 82166 Gräfelfing, +49 (0) 89-898144-17, stefan.duerr@richard-anton.de

Durrans, Nicholas, James Durrans GmbH, Am Niederheiderhof 3, 47877 Willich, +49 (0) 2154-9584-0, ng.durrans@durrans.de

Duwe, Stephanie, Dr.-Ing., Pleissner Guss GmbH, Duderstädter Straße 17, 37412 Herzberg am Harz, +49 (0) 5521 83-247, Stephanie.Duwe@gmh-gruppe.de

Dzusov, Marat, MAGMA Gießereitechnologie GmbH, Kackertstraße 16-18, 52072 Aachen, +49 (0) 241 88901-9601, m.dzusov@magmasoft.de

Eberlein, Jürgen, Waren

Ebert, Reinhard, Dr.-Ing., Neunkirchen

Echterhof, Thomas, Dr.-Ing., RWTH Aachen University Institut für Industrieofenbau + Wärmetechnik, Kopernikusstraße 10, 52074 Aachen, +49 (0) 241 80-25958, echterhof@iob.rwth-aachen.de

Eckert, Thomas, Todtnau

Eggimann, Franziska, Eisenbibliothek Stiftungder Georg Fischer AG, Klostergut Paradies, 8252 Schlatt TG, Schweiz, +41 52 63127-43, franziska.eggimann@georgfischer.com

Egner-Walter, Achim, Dr.-Ing., Martinrea Honsel Germany GmbH, Fritz-Honsel-Straße 30, 59872 Meschede, +49 (0) 291-291-130, achim.egner-walter@martinrea-honsel.com

Ehlbeck, Holger, Schülp

Ehle, Thomas, Freiberg

Eickworth, Niklas, Casculate GmbH, Europaallee 10, 67657 Kaiserslautern, niklas.eickworth@daimlertruck.com

Eigenfeld, Klaus, Prof. Dr.-Ing., Konstanz

Eilhard, Maximilian, James Durrans GmbH, Am Niederheiderhof 3, 47877 Willich

Einenkel, Eric, Howmet Aerospace Tital GmbH, Kapellenstraße 44, 59909 Bestwig, +49 (0) 2904 981-284, Eric.Einenkel@howmet.com

Einmayr, Christian, F.W. Hempel Legierungsmetall-GmbH & Co. KG, Erlenstraße 71, 46149 Oberhausen, +49 (0) 208 62922-609, c.einmayr@legierungsmetall.de

Eisel, Ulrich, Mettmann

Eisenmann, Hansjörg, Wagner AG Metalldruckguss, Urnäscherstraße 22, 9104 Waldstatt/AR, Schweiz, +41 71 354-8119, hansjoerg.eisenmann@wagner-solution.com

Eising, Klemens, ASK Chemicals GmbH, Reisholzstraße 16-18, 40721 Hilden, +49 (0) 211-71103-0

Elbracht, Bernd, ABP Induction Systems GmbH, Kanalstraße 25, 44147 Dortmund, +49 (0) 231 997-0, bernd.elbracht@abpinduction.com

Elflein, Georg, Bayerische Motoren Werke AG BMW Group Werk Landshut, Ohmstraße 2, 84030 Landshut, +49 (0) 871 702-2902

Ellerbrok, Rainer, Dr.-Ing., Aachen

El-Robrini, Lamine, Freiberg

Elspaß, Christian, Geldern

Emich, Werner, Wesel

Endemann, Andreas, Weldstone Components GmbH, Am Rübgarten 2, 57299 Burbach, +49 (0) 8031-941399-0, endemann@weldstone-europe.com

Engehausen, Dieter, Korb

Engel, Rainer, Dr.-Ing., Saarlouis

Engelbrecht, Maren, Bobingen

Engels, Dirk, Isselguss GmbH Giessereierzeugnisse, Minervastraße 1, 46419 Isselburg, +49 (0) 2874 39-203, engels@ihi.de

Engels, Günter, Remscheid

Englert, Matthias, Biebelried

Enke, Frank, Warstein

Erdmann, Ulf, MAGMA Gießereitechnologie GmbH, Kackertstraße 16-18, 52072 Aachen, +49 (0) 241-889 01 96 75, u.erdmann@magmasoft.de

Erger, Hannes, Vesuvius GmbH, Gelsenkirchener Straße 10, 46325 Borken, +49 (0) 2861 83-0, hannes.erger@vesuvius.com

Erhard, Patricia, Fraunhofer - Institut für Gießerei-, Composite- und Verarbeitungstechnik IGCV, Lichtenbergstraße 15, 85748 Garching, +49 (0) 89-350946125, patricia.erhard@igcv.fraunhofer.de

Ermert, Stefan, Fesco Gießereimaschinen GmbH, Ziegeleiweg 1, 57339 Erndtebrück, stefan.ermert@fesco-gmbh.de

Ernst, Wolfgang, datec GmbHDosier- und Automationstechnik, Alte Salzdahlumer Straße 203, 38124 Braunschweig, +49 (0) 531 26408-11, ernst@datec.org

Erz, Hans Peter, Dr.-Ing., Erz & Partner ApSManagement Consulting, Ribevej 13, 6780 Skaerbaek, Dänemark, hperz@erzconsult.dk

Escher, Jürgen, O. Escher Werksvertretungen GmbH, Bahnhofstraße 24, 42549 Velbert, o.escher-gmbh@t-online.de

Escherle, Erwin, Leingarten

Eschrich, Sandra, Dr., Bindur GmbH, Weißenfelser Straße 67, 04229 Leipzig, +49 (0) 341-8709669-0, info@bindur.de

Esser, Hans-Erwin, Ratingen

Ettinger, Cornelis Johannes van, Maassluis, Niederlande

Everwin, Peter, Bad Rappenau

Ewens, Helmut, Mettmann

Eymann, Jürgen, Dr.-Ing., SLR Giesserei St. Leon-Rot GmbH, Am Bahnhof 16, 68789 St Leon-Rot, +49 (0) 6227 527-128, j.eymann@slr.de

Fahrig, Michael, Prof., FH Bielefeld University of Applied Scienes, Interaktion 1, 33619 Bielefeld, +49 (0) 521-106-7368, michael.fahrig@fh-bielefeld.de

Fallier, Bernhard, EUMES-Metall GmbHVertriebs- und Service GmbH, Kantstraße 22 - 24, 44867 Bochum, +49 234 5477-00, info@eumesmetall.de

Faul, Ralf, Neenstetten

Faulhammer, Albert, Berlin

Fehlbier, Martin, Prof. Dr.-Ing., Universität Kassel Fachbereich 15 - Maschinenbau, Kurt-Wolters-Straße 3, 34125 Kassel, +49 (0) 561 804-7595, fehlbier@uni-kassel.de

Fehlbier, Joachim, Köln

Fehr, Ernst, Rorschach, Schweiz

Feikus, Friederike, Hydro Aluminium Deutschland GmbH, Ettore-Bugatti-Straße 6-14, 51149 Köln, friederike.feikus@hydro.com

Feikus, Franz Josef, Prof. Dr., Bonn

Feldmeyer, Werner, Andwill/SG, Schweiz

Feustel, Hans Ulrich, fusoris engineering GmbH & Co.KG, An der Märchenwiese 72, 04277 Leipzig, +49 (0) 341-4591761, u-feustel@t-online.de

Feyertag, Thomas, RECARO Aircraft Seating GmbH & Co. KG, Daimlerstraße 21, 74523 Schwäbisch Hall, thomas.feyertag@recaro-as.com

Fichtelberger, Bernd, Bock 1 GmbH & Co. KG, An der Heide 17, 92353 Postbauer-Heng, +49 (0)9180-18 93 51, bernd.fichtelberger@bockonline.de

Fielitz, Ralf, Gütersloh

Fink, Bernd, NEOMELT Feuerfesttechnik GmbH & Co. KG, Friedrich-Ebert-Straße 116, 34119 Kassel, +49 (0) 561 70188800, bernd.fink@neomelt.com

Finkelmeier, Ralf, Hüttenes-Albertus Chemische Werke GmbH, Wiesenstraße 23, 40549 Düsseldorf, +49 (0) 211 5087-0, ralf.finkelmeier@t-online.de

Firoozbakht, Mahan, RWTH Aachen Giesserei-Institut, Intzestraße 5, 52072 Aachen, +49 (0) 241 80-98155, m.firoozbakht@gi.rwth-aachen.de

Fischer, Bernd, Aluminium-Fischer GmbH, Industriestraße 22-24, 75417 Mühlacker, +49 (0) 7041 5094, bernd.fischer@aluminium-fischer.de

Fischer, Philipp, Aluminium-Fischer GmbH, Industriestraße 22-24, 75417 Mühlacker, +49 (0) 7041 5094, philipp.fischer@aluminium-fischer.de

Fischer, Stefan, ASK Chemicals Feeding Systems GmbH, Hauptstraße 200, 56170 Bendorf, +49 (0) 2622-924 03-0, stefan.fischer@ask-chemicals.com

Fischer, Sebastian, Dr., Isselguss GmbH Giessereierzeugnisse, Minervastraße 1, 46419 Isselburg, +49 (0) 2874 39-240, sfischer@ihi.de

Fischer, Markus, Volkswagen AG HUH Gießerei, Mecklenheidestraße 74, 30419 Hannover, +49 (0) 511 798-4823, markus.fischer1@volkswagen.de

Fischer, Peter, Dr.-Ing., Leipzig

Fischmann, Jörg, Winsen

Fitscher, Dieter, Ed. Fitscher GmbH & Co. KGMetallgießerei, Paul-Reusch Straße 68-78, 46045 Oberhausen, +49 (0) 208 82370-0, info@fitscherguss.de

Flender, Erwin, Dr.-Ing., MAGMA Gießereitechnologie GmbH, Kackertstraße 16-18, 52072 Aachen, +49 (0) 241 88901-429, e.flender@magmasoft.de

Flierl, Dominik, Ensdorf

Flüshöh, Marc, AGN Aluminium GmbH Nachrodt, Hagener Straße 145-149, 58769 Nachrodt, +49 (0) 2352-9385-0, marc.flueshoeh@agn-met.de

Förster, Andreas Peter, Klein Nordende

Fourberg, Christian, Hüttenes-Albertus Chemische Werke GmbH, Wiesenstraße 23, 40549 Düsseldorf, +49 (0) 211-5087-440, Christian.Fourberg@ha-group.com

Frank, Andrej, RWTH Aachen Giesserei-Institut, Intzestraße 5, 52072 Aachen, +49 (0) 241-80-96791, sekretariat@gi.rwth-aachen.de

Franke, Michael, Dr.-Ing., Franke-Giessereitechnik, Barlachstraße 7, 01219 Dresden, m.franke@franke-giessereitechnik.de

Franke, Jan, Metallguss Sulingen GmbH, Schwaförderner Weg 50, 27232 Sulingen, +49 (0) 4271-807-25, franke@metallguss-sulingen.de

Franken, Dieter, Volkswagen AG Werk Wolfsburg, Berliner Ring 2, 38440 Wolfsburg, +49 (0) 5361-9-35617, dieter.franken@volkswagen.de

Frauhammer, Christian, CALDERYS Metalcasting Germany GmbH, Schmielenfeldstraße 78, 45772 Marl, Christian.Frauhammer@calderys.com

Frech, Karl, Lippstadt

Freyer, Jörg, Zentrallabor GmbH Leipzig Institut für Werkstoffprüfungen, Paul-Langheinrich-Straße 14 A, 04178 Leipzig, +49 (0) 341-4469112, joerg.freyer@zll-werkstoffpruefung.de

Friedl, Gotthard, Neustadt

Friedrich, Knut, Günter Friedrich GmbH Metallgießerei und Dreherei, Holzgrundweg 6, 34396 Liebenau-Lamerden, +49 (0) 5676 -071, kf@friedrich-metallgiesserei.de

Friedrichs, Axel, Bad Emstal

Frings, Rolf, Metalltechnik Schmidt GmbH & Co. KG, Schulstraße 41, 70794 Filderstadt, +49 (0) 711-779907-75, r.frings@ferrosad.com

Fritsch, Thomas, Foundry-Planet Ltd., Sebastianstraße 4, 87629 Füssen, +49 (0) 8362-93085-40, info@foundry-planet.com

Fritz, Benjamin, Luitpoldhütte GmbH, Sulzbacher Straße 121, 92224 Amberg, +49 (0) 9621-640-565, benjamin.fritz@luitpoldhuette.de

Fröhlich, Tobias, Feinguß Lobenstein GmbH, Poststraße 31, 07356 Bad Lobenstein, +49 (0) 36651-84-267, t.froehlich-fwl@schubert-salzer.com

Fröhlich, Ekkehard, Dippoldiswalde

Fros, Adam Peter, Kassel

Fuchs, Wolfgang, Mercedes-Benz Group AG Werk Untertürkheim, Emil-Kessler-Straße 4, 70546 Stuttgart, +49 (0) 711-17-64233, ralph.koppenhoefer@mercedes-benz.com

Fuchs, Stefan, Silbitz Guss GmbH, Dr.-Maruschky-Straße 2, 07613 Silbitz, +49 (0) 36693-80630, s@silbitz-group.com

Funk, Daniel, Georg Funk Eisengießerei GmbH & Co. KG, Turnstraße 39, 73430 Aalen, Funk.D@funk-guss.de

Funk, Bernd, KONCAST GmbH / BÖLLINGER GROUP, Weckbacher Straße 5, 63937 Weilbach, +49 (0) 9373-20391-304, b.funk@boellinger-group.de

Funke, Ralf, Emsdetten

Funken, Florian, Grevenbroich

Fuss, Bernd, Plauen

Gabert, David-Fernando, Ilvesheim

Gäbler, Moritz, Leipzig

Gabriel, Jürgen, Soest

Gädke, Aike, Lintorfer Eisengießerei GmbH, Rehhecke 83-87, 40885 Ratingen, +49 (0) 2102-38060, Aike.Gaedke@lintorfereg.de

Gädke, Alexander, Dresden

Gajsek, Thomas, Sundern

Galenski, Hartmut, Ingenieurbüro Laupp GmbH, Uhlandstraße 8/2, 71706 Markgröningen, +49 (0) 7145-9210230, hartmut.galenski@laupp-gmbh.de

Gaßner, Ferdinand, Procast Guss GmbH Nortorfer Gusswerk, Gießereiweg 17, 24589 Nortorf, +49 (0) 4392-912-949, f.gassner@procast-guss.de

Gawert, Christian, Wellen

Gebert, Christian, Otto Fuchs Dülken GmbH & Co. KG, Heiligenstraße 70, 41751 Viersen, +49 (0) 2162-956-856, gebert.ch@otto-fuchs.com

Geier, Georg, Dr., Siempelkamp Giesserei GmbH, Siempelkampstraße 45, 47803 Krefeld, +49 (0) 2151 894-270, georg.geier@siempelkamp.com

Gellweiler, Wilhelm, Eisenberg

Gelmedin, Domnin, Dr.-Ing., Saarbrücken

Genau, Claus, August Rüggeberg PFERD-Werkzeuge, Hauptstraße 13, 51709 Marienheide

Genne, Laura, Harz Guss Zorge GmbH, Walkenrieder Strasse 32, 37445 Walkenried, +49 (0) 5586 802-180, laura.genne@gmh-gruppe.de

Gensberger, Ronald, Alois Pöttinger Ges.mbH, Industriegelände, 4710 Grieskirchen, Österreich, ronald.gensberger@poettinger.at

Genthe, Simon, Freiberg

Genzler, Christoph, Vesuvius GmbH, Gelsenkirchener Straße 10, 46325 Borken, +49 (0) 2861-83-0, christoph.genzler@vesuvius.com

Gerber, Wolfgang, Lohr

Gerhards, André, ASK Chemicals GmbH, Reisholzstraße 16-18, 40721 Hilden, +49 (0) 211-71103-0, Andre.Gerhards@ask-chemicals.com

Gerhards, Eduard, Seesen

Gerke-Cantow, Ralf, Dr.-Ing., Visiometa GmbH, Zur Parmke 14, 57392 Schmallenberg, +49 (0) 2972-96198-91, ralf.gerke-cantow@visiometa.com

Gerlach, Martin, Rüdiger Tebbe e.K. Armaturen-Handelsvertretung, Mühlenstraße 13, 49632 Essen, m.gerlach@tebbe-armaturen.de

Gerlach, Ralf-Joachim, Krefeld

Gerster, Johannes, Burgrieden

Gerster, Jürg, Dr. jur., Küsnacht, Schweiz

Giebing, Stephan, Vesuvius GmbH, Gelsenkirchener Straße 10, 46325 Borken, +49 (0) 2861-83-285, stephan.giebing@Foseco.com

Gierth, Sebastian, Dr., Volkswagen AG, Brieffach 011/1499, 38440 Wolfsburg, +49 (0) 5361-9-1263-91, sebastian.gierth@volkswagen.de

Giesenberg, Ralf, Valeo Klimasysteme GmbH, Benzstraße 33, 38446 Wolfsburg, ralf.giesenberg@valeo.com

Gläsle, Heiko, Hüttenes-Albertus Chemische Werke GmbH, Wiesenstraße 23, 40549 Düsseldorf, heiko.glaesle@ha-group.com

Gleißner, Frank, Schönheider Guss GmbH, Alte Auerbacher Straße 26, 08304 Schönheide, +49 (0) 37755-512-11, frank.gleissner@schoenheider-guss.de

Glinski, Herward, Trebur

Glück, Jakob, Universität Kassel Fachbereich 15 - Maschinenbau, Kurt-Wolters-Straße 3, 34125 Kassel, +49 (0) 561-804-7594, j.glueck@uni-kassel.de

Göbel, Peter, implantcast GmbH, Lüneburger Schanze 26, 21614, Buxtehude, +49 (0) 4161-744-370, p.goebel@implantcast.de

Gobrecht, Jürgen, Prof. Dr.-Ing., Schweinfurt

Gödde, Andreas, ETS Engineered Trade Solutions GmbH, Aktienstrasse 45, 56626 Andernach, +49 (0) 2632-498-970, goedde@ets-engineered-trade-solutions.com

Gogolin, Julius, Technische Universität ClausthalInstitut für Metallurgie, Robert-Koch-Straße 42, 38678 Clausthal - Zellerfeld, +49 (0) 5323 722058, Julius.Alexander.Gogolin@tu-clausthal.de

Gola, Martin, AUDI AG, Postfach 1144, 74148, Neckarsulm, +49 (0) 7132-31-0

Goldbach, Sebastian, Universität Duisburg Essen, Fakultät für Ingenieurwissenschaften, Lotharstraße 1, 47057 Duisburg, +49 (0) 203-379-3456

Göllnitz, Axel, Sachsen Guss GmbH, Obere Hauptstraße 228-230, 09228 Chemnitz OT Wittgensdorf, +49 (0) 3722-64-3300, axel.goellnitz@sachsenguss.de

Golob, Manfred, Werther

Göris, Johannes, CDL Präzisionstechnik GmbH & Co. KG, Landgrafenstraße 45, 41069 Mönchengladbach

Görner, Uwe, Bötzingen

Gorski, Ralf, BDG-Service GmbH, Hansaallee 203, 40549 Düsseldorf, +49 (0) 211-6871-266, Ralf.Gorski@bdg-service.de

Göttert, Frank, Dr.-Ing., Olbersdorfer Guss GmbH, An der Stadtgrenze 4, 02785 Olbersdorf, +49 (0) 3583-5762-11, frank.goettert@olbersdorfer-guss.de

Götz, Roland, Albstadt

Gower, David, NEWFORM David S. Gower e.K., Berliner Allee 65, 64295 Darmstadt, +49 (0) 6151-3975-210, davidg@newform.de

Graf, Hanspeter, Dr., Dr. Graf AGUmweltschutz und Wärmetechnik, Privatstr. 10, 4563 Gerlafingen/ Schweiz, +41 32674 4511, graf.hanspeter@swissonline.ch

Graf, Reiner, Graf Experience Cast Metal Technology, Haibacherstraße 63, 63768 Hösbach, +49 (0) 6021-698 09, reinergraf@online.de

Gräfer, Moritz, Karl Schmidt Fabrik für Gießereibedarf GmbH & Co., Zum Feldberg 51, 61389 Schmitten, +49 (0) 5604-809-0, moritz.graefer@aug-gundlach.de

Grämer, Gert-Volker, Ingenieurbüro für Gießereitechnik, Kornblumenweg 13, 39326 Glindenberg, gert.graemer@giessereitechnik.de

Grammlich, Werner, Eschlikon TG, Schweiz

Graßl, Georg, Chemex GmbHVertriebsbüro Düsseldorf, Wiesenstraße 23, 40549 Düsseldorf, ggrassl@chemex.de

Grebe, Katrin, Krämer + Grebe Modellbau GmbH & Co. KG, Ludwig-Grebe-Straße 5, 35216 Biedenkopf, +49 (0) 6461-8008-0, k.grebe@kraemer-grebe.de

Greiser, Friedrich, vR production (DUKTUS), Sophienstraße 52-54, 35576 Wetzlar, +49 (0) 6441-492220, friedrich.greiser@vrproduction.world

Greven, Eric, ASK Chemicals GmbH, Reisholzstraße 16-18, 40721 Hilden, +49 (0) 151-46710809, eric.greven@ask-chemicals.com

Gries, Werner, Leverkusen

Gröger, Lars, Rohstoffverwertung Gröger GmbH & Co. KG, Siemensstraße 1-3, 89312 Günzburg, +49 (0) 8221-3606-10, info@groeger-gruppe.de

Grohmann, Wolfgang, Johann Grohmann GmbH & Co. KG, Heidelbergstraße 54, 72406 Bisingen, +49 (0) 7476-9413-12, WGrohmann@grohmann-aluworks.de

Grolman, Jul, Falkensee

Großmann, Erwin, Mine Feuerfest GmbH & Co. KG, Im Flürchen 10, 56412 Oberelbert, +49 (0) 2608-9597-8016, grossmann@mine-feuerfest.de

Grossmann, Jürgen, Aichtal

Gruber, Mathias, Reken

Grün, Kurt Georg, Friedrichsdorf

Grund, Hartmut, GGM Grund Guss Marketing + Projektmanagement, Schmadstraße 16, 79664 Wehr

Gründling, Jens, Eisengiesserei Baumgarte GmbH, Duisburger Straße 35, 33647 Bielefeld, +49 (0) 521-4044-102, j.gruendling@eisengiesserei-baumgarte.de

Grünewald, Norbert, Ingenieurbüro & Giessereitechnik Dipl.-Ing. N. Grünewald, Dostalstraße 20, 33647 Bielefeld, +49 (0) 521-52271-61, norbert-gruenewald@t-online.de

Grupp, Ulrich, Heinersreuth

Güll, Andreas, M. Busch GmbH & Co. KG, Ruhrstraße 1, 59909 Bestwig, +49 (0) 2904-988-157, guell@mbusch.de

Gülle, Thomas, Heidelberg Manufacturing Deutschland GmbH, Industriegebiet Egelsee, 73338 Amstetten, +49 (0) 7331-31-3500, thomas.guelle@heidelberg.com

Günay, Yaylali, Karakoy, Istanbul, Türkei

Gündisch, Christian, Hamminkeln

Gündisch, Horst, Lüdenscheid

Gunkel, Harry, Renningen

Gunkel, Johanna, Kassel

Günther, Guido, IMR Innovative Metal Recycling GmbH, Hentrichstraße 68, 47809 Krefeld, +49 (0) 2151-5241-442, g.guenther@imrecycling.de

Gunzenhauser, Johann Rudolf, Liestal, Schweiz

Haas, Michael, Dr.-Ing., HAAS Metallguss GmbH, Industriestraße 19, 73347 Mühlhausen im Täle, +49 (0) 7335-920924-0, mhaas@haas-metallguss.de; buero@haas-metallguss.de

Haas, Johann, Ulm

Häberli, Kurt Otto, Schaffhausen, Schweiz

Hachenberg, Klaus, Mettmann

Hachfeld, Walter, Moers

Hafner, Thomas, MFG Metall- und Ferrolegierungsges. mbH Hafner, Blondin & Tidou, Rudolf-Diesel-Straße 9, 40670 Meerbusch, +49 (0) 211-23398-0, thomas.hafner@mfg-germany.de

Hafner, Heinz, Dormagen

Hagebölling, Hans-J., Dr., Meschede

Hahn, Jens, Ernst Strassacker GmbH & Co. KG Kunstgiesserei, Staufenecker Straße 19, 73079 Süßen, +49 (0) 7162-16-419, jens.hahn@strassacker.de

Hahn, Gerd, Volkswagen AG Werk Kassel, Dr. Rudolf-Leiding-Platz 1, 34219 Baunatal, gerd.hahn@volkswagen.de

Hahn, Ortwin, Prof. Dr.-Ing., Paderborn

Hahn, Thomas, Karlstadt

Hähndel, Dirk, Leipzig

Hain, Winfried, Karlstadt

Hall, Franz, KBO Kleine-Brockhoff u. Oelschläger GmbH, Am Schölsbach 19, 46244 Bottrop-Kirchhellen, +49 (0) 2045-9619-0, franz.hall@kbo-gmbh.de

Hall, Felix, Technische Universität ClausthalInstitut für Metallurgie, Robert-Koch-Straße 42, 38678 Clausthal - Zellerfeld

Hamm, Axel, Ebersbach

Hammes, Ulrich, Metallgiesserei Schüle GmbH, Einsteinstraße 3, 74372 Sersheim, +49 (0) 7042-831425, u.hammes@schuele-guss.de

Hankowetz, Ludwig, Regensburg

Hansen, Robert, Hansen Systech UG (haftungsbeschränkt) Ing.-büro für Gießereitechnik, Konstruktion, Himmelspann 17, 54534 Großlittgen, +49 (09 6575-621-9044, rhansen@gussconsult.de

Hansen, Ferdinand, Dr.-Ing., Hannover

Harborth, Andreas, Project Engineering GmbH, In den Meckeswiesen 3, 69226 Nußloch, Andreas.Harborth@projectengineering.de

Hardt, Rainer, Nürnberg

Hart, Sebastian, Knorr-Bremse AG, Moosacher Straße 80, 80809 München, +49 (0) 89 3547-1742, sebastian.hart@knorr-bremse.com

Härtel, Rüdiger, Bad Harzburg

Hartig, Holger, AB-GUSStech GmbHvormals Linde Hydraulics GmbH & Co. KG, Schweinheimer Str. 34, 63743 Aschaffenburg, +49 (0) 6021 150-150, holger.hartig@ab-gusstech.com

Hartig, Thorsten, Bayerische Motoren Werke AG BMW Group Werk Landshut, Ohmstraße 2, 84030 Landshut, +49 (0) 871-702-2215

Hartmann, Denis, FONDIUM Mettmann GmbH, Flurstraße 15-17, 40822 Mettmann, +49 (0) 2104-984-546, denis.hartmann@fondium.eu

Hartmann, Dierk, Prof. Dr., Hochschule Kempten Fakultät Maschinenbau - Gießereitechnik, Bahnhofstraße 61, 87435 Kempten, +49 (0) 831-2523-195, dierk.hartmann@hs-kempten.de

Hartmann, Götz Christoph, Dr.-Ing., MAGMA Gießereitechnologie GmbH, Kackertstraße 16-18, 52072 Aachen, +49 (0) 241-88901-405, G.Hartmann@magmasoft.de

Hartmann, Markus, Bocholt

Hartmann, Wulf-Werner, Leipzig

Hartung, Florian, Benneckenstein

Hasse, Jürgen, Procast Guss GmbH, Brockhäger Straße 217, 33330 Gütersloh, +49 (0) 5241-938-221, j.hasse@procast-guss.de

Hasse, Hans-Herbert, Procast Guss GmbH Nortorfer Gusswerk, Gießereiweg 17, 24589 Nortorf, +49 (0) 4392-9129-31, h.hasse@procast-guss.de

Haurand, Hartwig, DIHAG Holding GmbHIntegrated Foundry Group, Grenzstr. 1, 01640 Coswig, Haurand@dihag.com

Hausberger, Manfred, Dr.mont. Dipl.-Ing., ZF Gusstechnologie GmbH, Nopitschstraße 71, 90441 Nürnberg

Hebestadt, Marvin, ZOLLERN Aluminium-Feinguss SoestGmbH & Co. KG, Overweg 15, 59494 Soest, +49 (0) 2921-7896-243, marvin.hebestadt@zollern.com

Heck, Philipp, Herborner Pumpentechnik GmbH & Co. KG, Littau 3-5, 35745 Herborn

Heckel, Thomas, Dr., Arbeitsgemeinschaft Metallguss GmbH, Gartenstraße 131, 73430 Aalen, +49 (0) 7361-9274-0, mail@arge-metallguss.de

Hecker, Andreas, Ingenieurbüro HECKER PROCESS SUPPORT, Brückenstraße 3, 67308 Zellertal, +49 (0) 6355-9535-828, andreas.hecker@hecker-ps.com

Heckmann, Carl Justus, Prof. Dr., Hochschule Düsseldorf, Münsterstraße 156, 40476 Düsseldorf, +49 (0) 211-4351-3416, carl.heckmann@hs-duesseldorf.de

Heger, Hans-Jakob, HegerGuss GmbH, Donnersbergstraße 48, 67677 Enkenbach-Alsenborn, +49 (0) 6303-803-111, hans-jakob.heger@heger-gruppe.de

Heger, Johannes, HegerGuss GmbH, Donnersbergstraße 48, 67677 Enkenbach-Alsenborn, johannes.heger@heger-gruppe.de

Heikaus, Thomas, EKW GmbH, Bahnhofstraße 16, 67304 Eisenberg, +49 (0) 6351-409-0

Heikaus, Stephan, Lübeck

Heilemann, Johannes, Stuttgart

Hein, Seniha Pelin, KNDS Deutschland Tracks GmbH, Vieringhausen 118, 42857 Remscheid, +49 (0) 2191-9457-152, Pelin.sahinler@knds.de

Hein, David, RWTH Aachen Giesserei-Institut, Intzestraße 5, 52072 Aachen, +49 (0) 241-80-95880, sekretariat@gi.rwth-aachen.de

Heinke, Thorsten, Allied Mineral Products Europe, Peter-Rösler-Straße 17, 50827 Köln, Thorsten.Heinke@alliedeurope.com

Heinol, Detlef, Löwenberger Land

Heinrich, Anke, ACTech GmbH, Halsbrücker Straße 51, 09599 Freiberg/Sa., +49 (0) 3731-169-227, prototype@actech.de

Heinrich, Matthias, GF Casting Solutions Leipzig GmbH, Georg-Fischer-Straße 2, 04249 Leipzig, +49 (0) 341-4823-200, matthias.heinrich@georgfischer.com

Heinrich, Knut, Süßen

Heinrich, Sascha, Eisenberg

Heinrietz, André, Prof. Dr., Hochschule Albstadt-Sigmaringen Fakultät Engineering, Jakobstraße 1, 72458 Albstadt, +49 (0) 7571-732-9154, heinrietz@hs-albsig.de

Helber, Joachim H., Dr., B-B-H Beratungsbüro für industriellenUmweltschutz Dr. Helber, Togostraße 2, 47249 Duisburg, +49 (0) 203-706350, joachim.helber@b-b-h.eu

Helbig, Carsten, TURAL GmbH, Hüttenstr. 4, 65201 Wiesbaden, +49 (0) 611-213-88, c.helbig@tural-gmbh.de

Held, Thorsten, Vesuvius GmbH, Gelsenkirchener Straße 10, 46325 Borken, +49 (0) 281-83-0, thorsten.held@vesuvius.com

Heldt, Gerhard, Uslar

Heller, Thomas, Bayerische Motoren Werke AG BMW Group Werk Landshut, Ohmstraße 2, 84030 Landshut, +49 (0) 871 702-2275, thomas.heller@bmw.de

Hellerling, Horst, Hückeswagen

Helling, Volker, Dr.-Ing., Hilzingen

Hengstler, Kurt, Ostfildern

Henke, Christian, Wilhelm-Maybach-Schule Gewerbliche Schule, Gnesener Straße 44, 70374 Stuttgart, +49 (0) 711-216 915 94, Wilhelm-Maybach-Schule@stuttgart.de

Henke, Peter, Siegen

Henkel, Markus, Dr.-Ing., PTM Foundry Consulting Dr.-Ing. Markus Henkel, Matthias-Claudius-Straße 12, 78234 Engen, +49 (0)7733-3639032, markus.henkel@ptm-c.de

Henkel, Andreas, Kaiserslautern

Henkel, Ulrike, Engen

Henne, Tobias, Wolfensberger AG, Bäretswilerstraße 45, 8494 Bauma, Schweiz, +41 52 396-1246, tobias.henne@wolfensberger.ch

Henning, Uwe, Magna PT B.V. & Co. KG Plant Bad Windsheim, Burgbernheimer Straße 5, 91438 Bad Windsheim, +49 (0) 9841-407-6589, uwe.henning@magna.com

Hennings, Andreas, Dr.-Ing., Nemak Europe GmbH, THE SQUAIRE 17, Am Flughafen, 60549 Frankfurt, andreas.hennings@nemak.com

Henrichs, Leonhard, Dr.-Ing., Rheinfelden

Henschke, Alfred, Engelskirchen

Hensgen, Ulrich, Dr.-Ing., Rodenbach

Hentrich, Thomas, Steinbach

Hentsch, Robert, GF Casting Solutions Leipzig GmbH, Georg-Fischer-Straße 2, 04249 Leipzig, +49 (0) 341-4823-239, robert.hentsch@georgfischer.com

Henze, Detlef, Eickhoff Gießerei GmbH, Am Eickhoffpark 1, 44789 Bochum, +49 (0) 172-5497438, d.henze@eickhoff-bochum.de

Heppes, Frank, Combicore GmbH, Am Hühnerbusch 10, 67688 Rodenbach, heppes@combicore.eu

Herbst, Horst, ASK Chemicals Metallurgy GmbH, Fabrikstraße 6, 84579 Unterneukirchen, +49 (0) 8634-61-7404, horst.herbst@ask-chemicals.com

Herfurth, Thomas, Dr.-Ing., Pulheim

Hering, Marcus, Siegen

Hermann, Christian, Bühler AG, Gupfenstraße 5, 9240 Uzwil, Schweiz, +41 71 955-1545, christian.hermann@buhlergroup.com

Herrmann, Bastian, Pforzheim

Hery, Friedrich J., Stadtbergen

Herzog, Ralf, Dr.-Ing., Volkswagen AG Werk Kassel, Dr. Rudolf-Leiding-Platz 1, 34219 Baunatal, +49 (0) 561-490-2174, ralf2.herzog@volkswagen.de

Hesse, Gerhard, Biedenkopf

Hettel-Schlumberger, Werner, Baden - Baden

Hetzel, Paul, R. Nussbaum AG Metallgiesserei und Armaturenfabrik, Martin-Disteli-Straße 26, 4600 Olten, Schweiz, Paul.Hetzel@nussbaum.ch

Heumann, Steffen, Witzenhausen

Heunisch-Grotz, Christiane, Dr., Gießerei Heunisch GmbH, Westheimer Str. 6, 91438 Bad Windsheim, +49 (0) 9841-408-246, dr.chr.heunisch@heunisch.eu

Heunisch-Grotz, Martin, TU Bergakademie Freiberg Giesserei-Institut, Bernhard-von-Cotta-Straße 4, 09596 Freiberg/Sachsen, +49 (0) 3731-39-0, simone.wickleder@gi.tu-freiberg.de

Heusler, Leonhard, Hydro Aluminium Deutschland GmbH, Georg-von-Boeselager-Str. 21, 53117 Bonn, +49 (0) 228-552-2217, leonhard.heusler@hydro.com

Hewelt, Uwe, Wutal Aluminium Guss GmbH, Im Sulzfeld 1, 79780 Stühlingen, +49 (0) 7744-9399-232, uwe.hewelt@wutal.com

Heyer, Ronny, Groitzsch

Heyn, Klaus-Peter, GTP Schäfer Gießtechnische Produkte GmbH, Benzstraße 15, 41515 Grevenbroich, +49 (0) 2181-23394-67, info@gtp-schaefer.de

Heyng, Heiko, Menden

Hidde, Marc, VULKAN INOX GmbH, Gottwaldstraße 21, 45525 Hattingen, marc.hidde@vulkan-inox.de

Hilberg, Wolfgang, Nidda

Hilbinger, Michael, Dr.-Ing., Neue Materialien Fürth GmbH, Dr.-Mack-Straße 81, 90762 Fürth, +49 (0) 911-76672-34, michael.hilbinger@nmfgmbh.de

Hildebrandt, Mike, Langenhagen

Hilgemann, Gernot, Bielefeld

Hilgendorff, Gerd, Schwäbisch Gmünd

Hilgenfeldt, Uwe, ASK Chemicals GmbH, Reisholzstraße 16-18, 40721 Hilden, +49 (0) 211-71103-0, uwe.hilgenfeldt@ask-chemicals.com

Hiller, Mathias, Hüttenes-Albertus Chemische Werke GmbH, Wiesenstraße 23/64, 40549 Düsseldorf, +49 (0) 211 5087-0, mhiller@ha-group.com

Hiller, Michael, RHM Rohstoff-Handelsgesellschaft mbH, Rheinstraße 141, 45478 Mülheim an der Ruhr, +49 (0) 208-99924-25, m.hiller@rhm-rohstoffe.de

Hiller, Wolfgang, Dr. rer. nat., TurnView Consulting GmbH, Rötelssiepen 11, 58809 Neuenrade, wolfgang.hiller@turnview-consulting.de

Hochreuter, Wolfgang, Hochreuter & Baum GmbHMaschinenfabrik, Würzburger Landstraße 32, 91522 Ansbach, +49 (0) 981-85015

Hoehn, Thomas, Weldstone Components GmbH, Am Rübgarten 2, 57299 Burbach, +49 (0) 8031-941399-02, hoehn@weldstone-europe.com

Hoffmann, Manfred, Dr.-Ing., Albert Hoffmann GmbH, Bergrather Straße 66-70, 52249 Eschweiler, +49 (0) 2403-798-203, dr.mh@albert-hoffmann.de

Hoffmann, Jutta, Benteler Automobiltechnik GmbH, An der Talle 27-31, 33102 Paderborn, +49 (0) 5254-81305018, jutta.hoffmann@benteler.com

Hoffmann, Norbert, Dr.-Ing., Technische Universität Braunschweig Institut für Füge- Schweißtechnik LBF, Langer Kamp 8, 38106 Braunschweig, +49 (0) 531-391-95526, norbert.hoffmann@tu-braunschweig.de

Hoffmann, Holger, VS GmbH & Co. KG, Parallelstraße 17, 42719 Solingen, +49 (0) 212-384-49, holger.hoffmann@vsguss.de

Hoffmann, Hartmut, Prof. Dr.-Ing., München

Hoffmann, Horst, Gächlingen, Schweiz

Hofmann, Werner, Gienanth GmbH DIHAG Foundry Group DIHAG, Ramsener Straße 1, 67304 Eisenberg, +49 (0) 6351-408-183, werner.hofmann@dihag-gienanth.com

Hofmann, Michael, GSL GussStahl Lienen GmbH & Co. KG, Industriestraße 10, 49536 Lienen, +49 (0) 5483-7454-19, m.hofmann@gsl-lienen.de

Hofmann, Eckart, Dr.-Ing., Ratingen

Höhn, Frank Jürgen, Heinrich Wagner Sinto Maschinenfabrik GmbH, Bahnhofstraße 101, 57334 Bad Laasphe

Holland, Dirk, Dr.-Ing., Calderys Deutschland GmbH, In der Sohl 122, 56564 Neuwied, +49 (0) 2631-8604-0, Dirk.Holland@calderys.com

Holme, Hermann, Wetzlar

Hölscher, Andrea, Daimler Truck AGWerk Mannheim, Hanns-Martin-Schleyer-Straße 21-57, 68305 Mannheim, +49 (0) 621-393-4667, andrea.hoelscher@daimlertruck.com

Holstein, Hartmut, Dr.rer.nat., ACHEM-Angewandte Chemie GmbH, Am Steenöver 22, 27777 Ganderkesee, +49 (0) 4221-65997-0, info@achem.de

Holtz, Oswald, Industrial Lean Engineering System Holtz, Friedrich-Silcher-Weg 4, 35279 Neustadt

Holzinger, Klaus, Holzinger Gießereivertretung, Dattensoller Straße 7, 97776 Eußenheim-Hundsbach, +49 (0) 9350-1414, klaus.holzinger@t-online.de

Honsel, Hans-Dieter, Locarno, Schweiz

Hoof, Frank Erhard, Albert Hoffmann GmbH, Bergrather Straße 66-70, 52249 Eschweiler, +49 (0) 2403-798-250, F.Hoof@albert-hoffmann.de

Hopfer, Peter, Pewag engineering, Mariazellerstraße 143, 8605 Kapfenberg, Österreich, pho@pewag.com

Horn, Guido, Scholz Rohstoffe GmbH & Co. KG, Lessingstraße 10, 47198 Duisburg, +49 (0) 2066-9936-0, horn@sr-scholz.com

Horn, Michael, Technische Hochschule Mittelhessen, Wilhelm-Leuschner-Straße 13, 61169 Friedberg

Hornung, Klaus, Dr.-Ing., Stein am Rhein, Schweiz

Horstkamp, Bernd, InterGuss Giessereiprodukte GmbH, Fallmeisterweg 5, 91438 Bad Windsheim, +49 (0) 9841-650375

Hort, Norbert, Dr.-Ing., Helmholtz-Zentrum Geesthacht Zentrum für Material- und Küstenforschung, Max-Planck-Straße 1, 21502 Geesthacht, +49 (0) 4152-87-1905, norbert.hort@hzg.de

Höttgen, Volker, Burscheid

Hövekenmeier, Christoph, Hövekenmeier GmbH Ingenieurbüro für Giessereiplanung, Schimmelstraße 118, 59174 Kamen, +49 (0) 2307-282-182, info@giesserei-ing.de

Hoyer, Julika, Technische Universität München Lehrstuhl für Umformtechnik und Giessere, Walther-Meißner-Straße, 85748 Garching, +49 (0) 89-28913988, julika.hoyer@utg.de

Hubenthal, Hans-Jürgen, Wiesenbronn

Hübler, Jürgen, Dr.-Ing., Freiberg

Hügel, Frank, ANDRITZ Metals Germany GmbH, Eduard-Küsters-Straße 1, 47805 Krefeld, +49 (0) 2372 547-91, Frank.Huegel@andritz.com

Hüllen, Markus, Düsseldorf

Hulvershorn, Claus, Isselburg

Hummel, Thomas, Mengen

Hummitzsch, Rudolf, Dr. oec., Leipzig

Hundro, Steffen, Keulahütte GmbH, Geschwister-Scholl-Straße 15, 02957 Krauschwitz, +49 35771 54-330, steffen.hundro@keula.world

Hunold, Oliver, Dr.-Ing., Bergisch-Gladbach

Huppertz, Andreas, Dr.-Ing., Gebrüder Tigges GmbH & Co. KG Eisengießerei und Maschinenfabrik, Oelder Straße 6, 59302 Oelde, +49 (0) 2520-9355-18, a.huppertz@tigges.com

Huschenhöfer, Wolfgang, Aßlar

Hüttner, Matthias, KSB SE & Co. KGaA, Johann-Klein-Straße 9, 67227 Frankenthal, +49 (0) 9241 712035, matthias.huettner@ksb.com

Iburg, Frank, Hildesheim Einum

Iden, Frank, Dr., Hüttenes-Albertus Chemische Werke GmbH, Wiesenstraße 23, 40549 Düsseldorf, +49 (0) 211-5087-313, frank.iden@ha-group.com

Iden, Kurt, Düsseldorf

Ignaszak, Ralf, Sande Stahlguss GmbH, Gießereistraße 32, 26452 Sande, +49 (0) 4422-898-130, rignaszak@sande-stahlguss.de

Irmscher, Peter, Burgstädt

Ittermann, Christian, Fritz Winter Eisengießerei GmbH & Co. KG, Albert-Schweitzer-Straße 15, 35260 Stadtallendorf, +49 (0) 6428-78-359

Ivanov, Marian, Dr.-Ing., Gemco Engineers B.V., Science Park Eindhoven 5053, 5692 EB Son, Niederlande, +31 40 2643-607, marian.ivanov@gemco.nl

Ivanov, Stefan, Dr.-Ing., Praha 7 - Holesovice, Tschechien

Jacke, Hartmut, Dr.-Ing., Schwerte

Jäger, Rolf, Pfeffenhausen

Jagow, Axel

Jahn, Jürgen, Dr.-Ing., Chemnitz

Jahnke, Christian, Berlin

Janissek, Norbert, Göppingen

Jansen, Thorsten, Friedrich Köster GmbH & Co. KG Maschinenfabrik und Gießerei, Friedrichswerk 1-7, 25746 Heide, +49 (0) 481-797-153, t.jansen@koester-heide.de

Jansen, Georg, Eschweiler

Janssen, Malte, Purmetall GmbH & Co. KG, Niebuhrstraße 57, 46049 Oberhausen

Jaruszewski, Felix, PINTER GUSS GMBH, Brunnwiesenstraße 2, 94469 Deggendorf, felix.jaruszewski@pinterguss.de

Jäschke, Thomas, Meuselwitz Guss Eisengiesserei GmbH DIHAG Foundry Group, Industriepark Nord, 04610 Meuselwitz, +49 (0) 3448-82-125, thomas.jaeschke@meuselwitz-guss.de

Jay, Otto, Herrenberg

Jendryssek, Udo, GRIPS Industrial IT Solutions GmbH, Huttropstraße 60, 45138 Essen, +49 (0) 201-800 545 10, udo.jendryssek@grips-solutions.com

Jenrich, Klaus, Hüttenes-Albertus Chemische Werke GmbH, Wiesenstraße 23, 40549 Düsseldorf, klaus.jenrich@ha-group.com

Jentsch, Andreas, James Durrans GmbH, Am Niederheiderhof 3, 47877 Willich, +49 (0) 2154 9584-0

Jentsch, Andreas, Markgröningen

Jeschke, Hans-Helmut, Schlangen

Joachim, Claus, Hüttenes-Albertus Chemische Werke GmbH, Wiesenstraße 23, 40549 Düsseldorf, +49 (0) 211-5087-0, cjoachim@ha-group.com

John, Ulrike, Dr.-Ing., Meinersen-Ahnsen

Joop, David, Dr.-Ing., Robert Bosch GmbH, 70442 Stuttgart, +49 (0) 711-811-19803, david.joop@de.bosch.com

Josko, Peter, Euskirchen

Juhl, Karlheinz, Viernheim

Jung, Ralf Paul, Dr., DR. JUNG CONSULTING GmbH, Turmstraße 29, 78234 Engen, +49 (0)7733 / 50 38 81, ralf.jung@drjung.eu

Jung, Benjamin, Heck & Becker GmbH & Co.KG, Gladenbacher Str.47, 35232 Dautphetal, +49 (0) 6466-9134-694, benjamin.jung@heck-becker.com

Jung, Ronald, Plauen

Jüngst, Daniel, Fritz Winter Eisengießerei GmbH & Co. KG, Albert-Schweitzer-Straße 15, 35260 Stadtallendorf, +49 (0) 6428-78-6980, Daniel.Juengst@fritzwinter.de

Juretzko, Frank, Mühlhausen

Just, Michael, GF Casting Solutions AG, Amsler-Laffon-Strasse 9, 8201 Schaffhausen, Schweiz, +41 (0) 52-631-2647, michael.just@georgfischer.com

Kadelka, Heinz, Uedem

Kafke, Hans Werner, Wolfsburg

Kahn, Joachim, Ingenieurbüro Joachim Kahn, Mühlbachstraße 2, 35630 Ehringshausen, +49 (0) 6443-9487, joachimkahn@o2online.de

Kahn, Dietrich, Dr., Sehnde

Kainer, Karl Ulrich, Prof. Dr., Bad Essen

Kairies, Heinrich Richard, Karl Weiss Technologies, Motzener Straße 14a, 12277 Berlin

Kaiser, Hannes, Alfdorf

Kaliner, Werner, Chemnitz

Kalkreuter, Dennis, CLAAS Industrietechnik GmbH, Halberstädter Straße 15-19, 33106 Paderborn, dennis.kalkreuter@claas.com

Kallien, Lothar, Prof. Dr.-Ing., Hochschule Aalen Technik und Wirtschaft Aalen University of Applied Sciences, Beethovenstraße 1, 73430 Aalen, +49 (09 7361-576-2252, lothar.kallien@hs-aalen.de

Kallien, Ernst-Rudolf, Stachelhaus KG Giesserei-Rohstoffe, Griethweg 25, 69198 Schriesheim, +49 (0) 6203-61782, StachelhausKG@t-online.de

Kalvelage, Ludger, Dr.-Ing., Trebur

Kalveram, Simon, Haßloch

Kammerloher, Simon, Lehrstuhl für Umformtechnik und Giessereiwesen utg - TU München, Walther-Meißner-Straße 4, 85748 Garching, +49 (0) 89-28914658, simon.kammerloher@utg.de

Kamp, Jens-Peter, Elkem GmbH, Oststraße 16, 46483 Wesel, +49 (0) 7645-916478, jens-peter.kamp@elkem.no

Kämpf, Georg, Hildesheim

Kämpfe, Holger, Dr.-Ing. h.c. F. Porsche AG, Porschestraße 911, 71287 Weissach, +49 (0) 711-911-82075, holger.kaempfe@porsche.de

Kapoor, Vyas C., Mannheim

Kappelle, Karl-Heinz, Rositz

Karasek, Dieter, Behringer GmbHMaschinenfabrik und Eisengießerei, Industriestraße 23, 74912 Kirchardt, +49 (0) 7266-207-100, dieter.karasek@behringer.net

Karwelies, Axel, Wetzlar

Kasper, Robert, BGH Edelstahl Lugau GmbH, Gleisstraße 12, 09385 Lugau/Erzgebirge, +49 (0)37295 / 29 124, robert.kasper@bgh.de

Kauffmann, Ernst, Stuttgart

Kawlath, Bertram, Schubert & Salzer GmbH, Bunsenstraße 38, 85053 Ingolstadt, +49 (0) 841-9653-0, b.kawlath@schubert-salzer.com

Kayikci, Ramazan, Dr., implantcast GmbH, Lüneburger Schanze 26, 21614 Buxtehude, +49 (0) 4161 744-459, r.kayikci@implantcast.de

Keidies, Achim, Dr.-Ing., Bundesverband der DeutschenGießerei-Industrie BDG, Hansaallee 203, 40549 Düsseldorf, Achim.Keidies@bdguss.de

Kelling, Ralf, ENERCON GmbH, Borsigstraße 22, 26607 Aurich, +49 (0) 4941-9794-140, ralf.kelling@enercon.de

Kelter, Jens, ZF Friedrichshafen AG - Global Commodity Castings Supplier Management-Development, Löwentaler Straße 20, 88046 Friedrichshafen, +49 (0) 7541-77960-472, jens.kelter@zf.com

Kemmler, Helmut, Nürnberg

Kempmann, Harald, Foundry Consulting GmbH, Rehfußhang 5, 45219 Essen, +49 (0) 2054-8712-17, harald.kempmann@t-online.de

Kerber, Kai, Dr.-Ing., Oskar Frech GmbH + Co. KG, Schorndorfer Straße 32, 73614 Schorndorf, +49 (0) 7181-702-439, kerber.kai@frech.com

Kerbl, Adolf, Fachverband Metalltechnische Industrie Berufsgruppe Gießereiindustrie, Wiedner Hauptstr. 63, 1045 Wien, Österreich, +43 5 90900-3463, giesserei@wko.at

Kerschl, Dominik, Deggendorf

Keßl, Gunter, GPS SIC Keßl GmbH u. Co. KG, Bärnwinkel 10 a, 92724 Trabitz

Keßl, Stephanie, Trabitz

Keßler, Andreas, Dr.-Ing., TU Bergakademie Freiberg Giesserei-Institut, Bernhard-von-Cotta-Straße 4, 09596 Freiberg/Sachsen, +49 (0) 3731 39-2855, andreas.kessler@gi.tu-freiberg.de

Kessler, Frank, Ertingen

Keßler, Helmut, Wesseling

Kettl, Ulrich, Siegburg

Keweritsch, Heinz, Hooksiel

Kiefer, Andreas, BorgWarner Turbo Systems Engineering GmbH, Marnheimer Straße 85-87, 67292 Kirchheimbolanden, +49 (0) 6352-403-2207, akiefer@borgwarner.com

Kiessling, Max, Remseck am Neckar

Kikkert, Joop, AB Thorn, Niederlande

Kilchhofer, Martin, Giesserei Thun Kilchhofer AG, Mittlere Straße 56, 3600 Thun, Schweiz, +41 33 222-2465, m.kilchhofer@giesserei-thun.ch

Kimm, Frank, MFG Processing GmbH, Bataverstraße 19 a, 47809 Krefeld, +49 (0) 2151-7812-450, frank.kimm@mfg-processing.com

Kimpel, Helmut, Ehringshausen

Kinne, Manfred, Wetzlar

Kipper, Reinhold, Gifhorn

Kirch, Paul-Wilhelm, Kirch engineering and products GmbH, Balinger Straße 129, 78628 Rottweil, +49 (0) 741-174124-0, paul.kirch@kirch-engineering.com

Kirst, Joachim, Leipzig

Klaassen, Olaf, Dr.-Ing., ZF Friedrichshafen AG Materialwirtschaft, 88038 Friedrichshafen, +49 (0) 7541-77-2385, olaf.klaassen@zf.com

Klages, Thomas, Quernheim

Klan, Steffen, Dr.-Ing., Fraunhofer - Institut für Gießerei-, Composite- und Verarbeitungstechnik IGCV, Lichtenbergstraße 15, 85748 Garching, +49 (0) 89-350946104, Steffen.klan@igcv.fraunhofer.de

Klaßen, Hans Erich, Viersen

Klein, Günter, Dr.rer.nat. Dipl.-Ing., BGHMKompetenzzentrum Metallurgie, Graf Recke Str. 69, 40239 Düsseldorf, +49 (0) 2324-681950, guenter.klein@bghm.de

Klein, Friedrich, Prof. Dr., Aalen

Kleinau, Manfred, Berlin

Kleine, Andreas, Dr.-Ing., TRIMET Aluminium SE, Aluminiumallee 1, 45356 Essen, +49 (0) 39484-50-636, andreas.kleine@trimet.de

Kleinkröger, Wolfgang, Krefeld

Klemmer, Thomas, Walter Hundhausen GmbH, Ostendamm 23, 58239 Schwerte, +49 (0) 2304-105-472, thomas.klemmer@walter-hundhausen.com

Klett, Karl-Gerhard, Dinslaken

Kliemke, Manfred, MKI International GmbH, Webereiweg 7, 83071 Stephanskirchen

Klimm, Andre, Laempe Mössner Sinto GmbH, Hintern Hecken 3, 39179 Barleben, Andre.Klimm@laempe.com

Klinge, Andreas, FONDIUM Mettmann GmbH, Flurstraße 15-17, 40822 Mettmann, +49 (0) 2104-984-405, andreas.klinge@fondium.eu

Klock, Joachim, Viega GmbH & Co. KG, Viega Platz 1, 57439 Attendorn, +49 (0) 2722-61-3192, Joachim.Klock@viega.de

Kloos, Frank, FONDIUM Singen GmbH, Julius-Bührer-Straße 12, 78224 Singen, +49 (0) 7731-886660, frank.klooss@fondium.eu

Klopp, Heiner, Bodolz

Klos, Ralf, Aluminium Rheinfelden Alloys GmbH, Bukheinstraße 2, 79618 Rheinfelden, +49 (0) 7623-93-407, rklos@rheinfelden-alloys.eu

Kloß, Detlef, Ascona, CH

Klug, Thomas, Dr.-Ing., SCHÄFER Metallurgie GmbH, Bonner Straße 20, 53773 Hennef, +49 (0) 2242-91339-16, t.klug@schaefer-metallurgie.de

Kluge, Kati, Flender GmbH, Otto-Schmerbach-Straße 19, 09117 Chemnitz

Klußmann, Heinz-Gilbert, Hüttenes-Albertus Chemische Werke GmbH, Wiesenstraße 23, 40549 Düsseldorf, +49 (0) 211-5087-204, gilbert.klussmann@ha-group.com

Kmetsch, Jürgen, Rülzheim

Kmieciak, Kai, Gelsenkirchen

Knab, Herbert, Marktheidenfeld

Knauf, Stefanie, Schaeffler Technologies AG & Co. KG, Georg-Schäfer-Straße 30, 97421 Schweinfurt, +49 (0) 9721-91 23 00, knaufsef@schaeffler.com

Knieps, Jürgen, Voit Automotive GmbH, Saarbrücker Straße 2, 66386 St. Ingbert, +49 (0) 6894-909-0, juergen.knieps@voit.de

Knigge, Christian, Clariant Produkte (Deutschland) GmbHGeschäftsbereich Functional Minerals, Arabellastraße 4a, 81925 München, +49 (0) 8761-82-114, christian.knigge@clariant.com

Knipfelberg, Manfred, Prof. Dipl.-Ing., Wolfenbüttel

Knippscheer, Florian, Mülheim

Knippscheer, Nils, Uffenheim

Knobloch, Ulf, ASK Chemicals GmbH, Reisholzstraße 16-18, 40721 Hilden, +49 (0) 211-71103-0, ulf.knobloch@ask-chemicals.com

Knobloch, Günther, Dresden

Knödler, Kurt, Nürnberg

Knops, Christine, Bad Laasphe

Knorpp, Gerhard, Dahn

Knothe, Wolfgang, Dr.-Ing., Franken Guss GmbH & Co. KG, An der Jungfernmühle 1, 97318 Kitzingen, +49 (0) 9321-932-219, wolfgang.knothe@frankenguss.de

Knötig, Armin, Friedrichshütte GmbH, Friedrichshüttenstraße 11-13, 35321 Laubach, +49 (0) 6405-826-248, a.knoetig@friedrichshuette.com

Knüppel, Alfons, Martinrea Honsel Germany GmbH, Fritz-Honsel-Straße 30, 59872 Meschede, +49 (0) 291-291-302

Kobold, Christoph, Freiberg

Koch, Christian, ASK Chemicals GmbH, Reisholzstraße 16-18, 40721 Hilden, +49 (0) 211-71103-48, christian.koch@ask-chemicals.com

Koch, Michael, Ferroatlantica Deutschland GmbHc/o Regus, 5. Etage, Grugaplatz 2-4, 45131 Essen, +49 (0) 201-8789579-0, info@ferroatlantica.de

Koch, Frank, KION GroupLinde Material Handling GmbH, Breitendieler Straße 20, 63937 Weilbach, +49 (0) 9373-208-4050, frank.koch@kiongroup.com

Koch, Tammo, Nemak Europe GmbH, THE SQUAIRE 17, Am Flughafen, 60549 Frankfurt, tammo.koch@nemak.com

Koch, Karl, S&B Industrial Minerals GmbH, Duisburger Straße 69-73, 46049 Oberhausen, +49 (0) 208-85005-77, k.koch@ikominerals.com

Koch, Hubert, Dr.-Ing., Dorsten

Koch, Peter, Berlin

Koch, Uwe, Bremen

Kohler, Helmut, Borken

Köhler, Matthias, Gießerei Elsterberg GmbH, Greizer Straße 14-16, 07985 Elsterberg, +49 (0) 36621-839 21, m.koehler@giesserei-elsterberg.de

Köhler, Christian, Horn & Co. Industrial Services GmbH, Herrenfeldstraße 12, 57076 Siegen, christian.Koehler@horn-co.de

Köhler, Karl-Heinz, Elsterberg

Kohlmann, Peter, Limbach

Kolasa, Jennifer, TU Bergakademie Freiberg Giesserei-Institut, Bernhard-von-Cotta-Straße 4, 09596 Freiberg/Sachsen, Jennifer.Kolasa@gi.tu-freiberg.de

Kolberg, Ferdinand, Weisenheim am Berg

Koldorf, Sebastian, MAGMA Gießereitechnologie GmbH, Kackertstraße 16-18, 52072 Aachen, +49 (0) 241-8901-9618, s.koldorf@magmasoft.de

Kollmannsperger, Ludwig, Ratingen

Köllner, Meinolf, VS GmbH & Co. KG, Parallelstraße 17, 42719 Solingen, +49 (0) 212-384-55, meinolf.koellner@vsguss.de

Komkowski, Carsten, Caterpillar Castings Kiel GmbH, Falckensteiner Straße 2, 24159 Kiel, +49 (0) 431-3995-3509, komkowski_carsten@cat.com

Komp, Uwe, Schwerte

König, Gerd H., König GmbH, Radbodstraße 2-4, 59067 Hamm, +49 (0) 2381-428-60

König, Tobias, Pierburg GmbH, Alfred-Pierburg-Straße 1, 41456 Neuss, tobias.koenig@de.rheinmetall.com

Köper, Ralf, Teutoguss GmbH, Friedrich-Wilhelm-Straße 39, 48477 Hörstel-Gravenhorst, +49 (0) 5459-9304-73, r.koeper@teutoguss.de

Kopf, Eberhard, CLARIANT PRODUKTE (DEUTSCHLAND) GMBH BU FUNCTIONAL MINERALS, Ostenriederstraße 15, 85368 Moosburg, eberhard.kopf@clariant.com

Koppenhöfer, Ralph, MDC Power GmbH Ein Unternehmen der Mercedes-Benz AG, Rudolf-Caracciola-Straße 1, 99625 Kölleda, ralph.koppenhoefer@mdc-power.com

Kordt, Christian, Friedr. Lohmann GmbH Edelstahlgießerei, Brauckstraße 37, 58454 Witten, +49 (0) 2302-8906-32, kordt@lohmann-stahl.de

Koreneef, Andreas, Nemak Wernigerode GmbH, Gießerweg 10, 38855 Wernigerode, +49 (0) 3943-652-0, andreas.koreneef@Nemak.com

Korol, Yevheniy, Pierburg GmbH Werk Nettetal, Am Bengerhof 1, 41334 Nettetal, +49 (0) 2153-124-282

Körtge-Sudmann, Sven, Diekholzen

Kose, Kristof, FONDIUM Singen GmbH, Julius-Bührer-Straße 12, 78224 Singen, +49 (0) 7731-886-671, kristof.kose@fondium.eu

Koziol, Peter, Werl

Krafft, Frank, Prof. Dr.-Ing., Hochschule München Fakultät 03 Maschinenbau/Fahrzeugtechnik, Dachauerstraße 98 B, 80323 München, frank.krafft@fhm.edu

Krafthöfer, Constantino, MAGMA Gießereitechnologie GmbH, Kackertstraße 16-18, 52072 Aachen, +49 (0) 241-88901-9676, c.krafthoefer@magmasoft.de

Kramer, Joachim, KBO Kleine-Brockhoff u. Oelschläger GmbH, Am Schölsbach 19, 46244 Bottrop-Kirchhellen, +49 (0) 2045-9619-10, joachim.kramer@kbo-gmbh.de

Krampe, Jan, Ohm & Häner Metallwerk GmbH & Co. KG, Im Grüntal 1, 57462 Olpe, +49 (0) 2761 921-473, j.krampe@ohmundhaener.de

Krause, Eva, FONDIUM Mettmann GmbH, Flurstraße 15-17, 40822 Mettmann, +49 (0) 2104-984-561, eva.krause@fondium.eu

Krause, Karsten, Krause & Co. KG, Reppichauer Straße 6A, 06386 Aken/Elbe OT Kleinzerbst, +49 (0) 34909 86-204, KRAUSE_Co.KG@t-online.de

Krause, Werner, Krause Gußprodukte, Im Industriegebiet 4, 56472 Hof, +49 (0) 2661-64526

Krause, Holger, Chemnitz

Krause, Michael, Wolfsburg

Krauße, Frank, Peine

Kreft, Ronald, RGU GmbH, Karl-Harr-Straße 1, 44263 Dortmund, +49 (0) 231-41997-0, rk@rgu.de

Kreipe, Thomas, Günzburg

Kremer, Michael, ABB Automation GmbH, Grüner Weg 6, 61169 Friedberg/Hessen, +49 (0) 6031-85-295, michael.kremer@de.abb.com

Kremer, Thomas, Otto Junker GmbH Geschäftsbereich Gießereianlagen, Jägerhausstraße 22, 52152 Simmerath, +49 (0) 2473-601-0

Kremtz, Reinhart, Meißen

Kreßler, Rene, GF Casting Solutions Leipzig GmbH, Georg-Fischer-Straße 2, 04249 Leipzig, +49 (0) 341-4823-321, rene.kressler@georgfischer.com

Kretz, Richard, Braunau am Inn, Österreich

Krieg, Titus Olav, Deutsche Aganat S.L., Plaza de los Sitios, 2 – 1° D, 50001 Zaragoza, Spanien, +34 976 205422, tkrieg@aganat.com

Krieger, Kurt, Ludwigshafen

Krodel-Teuchert, Lutz, SMS group GmbH, Wiesenstraße 30, 57271 Hilchenbach, +49 (0) 2733-29-1035, lutz.krodel-teuchert@sms-group.com

Krug, Peter, Dr.-Ing., Technische Hochschule Köln Institut für Fahrzeugtechnik IFK, Betzdorfer Straße 2, 50679 Köln, +49 (0) 221-8275-2305, peter.krug@th-koeln.de

Krüger, Thomas, Bundesverband der DeutschenGießerei-Industrie BDG, Hansaallee 203, 40549 Düsseldorf, +49 (0) 211-6871-148, thomas.krueger@bdguss.de

Krüger, Marcus, Heidenreich & Harbeck GmbH, Grambeker Weg 25-29, 23879 Mölln, +49 (0) 4542-824-0, m.krueger@hh-moelln.de

Krüger, Jürgen, Bad Laasphe

Krüger, Peter, Vassouras RJ, Brasilien

Krumm, Steven, Bindur GmbH, Weißenfelser Straße 67, 04229 Leipzig, +49 (0) 341-870966930, steven.krumm@bindur.de

Kühlbrey, Klaus-Joachim, Höhenkirchen-Siegertsbrunn

Kuhlgatz, Carsten, Dr.-Ing., Albertuswerke GmbH, Stahlstraße 6, 30916 Isernhagen, +49 (0) 511-730-911, ckuhlgatz1@albertuswerke.de

Kuhlgatz, Wilhelm, Albertuswerke GmbH, Stahlstraße 6, 30916 Isernhagen, +49 (0) 511-730911, info@albertuswerke.de

Kuhr, Matthias, CITIC Dicastal (EU) Investment HoldingGmbH & Co KG, Cheruskerring 38, 31137 Hildesheim, +49 (0) 5121-505-211, Matthias.Kuhr@KSMCastings.com

Kujat, Bernd, Dr.-Ing., AUDI AG, Ettinger Straße, 85045 Ingolstadt, +49 (0) 84189-710-916, Bernd.Kujat@audi.de

Künkel, Adolf, Breidenbach

Kunze, Johannes, Olbersdorf

Küper, Jörn, Dr.rer.nat., Hüttenes-Albertus Chemische Werke GmbH, Hansastraße 1, 30419 Hannover, +49 (0) 511-9797-110, jkueper@huettenes-albertus.com

Küpper, Clemens, Eisengiesserei Baumgarte GmbH, Duisburger Straße 35, 33647 Bielefeld, +49 (0) 521-4044-113, c.kuepper@eisengiesserei-baumgarte.de

Kurde, Dieter, Sankt Augustin

Kurtz, Walter, Hasloch am Main

Kurutas, Oktay, Gemco Engineers B.V., Science Park Eindhoven 503, 5692 EB Eindhoven, Niederlande, +31 40 2643-639, oktay.kurutas@gemco.nl

Küster, Manfred, Alfeld

Kutsch, Thorsten, Friedr. Lohmann GmbH Edelstahlgießerei, Brauckstraße 37, 58454 Witten, +49 (0) 2302-8906-13, kutsch@lohmann-stahl.de

Kutscher, Sascha, Lollar Breyden GmbH, Justus-Kilian-Straße 1, 35457 Lollar, +49 (0) 6441-418-3409, sascha.kutscher@guss.buderus.de

Kutz, Adalbert, Heidelberg Manufacturing Deutschland GmbH, Industriegebiet Egelsee, 73338 Amstetten

Kutzner, Michael, M. Kutzner Industrial Engineering, Holunderweg 10, 51107 Köln

Kynast, Peter, Soest

Lagemann, Jörg, Prof., Fachhochschule Nordwestschweiz Hochschule für Technik, Bahnhofstraße 6, 5210 Windisch, Schweiz, +41 56 202-7219, joerg.lagemann@fhnw.ch

Laibach, Thomas, Erich Laibach GmbH & Co. KG, Friedrich-Kirchhoff-Straße 6 - 11, 58640 Iserlohn, +49 (0) 2371-97 95 36, info@erichlaibch.de

Landesberger, Martin, Dr.-Ing., Technische Hochschule Ingolstadt, Esplanade 10, 85049 Ingolstadt, +49 (0) 841-9348-7913, martin.landesberger@thi.de

Landwehr, Hans-Dieter, Mettmann

Lang, Martin, Gerhard Lang Recycling GmbH, Wilhelm-Lang-Straße 1-3, 76571 Gaggenau, +49 (0) 7225-9669-0, office@lang-recycling.de

Lang, Matthias, München

Lange, Thomas, Jura-Guss GmbHLeichtmetallgießerei, Industriestraße 5, 92339 Beilngries, +49 (0) 8461-6416-184, thomas.lange@jura-guss.de

Langenbach, Christoph, Volkswagen AG Werk Kassel, Dr. Rudolf-Leiding-Platz 1, 34219 Baunatal, +49 (0) 561-490-0

Langenhan, Klaus, Hamburg

Langner, Lutz Gerhard, Mahle GmbH Werk Rottweil, Primtalstraße 2, 78628 Rottweil, +49 (0) 741-255-15257, lutz.langner@mahle.com

Langner, Dietmar, Dr., Iserlohn

Langthaler, Christoff, LCI - Engineering Christoff Langthaler Engineering GmbH, Garnisongasse 7/26, 1090 Wien, Österreich, +43 1 317-1700, headoffice@lci-group.com

Lappat, Ingo, Meuselwitz Guss Eisengiesserei GmbH, Industriepark Nord, 04610 Meuselwitz, +49 (0) 3448-82-148, ingo.lappat@meuselwitz-guss.de

Larsen, Per, Dr., DISA Industries A/S, Hojager 8, 2630 Taastrup, Dänemark, +45 25 37686, per.larsen@noricangroup.com

Laskowski, Nils, Dr., Fritz Winter Eisengießerei GmbH & Co. KG, Albert-Schweitzer-Straße 15, 35260 Stadtallendorf, +49 (0) 6428-78-352, Nils.Laskowski@fritzwinter.de

Laßmann, Stephan, Dr.-Ing., Vacuumschmelze GmbH & Co. KG, Grüner Weg 37, 63450 Hanau, +49 (0) 6181-38-2383, stephan.lassmann@vacuumschmelze.com

Lau, Holger, Dresden

Laufer, Hans-Joachim, Hagen

Lauter, Martin, Chemex Foundry Solutions GmbH, Maschstraße 16, 31073 Delligsen, +49 (0) 5787-9401-30, mlauter@chemex.de

Lauterbach, Arno, HDO Druckguß- und Oberflächentechnik GmbH, Halberstädter Straße 7-13, 33106 Paderborn, +49 (0) 5251-704-33520, arno.lauterbach@hdo-gmbh.com

Lechner, Philipp, Lehrstuhl für Umformtechnik und Giessereiwesen utg - TU München, Walther-Meißner-Straße 4, 85748 Garching, +49 (0) 89-289-13984, philipp.lechner@utg.de

Ledwoin, Erich, Burkhardtsdorf

Lehmann, Sandra, Chemex GmbH Foundry Solutions Vertriebsbüro Düsseldorf, Wiesenstraße 23, 40549 Düsseldorf, slehmann@chemex.de

Leideck, Frank, FONDIUM Singen GmbH, Julius-Bührer-Straße 12, 78224 Singen, +49 (0) 7731-886-473, frank.leideck@fondium.eu

Leidner, Marc, Kistler Instrumente GmbH, Umberto-Nobile-Straße 14, 71063 Sindelfingen, +49 (0) 7031-3090-164, marc.leidner@kistler.com

Leineweber, Laura, MAGMA Gießereitechnologie GmbH, Kackertstraße 16-18, 52072 Aachen, +49 (0) 241-88901-93, l.leineweber@magmasoft.de

Leipner, Bernd, Giessereiplanung Bernd Leipner, Uhlandstraße 10, 78239 Rielasingen - Worblingen, bernd.leipner@freenet.de

Leis, Walter, Hochschule Aalen Technik und Wirtschaft Aalen University of Applied Sciences, Beethovenstraße 1, 73430 Aalen, +49 (0) 7361-576-2276, walter.leis@htw-aalen.de

Leja, Alfred, Leverkusen-Hitdorf

Lellig, Klaus, Dr., Nemak Europe GmbH, THE SQUAIRE 17, Am Flughafen, 60549 Frankfurt, +49 (0) 69-695376-4020, klaus.Lellig@nemak.com

Lenninghaus, Helmut, Brechmann-GussJosef Brechmann GmbH & Co. KG, Hauptstraße 37-39, 33758 Schloß Holte-Stukenbrock, +49 (0) 5207-8904-775, h.lenninghaus@brechmann-guss.de

Lentzen, Raimund F., Dr.-Ing., Bonn

Lenz, Anne, Nemak Dillingen GmbH, Marie-Curie-Straße, 66763 Dillingen/Saar

Lenz, Jonathan, Biedenkopf

Lenz, Wolfgang, Dr.-Ing., Kleinblittersdorf

Leo, Götz-Stefan, FONDIUM Mettmann GmbH, Flurstraße 15-17, 40822 Mettmann, +49 (0) 2104-984-212, goetz-stefan.leo@fondium.eu

Leonhardt, Frank, NRU GmbH, Südstraße 3, 09221 Neukirchen, +49 (0) 371-28155-25, Frank.Leonhardt@nru-gmbh.de

Leoni, Natale, Qualimet AG, Ringstraße 11, 9500 Wil, Schweiz, +41 52 337-1066, natale.leoni@qualimet.ch

Letz, Peter, Dr.-Ing., Staufen

Leven, Helmut, Vesuvius GmbH, Gelsenkirchener Straße 10, 46325 Borken, +49 (0) 2861-83-277, Helmut.Leven@Foseco.com

Lick, Ronald, Rheine

Liebeck, Ralf, Idar-Oberstein ST Weierbach

Liebhäuser, Dieter, Rotenburg an der Fulda

Liebke, Marcel, Ottendorf-Okrilla

Liepe, Martin, Laempe Mössner Sinto GmbH, Hintern Hecken 3, 39179 Barleben, martin.liepe@laempe.com

Lietsch, Udo, Wöllstadt

Limmer, Sabina, Steinach

Lindemann, Dirk, Leipzig

Lindemann, Kurt-Jasper, Vaihingen

Lindemann-Berk, Robert, Quarzwerke GmbH, Kaskadenweg 40, 50226 Frechen, +49 (0) 2234-101-112, lindemann@quarzwerke.com

Lindhauer, Johannes, ENVIROnet, Bismarckstraße 142, 47057 Duisburg, +49 (0) 203-30615-99, lindhauer@enviro-net.de

Lindner, Helmut, Düsseldorf

Löchte, Klaus, Neuenkirchen

Loges, Hans-Joachim, IOG Industrie-Ofenbau GmbH, Haus Rhade, 58566 Kierspe, +49 (0) 211-633044, achim.loges@iog.de

Lohff, Thomas, Bosch Rexroth AG Werk LoP 3, Zum Eisengießer 1, 97816 Lohr am Main, +49 (0) 9352-18-2915, thomas.lohff@boschrexroth.de

Loitzenbauer, Heinz, Golling an der Salzach, Österreich

Loos, Peter, Bochum

Lorch, Dieter, Ingenieurbüro Lorch, Kirchheimer Straße 72, 73230 Kirchheim unter Teck, +49 (0) 7021-52418

Lorek, Hans-Georg, Schmerikon, Schweiz

Lorenz, Florian, Wilh. Stolle GmbH Werk Beuel, Broichstraße 78-90, 53227 Bonn, +49 (0) 228-95033-527, f.lorenz@stolle.net

Lorenz, Volker, Dr.-Ing., Köln

Lotte, Ernst-Hermann, Bromkamp GmbH, Weusterstraße 19, 46240 Bottrop, +49 (0) 2041-7715-127, ernst-hermann.lotte@bromkamp.de

Lottes, Hans, Dorsten

Lück, Benjamin, Universität Duisburg Essen Fakultät für Ingenieurwissenschaften, +49 (0) 203-379-3456

Luckey, Thomas, Fachhochschule Südwestfalen FB Ingenieur- und Wirtschaftswiss., Lindenstraße 53, 59872 Meschede

Lücking, Hans-Josef, Karl Casper GmbH + Co. KG, Tullastraße 14-22, 75196 Remchingen, +49 (0) 7232-3669-35, info@casper-guss.de

Lücking, Malte, Karl Casper GmbH + Co. KG, Tullastraße 14-22, 75196 Remchingen, +49 (0) 7232-3669-35, malte.lueking@casper-guss.de

Ludescher, Franz, Hüttenes-Albertus Chemische Werke GmbH, Wiesenstraße 23, 40549 Düsseldorf, +49 (0) 211-5087-0, franz.ludescher@ha-group.com

Ludwig, Christoph, Ludwig Feuerfest, Hauptstraße 76, 56206 Hilgert, info@ludwig-feuerfest.de

Lueben, Mathias, Dr., Elkem GmbH, Oststraße 16, 46483 Wesel, mathias.lueben@elkem.com

Lühr, Hartmut, Saarbrücken

Lukat, Berthold, Dr.-Ing., Köln

Luscher, Thomas, Mammut-Wetro Schmelztiegelwerk GmbH, Wetro, Siedlung Nr. 15, 02699 Puschwitz, +49 (0) 35933-3938-0, info@mammut-wetro.de

Lustig, Manfred, Bielefeld

Lüttmann, Eike, Vesuvius GmbH, Gelsenkirchener Straße 10, 46325 Borken, +49 (0) 2861-83-0, eike.luettmann@vesuvius.com

Maag, Michael, Henschke GmbH Internationale Industrievertretungen, Halevistraße 29, 90768 Fürth, +49 (0) 911-97 27 98-94, maag@henschkegmbh.de

Mack, Marcus, Stuttgart

Mackowiak, Mario, Krauschwitz

Maier, Jan, B+K Feuerfest-Technik GmbH, Telingskamp 11 a, 46395 Bocholt, +49 (0) 2871-186872, info@buk-feuerfest-technik.de

Maier, Alfred M., Netphen

Maier, Martin, Gestungshausen

Malaschkin, Andrej, Dr.-Ing., GF Casting Solutions Leipzig GmbH, Georg-Fischer-Straße 2, 04249 Leipzig, +49 (0) 341-4823-346, andrej.malaschkin@georgfischer.com

Malpohl, Klaus, Solingen

Mangold, Jürgen, Rodeneck, Italien

Mangos, Christos, Hochschule Aalen Technik und Wirtschaft Aalen University of Applied Sciences, Beethovenstraße 1, 73430 Aalen, +49 (0) 7361-576-606, christos.mangos@hs-aalen.de

Manschke, Matthias, Blankenburg

Mansfeld, Christof, Duisburg

Mares, Miloslav, Hydac spol..s.r.o, Kanadská 794, 39111 Planá nad Luznici, Tschechien, 0042-0381-201711

Markert, Christof, Lollar Breyden GmbH, Justus-Kilian-Straße 1, 35457 Lollar, +49 (0) 6441-418-3414, christof.markert@buderus.de

Martens, Lars, Dr.-Ing., ASK Chemicals Metallurgy GmbH, Fabrikstraße 6, 84579 Unterneukirchen, +49 (0) 8634-61-7409, Lars.Martens@ask-chemicals.com

Martin, Philipp, Breckerfeld

Marx, Sebastian, Gienanth Chemnitz Guss GmbHeh. Trompetter Guss Chemnitz GmbH, Schönherrstraße 8, 09113 Chemnitz, +49 (0) 371-4949-528, marx@tg-chemnitz.com

Maschke, Werner, Leipzig

Mattern, Kay, Johann Grohmann GmbH & Co. KG, Heidelbergstraße 54, 72406 Bisingen, 49 (0) 7476-9413-9627, mattern@grohmann-guss.de

Matthey, Gerald, Erlau

Matthies, Jörn, Matthies Druckguss GmbH & Co. KG, Bredstedter Straße 29 - 31, 24768 Rendsburg, +49 (0) 4331-712-53, joern@matthies-fockbek.de

Matthies, Marco, Matthies Druckguss GmbH & Co. KG, Bredstedter Straße 29 - 31, 24768 Rendsburg, +49 (0) 4331-71253, mm@druckgiesser.com

Mäuser, Florian, Hochschule Aalen Technik und Wirtschaft Aalen University of Applied Sciences, Beethovenstraße 1, 73430 Aalen, +49 (0) 7361-576-0, florian.maeuser@hs-aalen.de

May, Marco, FONDIUM Mettmann GmbH, Flurstraße 15-17, 40822 Mettmann, +49 (0) 2104-984-367, marco.may@fondium.eu

May, Jürgen, Lottstetten

Mayer, Bruno, Stahlwerke Bochum GmbH, Castroper Straße 228, 44791 Bochum, +49 (0) 234-508-51662, mayer@stahlwerke-bochum.com

Mayer, Christoph, Kaisten, Schweiz

Mayer, Gottfried, Schönheide

Mayer, Stephan O., Duisburg

Meder, Benedikt, Klaus Kuhn Edelstahlgießerei GmbH, Otto-Hahn-Str. 12-14, 42477 Radevormwald, +49 (0) 2195-671-292, b.meder@kuhn-edelstahl.com

Mehnert, Harald, Meuselwitz

Meibert, Thilo, Volkswagen AG HUH Gießerei, Mecklenheidestraße 74, 30419 Hannover, +49 (0) 511-798-3655, Thilo.Meibert1@volkswagen.de

Meidel, Friedbert, Georg Röth Eisengießerei GmbH & Co. KG, Bahnhofstraße 6, 74821 Mosbach, +49 (0) 6261-6449-11

Meier, Leopold, München

Meinberg, Jörg, Lauf

Mekus, Eckhard, Hüttenes-Albertus Chemische Werke GmbH, Hansastraße 1, 30419 Hannover, +49 (0) 511-9797-0

Mellert, Bernhard, Wilhelm-Maybach-Schule Gewerbliche Schule, Gnesener Straße 44, 70374 Stuttgart, +49 (0) 711-216896-11, bernhard.mellert@wms-s.de

Menk, Werner, Dr., Schaffhausen, Schweiz

Mentzel, Christoph, Xebios Diagnostics GmbH, Telleringstraße 49, 40597 Düsseldorf, +49 (0) 211-788807-00, info@xebios.de

Merkl, Peter, Limburg

Merz, Joachim, Friedr. Ischebeck GmbH, Loher Straße 31-79, 58256 Ennepetal, +49 (0) 2333-8305-968, merz@ischebeck.de

Merz, Yvonne, Lollar Breyden GmbH, Justus-Kilian-Straße 1, 35457 Lollar, +49 (0) 6411-418-3783, yvonne.merz@buderus.de

Mettler, Stefan, Ingenieurbüro Mettler, Lookdyk 78, 47839 Krefeld, +49 (0) 2151-5244040, ibm-mettler@outlook.de

Metz, Jochen, Daimler Truck AGWerk Mannheim, Hanns-Martin-Schleyer-Straße 21-57, 68305 Mannheim, +49 (0) 176-30920071, jochen.metz@daimlertruck.com

Metzger, Rudolf, Weinstadt

Meutzner, Stefan, Freiberg

Mewes, Dieter, Eschweiler

Meyer, Sönke, Stockmeier Chemie GmbH & Co. KG, Am Stadtholz 37, 33609 Bielefeld, Dänemark, +49 4192 8192436, S.Meyer@stockmeier.de

Michel, Detlev, Michel Consulting International GmbH, Dürerstraße 4, 46399 Bocholt, +49 (0) 2871-33523, dmichel@m-c-i.de

Michels, Wilhelm, Prof. Dr.-Ing., Hochschule Osnabrück Fakultät Ingenieurwissenschaften, Albrechtstraße 30, 49076 Osnabrück, +49 (0) 541-969-0, W.Michels@fh-osnabrueck.de

Michels, Hagen, Karl Casper GmbH + Co. KG, Tullastraße 14-22, 75196 Remchingen, +49 (0) 7232-3669-29, hagen.michels@casper-guss.de

Michels, Georg, Bülach, Schweiz

Middel, Thomas, Babcock Giesserei GmbH, Duisburger Straße 375, 46049 Oberhausen, +49 (0) 208-833-3402, t.middel@babcock-giesserei.de

Middelmann, Olaf, KSM Castings Group GmbH, Cheruskerring 38, 31137 Hildesheim, +49 (0) 5121-505-1053, Olaf.Middelmann@KSMCastings.com

Miederhoff, Mirco, Neuenrade

Miklin, Anton, Dr.-Ing., ENERCON GmbH, Borsigstraße 22, 26607 Aurich, anton.miklin@enercon.de

Mikoleizik, Peter, Eisenwerk Brühl GmbH, Kölnstraße 262-266, 50321 Brühl, peter.mikoleizik@eb-bruehl.de

Minkner, Ulrich, Dr.-Ing., Shandong Guochuang Precision Machinery Co., Ltd, No. 599, Sunuwu Fifth Road, 251700 Huimin Shandong Province, China, +86 188 6308-7868, ulrichminkner@lmzg.com.cn

Minnich, Daniel, Projektingenieure mbH Dr. E. Jung und Partner, Stifterweg 3, 82057 Icking, +49 (0) 8178-92 50 - 54, dminnich@projektingenieure.de

Mittler, Tim, Bayerische Motoren Werke AG BMW Group Werk Landshut, Ohmstraße 2, 84030 Landshut

Mnich, Franz, Dr.-Ing., Wernigerode

Möbus, Rudolf, Hamburg

Möding, Herbert, Dr.-Ing., Bad Friedrichshall

Mohaupt, Amelie, Breckerfeld

Mohr, Karl, Karl Mohr Guss-Consult, Beethovenstraße 66, 75438 Knittlingen, +49 (0) 7043-955-994, k.mohr@guss-consult.de

Mohr, Michael, Hildesheim

Molitor, Max, Kirchardt

Moll, Andreas, Gebr. Rieger GmbH & Co. KG, Kochertalstraße 32, 73431 Aalen, +49 (0) 07361-57020, andreas.moll@rr-rieger.de

Mollenkott, Rolf, Dr.-Ing., Waiblingen

Möller, Klaus, Volkswagen AG Werk Kassel, Dr. Rudolf-Leiding-Platz 1, 34219 Baunatal, +49 (0) 561-490-4105, klaus.moeller@volkswagen.de

Molter, Uwe, AlMo-Guss, Ehlenbrucher Straße 98, 32791 Lage, +49 (0) 5232-6904432, info@almo-guss.de

Moschner, Matthias, Olsberg

Moths, Udo, USD Formteiltechnik GmbH, Am Rottland 14, 58540 Meinerzhagen, +49 (0) 2354-9092-49, udo.moths@usdform.de

Mrugalla, Florian, TU Bergakademie Freiberg Giesserei-Institut, Bernhard-von-Cotta-Straße 4, 09596 Freiberg/Sachsen, Florian.Mrugalla@student.tu-freiberg.de

Muhr, Robert, Tiefenbach

Müller, Hauke, Eickhoff Gießerei GmbH, Am Eickhoffpark 1, 44789 Bochum, +49 (0) 234-975-2766, h.mueller@eickhoff-bochum.de

Müller, Eric, Ljunghall Group, Müglitztalstraße 43, 01809 Dohna, eric.muller@ljunghall.com

Müller, Gerrit, M. Busch GmbH & Co. KG, Ruhrstraße 1, 59909 Bestwig, +49 (0) 2904-988-258, muellerg@mbusch.de

Müller, Norman, Silbitz Guss GmbH, Dr.-Maruschky-Straße 2, 07613 Silbitz, +49 (0) 36693-80230, norman.mueller@silbitz-group.com

Müller, Katrin, Dr.-Ing., Viega GmbH & Co. KG, Viega Platz 1, 57439 Attendorn, +49 (0) 2722-61-1958, katrin.mueller@viega.de

Müller, Gerd, Hagen

Müller, Gerhard, Dr., Schwaikheim

Müller, Jörg, Steinhausen

Müller, Jörg, Dr.-Ing., Radolfzell am Bodensee

Müller, Jörn, Eschenburg

Müller, Knut, Zwickau

Münkel, Stefan, WILO SEWerk Hof, Heimgartenstraße 1-3, 95030 Hof, +49 (0) 9281 974-432, stefan.muenkel@wilo.com

Münkel, Jürgen, Neudorf, Schweiz

Münkel, Rudolf, Walldürn

Münker, Bernhard, Mercedes-Benz Group AG Werk Untertürkheim, Emil-Kessler-Straße 4, 70546 Stuttgart, +49 (0) 711-17-60402, bernhard.muenker@mercedes-benz.com

Münninghoff, Heinz, Aumund Fördertechnik GmbH, Saalhoffer Straße 17, 47495 Rheinberg, +49 (0) 2843-72-391, muenninghoff@aumund.de

Murgel, Orlando Drummond, Belo Horizonto, Brasilien

Muschna, Constanze, Dr.-Ing., Muschna Consulting, Gartenstraße 21, 57334 Bad Laasphe, info@muschna-consulting.de

Muschna, Matthias, Dr.-Ing., Muschna Giesserei Maschinen GmbH, Gartenstraße 21, 57334 Bad Laasphe, +49 (0) 2752-905-9793, matthias.muschna@mgm-foundry.de

Nagelschmitz, Bernd, Universität Duisburg Essen Fakultät für Ingenieurwissenschaften, Lotharstraße 1, 47057 Duisburg, +49 (0) 203-379-3254, dekanat@iw.uni-due.de

Nagler, Marco, MAN Energy Solutions SE, Stadtbachstraße 1, 86153 Augsburg, +49 (0) 172-2784637, marco.nagler@man-es.com

Naumann, Friedrich, Volkswagen AG Werk Kassel, Dr. Rudolf-Leiding-Platz 1, 34219 Baunatal, +49 (0) 561-490-4651, friedrich.naumann@volkswagen.de

Nebel, Heidemarie, Chemnitz

Nelissen, Heinz, Düsseldorf

Neubert, Volkmar, Prof. Dr.-Ing., Institut für Materialprüfung u. Werkstofftechnik Dr. Neubert GmbH, Freiberger Straße 1, 38678 Clausthal-Zellerfeld, +49 (0) 5323-98980

Neubert, Michael, MGC Metallgießerei Chemnitz GmbH, Curiestraße 16, 09117 Chemnitz, +49 (0) 371-852054, mc.neubert@aluguss.org

Neubert, Wolfgang, Chemnitz

Neuhof, Andreas, Neuhof Giesserei- und Fördertechnik GmbH, Hommeswiese 66, 57258 Freudenberg, +49 (0) 2734-434 81-0, a.neuhof@neuhof-gmbH.de

Nickel, Andreas, Dr.-Ing., FONDIUM Mettmann GmbH, Flurstraße 15-17, 40822 Mettmann, +49 (0) 2104-984-350, andreas.nickel@fondium.eu

Nickel, Werner, Amberg

Nicolai, Hans-Peter, Schwäbisch Gmünd

Niederau, Hermann-J., Engelskirchen

Niedzwetzki, Thomas, Eickhoff Gießerei GmbH, Am Eickhoffpark 1, 44789 Bochum, +49 (0) 234-975-2421, t.niedzwetzki@eickhoff-bochum.de

Niemann, Ronny, Tuttlingen

Niepel, Bernd, Bad Lobenstein

Nilges, Herbert M., Siempelkamp Giesserei GmbH, Siempelkampstraße 45, 47803 Krefeld, +49 (0) 2151-984-250, Herbert.Nilges@siempelkamp.com

Nissen, Andreas, Frankenberg

Nissen, Axel, Dr., Münster

Nitsch, Uwe, Dr.-Ing., TU Bergakademie Freiberg Giesserei-Institut, Bernhard-von-Cotta-Straße 4, 09596 Freiberg/Sachsen, +49 (0) 3731-39-2444, uwe.nitsch@gi.tu-freiberg.de

Noack, Tino, Großenhain

Nolte, Nane, Fraunhofer Institut für Fertigungstechnik und Angewandte Materialforschung IFAM, Wiener Straße 12, 28359 Bremen, +49 (0) 421-2246-7034, nane.nolte@ifam.fraunhofer.de

Nottaris, Francois, Rüegsauschachen, Schweiz

Nowak, Konrad, Krauschwitz

Nussbaum, Peter Andrew, BBS Kraftfahrzeugtechnik AG, Welschdorf 220, 77761 Schiltach, +49 (0) 7836-52-3847, nussbaum.peter@bbs.com

Nützel, Andreas, Schwabach

Nybergh, Carl-Johan, Oy Lux Ab, Lars Sonckin kaari 16, 02600 Espoo, Finnland, cj.nybergh@lux.fi

Oberem, Martin, Walter Kunze & Sohn Inh. Dipl.-Ing. Martin Oberem, Pfalzstraße 14, 42781 Haan, +49 (0) 2129-34750-12, info@kunze-sohn.de

Ochoa de Zabalegui, Edurne, Dr.-Ing., EDERTEK S. Coop., P.I. GARAIA, Isasi kalea 6-Apto. 19, 20500 Arrasate, Spanien, 0034-943-038867-4923, e.otxoa@edertek.es

Oechsle, Michael, Dr.-Ing., J.M. Voith SE & Co. KG, Alexanderstraße 2, 89522 Heidenheim

Oehlerking, Thomas, Wunstorf

Ogale, Hemant, Schwaigern

Ohm, Ludger, Dr.-Ing., Ohm & Häner Metallwerk GmbH & Co. KG, Im Grüntal 1, 57462 Olpe, +49 (0) 2761-921-436, L.ohm@ohmundhaener.de

Ohm, Paul, Ohm & Häner Metallwerk GmbH & Co. KG, Im Grüntal 1, 57462 Olpe, +49 (0) 2761-921-415, p.ohm@ohmundhaener.de

Ohm, Jens, Vesuvius GmbH, Gelsenkirchener Straße 10, 46325 Borken, jens.ohm@vesuvius.com

Olbort, Achim, Bisingen

Oosterhof, Klaus, Hüttenes-Albertus Chemische Werke GmbH, Wiesenstraße 23, 40549 Düsseldorf, +49 (0) 211-5087-252, klaus.oosterhof@ha-group.com

Orkas, Juhani, Prof. Dr.-Ing., Associat. of Finnish Foundry Industries, Kalevantie 2, 33100 Tampere, Finnland, +358 50 5562288, juhani.orkas@techind.fi

Orlikowski, Philipp, Dr.-Ing., Philipp Engineering, Kaiserstraße 213, 53113 Bonn

Orthen, Gerhard, BOHAI TRIMET Automotive Holding GmbH, Aluminiumallee 1, 06493 Harzgerode, +49 (0) 39484-50-602, gerhard.orthen@bohai-trimet.com

Ortlauf, Franz-Josef, GF Casting Solutions Leipzig GmbH, Georg-Fischer-Straße 2, 04249 Leipzig, +49 (0) 341-4823-247, franz-josef.ortlauf@georgfischer.com

Ortloff, Hartmut, Dr., RGU GmbH, Karl-Harr-Straße 1, 44263 Dortmund, +49 (0) 231-41997-0, or@rgu.de

Ostermann, Albert, Schmitz GmbH, Südring 86, 42579 Heiligenhaus, +49 (0) 2056-595-120

Ostrowski, Horst, Foundry Know-How GmbH, Am Kreuzberg 19, 97892 Kreuzwertheim, horst.ostrowski@foundryknowhow.com

Ott, Christian, Lohr

Özdemir, Umut, Serdivan/Sakarya, Türkei

Özer, Ihsan, Dr.-Ing., Daimler AGMercedes-Benz Werk Sindelfingen, 71059 Sindelfingen

Padovan, Sascha, Oberuzwil, Schweiz

Pampus-Meder, Matthias, Eisenwerk Brühl GmbH, Kölnstraße 262-266, 50321 Brühl, +49 (0) 2232-75-443, Matthias.Pampus-Meder@eb-bruehl.de

Pape, Jürgen, Fritz Winter Eisengießerei GmbH & Co. KG, Albert-Schweitzer-Straße 15, 35260 Stadtallendorf, +49 (0) 6428-78-0

Parzinger, Doris, SKW Stahl-Metallurgie GmbH, Rathausplatz 11, 84579 Unterneukirchen, +49 (0) 8634-62720-62, parzinger@skw-steel.com

Paschke, Jochen, Rüschlikon, Schweiz

Paselk, Andreas, Neuss

Paul, Uwe, Dr.-Ing., Siemens AG Gas and Power, Mellinghofer Straße 55, 45473 Mülheim, uwepaul@siemens.com

Paulsen, Matthias, Jürgens Gießerei GmbH & Co. KG, Lönsstraße 15, 48282 Emsdetten, +49 (0) 2572-876-761, matthias.paulsen@juergens.net

Paunovic, Stefan, Marburg

Pavlak, Lubos, Dr.-Ing., MAGMA Gießereitechnologie GmbH, Kackertstraße 11, 52072 Aachen, +49 (0) 241-88901-97, l.pavlak@magmasoft.de

Peichl, Tomas, Promet Czech s.r.o., 28. rijna 3138/41, 70200 Ostrava, Tschechien, +420 595 153 380, peichl@prometczech.cz

Peifer, Michael, Allweiler GmbH, Allweiler Straße 1, 78315 Radolfzell, +49 (0) 7732-86-500, m.peifer@allweiler.de

Pelz, Thomas, Neuhirschstein

Pentz, Gerhard, TU Bergakademie Freiberg Giesserei-Institut, Bernhard-von-Cotta-Straße 4, 09596, Freiberg/Sachsen

Peppinghaus, Dirk, Hüttenes-Albertus Chemische Werke GmbH, Wiesenstraße 23/64, 40549 Düsseldorf, +49 (0) 211-5087-0, dirk.peppinghaus@ha-group.com

Pernklau, Ernst, Dr.phil. Ing., Dortmund

Petzoldt, Olaf, Nemak Wernigerode GmbH, Gießerweg 10, 38855 Wernigerode, +49 (0) 3943-652-313

Petzschmann, Ulrich, Hüttenes-Albertus Chemische Werke GmbH, Wiesenstraße 23, 40549 Düsseldorf, +49 (0) 211-5087-450, Ulrich.Petzschmann@ha-group.com

Peukert, Klaus, Dr.-Ing., Freiberg

Peuten, Rolf, Stadler Stahlguss AG, Johann-Renfer-Straße 51-55, 2504 Biel, Schweiz, +41 32 3444518, rolf.peuten@stadlerrail.com

Pfäffle, Wolfgang, Mercedes-Benz Group AG Werk Untertürkheim, Emil-Kessler-Straße 4, 70546 Stuttgart, wolfgang.pfaeffle@mercedes-benz.com

Pfeiffenberger, Harro, Filderstadt

Pfeiffer, Markus, Projektingenieure mbH Dr. E. Jung und Partner, Stifterweg 3, 82057 Icking, +49 (0) 8178-925041, mpfeiffer@projektingenieure.de

Pfisterer, Wilfried, Prof. Dr.-Ing., Remscheid

Philipp, Stephan, GF Casting Solutions AG, Amsler-Laffon-Strasse 9, 8201 Schaffhausen, Schweiz, 0041-52-631-2104, stephan.philipp@georgfischer.com

Pichel, Mirko, ABB Turbo Systems AGIATU-V21, Bruggerstraße 71 A, 5400 Baden, Aargau, Schweiz, +41 58 588-5603, mirko.pichel@ch.abb.com

Picht, Gunnar, Fritzlar

Picht, Richard, Bingen

Piehler, Florian, DGH Sand Casting ProductionGmbH & Co. KG, Colsmanstraße 25, 88045 Friedrichshafen, +49 (0) 7541-7002-255, florian.piehler@dghgroup.de

Piel, Wolfgang, FONDIUM Singen GmbH, Julius-Bührer-Straße 12, 78224 Singen, +49 (0) 7731-886-576, wolfgang.piel@fondium.eu

Pietsch, Daniel, MFG Metall- und Ferrolegierungsges. mbH Hafner, Blondin & Tidou, Rudolf-Diesel-Straße 9, 40670 Meerbusch

Pintore, Manuel, Dr.-Ing., Fraunhofer - Institut für Gießerei-, Composite- und Verarbeitungstechnik IGCV, Lichtenbergstraße 15, 85748 Garching, +49 (0) 89-350946-126, manuel.pintore@igcv.fraunhofer.de

Piotrowski, Andreas, Dr.-Ing., gb Implantat-Technologie GmbH, Harkortstraße 65, 45145 Essen, +49 (0) 201-82168-13, a.piotrowski@gbit-gmbh.de

Pithan, Ansgar, Bonn

Pizarro, Ildefonso, Lollar Breyden GmbH, Justus-Kilian-Straße 1, 35457 Lollar, +49 (0) 6441-418-3792, ildefonso.pizarro@guss.buderus.de

Plasmeier, Lutz, Halver

Plath, Thomas, Kiel

Plohs, Klaus, Flensburg

Podobed, Oleg, Dr.-Ing., CALDERYS Metalcasting Germany GmbH, Schmielenfeldstraße 78, 45772 Marl, +49 (0) 2365-804-262, oleg.podobed@calderys.com

Poetschulat, Andreas, GF Casting Solutions Werdohl GmbH, Schlesingerstraße 1, 58791 Werdohl, +49 (0) 2392-501-146

Poetzsch, Michael, Georg Röth Eisengießerei GmbH & Co. KG, Bahnhofstraße 6, 74821 Mosbach, +49 (0) 6261-6449-16, poetzsch@roeth-guss.de

Pohl, Jürgen, AionaCast Consulting GmbH, Römerstraße 17, 71665 Vaihingen an der Enz, juergen.pohl@aionacast.com

Pohl, Peter, Rehburg-Loccum

Pöhlandt, Walter, Brühl

Pohlmann, Udo, Dr., Hüttenes-Albertus Chemische Werke GmbH, Wiesenstraße 23, 40549 Düsseldorf, +49 (0) 211-5087-419, Udo.Pohlmann@ha-group.com

Polzin, Hartmut, Dr.-Ing., PEAK Deutschland GmbH, Dresdner Straße 58, 01683 Nossen, +49 (0) 35242-6565-95, gp.polzin@icloud.com

Pönsgen, Dieter, FURTENBACH GMBH, Neunkirchner Straße 88, 2700 Wiener Neustadt, Österreich, 0043-262264200, d.poensgen@furtenbach.com

Popper, Tilo, Hydro Aluminium Deutschland GmbH, Edisonstraße 3, 41542 Dormagen, tilo.popper@hydro.com

Pöschl, Markus, Schmolz + Bickenbach Guss GmbH Werk Krefeld, Hülser Straße 810, 47803 Krefeld, +49 (0) 2151-764-1354, m.poeschl@sbguss.de

Posorski, Thomas, vonRoll casting sa, Rondez 17, 2800 Delémont, Schweiz, +41 32 421-7865, thomas.posorski@vonroll-casting.ch

Poßberg, Marko, Mercedes-Benz Group AG Werk Untertürkheim, Emil-Kessler-Straße 4, 70546 Stuttgart, +49 (0) 711-6 06 01, marko.possberg@mercedes-benz.com

Pott, Peter, Langenhagen

Prachowsky, Reimund, Georgsmarienhütte

Prager, Rico, Sachsen Guss GmbH, Obere Hauptstraße 228-230, 09228 Chemnitz OT Wittgensdorf, +49 (0) 3722-642-414, rico.prager@sachsenguss.de

Präkelt, Heiner, Keulahütte GmbH, Geschwister-Scholl-Straße 15, 02957 Krauschwitz, +49 (0) 35771-54-312, info@keula-guss.de

Prazeniak, Bernhard, HERP Industrieanlagen GmbH, Bahnhofstraße 10, 57258 Freudenberg, +49 (0) 2734-20018-19

Preller, Olaf, Angermann GmbH, Anton-Zickmantel-Straße 41, 04249 Leipzig, +49 (0) 341-4247062, o.preller@wigea.de

Prinz, Bruno, Prof. Dr.-Ing., Oberursel

Prölß, Volker, Fronreute

Puy, Hans-Peter, Steffenberg

Pyzynski, Frank, ASK Chemicals Metallurgy GmbH, Fabrikstraße 6, 84579 Unterneukirchen, +49 (0) 8634-61-74 43, frank.pyzynski@ask-chemicals.com

Raab, Armin, Feinguß Lobenstein GmbH, Poststraße 31, 07356 Bad Lobenstein, +49 (0) 36651-842-55, a.raab@schubert-salzer.com

Raadts, Georg, M. Raadts PC + O Hütten- und Giessereibedarf, Bergswick 13, 46459 Rees, +49 (0) 2851-2763

Rabanus, Kurt, Saarbrücken

Rademacher, Hans-W., Hagen

Rademacher, Timm, Balve

Radjef, Youcef, Dr.-Ing., Friedrichshafen

Radtke, Martin, Friedrich-Albert-Lange-Berufskolleg, Carstanjenstraße 10, 47057 Duisburg, +49 (0) 203-283-2582, martin@radtke-OB.de

Radtke, Matthias, Leipzig

Rähmer, Paul, Albert Hoffmann GmbH, Bergrather Straße 66-70, 52249 Eschweiler

Ramthun, Josef, Franken Guss GmbH & Co. KG, An der Jungfernmühle 1, 97318 Kitzingen, +49 (0) 9321-932-101, josef.ramthun@frankenguss.de

Ramthun, Maximilian Josef, Franken Guss GmbH & Co. KG, An der Jungfernmühle 1, 97318 Kitzingen

Raschke, Peter M., Ransbach-Baumbach

Rath, Jürgen, Haldensleben

Ratkovic, Stojan, Dr.-Ing., Daimler Truck AGWerk Mannheim, Hanns-Martin-Schleyer-Straße 21-57, 68305 Mannheim, +49 (0) 621-393-4211, stojan.ratkovic@daimlertruck.com

Reberger, Erwin, München

Rebmann, Christian, Gußwerke Saarbrücken GmbH, Kirchstraße 16, 66130 Saarbrücken, +49 (0) 68- 8705-0

Reck, Christian, Universität Duisburg Essen Fakultät für Ingenieurwissenschaften, Lotharstraße 1, 47057 Duisburg

Reckers, Manfred, Hermann Reckers GmbH & Co. KG, Dille 9, 48432 Rheine-Mesum, +49 (0) 5975-928-023, m.reckers@reckers.eu

Reckers, Alexander, Rheine

Recknagel, Ulrich, Schrobenhausen

Reeder, Christian, Breidenbach

Refstie, Per Magne, Kristiansand, Norwegen

Regeniter, Max, Oventrop GmbH & Co. KG, Paul-Oventrop-Straße 1, 59939 Olsberg, +49 (0) 2962-82-321, m.regeniter@oventrop.de

Rehse, Henning, Wermelskirchen

Reichardt, Markus, SAVEWAY GmbH & Co. KG, Wümbacher Landstr. 8, 98693 Ilmenau, +49 (0) 3677-806038, m.reichardt@saveway-germany.de

Reichenbächer, Holger, Dr.-Ing., Feinguß Lobenstein GmbH, Poststraße 31, 07356 Bad Lobenstein, +49 (0) 3 66 51-84-213, h.reichenbaecher@schubert-salzer.com

Reichner, Henriette, TU Bergakademie Freiberg Gießerei-Institut, Bernhard-von-Cotta-Straße 4, 09596 Freiberg/Sachsen

Reihle, Matthias, Prof. Dr.-Ing., Lehrstuhl für Umformtechnik und Giessereiwesen utg - TU München, Walther-Meißner-Straße 4, 85748 Garching, +49 (0) 89-289-13786, Giessereiwesen@utg.de

Reindl, David, Luitpoldhütte GmbH, Sulzbacher Straße 121, 92224 Amberg, +49 (0) 9621-640-504, david.reindl@luitpoldhuette.de

Reinecke, Wolfgang, Leipzig

Reisener, Petra, Dr.-Ing., Altdorf

Reissmueller, Bernd, Parana Brasil, Brasilien

Reith, Dominic, Arnstein

Renker, Dirk, Dr.-Ing., TU Bergakademie Freiberg Giesserei-Institut, Bernhard-von-Cotta-Straße 4, 09596 Freiberg/Sachsen, +49 (0) 3731-39-2443, dirk.renker@gi.tu-freiberg.de

Reuschel, Andreas, Luk GmbH & Co. KG, Industriestraße 3, 77815 Bühl, +49 (0) 7223-941-2886, andreas.reuschel@schaeffler.com

Reuter, Christian, Bosch Rexroth AG Werk LoP 3, Zum Eisengießer 1, 97816 Lohr am Main, 0049 (0) 9352-18 2375, christian.reuter4@boschrexroth.de

Reuter, Max, Lohr

Reuther, Ronny, Gienanth Chemnitz Guss GmbHeh. Trompetter Guss Chemnitz GmbH, Schönherrstraße 8, 09113 Chemnitz, +49 (0) 371-4949-502, reuther@tg-chemnitz.com

Reuther, Patrick, MAHLE Behr GmbH & Co. KG, Mauserstraße 3, 70469 Stuttgart, +49 (0) 711-896-2585, patrick.reuther@behrgroup.com

Reuther, Thorsten, Wetzlar

Reyes-Cabre, Angel A., Dr.-Ing., Klaus Union Industries Priv. Ltd., Senthampalayam Road, 641107 Coimbatore Tamil Nadu, Indien, +91 422 710-2500, a.reyes@ku-ind.com

Richter, Volker, Chemnitz

Ricken, Hartmut, Dr.-Ing., DIEHL Metall MessingWerk Röthenbach, Heinrich-Diehl-Straße 9, 90552 Röthenbach, +49 (0) 911 5704-520, Hartmut.Ricken@diehl.com

Riebandt, Andreas, Volkswagen Poznan sp.z.o.o.Werk Antoninek, ul. Warszawska 349, 61-060 Poznan, Polen, +48 (0) 61-831-2309, andreas.riebandt@vw-poznan.pl

Riebel, Michael, Regierungspräsidium Giessen Abteilung IV - Umwelt, Marburger Straße 91, 35396 Gießen

Rieck, Torsten, Dr.-Ing., FONDIUM Mettmann GmbH, Flurstraße 15-17, 40822 Mettmann, +49 (0) 2104-984-288, torsten.rieck@fondium.eu

Riedelbauch, Hans Christian, Dr., Bad Kreuznach

Riehn, Matthias, ACTech GmbH, Halsbrücker Straße 51, 09599 Freiberg/Sa., +49 (0) 3731-169-0, project@actech.de

Riess, Dieter, Saarbrücken

Riethmüller, Ulrich, Cloppenburg

Rietpietsch, Bernd, GTR international GmbH, Gebrüder-Hayn-Straße 15, 21337 Lüneburg, +49 (0) 4131-799580, info@gtr-international.de

Rietzscher, Rolf, Mettmann

Rist, Tobias, MAN Energy Solutions SE, Stadtbachstraße 1, 86153 Augsburg, +49 (0) 821-322-1180, tobias.rist@man-es.com

Ritter, Horst, Moosach

Robatzek, Michael, Lindemann Germany GmbH, Grafenberger Allee 337a, 40237 Düsseldorf, +49 (0) 211-2105-325, michael.robatzek@mogroup.com

Rochlitz, Christoph, Fürstenwalde/Spree

Rockmann, Hartmut, MAGMA Gießereitechnologie GmbH, Kackertstraße 16-18, 52072 Aachen, +49 (0) 241-88901-22, H.Rockmann@magmasoft.de

Röders, Gerd, G.A. Röders GmbH & Co. KG, Unter den Linden 6-8, 29614 Soltau, +49 (0) 5191-809-19, gerd.roeders@roeders.com

Rodrigues da Costa, Ronaldo, ASK Chemicals GmbH, Reisholzstraße 16-18, 40721 Hilden

Rödter, Hans, Heidenheim

Rogalski, Joachim, Bad Friedrichshall

Roggenland, Bernhard, Procast Guss GmbH, Brockhäger Straße 217, 33330 Gütersloh, +49 (0) 5241-938-249, b.roggenland@procast-guss.de

Rohde, Danny, Universität Kassel Fachbereich 15 - Maschinenbau, Kurt-Wolters-Straße 3, 34125 Kassel

Rohland, Bernd, Bonn

Röhlen, Andreas, Daimler Truck AGWerk Mannheim, Hanns-Martin-Schleyer-Straße 21-57, 68305 Mannheim, +49 (0) 621-393-3960, andreas.roehlen@daimlertruck.com

Rohn, Walter, Waldbröl

Röhrig, Klaus, Dr.-Ing., Erkrath

Roll, Andreas, Langenargen

Roller, Rolf, Herbrechtingen

Rommerskirchen, Markus, Dr.-Ing., Rommerskirchen GmbH, Richard-Wagner-Straße 20, 47799 Krefeld, +49 (0) 2151-159440, markus@rommerskirchen-gmbh.de

Röpke, Wolf-Dieter, Dr.-Ing., Düsseldorf

Rösch, Raimund, Dr.-Ing., Volkswagen AG Werk Kassel, Dr. Rudolf-Leiding-Platz 1, 34219 Baunatal, +49 (0) 561-490-0

Rossi, Adrian, Steuler - KCH GmbH, Berggarten 1, 56427 Siershahn, +49 (0) 2623-600-234, adrian.rossi@steuler-kch.de

Roth, Dieter, Prien am Chiemsee

Röth, Georg, Dr.-Ing., Meschede

Rothermel, Jonas, Hermann Reckers GmbH & Co. KG Eisengießerei, Dille 9, 48432 Rheine-Mesum, +49 (0) 5975-9280-38, j.rothermel@reckers.eu

Rotmann, Udo, Marburg

Rötschke, Udo, Pierburg GmbH, Scheringstraße 2, 13355 Berlin, +49 (0) 30-4605 - 52 82, udo.roetschke@de.kspg.com

Rückert, Hans, Überherrn

Rudolf, Georg, EnCO-TecIng.büro für gießereitechnische Beratung, Hohenlindenweg 27, 63927 Bürgstadt, g.rudolf@enco-tec.de

Rudolph, Axel, Bad Driburg

Rudolph, Matthias, Königslutter am Elm

Rügamer, Anton, Neumünster

Rumi, Michael, Dr.-Ing., Doncasters Precision Castings-Bochum GmbH, Bessemerstraße 82, 44793 Bochum

Rupp, Stefan, robot-machining GmbH, Am Sandborn 10, 63500 Seligenstadt, +49 (0) 6182-89739-0, s.rupp@robot-machining.de

Sacharuk, Ljudmila, Dr.-Ing., Albert HandtmannMetallgußwerk GmbH & Co. KG, Arthur-Handtmann-Straße 25-31, 88400 Biberach, +49 (0) 7351-342-127, ljudmila.sacharuk@handtmann.de

Sachs, Wolfgang, Ulm

Sachsenmaier, Franz, August Mössner GmbH & Co. KG, Hohenstaufenstraße 3, 73569 Eschach, +49 (0) 7175-99806-12, franzsachsenmaier@moessner-kg.de

Saewert, Hans-Christoph, Volkswagen AG HUH Gießerei, Mecklenheidestraße 74, 30419 Hannover, +49 (0) 511-798-3303

Sagert, Detlev, Schenklengsfeld

Salvisberg, Roland, HMP-Gussimpex GmbH, Tannbachstraße 2, 6264 Pfaffnau, Schweiz, +41 62 74700-43, salvisberg@hmp-gussimpex.ch

Sammati, Graziano, Procast Handform GmbH Mechanische Bearbeitung, Falckensteiner Straße 2-4, 24159 Kiel, graziano.sammati@proca.st

Sander, Friedrich, Worms

Sandt, Marvin, Hochschule Kempten Fakultät Maschinenbau - Gießereitechnik, Bahnhofstraße 61, 87435 Kempten

Sasse, Steffen, Breyden GmbHeh. Buderus, Buderusstraße 26, 35236 Breidenbach, +49 (0) 6465-62-283, steffen.sasse@guss.buderus.de

Sattel, Hans, CONTIFONTE S.A., 4, Impasse des Fabriques, 67706 Saverne Cedex, Frankreich, +33 3880 181-05

Schabrucker, Markus, Hüttenes-Albertus Chemische Werke GmbH, Wiesenstraße 23, 40549 Düsseldorf, +49 (0) 211-5087-266, Markus.Schabrucker@ha-group.com

Schächinger, Daniela, Gerhard Lang Recycling GmbH, Wilhelm-Lang-Straße 1-3, 76571 Gaggenau, +49 (0) 7225-9669-148, d.schaechinger@lang-recycling.de

Schacht, Sven, Otto Piening Schiffspropeller & Wellenanlagen GmbH, Am Altendeich 83, 25348 Blomesche Wildnis, +49 (0) 4124-9168-0

Schaerer, Mirko, Ravoire, Schweiz

Schäfer, Arndt, Arndt SchäferChemie und Umwelt GmbH, Schönecker Weg 8, 51570 Windeck, +49 (0) 2292 9310-0, info@ascem.de

Schäfer, Jörg, GTP Schäfer Gießtechnische Produkte GmbH, Benzstraße 15, 41515 Grevenbroich, +49 (0) 2181-23394-25, joerg.schaefer@gtp-schaefer.de

Schäfer, Thomas, GTP Schäfer Gießtechnische Produkte GmbH, Benzstraße 15, 41515 Grevenbroich, +49 (0) 2181-23394-0

Schäfer, Holger, Hahnbach

Schäfer, Jürgen, Sinsheim

Schäfer, Peter, VACUCAST Feinguß GmbH & Co., Kopenhagener Straße 65, 13407 Berlin, p.schaefer@VACUCAST.de

Schäfers, Andreas, Eickhoff Gießerei GmbH, Am Eickhoffpark 1, 44789 Bochum, +49 (0) 234-975-2760, giesserei@eickhoff-bochum.de

Schaper, Mirko, Prof. Dr.-Ing., Salzkotten

Schär, Andreas, Volkswagen AG Werk Kassel, Dr. Rudolf-Leiding-Platz 1, 34219 Baunatal, +49 (0) 561-490-59142, andreas.schaer@volkswagen.de

Scharenborg, Harry A., VZ Haaksbergen, Niederlande

Scharf, Stefan, Dr.-Ing., Otto-von-Guericke Universität Magdeburg Institut für Fertigungstechnik und Qualitätssicherung, Universitätsplatz 2, 39106 Magdeburg, +49 (0) 391-67-12355, stefan.scharf@ovgu.de

Scheel, Joachim, Ferchau GmbH, Zeppelinstraße 136, 14471 Potsdam

Scheib, Jörg, EKW GmbH, Bahnhofstraße 16, 67304 Eisenberg, +49 (0) 6351-4090, joerg.scheib@ekw-refractories.com

Scheid, Ralf, Speira Recycling Services Germany GmbH, Aluminiumstraße 3, 41515 Grevenbroich, +49 (0) 2181-1645-155, ralf.scheid@speira.com

Scheidling, Mario, Georg Herrmann Metallgießerei GmbH, Muldenhütten 22, 09599 Freiberg, +49 (0) 3731-3969-0, mail@ghm-aluguss.de

Scheil, Jan, Dr.-Ing., Nemak Europe GmbH, THE SQUAIRE 17, Am Flughafen, 60549 Frankfurt, +49 (0) 69-537-64123, jan.scheil@nemak.com

Scheinert, Harald, Dr.-Ing., Rackwitz

Scheler, Manfred, Oberhausen

Schellhammer, Helmut, Landratsamt - Gewerbeaufsicht, Bahnhofstraße 100, 78532 Tuttlingen, +49 (0) 7461-926 57 13

Schepers, Ernst, KS Ruurlo, Niederlande

Schetter, Hans, Grünsfeld

Schiche, André, MAN Energy Solutions SE, Stadtbachstraße 1, 86153 Augsburg, andre.schiche@man-es.com

Schiebold, Lutz, Markranstädt

Schild, Frank, Luitpoldhütte GmbH, Sulzbacher Str. 121, 92224 Amberg, +49 (0) 9621-640-591, frank.schild@luitpoldhuette.de

Schille, Reinhard, Dr.-Ing., Zwenkau

Schilling, Andreas, Universität Kassel Fachbereich 15 - Maschinenbau, Kurt-Wolters-Straße 3, 34125 Kassel, a.schilling@uni-kassel.de

Schindelbacher, Gerhard, Österreichisches Gießerei-Institut Verein für praktische Gießereiforschung, Parkstraße 21, 8700 Leoben, Österreich, 0043 3842 43101-20, gerhard.schindelbacher@ogi.at

Schlagl, Gerald, Nack

Schliefer, Thomas, vR production (DUKTUS), Sophienstraße 52-54, 35576 Wetzlar, +49 (0) 6441-492342, Thomas.Schliefer@vrproduction.world

Schlimm, Nicole, EKW GmbH, Bahnhofstraße 16, 67304 Eisenberg, +49 (0) 6351-409-123, nicole.schlimm@ekw-refractories.com

Schlingloff, Hans, Dr.-Ing., Brühl

Schmees, Clemens, SCHMEES cast Langenfeld GmbH, Rudolf-Diesel-Weg 6-8, 40764 Langenfeld, +49 (0) 2173-8505-30, clemens.schmees@schmees.com

Schmid, Lukas, Albert HandtmannMetallgußwerk GmbH & Co. KG, Arthur-Handtmann-Straße 25-31, 88400 Biberach, +49 (0) 7351-3426750, lukas.schmid@handtmann.de

Schmid, Ingeborg, Zürich, Schweiz

Schmid-Fetzer, Rainer, Prof. Dr.-Ing., Technische Universität ClausthalInstitut für Metallurgie, Robert-Koch-Straße 42, 38678 Clausthal - Zellerfeld, +49 (0) 5323-72-2150, schmid-fetzer@tu-clausthal.de

Schmidt, Felix, Hüttenes-Albertus Minerals GmbH Ein Unternehmen der HA-Gruppe, Speditionsinsel 36, 47119 Duisburg, +49 (0) 203-57 03 99 80, fschmidt@huettenes-albertus.com

Schmidt, Daniel, MAGMA Gießereitechnologie GmbH, Kackertstraße 16-18, 52072 Aachen, d.schmidt@magmasoft.de

Schmidt, Frank, Dr.-Ing., Martinrea Honsel Germany GmbH, Fritz-Honsel-Straße 30, 59872 Meschede, +49 (0) 291-291-2909, frank.schmidt@martinrea.com

Schmidt, Uwe, Procast Guss GmbH Nortorfer Gusswerk, Gießereiweg 17, 24589 Nortorf, +49 (0) 4392-9129-28, uwe.schmidt@proca.st

Schmidt, Martin, Vesuvius GmbH, Gelsenkirchener Straße 10, 46325 Borken, +49 (0) 2861-83-402, Martin.Schmidt@Foseco.com

Schmidt, Christoph, Lüneburg

Schmidt, Dirk, Chemnitz

Schmidt, Gerald, Stockstadt am Rhein

Schmidt, Hannes, Dresden

Schmidt, Marcus, Bocholt

Schmidt, Sven, Gimbsheim

Schmidt, Wilfried, Ingolstadt

Schmidtgen, Ulf, Fürth

Schmitt, Joachim, Leichlingen

Schmitt, Jürgen, Nürnberg

Schmitz, Wilfried, Dr.-Ing., Otto Junker GmbH Geschäftsbereich Anlagenbau inkl. Service, Jägerhausstraße 22, 52152 Simmerath - Lammersdorf, +49 (0) 2473-601-441, wilfried.schmitz@otto-junker.com

Schmitz-Cohnen, Klaus, Dr.-Ing., Knight Wendling GmbH, Arnheimer Straße 118, 40489 Düsseldorf, +49 (0) 211-77006-65, kschmitzcohnen@knightwendling.de

Schmücker, Helmut, Bochum

Schnatz, Peter, Wuppertal

Schneider, Marc C., Dr., MAGMA Gießereitechnologie GmbH, Kackertstraße 16-18, 52072 Aachen, +49 (0) 241-88901-47, m.schneider@magmasoft.de

Schneider, Hugo, SCS Beratungsges. mbH, Kanzleistraße 6, 95444 Bayreuth, +49 (0) 921-788979-20, info@scs-beratung.com

Schneider, Ulrich, CIREX GmbH, Overweg 15, 59494 Soest, +49 (0) 2921-7896-260, u.schneider@cirexfoundry.com

Schneider, Klaus, Erlangen

Schneider, Wolf-Dieter, Prof. Dr.-Ing., Essen

Schnelle, Jochen, Drache Umwelttechnik GmbH, Werner-von-Siemens-Straße 24-26, 65582 Diez, +49 (0) 6432-607-35, jochen.schnelle@drache-gmbh.de

Scholz, Georg, ZOLLERN GmbH & Co. KG, Hitzkofer Straße 1, 72517 Sigmaringendorf-Laucherthal, +49 (0) 7571-70-650, georg.scholz@zollern.com

Scholz, Willi, Ratingen

Schöne, Felix, Münster

Schönfeld, Falk, Dr.-Ing., MAN Truck & Bus SEPMPG Gießerei, Vogelweiherstraße 33, 90441 Nürnberg, +49 (0) 911-420-2473, falk.schoenfeld@man.eu

Schönhardt, Claus, Mosbach

Schoof, Martin, FORGU Formenbau- und MetallgußGesellschaft mbH, Rudolf-Diesel-Straße 3, 58730 Fröndenberg, +49 (0) 2373-398888, FORGU@t-online.de

Schöps, Hartmut, Bodelwitz

Schoß, Johannes, TU Bergakademie Freiberg Giesserei-Institut, Bernhard-von-Cotta-Straße 4, 09596 Freiberg/Sachsen

Schott, Stephen, M. Busch GmbH & Co. KG, Ruhrstraße 1, 59909 Bestwig, +49 (0) 2904-988-183, Schott@mbusch.de

Schottek, Clemens, Düsseldorf

Schrader, Norbert, Willich

Schramm, Eric, Pockau-Lengefeld

Schreiber, Sven, KMA Umweltechnik GmbH, Eduard-Rhein-Straße 2, 53639 Königswinter, +49 (0) 2244-9248-48, s.schreiber@kma-filter.de

Schreiber, Martin H., Solingen

Schreiner, Jens, Dr.-Ing., Hamburg

Schrey, Alexander, Dr.-Ing., Vesuvius GmbH, Gelsenkirchener Straße 10, 46325 Borken, +49 (0) 2861-83-0, Alexander.Schrey@vesuvius.com

Schreyer, Raffael, CLARIANT PRODUKTE (DEUTSCHLAND) GMBH BU FUNCTIONAL MINERALS, Ostenriederstraße 15, 85368 Moosburg, raffael.schreyer@clariant.com

Schrod, Matthias, Dr.-Ing., ASK Chemicals GmbH, Reisholzstraße 16-18, 40721 Hilden, +49 (0) 211-71103-37, matthias.schrod@ask-chemicals.com

Schroth, Achim, Dunningen

Schrumpf, Martin, Dr.-Ing., Walzengießerei & Hartgußwerk Quedlinburg GmbH, Klopstockweg 33, 06484 Quedlinburg, +49 (0) 3946-774-149, dr.m.schrumpf@walzenqlb.de

Schuba, Stephan, KNDS Deutschland Tracks GmbH, Vieringhausen 118, 42857 Remscheid, +49 (0) 2191-9457-123, stephan.schuba@knds.de

Schubert, Rolf, Eisenwerk Hasenclever & Sohn GmbH DIHAG Foundry Group, Auhammer 1, 35088 Battenberg, +49 (0) 6452-801146

Schubert, August, Gochsheim

Schuh, Wolfgang, Neuss

Schüle, Alexander, Metallgiesserei Schüle GmbH, Einsteinstraße 3, 74372 Sersheim, +49 (0) 7042-8314-15, A.Schuele@Schuele-guss.de

Schuller, Frank, Lollar Breyden GmbH, Justus-Kilian-Straße 1, 35457 Lollar, +49 (0) 6441-418-3410

Schulz, Linda, Procast Guss GmbH, Brockhäger Straße 27, 33330 Gütersloh, l.schulz@procast-guss.de

Schulz, Karl-Heinz, SPEFORM Metall-Chemie GmbH, Pörtnerskamp 4-6, 46286 Dorsten, +49 (0) 2369-8054-55, info@speform.de

Schulz, Werner, Karlsruhe

Schulze, Hans-Siegfried, Elze

Schumacher, Max, Bundesverband der DeutschenGießerei-Industrie BDG, Hansaallee 203, 40549 Düsseldorf, +49 (0) 211-6871-215, max.schumacher@bdguss.de

Schumacher, Peter, Prof. Dr.-Ing., Montanuniversität Leoben, Franz-Josef-Straße 18, 8700 Leoben, Österreich, +43 3842 402-3300, peter.schumacher@unileoben.ac.at

Schürhoff, Joachim, Dr., Heiligenhaus

Schüssler, Johannes, RWTH Aachen Giesserei-Institut, Intzestraße 5, 52072 Aachen, +49 (0) 241-80-98152, j.schuessler@gi.rwth-aachen.de

Schwalfenberg, Dirk, Herborn

Schwan, Hermann, Vulcast Germany GmbH, Graf-von-Manderscheid-Str. 1, 54584 Jünkerath, +49 (0) 6597-12-133, hermann.schwan@vulcast.de

Schwanbeck, Manfred Henk, Hjältevad, Schweeden

Schwarz, Daniel, Hochschule Aalen Technik und Wirtschaft Aalen University of Applied Sciences, Beethovenstraße 1, 73430 Aalen, +49 (0) 7361-576-0

Schwarz, René, Mercedes-Benz Group AG Werk Untertürkheim, Emil-Kessler-Straße 4, 70546 Stuttgart, +49 (0) 711-17-66154, rene.r.schwarz@mercedes-benz.com

Schwarz, Jürgen, Winterbach

Schwarze, Oliver, BMW Motorrad, 80788 München, oliver.schwarze@bmw.de

Schwarzer, Christian F.J., Hennef

Schwenke, Niklas, Universität Kassel Fachbereich 15 - Maschinenbau, Kurt-Wolters-Straße 3, 34125 Kassel, +49 (0) 561-804-7086, n.schwenke@uni-kassel.de

Schwenkel, Stephan, Dr.-Ing., Heiligenhaus

Schwerter, Dirk, Ingenieurbüro Schwerter, Lise-Meitner-Straße 1 - 13, 42119 Wuppertal, +49 (0) 202-3171 3115, info@ib-schwerter.de

Schwesinger, Oliver, TRANSVALOR S.A.E-Golf Park, 950 avenue Roumanille, 06904 Sophia Antipolis cedex, Frankreich, +33 4 92924214, oliver.schwesinger@transvalor.com

Schwickal, Harald, Dr.-Ing., Bayerische Motoren Werke AG BMW Group Werk Landshut, Ohmstraße 2, 84030 Landshut, Harald.Schwickal@bmw.de

Scichilone, Raimondo, Behringer GmbHMaschinenfabrik und Eisengießerei, Industriestraße 23, 74912 Kirchardt, +49 (0) 7266-207-125, raimondo.scichilone@behringer.net

Seeger, Klaus, Dr.rer.nat., Hüttenes-Albertus Chemische Werke GmbH, Wiesenstraße 23, 40549 Düsseldorf, +49 (0) 211-5087-0, nschrader@ha-group.com

Seidemann, Robert, Leipzig

Seidemann, Roland, Leipzig

Seidl, Klaus, ZF Passau GmbH, Donaustraße 25, 94034 Passau, +49(851)494-5259, klaus.seidl@zf.com

Seiler, Christoph, RWTH Aachen Giesserei-Institut, Intzestraße 5, 52072 Aachen, +49 (0) 241-80-95880, sekretariat@gi.rwth-aachen.de

Semmelmann, Karl, KSE Casting Solutions Karl Semmelmann, Eckerzell 6, 93167 Falkenstein, karl.semmelmann@kse-casting-solutions.de

Sendfeld, Norbert, Dr.-Ing., Gerolsbach

Serghini Anbari, Amine, Hüttenes-Albertus Chemische Werke GmbH, Wiesenstraße 23, 40549 Düsseldorf, +49 (0) 211-5087-273, amine.serghini@ha-Group.com

Seutens, Frank, Heraeus Electro-Nite International nv, Centrum Zuid 1105, 3530 Houthalen, Belgien

Severing, Ulrich, Kirchheim am Ries

Siebrecht, Robert, Calderys Deutschland GmbH, In der Sohl 122, 56564 Neuwied, robert.siebrecht@calderys.com

Siedler, Richard, Keßler & Co. GmbH Giessereierzeugnisse, Gerhard-Ellrodt-Straße 24, 04249 Leipzig, +49 (0) 341-41529-13, siedler@giesserei-kessler-leipzig.de

Siegel, Hans, Bocholt

Sieger, Michael, Wolfensberger AG, Bäretswilerstraße 45, 8494 Bauma, Schweiz, +41 52 396-1111, michael.sieger@wolfensberger.ch

Sill, Hans-Joachim, Garbsen

Simon, Hans, Simon Ingenieur GmbH, Westliche Karl-Friedrich-Straße 272, 75172 Pforzheim, +49 (0) 7231-97217-0, hans.simon@simon-ingenieure.de

Skerdi, Udo, ASK Chemicals Feeding Systems GmbH, Hauptstraße 200, 56170 Bendorf, +49 (0) 2622-924 03-77, udo.skerdi@ask-chemicals.com

Sobbe-Schubert, Ludger, SCHÄFER Metallurgie GmbH, Bonner Straße 20, 53773 Hennef, +49 (0) 2242-91339-0

Sohr, Wilfried, Weinheim

Sommer, Jan, Hörlitz

Soraruf, Klaus A., Dr.-Ing., Düsseldorf

Spalthoff, Karl-Ernst, Meppen

Spang, Lothar, Knight Wendling GmbH, Arnheimer Straße 118, 40489 Düsseldorf, +49 (0) 211-77006-0, lspang@knightwendling.de

Spangenberg, Jens, BTS Abwicklungsgesellschaft mbH i.L.eh. Baettr Stade GmbH, Johann-Rathje-Köser-Straße 7, 21683 Stade, +49 (2) 4146 9299-303, jespa@baettr.com

Speh, Joachim, Walter Hundhausen GmbH, Ostendamm 23, 58239 Schwerte, +49 (0) 2304-105-351, joachim.speh@walter-hundhausen.com

Spiess, Olivier, Bosch Rexroth AG Werk LoP 3, Zum Eisengießer 1, 97816 Lohr am Main, +49 (0) 9352-18-6722, olivier.spiess@boschrexroth.de

Spitz, Wilfried, I.A.S. Induktions-Anlagen+Service GmbH & Co.KG, Am Großen Teich 16 + 27, 58640 Iserlohn, +49 (0) 2371-4346-85, w.spitz@ias-induction.com

Spohr, Hansjörg, Siegbert Spohr GmbHGießereibedarf + Förderbandrollen, Am Korreshof 1-3, 40822 Mettmann, +49 (0) 2104-70374, hansjoerg.spohr@spohr-gmbh.de

Spravil, Adrian, Neunkirchen

Sprenger, Frank, Hüttenes-Albertus Chemische Werke GmbH, Wiesenstraße 23, 40549 Düsseldorf, +49 (0) 211-5087-227, frank.sprenger@ha-group.com

Spriestersbach, Jochen, Dr.-Ing., Duisburg

Springmann, Hans P., Kirchheim unter Teck

Stark, Andreia, Dr.-Ing., Redwood City, CA 94062, Vereinigte Staaten von Amerika

Stark, Ulrich, Ueckermünde

Starke, Paul, Gienanth Chemnitz Guss GmbHeh. Trompetter Guss Chemnitz GmbH, Schönherrstraße 8, 09113 Chemnitz, +49 (0) 371-4949-553, starke@tg-chemnitz.com

Stauß, Roswitha, Metallgießerei Stauß GmbH & Co. KG, Hauptstraße 2, 35075 Gladenbach, +49 (0) 6462-91037, rstauss@metallgiessereistauss.de

Steil, Peter, Biberach

Steimle, Armin, Aichtal

Stein, Torsten, Gienanth GmbH DIHAG Foundry Group DIHAG, Ramsener Straße 1, 67304 Eisenberg, torsten.stein@dihag-gienanth.com

Stein, Hagen, Leichtmetallgießerei Bad Langensalza GmbH, Gothaer Landstraße 12 A, 99947 Bad Langensalza, +49 (0) 3603-83896-13, h.stein@die-komplettgiesserei.de

Stein, Norbert, Leichtmetallgießerei Bad Langensalza GmbH, Gothaer Landstraße 12 A, 99947 Bad Langensalza, +49 (0) 3603-83896-12, n.stein@die-komplettgiesserei.de

Steinbach, Jürgen, Robert Bosch GmbH, Robert-Bosch-Straße 2, 71701 Schwieberdingen, +49 (0) 711-811 - 357 89, juergen.steinbach2@de.bosch.com

Steinberg, Marc, Knight Wendling GmbH, Arnheimer Straße 118, 40489 Düsseldorf, msteinberg@knightwendling.de

Steinemann, Nina, Daimler AGMercedes-Benz Werk Untertürkheim, Emil-Kessler-Straße 4, 70546 Stuttgart, +49 (0) 711-17-0, nina.steinemann@mercedes-benz.com

Steinforth, Simone, Bezirksregierung Düsseldorf, Cecilienallee 2, 40474 Düsseldorf, +49 (0) 211-475-9529

Steinforth, Andrea, Nativa GmbH, Leostraße 62 a, 40545 Düsseldorf, +49 (0) 211-2391749, asteinforth@nativa-gmbh.com

Steinforth, Achim, Düsseldorf

Steinhäuser, Thomas, Prof. Dr.-Ing., Goch

Steinheider, Lars, FWH Stahlguss GmbH, Friedrich-Ebert-Straße 125, 45473 Mülheim an der Ruhr, +49 (0) 208-451-7302, steinheider@fwh.de

Steinkemper, Udo, Olsberg

Steinküller, Pascal, Pleissner Guss GmbH, Duderstädter Straße 17, 37412 Herzberg am Harz, +49 (0) 5521-83 – 344, pascal.steinkueller@gmh-gruppe.de

Steinrücken, Ulrich, Olsberg

Steller, Ingo, Dr., Bundesverband der DeutschenGießerei-Industrie BDG, Hansaallee 203, 40549 Düsseldorf, +49 (0) 211-6871-342, ingo.steller@bdguss.de

Stender-Robertz, Jens, SMULDERS, Hoge Mauw 200, 2370 Arendonk, Belgien, +32 473 360870, jens.stender-robertz@smulders.com

Stephan, David, Proservicetech GmbH, Besser Straße 24, 34225 Baunatal, +49 (0) 176-48078117, d.stephan@proservicetech.it

Sterk, Alexander, Allweiler GmbH, Allweiler Straße 1, 78315 Radolfzell

Sternau, Horst, Rheinfelden

Stets, Wolfram, Dr.-Ing., Foseco Nederland BVFoundry R&D Centre, Pantheon 30, 7521 PR Enschede, Niederlande, wolfram.stets@vesuvius.com

Stieler, Hagen, Nemak Europe GmbH, Gießerweg 10, 38855 Wernigerode, +49 (0) 3943-652-1116, hagen.stieler@nemak.com

Stika, Peter, Dr.-Ing., Nemak Linz GmbH, Zeppelinstraße 24, 4030 Linz, Österreich, +43 (0) 732-300103-5365, Peter.Stika@nemak.com

Stinzing, Klaus, pour-tech AB, Industrivägen 39, 43361 Sävedalen, Schweden, klaus.stinzing@pour-tech.com

Stips, Waldemar, Technische Hochschule Köln, Betzdorfer Straße 2, 50679 Köln, +49 221 8275-2718, waldemar.stips@th-koeln.de

Stoffelen, Martin, Düsseldorf

Stölting, Ralf, Sande Stahlguss GmbH, Gießereistraße 32 26452 Sande, rstoelting@sande-stahlguss.de

Stottmeister, Gerd, Wetter

Stracke, Franz-Josef, RWTH Aachen Giesserei-Institut, Intzestraße 5, 52072 Aachen, franz-josef.stracke@rwth-aachen.de

Stratmann, Christoph, M. Busch GmbH & Co. KG, Ruhrstraße 1, 59909 Bestwig, stratmann@mbusch.de

Strauß, Simon, HTS MWT GmbH, Max-von-Eyth-Straße 7, 86899 Landsberg, simon.strauss@htsgroup.com

Strehler, Hans-Heinrich, Strehler Leichtmetall GmbH Hans-H. Strehler GmbH, Hermelinweg 7, 71046 Sindelfingen, +49 (0) 7031 70882-0, info@strehler.com

Ströhle, Tilmann, Schmiedeberger Gießerei GmbH DIHAG Foundry Group, Altenberger Straße 59 A, 01744 Dippoldiswalde

Strumps, Ekkehard, Reutlingen

Stummhöfer-Jähnichen, Uwe, RHI Refractories, Kronacher Straße 6, 07333 Unterwellenborn, uwe.stummhoefer-jaehnichen@rhimagnesita.com

Stump, Friedrich H., Wernau

Sturm, Jörg Christian, Dr.-Ing., Aachen

Stutz, Ferdinand, Stutz Improvement AG, Landstraße 43 A, 8450 Andelfingen, Schweiz, +41 52 3352919, f.stutz@stutz-improvement.ch

Stuzmann, Walter, Meerbusch

Subasic, Emir, RWTH Aachen Giesserei-Institut, Intzestraße 5, 52072 Aachen, +49 (0) 241-80-95893, e.subasic@gi.rwth-aachen.de

Sue, Erwin, Alfeld

Sundermann, Jan, Erkrath

Surek, Steffen, Sinn

Surma, Bernhard, Maulbronn

Sürmeli, Emre, Mönchengladbach

Szonn, Dirk, Leopold Kostal GmbH & Co. KG, An der Bellmerei 10, 58513 Lüdenscheid, +49 (0) 2351-16 2821, d.szonn@kostal.com

Tacke, Dieter, Dossenheim

Tayshete, Purvang, Freiberg

Telle, Gerhard, Öhningen

Templin, Jörg, Albert HandtmannMetallgußwerk GmbH & Co. KG, Arthur-Handtmann-Straße 25-31, 88400 Biberach, +49 (0) 7351-342-6347, joerg.templin@handtmann.de

Templin, Michael, Fill Gesellschaft mbH, Fillstraße 1, 4942 Gurten, Österreich, michael.templin@fill.co.at

Tenbrink, Hans-Bernd, Goch

Tenelsen, Julien Franz, Irle Rolls GmbH, Hüttenweg 5, 57250 Netphen, +49 2737 504-0, information@irlerolls.com

Teschke, Gunnar, Malsfeld

Tesic, Zoran, TCT TESIC GmbH, Kalthofer Feld 19, 58640 Iserlohn, +49 (0) 2371-7726-0, ztesic@tct-tesic.com

Tesic, Darko, Iserlohn

Tewes, Sebastian, Dr.-Ing., Bundesverband der DeutschenGießerei-Industrie BDG, Hansaallee 203, 40549 Düsseldorf, +49 (0) 211-6871-339, sebastian.tewes@bdguss.de

Theis, Lothar, Schunk Bahn-. und Industrietechnik GmbH, Hauptstraße 97, 35435 Wettenberg, +49 (0) 641-803-535, lothar.theis@schunk-group.com

Thelen-Büttner, Andreas Heinz, Heidelberg Manufacturing Deutschland GmbH, Industriegebiet Egelsee, 73338 Amstetten, +49 (0) 7331-31-0

Thiele, Johannes, Albert Hoffmann GmbH, Bergrather Straße 66-70, 52249 Eschweiler, +49 (0) 2403-798-310, j.thiele@albert-hoffmann.de

Thiele, Joachim, Ludwigshafen

Thielemann, Thomas, Dresden

Thienel, Mark, Technofond Gießereihilfsmittel GmbH, Am Pfaffensee 17, 67376 Harthausen, +49 (0) 6344-96978-0, mark.thienel@technofond.de

Thieser, Günter, EKW GmbH, Bahnhofstraße 16, 67304 Eisenberg, +49 (0) 6351-409-123, guenter.thieser@ekw-refractories.com

Thiessen, Malte, Siemens Energy Global GmbH & Co. KG, Mellinghofer Str. 55, 45473 Mülheim an der Ruhr, malte.thiessen@siemens-energy.com

Thom, Arne, Moers

Thranow, Thomas, Eisengießerei Dinklage GmbH, In der Bahler Heide 5, 49413 Dinklage, +49 (0) 4443-9787-20, thomas.thranow@edinklage.de

Thurnherr, Bernhard, Bülach, Schweiz

Tiebermann, Martin, Meuselwitz Guss Eisengiesserei GmbH DIHAG Foundry Group, Industriepark Nord, 04610 Meuselwitz, +49 (0) 3448-82829, martin.tiebermann@meuselwitz-guss.de

Tilch, Werner, Prof. Dr.-Ing., Freiberg

Tillmann, Stefan, Bamberg

Tillmanns, Klaus, Heiligenhaus

Titrek, Erdinc, Heidelberg Manufacturing Deutschland GmbH, Industriegebiet Egelsee, 73338 Amstetten, +49 (0) 7331-31-3720, erdinc.titrek@heidelberg.com

Töberich, Felix, Metallgiesserei Breuckmann GmbH & Co. KG, Dieselstraße 28, 42579 Heiligenhaus, +49 (0) 2056-5801-28, felix.toeberich@breuckmann.de

Tölke, Peter, Velbert

Tönges, Christian, Burgwald

Tonn, Babette, Prof. Dr., Technische Universität Clausthallnstitut für Metallurgie, Robert-Koch-Straße 42, 38678 Clausthal - Zellerfeld, +49 (0) 5323-72-2070, babette.tonn@tu-clausthal.de

Trippelsdorf, Frank, Calderys Deutschland GmbH, In der Sohl 122, 56564 Neuwied, +49 (0) 2631-8604-294

Tröger, Marcel, Stützengrün

Troglio, Cesare, Duisburg

Trompetter, Markus, FONDIUM Mettmann GmbH, Flurstraße 15-17, 40822 Mettmann, Markus.Trompetter@fondium.eu

Troschel, Wolfgang, Wetzlar

Trottno, Klaus, Erbach-Erlenbach

Trzmiel, Heinz, Viernheim

Tschorn-Eckardt, Barbara, Dr.-Ing., LC Loosdrecht, Niederlande

Tüfekci, Cemil, Volkswagen AG Werk Kassel, Dr. Rudolf-Leiding-Platz 1, 34219 Baunatal, +49 (0) 561-490-0

Tunzini, Sabine, GF Casting Solutions AG, Amsler-Laffon-Strasse 9, 8201 Schaffhausen, Schweiz, +41 79 311-2494, sabine.tunzini@georgfischer.com

Tweer, Reinhard, Reinhard Tweer GmbH, Krackser Straße 191, 33689 Bielefeld, +49 (0) 5205-7501-23, reinhard.tweer@tweer.de

Uetz, Günter, Konstanz

Uhlemann, Frank, GFU Gießereitechnik, Ilmenauer Weg 9, 04205 Leipzig, +49 (0) 341-4123114, UHLGUSS@aol.com

Uhr, Thomas, BRP Rotax GmbH & Co. KG, Rotaxstraße 1, 4623 Gunskirchen, Österreich, +43 7246 601-0, thomas.uhr@brp.com

Umenhoffer, Erik, Zwickau

Ungrun, Peter, Emsdetten

Uppendahl, Markus, Weeze

Ursavas, Uemit, Ford-Werke GmbH, Henry-Ford-Straße 1, 50735 Köln, +49 (0) 221-90-0, uursavas@ford.com

Usai, Samuel, Wipperfürth

Utzig, Helmut, Spiesen-Elversberg

Uyma, Falko, Dr.-Ing., Schmiedeberger Gießerei GmbH DIHAG Foundry Group, Altenberger Straße 59 A, 01744 Dippoldiswalde, +49 (0) 35052-21-334, uyma@schmie-guss.de

van de Sand, Michael, Imagic Bildverarbeitung AG, Europastraße 27, 8152 Glattbrugg, Schweiz, 0041-448094060, michael.vandesand@imagic.ch

van Gemert, Bas, Gemco Engineers B.V., Science Park Eindhoven 5053, 5692, EB Son, Niederlande, 0031-40 26 43-685, Bas.van.gemert@gemco.nl

van Hüllen, Peter, Georgsmarienhütte Holding GmbH, Neue Hüttenstraße 1, 49124 Georgsmarienhütte, +49 (0) 5401-39-4050

Vennemann, Josef, Rhede

Vermoehlen, Helmut, Hofheim

Versmold, Ralf, Godfrey & Wing GmbH, Ludgeristraße 32, 48734 Reken, +49 (0) 2864-9599000, Ralf.Versmold@godfreyWing.de

Vierbaum, Mark, Klaus Kuhn Edelstahlgießerei GmbH, Otto-Hahn-Str. 12-14, 42477 Radevormwald, +49 (0) 2195-671-26, m.vierbaum@kuhn-edelstahl.com

Vitz, Philipp, VITZ - METALLGUSSPaul u. Helmut Vitz GmbH & Co. KG, Industriestraße 29, 42551 Velbert, +49 (0) 2051-22061, philipp.vitz@vitz-metallguss.de

Vogel, Vera, Dr.-Ing., MAHLE Behr GmbH & Co. KG, Mauserstraße 3, 70469 Stuttgart, +49 (0) 711-501-47021, vera.vogel@mahle.com

Vogel, Wolfgang, Dr., SCHÄFER Metallurgie GmbH, Bonner Straße 20, 53773 Hennef, +49 (0) 2242-91339-19, vogel@schaefer-metallurgie.de

Vogel, Michael Eike, Dr.-Ing., Hamburg

Vogel, Thomas, Dinslaken

Vogel, Walter, St. Helena Island SC, Vereinigte Staaten von Amerika

Voigt, Ulrich, ASK Chemicals Feeding Systems GmbH, Hauptstraße 200, 56170 Bendorf, +49 (0) 2622-924 03 - 0, ulrich.voigt@ask-chemicals.com

Voigtländer, Bernd, Großerkmannsdorf

Volk, Wolfram, Professor Dr.-Ing., Lehrstuhl für Umformtechnik und Giessereiwesen utg - TU München, Walther-Meißner-Straße 4, 85748 Garching, +49 (0) 89-289-1 37 91, wolfram.volk@utg.de

Volkmer, Christoph, Nettetal

Vollrath, Klaus, Aarwangen, Schweiz

von Arb, Patrick, Craftsman Fronberg Guss GmbH, Maximilianstraße 13, 92421 Schwandorf, +49 (0) 9431-729-390, patrick.vonarb@fronberg-guss.de

von der Au, Jürgen, Metallgießerei von der Au GmbH, Am Leveloh 24, 45549 Sprockhövel, +49 (0) 2324-73998

von Großmann, Gunter, Ingolstadt

von Pokrzywnicki, Peter, Dr.-Ing., Magdeburg

von Schweinichen, Jaxa, Dr.-Ing., Netphen

von Waldow, Alexander, DIHAG Hasenclever GmbH, Auhammer 1, 35088 Battenberg, +49 (0) 6452-801213, a.von.waldow@dihag-hasenclever.com

Voss, Sarah, Leichlingen

Wachholz, Nils, Eickhoff Gießerei GmbH, Am Eickhoffpark 1, 44789 Bochum, +49 (0) 234-975-2653, n.wachholz@eickhoff-bochum.de

Wächtler, Mirko, Vesuvius GmbH, Gelsenkirchener Straße 10, 46325 Borken, +49 (0) 2861-83-0, mirko.waechtler@vesuvius.com

Wachtmeister, Eberhard, Köln

Wagler, Hans, TU Bergakademie Freiberg Giesserei-Institut, Bernhard-von-Cotta-Straße 4, 09596 Freiberg/Sachsen, +49 (0) 3731-39-2853, hans.wagler@gi.tu-freiberg.de

Wagner, Thomas, Doncasters Precision Castings-Bochum Gmb, Bessemerstraße 80, 44793 Bochum, +49 (0) 234-622337, twagner@doncasters.com

Wagner, Klaus, Dr., GFE - Ges. für Fertigungstechnik und Entwicklung Schmalkalden e.V., Näherstiller Straße 10, 98574 Schmalkalden, +49 (0) 3683-6900-720, k.wagner@gfe-net.de

Wagner, Ingo, MAGMA Gießereitechnologie GmbH, Kackertstraße 16-18, 52072 Aachen, +49 (0) 241-88901-63, i.wagner@magmasoft.de

Wagner, Kai, Volkswagen AG HUH Gießerei, Mecklenheidestraße 74, 30419 Hannover, +49 (0) 511-798-3303+3304

Wagner, Gernot, Dr.-Ing., Leipzig

Wahl, Torsten, Peine

Wallrapp, Thorsten, Kitzingen

Walprecht, Gerhard, Albbruck-Buch

Walter, Frank, Craftsman Fronberg Guss GmbH, Maximilianstraße 13, 92421 Schwandorf, rank.walter@fronberg-guss.de

Wang, Tao, Dr.-Ing., WM Technologies (Shanghai) Ltd., No. 388 Minshen Road, 201612 Shanghai, P.R. China, China, tao.wang@wm-sh.com

Waninger, Dirk, Kassel

Wappelhorst, Michael, Dr.-Ing., Volkswagen Aktiengesellschaft, Brieffach 4373, 34225 Baunatal, +49 (0) 561-490-59222, michael.wappelhorst@volkswagen.de

Wasem, Hansueli, Uster, Schweiz

Wasmuth, Uwe, Prof. Dr.-Ing., Fachhochschule Karlsruhe Hochschule für Technik, Moltkestraße 30, 76133 Karlsruhe, +49 (0) 721-925-1902, uwe.wasmuth@h-ka.de

Weber, Frank, FONDIUM Mettmann GmbH, Flurstraße 15-17, 40822 Mettmann, +49 (0) 2104-984-318, frank.weber@fondium.eu

Weber, Mike, Gienanth GmbH, Ramsener Straße 1, 67304 Eisenberg, +49 (0) 6351-408-187

Weber, Mathieu, MAGMA Gießereitechnologie GmbH, Kackertstraße 16-18, 52072 Aachen, +49 (0) 241-88901-404, M.Weber@magmasoft.de

Weber, Christoph, Mercedes-Benz AG Werk Untertürkheim, Emil-Kessler-Straße 4, 70546 Stuttgart, +49 (0) 711-1752332, christoph.c.weber@mercedes-benz.com

Weber, Bernd, Dr.-Ing., Bayreuth

Wegener, Ralph, TUPY (EUROPE) GMBH, Am Hochacker 2, 85630 Grasbrunn, +49 (0) 89-9454-8449, rwegener@tupy-europe.de

Wehner, André, Kamenz

Weidler, Thomas, Hochschule Aalen Technik und Wirtschaft Aalen University of Applied Sciences, Beethovenstraße 1, 73430 Aalen, +49 (0) 7361-576-2267, thomas.weidler@hs-aalen.de

Weidler, Andreas M., Aalen

Weidt, Moritz, MAGMA Gießereitechnologie GmbH, Kackertstraße 16-18, 52072 Aachen, +49 (0) 151-54381075, m.weidt@magmasoft.de

Weigelt, Robert, Luitpoldhütte GmbH, Sulzbacher Straße 121, 92224 Amberg, +49 (0) 9621-640-610, robert.weigelt@luitpoldhuette.de

Weihnacht, Roger, gb Implantat-Technologie GmbH, Harkortstraße 65, 45145 Essen, +49 (0) 201 (0) 82168-14, r.weihnacht@gbit-gmbh.de

Weis, Michael, Bharat Forge CDP GmbH, Mittelstraße 64, 58256 Ennepetal, +49 (0) 2333-7960, m.weis@bharatforge-gh.com

Weiß, Konrad, Dr.-Ing., RWP GmbHGes. beratender Ingenieure, Bundesstraße 77, 52159 Roetgen, +49 (0) 2471-1230-10, k.weiss@rwp-simtec.de

Weiß, Philipp, Dr.-Ing., Schmidt + Clemens GmbH + Co. KG Edelstahlwerk Kaiserau, Kaiserau 2, 51789 Lindlar, +49 (0) 2266-92-0, p.weiss@schmidt-clemens.de

Weiß, Reinhard, Dr.-Ing., Silbitz Group Torgelow GmbH, Borkenstraße 15 a, 17358 Torgelow, +49 (0) 3976-439-377, reinhard.weiss@silbitz-group.com

Weissenberger, Roland, Klettgau

Weisser, Helmut, Weichering

Weith, Martin, Hüttenes-Albertus Chemische Werke GmbH, Wiesenstraße 23, 40549 Düsseldorf, martin.weith@ha-group.com

Welsch, Karl-Heinz, Roßtal

Wendinger, Bernd, Sterr & Eder Industrieservice GmbH, Waldkirchener Straße 12, 84030 Landshut, b.wendinger@sterr-eder.de

Wendt, Florian, Dr.-Ing., Freiberg

Wendt, Hannes, Wolfsburg

Wenk, Lothar, Krefeld

Wenzel, Jens, Siempelkamp Giesserei GmbH, Siempelkampstraße 45, 47803 Krefeld, +49 (0) 2151-894-394, jens.wenzel@siempelkamp.com

Wenzel, Elisabeth, Dr.-Ing., Bretten

Werner, Urs, Schaffhausen, Schweiz

Werner, Walter, Deidesheim

Weschenbach, Josef, Bielefeld

Wesemeyer, Hagen, Edemissen-Alvesse

Westhoff, Elmar, Dr.-Ing., Otto Junker CM GmbH Casting & Machining, Jägerhausstraße 22, 52152 Simmerath, +49 (0) 2473-601-400, elmar.westhoff@otto-junker-cm.com

Westphal, Lothar, Nordhausen

Wetter, Christoph, Walzengießerei Coswig GmbH DIHAG Foundry Group, Grenzstraße 1, 01640 Coswig, christophwetter@walze-coswig.de

Wettschereck, Maximilian, Grünstadt

Wicklein, Oliver, Vesuvius GmbH, Gelsenkirchener Straße 10, 46325 Borken, Oliver.Wicklein@vesuvius.com

Wiedemann, Niklas, MAGMA Gießereitechnologie GmbH, Kackertstraße 16-18, 52072 Aachen, +49 (0) 241-88901-316, m.wiedemann@magmasoft.de

Wiegand, Frank, Volkswagen AG Werk Kassel, Dr. Rudolf-Leiding-Platz 1, 34219 Baunatal, +49 (0) 561-490-0

Wiemann, Michael, INDIA EUROPE AL, Roggenkamp 14c, 44797 Bochum, +49 (0) 234-793238, mhw@india-europe-al.eu

Wien, Jürgen, Barsinghausen

Wiesenmüller, Jens, Dr.-Ing., GSL GussStahl Lienen GmbH & Co. KG, Industriestraße 10, 49536 Lienen, +49 (0) 5483-745-426, j.wiesenmueller@gsl-lienen.de

Wiesner, Klaus, Industrie- und Handelskammer Nordschwarzwald, Dr.-Brandenburg-Straße 6, 75173 Pforzheim, +49 (0) 7231-201-0

Wilch, Andreas, CIREX GmbH, Overweg 15, 59494 Soest, a.wilch@cirexfoundry.com

Wilhelm, Christian, Dr.-Ing., Foundry Consulting and Solutions, Johann-Sebastian-Bach-Straße 1, 69256 Mauer, fcs-wilhelm@t-online.de

Wilhelm, Franz, Alsting, Frankreich

Wilhelmi, Rolf, Buchholz & Cie. Giesserei GmbH, Pirmasenser Straße 106-108, 66482 Zweibrücken, +49 (0) 6332-4799-26, rw@buchholz-guss.de

Wilhelms, Frank, Knowhow Wilhelms GmbH, Finkenweg 14, 15711 Königs Wusterhausen, +49 (0) 3375-5856250, info@k-wilhelms.de

Wilhelms, Joachim, Hannover

Willer, Heinrich, Königstein/Taunus

Wilms, Carsten, Hargreaves raw materials services GmbH, Böningerstraße 29, 47051 Duisburg, +49 (0) 203-417924-34, wilms@hargreavesservices.de

Winkler, Stefan, FEINGUSS BLANK GmbH, Industriestraße 18, 88499 Riedlingen, +49 (0) 7371-182-385, stefan.winkler@TexmoBlank.com

Winkler, Uwe, Gallin-Kuppentin OT Penzlin

Winsberg, Jörg, FONDIUM Singen GmbH, Julius-Bührer-Straße 12, 78224 Singen, +49 (0) 7731-886-462, joerg.winsberg@fondium.eu

Winter, Eckhard, Eisengiesserei Baumgarte GmbH, Duisburger Straße 35, 33647 Bielefeld, +49 (0) 521-4044123, e.winter@eisengiesserei-baumgarte.de

Winter, Daniel, Rödelsee

Wirth, Wolfgang, Krapohl-Wirth Foundry Consulting GmbH, Im Pfeiferle 6, 86477 Adelsried, +49 (0) 821-48659-64, wolfgang.wirth@kwcg.de

Wirtz, Lydia, Lintorfer Eisengießerei GmbH DIHAG Foundry Group, Rehhecke 83-87, 40885 Ratingen, +49 (0) 2102-3806-36, lydia.wirtz@lintorfereg.de

Wismer, Ulfert, Bartz-Werke GmbH, Franz-Meguin-Straße 14-16, 66763 Dillingen/Saar, +49 (0) 6831-7008-16, ulfert.wismer@bartz-werke.de

Wisor, Thorsten, Bosch Rexroth AG Werk LoP 3, Zum Eisengießer 1, 97816 Lohr am Main, +49 (0) 9352-18-2275, thorsten.wisor@boschrexroth.de

Witt, Carl Eduard, Attendorn

Wittekopf, Dieter, Prof. Dr.-Ing., Leipzig

Wittwer, Ulrich, vonRoll casting ag, Rüeggisingerstraße 2, 6020 Emmenbrücke, Schweiz, +41 41 2693170, ulrich.wittwer@vonroll-casting.world

Wohlfeil, Klaus-Dieter, Siempelkamp Giesserei GmbH, Siempelkampstraße 45, 47803 Krefeld, +49 (0) 2151-894-277, klaus.wohlfeil@Siempelkamp.com

Wolf, Harry, FOSECO Foundry Division, Vesuvius GmbH, Gelsenkirchener Straße 10, 46325 Borken, harry.wolf@vesuvius.com

Wolf, Rüdiger, Martinrea Honsel Germany GmbH, Fritz-Honsel-Straße 30, 59872 Meschede, +49 (0) 291-291-0

Wolf, Gotthard, Prof., TU Bergakademie Freiberg, Giesserei-Institut, Bernhard-von-Cotta-Straße 4, 09596 Freiberg/Sachsen, +49 (0) 3731-39-2441, gotthard.wolf@gi.tu-freiberg.de

Wolf, Kurt, VELCO GmbH, Haberstraße 40, 42551 Velbert, +49 (0) 2051-208710

Wölfel, Jan, FUGRA S.A. de C.V., Lerma, Estade de Mexico, C.P. 52000, Mexico, Mexico

Wolff, Joachim, IMERYS Murg GmbH, Ferroweg 1, 79725 Laufenburg, +49 (0)7763-933-483, joachim.wolff@imerys.com

Wolff, Horst, Dr.-Ing., Langenfeld

Woltmann, Reinhard, Gröbenzell

Wommer, Axel, Wetzlar

Wondra, Frank, Herp Gießereitechnik GmbH, Alte Poststraße 1, 57258 Freudenberg, +49 (0) 2734-20018, frank.wondra@herp-gmbh.de

Wörner, Markus, Bosch Rexroth AG Werk LoP 3, Zum Eisengießer 1, 97816 Lohr am Main, +49 (0) 9352-18-4159, markus.woerner@boschrexroth.de

Wössner, Andre, Giesserei Hegi AG, Emmentalstraße 12, 3414 Oberburg, Schweiz, +41 34 4200-575, andre.woessner@hegi.ch

Wößner, Hans, Fellbach

Wöstmann, Franz-Josef, Fraunhofer Institut für Fertigungstechnik und Angewandte Materialforschung IFAM, Wiener Straße 12, 28359 Bremen, +49 (0) 421-2246-225, franz-josef.woestmann@ifam.fraunhofer.de

Wüller, Eike, Dr., Flender AG, Alfred-Flender-Straße 77, 46395 Bocholt, +49 (0) 2871-92-2516, eike.wueller@flender.com

Wünsch, Gerhard, MINKON GmbH, Heinrich-Hertz-Straße 30-32, 40699 Erkrath, +49 (0) 211-209908-11, gwuensch@minkon.de

Würker, Lars Christian, Dr.-Ing., Remscheid

Würth, Serge, Massard S.à.r.l.Fonderie et Atlier de Construction, 88, rue de Noertrange, 3670 Kayl, Luxemburg, 00352-567201

Wüstefeld, Gerhard, Bad Windsheim

Wüstenhagen, Andreas, Dr.-Ing., Hüttenes-Albertus Chemische Werke GmbH, Hansastraße 1, 30419 Hannover, andreas.wuestenhagen@ha-group.com

Wuth, Moritz, Joyson Safety Systems Aschaffenburg GmbH, Bahnweg 1, 63743 Aschaffenburg, +49 (0) 6021-65-1839, moritz.wuth@eu.joysonsafety.com

Yedek, Umut, RHI Magnesita GmbH, Hofplein 19, 3032 AC Rotterdam, Niederlande, +49 (0) 2630-89416, umut.yedek@rhimagnesita.com

Zach, Andreas, Dr.-Ing., Daimler Truck AG Werk Mannheim, Hanns-Martin-Schleyer-Straße 21-57, 68305 Mannheim, +49 (0) 621-393-7144, andreas.zach@daimlertruck.com

Zaiss, Gerhard, Zaiss Ingenieurbüro für Druckgießtechnik, Wilhelm-Speiser-Weg 17, 73033 Göppingen, +49 7161 70221

Zang, Ralf, EKW GmbH, Bahnhofstraße 16, 67304 Eisenberg, +49 (0) 6351-409-0, ralf.zang@ekw-refractories.com

Zaunick, Thomas, Siemens Traction Gears GmbH, Thierbacher Straße 24, 09322 Penig, +49 (0) 37381-61447, thomas.zaunick@siemens.com

Zerbst, Ronny, Vesuvius GmbH, Gelsenkirchener Straße 10, 46325 Borken, +49 (0) 7671-9923856, ronny.zerbst@vesuvius.com

Zettl, Michael, SHB Stahl- und Hartgusswerk Bösdorf GmbH DIHAG Foundry Group, Werkstraße 7, 04249 Leipzig, +49 (0) 341-4279-266, zettl@shb-guss.de

Zeumer, Norbert, Meschede

Zhang, Mengmeng, Freiberg

Ziehm, Timm, Quaker Houghton Sales B.V., Giselherstraße 57, 44319 Dortmund, timm.ziehm@quakerhoughton.com

Ziehm, Jan, RWTH Aachen Giesserei-Institut, Intzestraße 5, 52072 Aachen, +49 (0) 241-80-95880, sekretariat@gi.rwth-aachen.de

Ziehm, Manfred-Dieter, Heidmühlen

Zielke, Kevin, SLR Giesserei St. Leon-Rot GmbH, Am Bahnhof 16, 68789 St Leon-Rot, +49 (0) 6227-527-105, k.zielke@slr.de

Ziemlich, Katrin, ABB AGDivision Robotics, Grüner Weg 6, 61169 Friedberg/Hessen, katrin.ziemlich@de.abb.com

Zimmer, Thomas, Kunstgiesserei Zimmer Bild- und Feingiesserei, Lotharstraße 31, 29320 Hermannsburg, +49 (0) 5052-3032

Zimmermann, Klaus, Düsseldorf

Zimmermann, Michael, Pottendorf-Landegg, Österreich

Zimmermann-Grummt, Fred, apromace data systems GmbH, Am Bahnhof 7, 09599 Freiberg, +49 (0) 3731-218569-0, fred.zimmermann@apromace.de

Zirl, Hans-Joachim, Zirl Guss GmbH, Triester Straße 367, 8055 Graz, Österreich, +43 316 291539-0, hans.zirl@zirlguss.at

Zöller, Heinz, Goslar

Zouplna, Christian Rainer, SLR Giesserei St. Leon-Rot GmbH, Am Bahnhof 16, 68789 St Leon-Rot, +49 (0) 6227-527-165, c.zouplna@slr.de

Zumbusch, Lars, Chemex GmbH Foundry Solutions Vertriebsbüro Düsseldorf, Wiesenstraße 23, 40549 Düsseldorf

Zumbusch, Stephanie, Procast Guss GmbH, Brockhäger Straße 217, 33330 Gütersloh, +49 (0) 151-613 166 29, s.zumbusch@procast-guss.de

Zwickl, Otto, Hammelburg

Das GIESSEREI Jahrbuch 2025: Ihr unverzichtbarer Begleiter in der Gießerei-Industrie

Auch in der neuesten Ausgabe des renommierten GIESSEREI Jahrbuchs 2025, herausgegeben vom Bundesverband der Deutschen Gießerei-Industrie (BDG) und dem Verein Deutscher Gießereifachleute (VDG), haben wir die wichtigsten Informationen für Sie kompakt und übersichtlich zusammengeführt.

Was erwartet Sie?

- Exklusive technische Fachberichte zu aktuellen Entwicklungen.
- Wichtige Statistiken und relevante Forschungsergebnisse.
- Spannendes aus dem Ausbildungswesen sowie unverzichtbare Daten nationaler und internationaler Gießereiorganisationen.
- Das umfassende Verzeichnis der persönlichen VDG-Mitglieder.

Darüber hinaus erleichtert Ihnen das praktische Produkt- und Dienstleistungsverzeichnis die Suche nach passenden Lieferanten entlang der gesamten Wertschöpfungskette im Gießereiwesen – schnell, zuverlässig und übersichtlich.

Zeitgemäß und flexibel: Neben der Buchausgabe steht Ihnen das Produkt- und Dienstleistungsverzeichnis auch online zur Verfügung – besuchen Sie uns unter www.verzeichnis-jahrbuch.giesserei.eu!

Immer aktuell und präzise: Alle Informationen wurden sorgfältig geprüft und mit den gelisteten Unternehmen abgestimmt (Stand: November 2024).

Ihr Unternehmen fehlt?

Planen Sie schon jetzt Ihre Teilnahme im GIESSEREI Jahrbuch 2026!

- Erscheinungstermin: 12. Dezember 2025
- Anzeigenschluss: 17. Oktober 2025

Kontaktieren Sie uns direkt, um sich und Ihr Unternehmen optimal zu präsentieren!

Sichern Sie sich Ihren Platz im renommierten Branchenverzeichnis der Gießerei-Industrie!

Markus Winterhalter
Anzeigenleiter

DVS Media GmbH
T +49 211 1591-142
markus.winterhalter@dvs-media.info

Produkt- und Dienstleistungsverzeichnis

Inhalt

Alphabetisches Firmenverzeichnis

AAGM Aalener Gießereimaschinen GmbH
Gewerbehof 28, 73441 Bopfingen
T: +49 7362 956037-0 F: -10
info@aagm.de, www.aagm.de

Aerzener Maschinenfabrik GmbH
P.O. Box 11 63, 31849 Aerzen
T: +49 515481-0 F: +49 515481-9191

ARISTON Formstaub-Werke GmbH & Co.KG
Worringstraße 255, 45289 Essen
T: +49 201 57761, F: +49 201 570648
www.ariston-essen.de

Behringer GmbH
Maschinenfabrik und Eisengießerei
Industriestr. 23, 74912 Kirchardt
T: +49 7266 207-0 | info@behringer.net
www.behringer.net

IM AUFTRAG DER ZUKUNFT

BUCHEN UmweltService GmbH
GießereiService
Weseler Straße 100
46562 Voerde
T: +49 281-403-0 F: +49 281-403-177
voerde.bu@buchen.et
www.buchen.net

Chemex Foundry Solutions GmbH
Maschstraße 16, 31073 Delligsen
T: +49 5187 94010, www.chemex.de

Dörentrup Feuerfestprodukte GmbH & Co.KG
www.doerentrup-feuerfest.de

Lösung zur Form

ebalta Kunststoff GmbH
Erlbacher Straße 100
91541 Rothenburg/Tauber
T: +49 9861 7007-0 F: -77
info@ebalta.com, www.ebalta.com

Maschinenfabrik Gustav Eirich
GmbH & Co KG, Walldürner Straße 50,
74736 Hardheim, www.eirich.de

Eisengiesserei Baumgarte GmbH
Duisburger Str. 35, 33647 Bielefeld
T: +49 521 4044-0 F: +49 521 401848
info@eisengiesserei-baumgarte.de
www.eisengiesserei-baumgarte.de

FAT Förder- u. Anlagentechnik GmbH
Industriestraße 12
57572 Niederfischbach
www.f-a-t.de

GEMCO
CAST METAL TECHNOLOGY

GEMCO Engineers b.v.
Science Park Eindhoven 5053
NL-5692 EB Son
T: +31 40 26436-07
eng@gemco.nl, www.gemco.nl

M. GLESER GmbH Feuerfestbau
P.O. Box 13 06, 66746 Dillingen
Stummstraße 1, 66763 Dillingen
T: +49 6831 9878-0 F: -11
info@gleser.de, www.gleser.de

GPS SIC Keßl GmbH u. Co. KG
Bärnwinkel 10a, 92724 Trabitz
P.O. Box 12 06, 92687 Pressath
T: +49 9644 9200-0 F: -77
www.kessl.com

GTP SCHÄFER
THE RISER COMPANY

GTP Schäfer GmbH, 41515 Grevenbroich
T: +49 2181 23394-0 F: -23394-55
info@gtp-schaefer.de
www.gtp-schaefer.de

---

haspa 50 JAHRE

haspa GmbH
Biegsame Wellen und Spannzangen
Sägmühlstraße 39, 74930 Ittlingen
T: +49 7266/9148-0
F: +49 7266/9148-30
info@haspa-gmbh.de
www.haspa-gmbh.de

HEINRICH WAGNER SINTO
Maschinenfabrik GmbH
Bahnhofstr. 101, 57334 Bad Laasphe
T: +49 2752 907-0
info@wagner-sinto.de
www.wagner-sinto.de

HELLING GmbH
T: +49 41 22 922-0, F: -201
info@helling.de, www.helling.de

HELLING GmbH
T: +49 41 22 922-0, F: -201
info@helling.de, www.helling.de
- für alle NDT-Verfahren

Andromat

Henschel Industrietechnik GmbH
Postfach 10 16 66
Henschelplatz 1, 34127 Kassel
T: +49 561 801-6800, F: -5775
www.andromat.de

Gerhard P. Hirsch
Elektronische Ersatzteile für Frech
und Wotan
Druckgießmaschinen; Temperaturregler
Ausgleichsleitung
Neuenhaus 14, 423449 Wuppertal
T: +49 202 472-223 F: +49 202 472-292
www.g-tronic.com

Hohnen & Co. KG, 33604 Bielefeld
info@hohnen.de, www.hohnen.de

HÜTTENES-ALBERTUS Chem. Werke GmbH
T: +49 211 5087-0, E: info@ha-group.com
www.ha-group.com

Maschinenbau

IBB Maschinenbau GmbH
Talweg 8, 75433 Maulbronn
T: +49 7043 2096 F: -8805
www.ibb-baumann.de

IDRA Pressen GmbH
Eisenbahnstraße 6
73630 Remshalden
T: +49 163 6364 801
F: +49 7151 7008-20
sales.germany@idragroup.com
www.idragroup.com

InterGuss Giessereiprodukte GmbH
Ipsheimer Straße 13
91438 Bad Windsheim
T: +49 98 41 / 68 96 28 0
office@interguss.de
www.interguss.de

IOG GmbH, www.IOG.de
Im Rottfeld 10, 40239 Düsseldorf
T: +49 211 633044 F: +49 211 633048

IPS Expert GmbH
Schweinfurter Str. 28
97076 Würzburg
T: +49 931 30980-0 F: -22
www.ipsexpert.com

Gebr. Kemper GmbH + Co. KG
Harkortstraße 5, 57462 Olpe
T: +49 2761/891-0
info@kemper-group.com
www.kemper-group.com

KLEIN Anlagenbau AG
T: +49 2734 501 301
info@klein-group.eu
www.klein-group.eu

KLEIN Stoßwellentechnik GmbH
T: +49 2734 501 450
info@klein-group.eu
www.klein-group.eu

GEMCO
CAST METAL TECHNOLOGY

KNIGHT WENDLING GmbH
Arnheimer Str. 118, 40489 Düsseldorf
T: +49 211 77006-0 F: -77
info@knightwendling.de
www.knightwendling.de

Kohlisch GmbH & Co. KG
An der Knorr-Bremse 9
58300 Wetter-Volmarstein
T: +49 2335 681833
F: +49 2335 681088
info@kohlisch.de
www.kohlisch.de

Krapohl-Wirth

Krapohl-Wirth Consulting GmbH
Im Pfeiferle 6, 86477 Adelsried
T: +49 8294 511-5865
info@kwcg.de, www.kwcg.de

KS Gleitlager GmbH, Werk Papenburg
Bronze-Stranggießerei
Friesenstraße 2, 26871 Papenburg
T: +49 4961 986-150
sales-cc@de.rheinmetall.com
www.rheinmetall.com

LOI Thermprocess GmbH
Schifferstraße 80, 47059 Duisburg
T: +49 203 80398-900
F: +49 203 80398-901
Service-loi@tenova.com, www.loi.tenova.com

LUNGMUSS FEUERFEST
Chemikalien-Gesellschaft
Hans Lungmuß mbH & Co. KG
Franziusstraße 84, 44147 Dortmund
T: +49 231 982333-0 F: -82
info@lungmuss.de, www.lungmuss.de

MAGMA Gießereitechnologie GmbH
Kackertstraße 16-18
52072 Aachen
T: +49 241/88901-0 F: -60
info@magmasoft.de
www.magmasoft.de

MAISEL CONSULTING GmbH & Co. KG
Organisations- und Personalberatung
Wieseneckstraße 26, 90571 Schwaig
T: +49 911 9535-250
info@maisel-consulting.de
www.maisel-consulting.de

Maschinenfabrik Liezen und Gießerei
Ges.m.b.H. - www.mfl.at
Werkstraße 5, A-8940 Liezen
T: +43 3612 270-0, office@mfl.at

MINKON GmbH
Heinrich-Hertz-Straße 30-32
40699 Erkrath
T: +49 211/209908-0 F: -90
www.minkon.de
info@minkon.de

August Mössner GmbH + Co. KG
Hohenstaufenstraße 3, 73568 Eschach
T: +49 7175/998060 F: -35
post@moessner-kg.de
www.moessner-kg.de

Nederman MikroPul GmbH
Industriestraße 9, 77948 Friesenheim
T: +49 7821/966-0, F: -245
www.nedermanmikropul.com
info.emea@nedermanmikropul.com

POLYTEC GmbH
www.velocimeter.de, 76333 Waldbronn

PROJECT ENGINEERING GMBH
In den Meckeswiesen 3, 69226 Nussloch
T: +49 6224 9908 0
mail@projectengineering.de
www.projectengineering.de

REFRATECHNIK

Refratechnik Steel GmbH
Am Seestern 5, 40547 Düsseldorf
foundry@refra.com, www.refra.com

RESAU & Co. KG Chemische Produkte
Gutenbergstraße 11, 73779 Deizisau
T: +49 7153/8303-0 F: /8303-10
http://www.resau.de

RHODIUS Abrasives GmbH
Brohlstraße 2, 56659 Burgbrohl
T: +49 2636 96910-2400, F: -6102
service@rhodius.eu
www.rhodius-abrasives.com

Richard Anton KG

Richard Anton KG
Würmstraße 55, 82166 Gräfelfing
T: +49 89/898144-0
www.richard-anton.de

Rösler Oberflächentechnik GmbH
T: +49 9533 924-0 www.rosler.com

Saveway®

Saveway GmbH & Co. KG
Wümbacher Landstraße 8, 98693 Ilmenau
T: +49 3677 8060-0 F: +49 3677 8060-99
www.saveway-germany.de

Schött Druckguß GmbH
Aluminium Druckguss
P.O.Box 27 56, 58687 Menden
T: +49 2373/1608-0 F: /1608-110
Vertrieb@Schoett-Druckguss.de
www.Schoett-Druckguss.de

SCHURG GmbH, 34537 Bad Wildungen
T: +49 5621-7003-0 F: +49 5621-7003-33
info@schurg.de | www.schurg.de

SPECTRO Analytical Instruments GmbH
Boschstraße 10, 47533 Kleve
T: +49 2821 892-2100
www.spectro.com

STEIN
INJECTION TECHNOLOGY GmbH

STEIN INJECTION TECHNOLOGY GmbH
Hagener Str. 20-24, 58285 Gevelsberg
T: +49 2332/75742-0 F: /75742-40
stein@sit-gmbh.net, www.sit-gmbh.net

Ernst Strassacker GmbH & Co. KG
Kunstgiesserei
Postfach 1360, 73075 Süßen
mail@strassacker.de
http://www.strassacker.de
- Wachsausschmelzverfahren,
  Sandgussverfahren

STROBEL QUARZSAND GmbH
Freihungsand, 92271 Freihung
T: +49 9646/9201-0 F: +49 9646/9201-701
info@strobel-quarzsand.de
www.strobel-quarzsand.de

RUDOLF UHLEN GmbH
Am Höfgen 13, 42781 Haan
T: +49 2129 1444 F: +49 2129 59980
info@aschua-uhlen.de
www.aschua-uhlen.de

A. Fengler H. Uhlmann
Maschinen u. Waagenbau GmbH
Hasseröder Straße 6,
38855 Wernigerode
Mail: fenglergmbh@aol.com
T: +49 3943 632201 F: +49 3943 905685

Eugen Weil Industrie-Service
Ohmstraße 1, 35315 Homberg/Ohm
T: +49 6633/826 F: -/5773
www.ewis.eu

Eugen Weil Industrie-Service
Ohmstraße 1, 35315 Homberg/Ohm
T: +49 6633/826 F: -/5773
www.ewis.eu
Handschuhe für die Kernmacherei

WMS ENGINEERING

WMS-engineering
Werkzeuge-Maschinen-Systeme GmbH
Jahnstraße 1, 79771 Klettgau-Grießen
T: +49 7742 85757-0 F: -199
www.wms-engineering.de

Alphabetisches Stichwortverzeichnis

Produkt- und Dienstleistungs-verzeichnis

Das GIESSEREI Jahrbuch – der verlässliche Branchenbegleiter – auch online unter:

www.verzeichnis-jahrbuch.giesserei.eu

01 Gießereianlagen und -einrichtungen

10 Gießereianlagen, Projektierung und Bau

GEMCO Engineers b.v.
Science Park Eindhoven 5053
NL-5692 EB Son
T: +31 40 26436-07
eng@gemco.nl, www.gemco.nl

Krapohl-Wirth Consulting GmbH
Im Pfeiferle 6, 86477 Adelsried
T: +49 8294 511-5865
info@kwcg.de, www.kwcg.de

20 Gießereianlagen und -einrichtungen, allgemein

Maschinenfabrik Gustav Eirich
GmbH & Co KG, Walldürner Straße 50,
74736 Hardheim, www.eirich.de

GEMCO Engineers b.v.
Science Park Eindhoven 5053
NL-5692 EB Son
T: +31 40 26436-07
eng@gemco.nl, www.gemco.nl

Krapohl-Wirth Consulting GmbH
Im Pfeiferle 6, 86477 Adelsried
T: +49 8294 511-5865
info@kwcg.de, www.kwcg.de

30 Gießereianlagen, voll- und teilautomatische

GEMCO Engineers b.v.
Science Park Eindhoven 5053
NL-5692 EB Son
T: +31 40 26436-07
eng@gemco.nl, www.gemco.nl

HEINRICH WAGNER SINTO
Maschinenfabrik GmbH
Bahnhofstr. 101, 57334 Bad Laasphe
T: +49 2752 907-0
info@wagner-sinto.de
www.wagner-sinto.de

Krapohl-Wirth Consulting GmbH
Im Pfeiferle 6, 86477 Adelsried
T: +49 8294 511-5865
info@kwcg.de, www.kwcg.de

45 Second-Hand Gießereianlagen und -einrichtungen

Henschel Industrietechnik GmbH
Postfach 10 16 66
Henschelplatz 1, 34127 Kassel
T: +49 561 801-6800, F: -5775
www.andromat.de

02 Schmelzanlagen und -einrichtungen für Eisen-, Stahl- und Temperguss

02.02 Kupolofenzubehörteile und Hilfseinrichtungen

190 Einblasanlagen für Filterstäube in Kupolöfen

STEIN INJECTION TECHNOLOGY GmbH
Hagener Str. 20-24, 58285 Gevelsberg
T: +49 2332/75742-0 F: /75742-40
stein@sit-gmbh.net, www.sit-gmbh.net

210 Einblasanlagen für Kohlenstoff

STEIN INJECTION TECHNOLOGY GmbH
Hagener Str. 20-24, 58285 Gevelsberg
T: +49 2332/75742-0 F: /75742-40
stein@sit-gmbh.net, www.sit-gmbh.net

211 Einblasanlagen für metallurgische Prozesse

STEIN INJECTION TECHNOLOGY GmbH
Hagener Str. 20-24, 58285 Gevelsberg
T: +49 2332/75742-0 F: /75742-40
stein@sit-gmbh.net, www.sit-gmbh.net

220 Entstaubung, Kupolöfen

Nederman MikroPul GmbH
Industriestraße 9, 77948 Friesenheim
T: +49 7821/966-0, F: -245
www.nedermanmikropul.com
info.emea@nedermanmikropul.com

240 Gebläse, Kupolöfen

Aerzener Maschinenfabrik GmbH
P.O. Box 11 63, 31849 Aerzen
T: +49 515481-0 F: +49 515481-9191

03 Schmelzanlagen und -einrichtungen für NE-Metalle

03.02 Schmelz- und Warmhalteöfen, elektrisch beheizt

630 Aluminium-Schmelzöfen

LOI Thermprocess GmbH
Schifferstraße 80, 47059 Duisburg
T: +49 203 80398-900
F: +49 203 80398-901
Service-loi@tenova.com, www.loi.tenova.com

700 Umschmelzöfen

LOI Thermprocess GmbH
Schifferstraße 80, 47059 Duisburg
T: +49 203 80398-900
F: +49 203 80398-901
Service-loi@tenova.com, www.loi.tenova.com

03.03 Zubehörteile und Hilfseinrichtungen

785 Fertigtiegel

Dörentrup Feuerfestprodukte GmbH & Co.KG
www.doerentrup-feuerfest.de

04 Feuerfesttechnik

04.01 Anlagen, Einrichtungen und Werkzeuge zur Zustellung von Schmelz- und Gießeinrichtungen

923 Einschmelzzylinder

A. Fengler H. Uhlmann
Maschinen u. Waagenbau GmbH
Hasseröder Straße 6,
38855 Wernigerode
Mail: fenglergmbh@aol.com
T: +49 3943 632201 F: +49 3943 905685

930 Misch- und Förderanlage für Feuerfestmassen

Maschinenfabrik Gustav Eirich
GmbH & Co KG, Walldürner Straße 50,
74736 Hardheim, www.eirich.de

956 Stampfschablonen

A. Fengler H. Uhlmann
Maschinen u. Waagenbau GmbH
Hasseröder Straße 6,
38855 Wernigerode
Mail: fenglergmbh@aol.com
T: +49 3943 632201 F: +49 3943 905685

980 Verschleißanzeige der FF-Zustellung

Saveway GmbH & Co. KG
Wümbacher Landstraße 8, 98693 Ilmenau
T: +49 3677 8060-0 F: +49 3677 8060-99
www.saveway-germany.de

982 Verschleißmessung bzw. -überwachung der FF-Zustellung

Saveway GmbH & Co. KG
Wümbacher Landstraße 8, 98693 Ilmenau
T: +49 3677 8060-0 F: +49 3677 8060-99
www.saveway-germany.de

985 Zustandsdiagnose von feuerfesten Zustellungen

Saveway GmbH & Co. KG
Wümbacher Landstraße 8, 98693 Ilmenau
T: +49 3677 8060-0 F: +49 3677 8060-99
www.saveway-germany.de

04.02 Feuerfeste Werkstoffe (geformt und ungeformt)

1030 Feuerbetone

Dörentrup Feuerfestprodukte GmbH & Co.KG
www.doerentrup-feuerfest.de

LUNGMUSS FEUERFEST
Chemikalien-Gesellschaft
Hans Lungmuß mbH & Co. KG
Franziusstraße 84, 44147 Dortmund
T: +49 231 982333-0 F: -82
info@lungmuss.de, www.lungmuss.de

1040 Feuerfeste Erzeugnisse, allgemein

Dörentrup Feuerfestprodukte GmbH & Co.KG
www.doerentrup-feuerfest.de

LUNGMUSS FEUERFEST
Chemikalien-Gesellschaft
Hans Lungmuß mbH & Co. KG
Franziusstraße 84, 44147 Dortmund
T: +49 231 982333-0 F: -82
info@lungmuss.de, www.lungmuss.de

Refratechnik Steel GmbH
Am Seestern 5, 40547 Düsseldorf
foundry@refra.com, www.refra.com

1070 Feuerfest-Material für Aluminium-Schmelzöfen

Dörentrup Feuerfestprodukte GmbH & Co.KG
www.doerentrup-feuerfest.de

LUNGMUSS FEUERFEST
Chemikalien-Gesellschaft
Hans Lungmuß mbH & Co. KG
Franziusstraße 84, 44147 Dortmund
T: +49 231 982333-0 F: -82
info@lungmuss.de, www.lungmuss.de

1090 Feuerfest-Material für Schmelzöfen, allgemein

Dörentrup Feuerfestprodukte GmbH & Co.KG
www.doerentrup-feuerfest.de

1100 Feuerfest-Material für Warmhalteöfen

Dörentrup Feuerfestprodukte GmbH & Co.KG
www.doerentrup-feuerfest.de

LUNGMUSS FEUERFEST
Chemikalien-Gesellschaft
Hans Lungmuß mbH & Co. KG
Franziusstraße 84, 44147 Dortmund
T: +49 231 982333-0 F: -82
info@lungmuss.de, www.lungmuss.de

1110 Gießschnauzensteine

Dörentrup Feuerfestprodukte GmbH & Co.KG
www.doerentrup-feuerfest.de

LUNGMUSS FEUERFEST
Chemikalien-Gesellschaft
Hans Lungmuß mbH & Co. KG
Franziusstraße 84, 44147 Dortmund
T: +49 231 982333-0 F: -82
info@lungmuss.de, www.lungmuss.de

1114 Glimmer-Gleitfolien

Dörentrup Feuerfestprodukte GmbH & Co.KG
www.doerentrup-feuerfest.de

LUNGMUSS FEUERFEST
Chemikalien-Gesellschaft
Hans Lungmuß mbH & Co. KG
Franziusstraße 84, 44147 Dortmund
T: +49 231 982333-0 F: -82
info@lungmuss.de, www.lungmuss.de

1120 Induktionsofenmassen

Dörentrup Feuerfestprodukte GmbH & Co.KG
www.doerentrup-feuerfest.de

LUNGMUSS FEUERFEST
Chemikalien-Gesellschaft
Hans Lungmuß mbH & Co. KG
Franziusstraße 84, 44147 Dortmund
T: +49 231 982333-0 F: -82
info@lungmuss.de, www.lungmuss.de

1140 Isolierprodukte (Faser, Mikanit etc.)

Dörentrup Feuerfestprodukte GmbH & Co.KG
www.doerentrup-feuerfest.de

1200 Kupolofenmassen, Siphonmassen

Dörentrup Feuerfestprodukte GmbH & Co.KG
www.doerentrup-feuerfest.de

LUNGMUSS FEUERFEST
Chemikalien-Gesellschaft
Hans Lungmuß mbH & Co. KG
Franziusstraße 84, 44147 Dortmund
T: +49 231 982333-0 F: -82
info@lungmuss.de, www.lungmuss.de

1240 Pfannenmassen

Dörentrup Feuerfestprodukte GmbH & Co.KG
www.doerentrup-feuerfest.de

LUNGMUSS FEUERFEST
Chemikalien-Gesellschaft
Hans Lungmuß mbH & Co. KG
Franziusstraße 84, 44147 Dortmund
T: +49 231 982333-0 F: -82
info@lungmuss.de, www.lungmuss.de

1270 Saure Massen, Silikamassen

Dörentrup Feuerfestprodukte GmbH & Co.KG
www.doerentrup-feuerfest.de

LUNGMUSS FEUERFEST
Chemikalien-Gesellschaft
Hans Lungmuß mbH & Co. KG
Franziusstraße 84, 44147 Dortmund
T: +49 231 982333-0 F: -82
info@lungmuss.de, www.lungmuss.de

1330 Stampf-, Flick-, Gieß-, Spritz- und Vibrationsmassen

LUNGMUSS FEUERFEST
Chemikalien-Gesellschaft
Hans Lungmuß mbH & Co. KG
Franziusstraße 84, 44147 Dortmund
T: +49 231 982333-0 F: -82
info@lungmuss.de, www.lungmuss.de

1333 Stampf-, Gieß-, Spritz- und Reparaturmassen

Dörentrup Feuerfestprodukte GmbH & Co.KG
www.doerentrup-feuerfest.de

04.04 Feuerfestbau

1420 Feuerfestbau

Dörentrup Feuerfestprodukte GmbH & Co.KG
www.doerentrup-feuerfest.de

M. GLESER GmbH Feuerfestbau
P.O. Box 13 06, 66746 Dillingen
Stummstraße 1, 66763 Dillingen
T: +49 6831 9878-0 F: -11
info@gleser.de, www.gleser.de

LUNGMUSS FEUERFEST
Chemikalien-Gesellschaft
Hans Lungmuß mbH & Co. KG
Franziusstraße 84, 44147 Dortmund
T: +49 231 982333-0 F: -82
info@lungmuss.de, www.lungmuss.de

05 Nichtmetallische Rohstoffe und Hilfsstoffe für den Schmelzbetrieb

05.04 Aufkohlungsmittel

1630 Aufkohlungsmittel, allgemein

Richard Anton KG
Würmstraße 55, 82166 Gräfelfing
T: +49 89/898144-0
www.richard-anton.de

1660 Elektrodengraphit

Richard Anton KG
Würmstraße 55, 82166 Gräfelfing
T: +49 89/898144-0
www.richard-anton.de

1670 Graphit

Richard Anton KG
Würmstraße 55, 82166 Gräfelfing
T: +49 89/898144-0
www.richard-anton.de

1680 Koksgrus, Koksstaub

ARISTON Formstaub-Werke GmbH & Co.KG
Worringstraße 255, 45289 Essen
T: +49 201 57761, F: +49 201 570648
www.ariston-essen.de

1700 Petrolkoks

Richard Anton KG
Würmstraße 55, 82166 Gräfelfing
T: +49 89/898144-0
www.richard-anton.de

1710 Siliciumcarbid

GPS SIC Keßl GmbH u. Co. KG
Bärnwinkel 10a, 92724 Trabitz
P.O. Box 12 06, 92687 Pressath
T: +49 9644 9200-0 F: -77
www.kessl.com

06 Metallische Einsatzstoffe für Eisen-, Stahl- und Temperguss

06.03 Import-Roheisen

2000 Hämatit-Roheisen

Richard Anton KG
Würmstraße 55, 82166 Gräfelfing
T: +49 89/898144-0
www.richard-anton.de

2020 Spezialroheisen für die Herstellung von Gusseisen mit Kugelgraphit

Richard Anton KG
Würmstraße 55, 82166 Gräfelfing
T: +49 89/898144-0
www.richard-anton.de

06.04 Ferrolegierungen

2070 Ferrolegierungen, allgemein

GPS SIC Keßl GmbH u. Co. KG
Bärnwinkel 10a, 92724 Trabitz
P.O. Box 12 06, 92687 Pressath
T: +49 9644 9200-0 F: -77
www.kessl.com

06.05 Weitere Legierungsmetalle und Vorlegierungen

2360 Kupolofenbriketts, -formlinge

GPS SIC Keßl GmbH u. Co. KG
Bärnwinkel 10a, 92724 Trabitz
P.O. Box 12 06, 92687 Pressath
T: +49 9644 9200-0 F: -77
www.kessl.com

2530 Siliciumcarbid

GPS SIC Keßl GmbH u. Co. KG
Bärnwinkel 10a, 92724 Trabitz
P.O. Box 12 06, 92687 Pressath
T: +49 9644 9200-0 F: -77
www.kessl.com

06.07 Impfmittel und Hilfseinrichtungen

2680 Impfmittel und -legierungen, allgemein

GPS SIC Keßl GmbH u. Co. KG
Bärnwinkel 10a, 92724 Trabitz
P.O. Box 12 06, 92687 Pressath
T: +49 9644 9200-0 F: -77
www.kessl.com

08 Anlagen und Maschinen zur Form- und Kernherstellung

08.01 Formanlagen

3050 Formanlagen, allgemein

FAT Förder- u. Anlagentechnik GmbH
Industriestraße 12
57572 Niederfischbach
www.f-a-t.de

HEINRICH WAGNER SINTO
Maschinenfabrik GmbH
Bahnhofstr. 101, 57334 Bad Laasphe
T: +49 2752 907-0
info@wagner-sinto.de
www.wagner-sinto.de

08.02 Form- und Kernformmaschinen

3140 Kaltharzsand-Formanlagen und -maschinen

AAGM Aalener Gießereimaschinen GmbH
Gewerbehof 28, 73441 Bopfingen
T: +49 7362 956037-0 F: -10
info@aagm.de, www.aagm.de

08.03 Anlagen und Maschinen zur Form- und Kernherstellung

3325 Dichtkappen für eintauchende Blasdüsen

Eugen Weil Industrie-Service
Ohmstraße 1, 35315 Homberg/Ohm
T: +49 6633/826 F: -/5773
www.ewis.eu

3360 Entlüftungsdüsen

Eugen Weil Industrie-Service
Ohmstraße 1, 35315 Homberg/Ohm
T: +49 6633/826 F: -/5773
www.ewis.eu

3370 Entlüftungsschlitzdüsen

Hohnen & Co. KG, 33604 Bielefeld
info@hohnen.de, www.hohnen.de

Eugen Weil Industrie-Service
Ohmstraße 1, 35315 Homberg/Ohm
T: +49 6633/826 F: -/5773
www.ewis.eu

3525 Schlichtelager und Aufbereitungsanlagen

KLEIN Anlagenbau AG
T: +49 2734 501 301
info@klein-group.eu
www.klein-group.eu

09 Formstoffe

09.01 Formgrundstoffe

3630 Chromitsande

GTP Schäfer GmbH, 41515 Grevenbroich
T: +49 2181 23394-0 F: -23394-55
info@gtp-schaefer.de
www.gtp-schaefer.de

3645 Keramiksande/ Schamottesande

GTP Schäfer GmbH, 41515 Grevenbroich
T: +49 2181 23394-0 F: -23394-55
info@gtp-schaefer.de
www.gtp-schaefer.de

3720 Quarzsande

STROBEL QUARZSAND GmbH
Freihungsand, 92271 Freihung
T: +49 9646/9201-0 F: +49 9646/9201-701
info@strobel-quarzsand.de
www.strobel-quarzsand.de

09.02 Bindemittel

3755 Anorganische Binder

HÜTTENES-ALBERTUS Chem. Werke GmbH
T: +49 211 5087-0, E: info@ha-group.com
www.ha-group.com

3800 Cold-Box-Binder

HÜTTENES-ALBERTUS Chem. Werke GmbH
T: +49 211 5087-0, E: info@ha-group.com
www.ha-group.com

3900 Kunstharzbinder für Gashärteverfahren

HÜTTENES-ALBERTUS Chem. Werke GmbH
T: +49 211 5087-0, E: info@ha-group.com
www.ha-group.com

3910 Kunstharzbinder, heißhärtende Verfahren

HÜTTENES-ALBERTUS Chem. Werke GmbH
T: +49 211 5087-0, E: info@ha-group.com
www.ha-group.com

3920 Kunstharzbinder, kalthärtende Verfahren

HÜTTENES-ALBERTUS Chem. Werke GmbH
T: +49 211 5087-0, E: info@ha-group.com
www.ha-group.com

3980 Quellbinder

HÜTTENES-ALBERTUS Chem. Werke GmbH
T: +49 211 5087-0, E: info@ha-group.com
www.ha-group.com

09.04 Form- und Kernüberzugstoffe

4150 Alkoholschlichten

HÜTTENES-ALBERTUS Chem. Werke GmbH
T: +49 211 5087-0, E: info@ha-group.com
www.ha-group.com

4190 Formlacke

HÜTTENES-ALBERTUS Chem. Werke GmbH
T: +49 211 5087-0, E: info@ha-group.com
www.ha-group.com

4270 Schwärzen, allgemein

ARISTON Formstaub-Werke GmbH & Co.KG
Worringstraße 255, 45289 Essen
T: +49 201 57761, F: +49 201 570648
www.ariston-essen.de

4300 Wasserschlichten

HÜTTENES-ALBERTUS Chem. Werke GmbH
T: +49 211 5087-0, E: info@ha-group.com
www.ha-group.com

09.05 Fertigsande

4360 Kunstharzumhüllter Quarzsand, Zirkonsand, Chromerzsand

HÜTTENES-ALBERTUS Chem. Werke GmbH
T: +49 211 5087-0, E: info@ha-group.com
www.ha-group.com

09.06 Formstoffprüfung

4400 Festigkeitsprüfapparate für Formsand

Maschinenfabrik Gustav Eirich
GmbH & Co KG, Walldürner Straße 50,
74736 Hardheim, www.eirich.de

4410 Feuchtigkeitsprüfapparate für Formsand

Maschinenfabrik Gustav Eirich
GmbH & Co KG, Walldürner Straße 50,
74736 Hardheim, www.eirich.de

4420 Formstoffprüfgeräte, allgemein

Maschinenfabrik Gustav Eirich
GmbH & Co KG, Walldürner Straße 50,
74736 Hardheim, www.eirich.de

10 Sandaufbereitung und Regenerierung

4446 Sandaufbereitung und Regenerierung

FAT Förder- u. Anlagentechnik GmbH
Industriestraße 12
57572 Niederfischbach
www.f-a-t.de

GEMCO Engineers b.v.
Science Park Eindhoven 5053
NL-5692 EB Son
T: +31 40 26436-07
eng@gemco.nl, www.gemco.nl

HEINRICH WAGNER SINTO
Maschinenfabrik GmbH
Bahnhofstr. 101, 57334 Bad Laasphe
T: +49 2752 907-0
info@wagner-sinto.de
www.wagner-sinto.de

10.01 Formsandaufbereitung

4460 Durchlaufmischer für Kaltharzsand

AAGM Aalener Gießereimaschinen GmbH
Gewerbehof 28, 73441 Bopfingen
T: +49 7362 956037-0 F: -10
info@aagm.de, www.aagm.de

FAT Förder- u. Anlagentechnik GmbH
Industriestraße 12
57572 Niederfischbach
www.f-a-t.de

4470 Fertigsandschleudern

Maschinenfabrik Gustav Eirich
GmbH & Co KG, Walldürner Straße 50,
74736 Hardheim, www.eirich.de

4480 Formsandaufbereitungs-maschinen und -anlagen

Maschinenfabrik Gustav Eirich
GmbH & Co KG, Walldürner Straße 50,
74736 Hardheim, www.eirich.de

4500 Messgeräte für Verdichtbarkeit, Scherfestigkeit, Verformbarkeit

Maschinenfabrik Gustav Eirich
GmbH & Co KG, Walldürner Straße 50,
74736 Hardheim, www.eirich.de

4510 Messverfahren für Formbarkeitskontrolle (Feuchte, Dichte, Temperatur)

Maschinenfabrik Gustav Eirich
GmbH & Co KG, Walldürner Straße 50,
74736 Hardheim, www.eirich.de

4520 Mischmaschinen und Mischanlagen

Maschinenfabrik Gustav Eirich
GmbH & Co KG, Walldürner Straße 50,
74736 Hardheim, www.eirich.de

4550 Sandmischer

Maschinenfabrik Gustav Eirich
GmbH & Co KG, Walldürner Straße 50,
74736 Hardheim, www.eirich.de

4560 Sandschleudermaschinen

Maschinenfabrik Gustav Eirich
GmbH & Co KG, Walldürner Straße 50,
74736 Hardheim, www.eirich.de

4590 Waagen und Wiegesteuerung

Maschinenfabrik Gustav Eirich
GmbH & Co KG, Walldürner Straße 50,
74736 Hardheim, www.eirich.de

10.02 Kernsandaufbereitung

4620 Kernsandaufbereitungsmaschinen und -anlagen

KLEIN Anlagenbau AG
T: +49 2734 501 301
info@klein-group.eu
www.klein-group.eu

4630 Kernsandmischanlagen

KLEIN Anlagenbau AG
T: +49 2734 501 301
info@klein-group.eu
www.klein-group.eu

10.04 Altsandaufbereitung

4660 Altsandaufbereitungsanlagen

Maschinenfabrik Gustav Eirich
GmbH & Co KG, Walldürner Straße 50,
74736 Hardheim, www.eirich.de

4700 Kernsandrückgewinnungsanlagen

KLEIN Anlagenbau AG
T: +49 2734 501 301
info@klein-group.eu
www.klein-group.eu

4720 Sandkühler

Maschinenfabrik Gustav Eirich
GmbH & Co KG, Walldürner Straße 50,
74736 Hardheim, www.eirich.de

10.05 Altsandregenerierung

4780 Regenerierungsanlagen, allgemein

GEMCO Engineers b.v.
Science Park Eindhoven 5053
NL-5692 EB Son
T: +31 40 26436-07
eng@gemco.nl, www.gemco.nl

HEINRICH WAGNER SINTO
Maschinenfabrik GmbH
Bahnhofstr. 101, 57334 Bad Laasphe
T: +49 2752 907-0
info@wagner-sinto.de
www.wagner-sinto.de

KLEIN Anlagenbau AG
T: +49 2734 501 301
info@klein-group.eu
www.klein-group.eu

4790 Regenerierungsanlagen, mechanisch

AAGM Aalener Gießereimaschinen GmbH
Gewerbehof 28, 73441 Bopfingen
T: +49 7362 956037-0 F: -10
info@aagm.de, www.aagm.de

KLEIN Anlagenbau AG
T: +49 2734 501 301
info@klein-group.eu
www.klein-group.eu

11 Formereibedarf

4890 Formerstifte, Drahtstifte

Hohnen & Co. KG, 33604 Bielefeld
info@hohnen.de, www.hohnen.de

4910 Formerwerkzeuge

Hohnen & Co. KG, 33604 Bielefeld
info@hohnen.de, www.hohnen.de

4970 Keramische Gießfilter

Hohnen & Co. KG, 33604 Bielefeld
info@hohnen.de, www.hohnen.de

5020 Kerne (Cold-Box)

Kohlisch GmbH & Co. KG
An der Knorr-Bremse 9
58300 Wetter-Volmarstein
T: +49 2335 681833
F: +49 2335 681088
info@kohlisch.de
www.kohlisch.de

5070 Kernkleber

HÜTTENES-ALBERTUS Chem. Werke GmbH
T: +49 211 5087-0, E: info@ha-group.com
www.ha-group.com

RESAU & Co. KG Chemische Produkte
Gutenbergstraße 11, 73779 Deizisau
T: +49 7153/8303-0 F: /8303-10
http://www.resau.de

5090 Kernnägel

Hohnen & Co. KG, 33604 Bielefeld
info@hohnen.de, www.hohnen.de

5110 Kernstützen

Hohnen & Co. KG, 33604 Bielefeld
info@hohnen.de, www.hohnen.de

5240 Lunkerpulver

GTP Schäfer GmbH, 41515 Grevenbroich
T: +49 2181 23394-0 F: -23394-55
info@gtp-schaefer.de
www.gtp-schaefer.de

5260 Maskenkleber

HÜTTENES-ALBERTUS Chem. Werke GmbH
T: +49 211 5087-0, E: info@ha-group.com
www.ha-group.com

5310 Trennmittel

Hohnen & Co. KG, 33604 Bielefeld
info@hohnen.de, www.hohnen.de

HÜTTENES-ALBERTUS Chem. Werke GmbH
T: +49 211 5087-0, E: info@ha-group.com
www.ha-group.com

RESAU & Co. KG Chemische Produkte
Gutenbergstraße 11, 73779 Deizisau
T: +49 7153/8303-0 F: /8303-10
http://www.resau.de

12 Anschnitt- und Speisertechnik

5320 Abdeckmittel

Refratechnik Steel GmbH
Am Seestern 5, 40547 Düsseldorf
foundry@refra.com, www.refra.com

5340 Brechkerne

Chemex Foundry Solutions GmbH
Maschstraße 16, 31073 Delligsen
T: +49 5187 94010, www.chemex.de

GTP Schäfer GmbH, 41515 Grevenbroich
T: +49 2181 23394-0 F: -23394-55
info@gtp-schaefer.de
www.gtp-schaefer.de

5360 Exotherme Erzeugnisse

Chemex Foundry Solutions GmbH
Maschstraße 16, 31073 Delligsen
T: +49 5187 94010, www.chemex.de

GTP Schäfer GmbH, 41515 Grevenbroich
T: +49 2181 23394-0 F: -23394-55
info@gtp-schaefer.de
www.gtp-schaefer.de

5375 Isolierspeiser

Chemex Foundry Solutions GmbH
Maschstraße 16, 31073 Delligsen
T: +49 5187 94010, www.chemex.de

GTP Schäfer GmbH, 41515 Grevenbroich
T: +49 2181 23394-0 F: -23394-55
info@gtp-schaefer.de
www.gtp-schaefer.de

Hohnen & Co. KG, 33604 Bielefeld
info@hohnen.de, www.hohnen.de

5380 Keramikfilter

Hohnen & Co. KG, 33604 Bielefeld
info@hohnen.de, www.hohnen.de

5400 Minispeiser

Chemex Foundry Solutions GmbH
Maschstraße 16, 31073 Delligsen
T: +49 5187 94010, www.chemex.de

GTP Schäfer GmbH, 41515 Grevenbroich
T: +49 2181 23394-0 F: -23394-55
info@gtp-schaefer.de
www.gtp-schaefer.de

5420 Speisereinsätze, -massen (wärmeführend)

Chemex Foundry Solutions GmbH
Maschstraße 16, 31073 Delligsen
T: +49 5187 94010, www.chemex.de

GTP Schäfer GmbH, 41515 Grevenbroich
T: +49 2181 23394-0 F: -23394-55
info@gtp-schaefer.de
www.gtp-schaefer.de

13 Gießmaschinen und -einrichtungen

5436 Gießmaschinen und -einrichtungen

HEINRICH WAGNER SINTO
Maschinenfabrik GmbH
Bahnhofstr. 101, 57334 Bad Laasphe
T: +49 2752 907-0
info@wagner-sinto.de
www.wagner-sinto.de

13.01 Gießöfen und -einrichtungen

5460 Gießlöffel

Hohnen & Co. KG, 33604 Bielefeld
info@hohnen.de, www.hohnen.de

5468 Gießmaschinen für Masseln und Blöcke

IOG GmbH, www.IOG.de
Im Rottfeld 10, 40239 Düsseldorf
T: +49 211 633044 F: +49 211 633048

5480 Gießpfannen

Hohnen & Co. KG, 33604 Bielefeld
info@hohnen.de, www.hohnen.de

IBB Maschinenbau GmbH
Talweg 8, 75433 Maulbronn
T: +49 7043 2096 F: -8805
www.ibb-baumann.de

5500 Masselgießmaschinen

IOG GmbH, www.IOG.de
Im Rottfeld 10, 40239 Düsseldorf
T: +49 211 633044 F: +49 211 633048

13.02 Druckgießen und Zubehör

5530 Abgratpressen für Druckguss

August Mössner GmbH + Co. KG
Hohenstaufenstraße 3, 73568 Eschach
T: +49 7175/998060 F: -35
post@moessner-kg.de
www.moessner-kg.de

5640 Druckgießmaschinen

Gerhard P. Hirsch
Elektronische Ersatzteile für Frech und Wotan
Druckgießmaschinen; Temperaturregler
Ausgleichsleitung
Neuenhaus 14, 423449 Wuppertal
T: +49 202 472-223 F: +49 202 472-292
www.g-tronic.com

IDRA Pressen GmbH
Eisenbahnstraße 6
73630 Remshalden
T: +49 163 6364 801
F: +49 7151 7008-20
sales.germany@idragroup.com
www.idragroup.com

5689 Entlüftungsblöcke für DG-Formen

InterGuss Giessereiprodukte GmbH
Ipsheimer Straße 13
91438 Bad Windsheim
T: +49 98 41 / 68 96 28 0
office@interguss.de
www.interguss.de

5690 Entnahmeroboter für Druckgießmaschinen

August Mössner GmbH + Co. KG
Hohenstaufenstraße 3, 73568 Eschach
T: +49 7175/998060 F: -35
post@moessner-kg.de
www.moessner-kg.de

5880 Vakuumanlagen für Druckgießen

InterGuss Giessereiprodukte GmbH
Ipsheimer Straße 13
91438 Bad Windsheim
T: +49 98 41 / 68 96 28 0
office@interguss.de
www.interguss.de

13.03 Kokillengießen

5940 Kokillengießmaschinen

HEINRICH WAGNER SINTO
Maschinenfabrik GmbH
Bahnhofstr. 101, 57334 Bad Laasphe
T: +49 2752 907-0
info@wagner-sinto.de
www.wagner-sinto.de

IBB Maschinenbau GmbH
Talweg 8, 75433 Maulbronn
T: +49 7043 2096 F: -8805
www.ibb-baumann.de

IOG GmbH, www.IOG.de
Im Rottfeld 10, 40239 Düsseldorf
T: +49 211 633044 F: +49 211 633048

August Mössner GmbH + Co. KG
Hohenstaufenstraße 3, 73568 Eschach
T: +49 7175/998060 F: -35
post@moessner-kg.de
www.moessner-kg.de

5960 Kokillenschlichten

HÜTTENES-ALBERTUS Chem. Werke GmbH
T: +49 211 5087-0, E: info@ha-group.com
www.ha-group.com

13.05 Stranggießen

6001 Längen- und Geschwindigkeitsmessung für Stranggießanlagen, berührungslos

POLYTEC GmbH
www.velocimeter.de, 76333 Waldbronn

6033 Stranggießmaschinen und -anlagen (NE)

IOG GmbH, www.IOG.de
Im Rottfeld 10, 40239 Düsseldorf
T: +49 211 633044 F: +49 211 633048

13.08 Hilfseinrichtungen, Zubehörteile und Hilfsstoffe

6140 Gießkarussell

IOG GmbH, www.IOG.de
Im Rottfeld 10, 40239 Düsseldorf
T: +49 211 633044 F: +49 211 633048

14 Ausleeren, Putzen, Rohguss-Nachbehandlung

6305 Gusskühlanlagen

August Mössner GmbH + Co. KG
Hohenstaufenstraße 3, 73568 Eschach
T: +49 7175/998060 F: -35
post@moessner-kg.de
www.moessner-kg.de

14.01 Ausleeren, Auspacken

6350 Entkernungsanlagen, -maschinen

KLEIN Stoßwellentechnik GmbH
T: +49 2734 501 450
info@klein-group.eu
www.klein-group.eu

August Mössner GmbH + Co. KG
Hohenstaufenstraße 3, 73568 Eschach
T: +49 7175/998060 F: -35
post@moessner-kg.de
www.moessner-kg.de

6373 Manipulatoren für die Ausleerstelle

Henschel Industrietechnik GmbH
Postfach 10 16 66
Henschelplatz 1, 34127 Kassel
T: +49 561 801-6800, F: -5775
www.andromat.de

6380 Roboter

August Mössner GmbH + Co. KG
Hohenstaufenstraße 3, 73568 Eschach
T: +49 7175/998060 F: -35
post@moessner-kg.de
www.moessner-kg.de

14.02 Strahlputzanlagen und Zubehör

6420 Druckluftstrahlanlagen

Rösler Oberflächentechnik GmbH
T: +49 9533 924-0 www.rosler.com

6430 Durchlaufstrahlautomaten

Rösler Oberflächentechnik GmbH
T: +49 9533 924-0 www.rosler.com

6440 Entzunderungsanlagen

Rösler Oberflächentechnik GmbH
T: +49 9533 924-0 www.rosler.com

6475 Leistungstuning für Strahlanlagen

Rösler Oberflächentechnik GmbH
T: +49 9533 924-0 www.rosler.com

6485 Muldenbandstrahlanlagen, druckluftbetrieben

Rösler Oberflächentechnik GmbH
T: +49 9533 924-0 www.rosler.com

6490 Nass- und Trockenstrahlanlagen

Rösler Oberflächentechnik GmbH
T: +49 9533 924-0 www.rosler.com

14.04 Schleifmaschinen und -zubehör

6690 Biegsame Wellen

haspa GmbH
Biegsame Wellen und Spannzangen
Sägmühlstraße 39, 74930 Ittlingen
T: +49 7266/9148-0
F: +49 7266/9148-30
info@haspa-gmbh.de
www.haspa-gmbh.de

6695 Diamant-Trennscheiben für Guss

RHODIUS Abrasives GmbH
Brohlstraße 2, 56659 Burgbrohl
T: +49 2636 96910-2400, F: -6102
service@rhodius.eu
www.rhodius-abrasives.com

6720 Gleitschleifmaschinen und -anlagen

Rösler Oberflächentechnik GmbH
T: +49 9533 924-0 www.rosler.com

6815 Schleifbänder

RHODIUS Abrasives GmbH
Brohlstraße 2, 56659 Burgbrohl
T: +49 2636 96910-2400, F: -6102
service@rhodius.eu
www.rhodius-abrasives.com

6850 Schleif- und Schruppscheiben

RHODIUS Abrasives GmbH
Brohlstraße 2, 56659 Burgbrohl
T: +49 2636 96910-2400, F: -6102
service@rhodius.eu
www.rhodius-abrasives.com

6865 Schleiftöpfe

RHODIUS Abrasives GmbH
Brohlstraße 2, 56659 Burgbrohl
T: +49 2636 96910-2400, F: -6102
service@rhodius.eu
www.rhodius-abrasives.com

6870 Schleifwerkzeuge

haspa GmbH
Biegsame Wellen und Spannzangen
Sägmühlstraße 39, 74930 Ittlingen
T: +49 7266/9148-0
F: +49 7266/9148-30
info@haspa-gmbh.de
www.haspa-gmbh.de

6885 Trennscheiben

RHODIUS Abrasives GmbH
Brohlstraße 2, 56659 Burgbrohl
T: +49 2636 96910-2400, F: -6102
service@rhodius.eu
www.rhodius-abrasives.com

6915 Hartmetallfräser

RHODIUS Abrasives GmbH
Brohlstraße 2, 56659 Burgbrohl
T: +49 2636 96910-2400, F: -6102
service@rhodius.eu
www.rhodius-abrasives.com

14.05 Weitere Putzanlagen und -geräte

6925 Anlagen zur Gussnachbehandlung

August Mössner GmbH + Co. KG
Hohenstaufenstraße 3, 73568 Eschach
T: +49 7175/998060 F: -35
post@moessner-kg.de
www.moessner-kg.de

6930 Automation

August Mössner GmbH + Co. KG
Hohenstaufenstraße 3, 73568 Eschach
T: +49 7175/998060 F: -35
post@moessner-kg.de
www.moessner-kg.de

6940 Drucklufthämmer

August Mössner GmbH + Co. KG
Hohenstaufenstraße 3, 73568 Eschach
T: +49 7175/998060 F: -35
post@moessner-kg.de
www.moessner-kg.de

6950 Entgratmaschinen

August Mössner GmbH + Co. KG
Hohenstaufenstraße 3, 73568 Eschach
T: +49 7175/998060 F: -35
post@moessner-kg.de
www.moessner-kg.de

6954 Entgratanlagen, robotergestützt

August Mössner GmbH + Co. KG
Hohenstaufenstraße 3, 73568 Eschach
T: +49 7175/998060 F: -35
post@moessner-kg.de
www.moessner-kg.de

WMS-engineering
Werkzeuge-Maschinen-Systeme GmbH
Jahnstraße 1, 79771 Klettgau-Grießen
T: +49 7742 85757-0 F: -199
www.wms-engineering.de

6955 Entgratsysteme (robotergestützt)

August Mössner GmbH + Co. KG
Hohenstaufenstraße 3, 73568 Eschach
T: +49 7175/998060 F: -35
post@moessner-kg.de
www.moessner-kg.de

6959 Automatisierte Gussputzanlagen

August Mössner GmbH + Co. KG
Hohenstaufenstraße 3, 73568 Eschach
T: +49 7175/998060 F: -35
post@moessner-kg.de
www.moessner-kg.de

WMS-engineering
Werkzeuge-Maschinen-Systeme GmbH
Jahnstraße 1, 79771 Klettgau-Grießen
T: +49 7742 85757-0 F: -199
www.wms-engineering.de

6960 Gussputzkabinen

August Mössner GmbH + Co. KG
Hohenstaufenstraße 3, 73568 Eschach
T: +49 7175/998060 F: -35
post@moessner-kg.de
www.moessner-kg.de

6970 Gussputzmanipulatoren

Henschel Industrietechnik GmbH
Postfach 10 16 66
Henschelplatz 1, 34127 Kassel
T: +49 561 801-6800, F: -5775
www.andromat.de

August Mössner GmbH + Co. KG
Hohenstaufenstraße 3, 73568 Eschach
T: +49 7175/998060 F: -35
post@moessner-kg.de
www.moessner-kg.de

6980 Gussputztische

Henschel Industrietechnik GmbH
Postfach 10 16 66
Henschelplatz 1, 34127 Kassel
T: +49 561 801-6800, F: -5775
www.andromat.de

7035 Reinigungsanlagen

KLEIN Stoßwellentechnik GmbH
T: +49 2734 501 450
info@klein-group.eu
www.klein-group.eu

7040 Roboter-Gussputzzelle

August Mössner GmbH + Co. KG
Hohenstaufenstraße 3, 73568 Eschach
T: +49 7175/998060 F: -35
post@moessner-kg.de
www.moessner-kg.de

7050 Speiserabbrechmaschinen

Henschel Industrietechnik GmbH
Postfach 10 16 66
Henschelplatz 1, 34127 Kassel
T: +49 561 801-6800, F: -5775
www.andromat.de

7052 Stanzentgratanlagen (Werkzeuge, Pressen)

August Mössner GmbH + Co. KG
Hohenstaufenstraße 3, 73568 Eschach
T: +49 7175/998060 F: -35
post@moessner-kg.de
www.moessner-kg.de

7056 Trenn- und Sägeanlagen

August Mössner GmbH + Co. KG
Hohenstaufenstraße 3, 73568 Eschach
T: +49 7175/998060 F: -35
post@moessner-kg.de
www.moessner-kg.de

7058 Bandsägen/Sägeblätter

August Mössner GmbH + Co. KG
Hohenstaufenstraße 3, 73568 Eschach
T: +49 7175/998060 F: -35
post@moessner-kg.de
www.moessner-kg.de

7059 Trennsägen

August Mössner GmbH + Co. KG
Hohenstaufenstraße 3, 73568 Eschach
T: +49 7175/998060 F: -35
post@moessner-kg.de
www.moessner-kg.de

15 Oberflächenbehandlung

7230 Kugelstrahlen

Rösler Oberflächentechnik GmbH
T: +49 9533 924-0 www.rosler.com

7234 Oberflächenbehandlung

Rösler Oberflächentechnik GmbH
T: +49 9533 924-0 www.rosler.com

17 Wärmebehandeln und Trocknen

17.01 Anlagen und Öfen

7400 Anlassöfen

LOI Thermprocess GmbH
Schifferstraße 80, 47059 Duisburg
T: +49 203 80398-900
F: +49 203 80398-901
Service-loi@tenova.com, www.loi.tenova.com

7401 Auslagerungsöfen

LOI Thermprocess GmbH
Schifferstraße 80, 47059 Duisburg
T: +49 203 80398-900
F: +49 203 80398-901
Service-loi@tenova.com, www.loi.tenova.com

7430 Glüh- und Härteöfen

LOI Thermprocess GmbH
Schifferstraße 80, 47059 Duisburg
T: +49 203 80398-900
F: +49 203 80398-901
Service-loi@tenova.com, www.loi.tenova.com

haspa
oberflächentechnik
- Schleif- und Poliermaschinen
- Antriebsmaschinen für Biegsame Wellen (0,3 - 5,5kW)
- Biegsame Wellen und Reparaturservice (alle Systeme!)
- Entgrattechnik
- Druckluftgeräte und Mikromotoren
- Schleifmittel: Fräser, Bürsten, Bänder, Fächerschleifer u.v.m.
verstellelemente
- Biegsame Wellen zur Fernsteuerung und Kraftübertragung
- Getriebe und Winkelgetriebe
- Kombinationen flexibel und starr
Kundenspezifische Einzel- und Sonderanfertigungen
Hersteller seit 1971!
haspa GmbH
Saegmuehlstrasse 39 | D - 74930 Ittlingen
Tel. +49 (0)72 66 - 91 48-0 | Fax - 91 48-30
info@haspa-gmbh.de | www.haspa-gmbh.de

7455 Lösungsglühöfen, -anlagen

LOI Thermprocess GmbH
Schifferstraße 80, 47059 Duisburg
T: +49 203 80398-900
F: +49 203 80398-901
Service-loi@tenova.com, www.loi.tenova.com

7490 Temperöfen

LOI Thermprocess GmbH
Schifferstraße 80, 47059 Duisburg
T: +49 203 80398-900
F: +49 203 80398-901
Service-loi@tenova.com, www.loi.tenova.com

7510 Vergüteöfen

LOI Thermprocess GmbH
Schifferstraße 80, 47059 Duisburg
T: +49 203 80398-900
F: +49 203 80398-901
Service-loi@tenova.com, www.loi.tenova.com

7520 Wärmebehandlungsöfen

LOI Thermprocess GmbH
Schifferstraße 80, 47059 Duisburg
T: +49 203 80398-900
F: +49 203 80398-901
Service-loi@tenova.com, www.loi.tenova.com

7525 Herdwagenöfen

LOI Thermprocess GmbH
Schifferstraße 80, 47059 Duisburg
T: +49 203 80398-900
F: +49 203 80398-901
Service-loi@tenova.com, www.loi.tenova.com

18 Anlagen-, Transport-, Lager- und Handhabungstechnik

18.01 Stetigförderer und Zubehör

7676 Flexible Schläuche mit keramischem Verschleißschutz

STEIN INJECTION TECHNOLOGY GmbH
Hagener Str. 20-24, 58285 Gevelsberg
T: +49 2332/75742-0 F: /75742-40
stein@sit-gmbh.net, www.sit-gmbh.net

7850 Pneumatische Förderanlagen

KLEIN Anlagenbau AG
T: +49 2734 501 301
info@klein-group.eu
www.klein-group.eu

STEIN INJECTION TECHNOLOGY GmbH
Hagener Str. 20-24, 58285 Gevelsberg
T: +49 2332/75742-0 F: /75742-40
stein@sit-gmbh.net, www.sit-gmbh.net

18.03 Fahrzeuge und Transportbehälter

8110 Metallschmelzentransport-Vorrichtungen

IBB Maschinenbau GmbH
Talweg 8, 75433 Maulbronn
T: +49 7043 2096 F: -8805
www.ibb-baumann.de

19 Modell- und Formenbau

19.02 Werkstoffe, Normalien und Werkzeuge für den Modell- und Formenbau

8650 Formenbau-Zubehör

RESAU & Co. KG Chemische Produkte
Gutenbergstraße 11, 73779 Deizisau
T: +49 7153/8303-0 F: /8303-10
http://www.resau.de

8690 Kunstharze für den Modellbau

ebalta Kunststoff GmbH
Erlbacher Straße 100
91541 Rothenburg/Tauber
T: +49 9861 7007-0 F: -77
info@ebalta.com, www.ebalta.com

Hohnen & Co. KG, 33604 Bielefeld
info@hohnen.de, www.hohnen.de

RESAU & Co. KG Chemische Produkte
Gutenbergstraße 11, 73779 Deizisau
T: +49 7153/8303-0 F: /8303-10
http://www.resau.de

8700 Kunststoffplatten für Gießerei und Modellbau

ebalta Kunststoff GmbH
Erlbacher Straße 100
91541 Rothenburg/Tauber
T: +49 9861 7007-0 F: -77
info@ebalta.com, www.ebalta.com

Hohnen & Co. KG, 33604 Bielefeld
info@hohnen.de, www.hohnen.de

8710 Modellbaubedarf, allgemein

Hohnen & Co. KG, 33604 Bielefeld
info@hohnen.de, www.hohnen.de

8720 Modellbauwerkstoffe, allgemein

ebalta Kunststoff GmbH
Erlbacher Straße 100
91541 Rothenburg/Tauber
T: +49 9861 7007-0 F: -77
info@ebalta.com, www.ebalta.com

SCHURG GmbH, 34537 Bad Wildungen
T: +49 5621-7003-0 F: +49 5621-7003-33
info@schurg.de | www.schurg.de

8730 Modellbuchstaben, -zeichen, -schriften

Hohnen & Co. KG, 33604 Bielefeld
info@hohnen.de, www.hohnen.de

8750 Modell-Gießharze

ebalta Kunststoff GmbH
Erlbacher Straße 100
91541 Rothenburg/Tauber
T: +49 9861 7007-0 F: -77
info@ebalta.com, www.ebalta.com

Hohnen & Co. KG, 33604 Bielefeld
info@hohnen.de, www.hohnen.de

RESAU & Co. KG Chemische Produkte
Gutenbergstraße 11, 73779 Deizisau
T: +49 7153/8303-0 F: /8303-10
http://www.resau.de

8760 Modell-Gießharz-Füllstoffe

ebalta Kunststoff GmbH
Erlbacher Straße 100
91541 Rothenburg/Tauber
T: +49 9861 7007-0 F: -77
info@ebalta.com, www.ebalta.com

8780 Modellhohlkehlenkitt

RESAU & Co. KG Chemische Produkte
Gutenbergstraße 11, 73779 Deizisau
T: +49 7153/8303-0 F: /8303-10
http://www.resau.de

8800 Modelllack

Hohnen & Co. KG, 33604 Bielefeld
info@hohnen.de, www.hohnen.de

RESAU & Co. KG Chemische Produkte
Gutenbergstraße 11, 73779 Deizisau
T: +49 7153/8303-0 F: /8303-10
http://www.resau.de

8820 Modellspachtel

ebalta Kunststoff GmbH
Erlbacher Straße 100
91541 Rothenburg/Tauber
T: +49 9861 7007-0 F: -77
info@ebalta.com, www.ebalta.com

RESAU & Co. KG Chemische Produkte
Gutenbergstraße 11, 73779 Deizisau
T: +49 7153/8303-0 F: /8303-10
http://www.resau.de

19.03 Modelleinrichtungen

8930 Kernkasteneinrichtungen für Serienfertigung

ebalta Kunststoff GmbH
Erlbacher Straße 100
91541 Rothenburg/Tauber
T: +49 9861 7007-0 F: -77
info@ebalta.com, www.ebalta.com

20 Leittechnik und Automation

20.01 Steuerungs- und Regelungstechnik

9030 Automation und Steuerungstechnik in der Sandaufbereitung

Maschinenfabrik Gustav Eirich
GmbH & Co KG, Walldürner Straße 50,
74736 Hardheim, www.eirich.de

9040 Automatisierungstechnik

August Mössner GmbH + Co. KG
Hohenstaufenstraße 3, 73568 Eschach
T: +49 7175/998060 F: -35
post@moessner-kg.de
www.moessner-kg.de

20.02 Mess- und Regelgeräte

9230 Tauchthermoelemente

MINKON GmbH
Heinrich-Hertz-Straße 30-32
40699 Erkrath
T: +49 211/209908-0 F: -90
www.minkon.de
info@minkon.de

9310 Lasermesstechnik

August Mössner GmbH + Co. KG
Hohenstaufenstraße 3, 73568 Eschach
T: +49 7175/998060 F: -35
post@moessner-kg.de
www.moessner-kg.de

POLYTEC GmbH
www.velocimeter.de, 76333 Waldbronn

9380 Temperaturmessung

MINKON GmbH
Heinrich-Hertz-Straße 30-32
40699 Erkrath
T: +49 211/209908-0 F: -90
www.minkon.de
info@minkon.de

9391 Temperaturregler

Gerhard P. Hirsch
Elektronische Ersatzteile für Frech
und Wotan
Druckgießmaschinen; Temperaturregler
Ausgleichsleitung
Neuenhaus 14, 423449 Wuppertal
T: +49 202 472-223 F: +49 202 472-292
www.g-tronic.com

9400 Thermische-Analyse-Geräte

MINKON GmbH
Heinrich-Hertz-Straße 30-32
40699 Erkrath
T: +49 211/209908-0 F: -90
www.minkon.de
info@minkon.de

9410 Thermoelemente

MINKON GmbH
Heinrich-Hertz-Straße 30-32
40699 Erkrath
T: +49 211/209908-0 F: -90
www.minkon.de
info@minkon.de

20.03 Datenerfassung und -verarbeitung

9440 Betriebsdatenerfassung und -übermittlung

IPS Expert GmbH
Schweinfurter Str. 28
97076 Würzburg
T: +49 931 30980-0 F: -22
www.ipsexpert.com

9445 Business Intelligence

IPS Expert GmbH
Schweinfurter Str. 28
97076 Würzburg
T: +49 931 30980-0 F: -22
www.ipsexpert.com

9456 ERP/PPS - Software für Gießereien

IPS Expert GmbH
Schweinfurter Str. 28
97076 Würzburg
T: +49 931 30980-0 F: -22
www.ipsexpert.com

9495 Mobile Datenerfassung

IPS Expert GmbH
Schweinfurter Str. 28
97076 Würzburg
T: +49 931 30980-0 F: -22
www.ipsexpert.com

9502 Numerische Erstarrungssimulation und Prozessoptimierung

MAGMA Gießereitechnologie GmbH
Kackertstraße 16-18
52072 Aachen
T: +49 241/88901-0 F: -60
info@magmasoft.de
www.magmasoft.de

9504 ERP - Software für Gießereien

IPS Expert GmbH
Schweinfurter Str. 28
97076 Würzburg
T: +49 931 30980-0 F: -22
www.ipsexpert.com

9505 Planung

IPS Expert GmbH
Schweinfurter Str. 28
97076 Würzburg
T: +49 931 30980-0 F: -22
www.ipsexpert.com

9506 Prozessoptimierung mit EDV bzw. Informationsverarbeitung (IV) für Gießereien

IPS Expert GmbH
Schweinfurter Str. 28
97076 Würzburg
T: +49 931 30980-0 F: -22
www.ipsexpert.com

9522 Simulations-Software

MAGMA Gießereitechnologie GmbH
Kackertstraße 16-18
52072 Aachen
T: +49 241/88901-0 F: -60
info@magmasoft.de
www.magmasoft.de

August Mössner GmbH + Co. KG
Hohenstaufenstraße 3, 73568 Eschach
T: +49 7175/998060 F: -35
post@moessner-kg.de
www.moessner-kg.de

21 Werkstoffprüfung

21.01 Werkstoffprüfung und Werkstückprüfung

9600 Farbeindringmittel

HELLING GmbH
T: +49 41 22 922-0, F: -201
info@helling.de, www.helling.de

9678 Magnetpulverprüfmittel

HELLING GmbH
T: +49 41 22 922-0, F: -201
info@helling.de, www.helling.de
- für alle NDT-Verfahren

9759 UV-Leuchten

HELLING GmbH
T: +49 41 22 922-0, F: -201
info@helling.de, www.helling.de
- für alle NDT-Verfahren

22 Analysentechnik und Laboratorausrüstung

9865 Bildanalyse

August Mössner GmbH + Co. KG
Hohenstaufenstraße 3, 73568 Eschach
T: +49 7175/998060 F: -35
post@moessner-kg.de
www.moessner-kg.de

9948 Optische Emissionsspektrometer

SPECTRO Analytical Instruments GmbH
Boschstraße 10, 47533 Kleve
T: +49 2821 892-2100
www.spectro.com

9970 Probenentnahmesysteme

MINKON GmbH
Heinrich-Hertz-Straße 30-32
40699 Erkrath
T: +49 211/209908-0 F: -90
www.minkon.de
info@minkon.de

23 Lufttechnische Anlagen und Geräte

23.01 Drucklufttechnik

10080 Kompressoren

Aerzener Maschinenfabrik GmbH
P.O. Box 11 63, 31849 Aerzen
T: +49 515481-0 F: +49 515481-9191

23.02 Gebläse

10120 Gebläse, allgemein

Aerzener Maschinenfabrik GmbH
P.O. Box 11 63, 31849 Aerzen
T: +49 515481-0 F: +49 515481-9191

24 Umweltschutz und Entsorgung

10230 Umweltschutz und Entsorgung

Maschinenfabrik Gustav Eirich
GmbH & Co KG, Walldürner Straße 50,
74736 Hardheim, www.eirich.de

24.01 Entstaubungsanlagen

10280 Entstaubungsanlagen, allgemein

Nederman MikroPul GmbH
Industriestraße 9, 77948 Friesenheim
T: +49 7821/966-0, F: -245
www.nedermanmikropul.com
info.emea@nedermanmikropul.com

10400 Pneumatische Filterstaubförderung mit Druckgefäßen

STEIN INJECTION TECHNOLOGY GmbH
Hagener Str. 20-24, 58285 Gevelsberg
T: +49 2332/75742-0 F: /75742-40
stein@sit-gmbh.net, www.sit-gmbh.net

10440 Trockenentstaubungsanlagen

Nederman MikroPul GmbH
Industriestraße 9, 77948 Friesenheim
T: +49 7821/966-0, F: -245
www.nedermanmikropul.com
info.emea@nedermanmikropul.com

24.02 Filter

10500 Filter, allgemein

Nederman MikroPul GmbH
Industriestraße 9, 77948 Friesenheim
T: +49 7821/966-0, F: -245
www.nedermanmikropul.com
info.emea@nedermanmikropul.com

24.03 Entsorgung, Verwertung und Wiederaufbereitung

10655 Amin-Recycling

BUCHEN UmweltService GmbH
GießereiService
Weseler Straße 100
46562 Voerde
T: +49 281-403-0 F: +49 281-403-177
voerde.bu@buchen.et
www.buchen.net

25 Arbeitsschutz und Ergonomie

10960 Arbeitsschutzartikel

RUDOLF UHLEN GmbH
Am Höfgen 13, 42781 Haan
T: +49 2129 1444 F: +49 2129 59980
info@aschua-uhlen.de
www.aschua-uhlen.de

11025 Hitzeschutzbekleidung und -handschuhe

Hohnen & Co. KG, 33604 Bielefeld
info@hohnen.de, www.hohnen.de

Eugen Weil Industrie-Service
Ohmstraße 1, 35315 Homberg/Ohm
T: +49 6633/826 F: -/5773
www.ewis.eu
Handschuhe für die Kernmacherei

26 Sonstige Erzeugnisse für Gießereien

26.02 Betriebsbedarf

11120 Asbestfreie Dichtungen

MINKON GmbH
Heinrich-Hertz-Straße 30-32
40699 Erkrath
T: +49 211/209908-0 F: -90
www.minkon.de
info@minkon.de

11125 Dicht- und Isolierprodukte bis 1260 øC

MINKON GmbH
Heinrich-Hertz-Straße 30-32
40699 Erkrath
T: +49 211/209908-0 F: -90
www.minkon.de
info@minkon.de

11150 Gießereibedarf, allgemein

Hohnen & Co. KG, 33604 Bielefeld
info@hohnen.de, www.hohnen.de

26.04 Auftrags-Kernfertigung

11182 Anorganische Verfahren

Kohlisch GmbH & Co. KG
An der Knorr-Bremse 9
58300 Wetter-Volmarstein
T: +49 2335 681833
F: +49 2335 681088
info@kohlisch.de
www.kohlisch.de

11184 Kalte Verfahren

Kohlisch GmbH & Co. KG
An der Knorr-Bremse 9
58300 Wetter-Volmarstein
T: +49 2335 681833
F: +49 2335 681088
info@kohlisch.de
www.kohlisch.de

27 Beratung und Dienstleistungen

11202 Druckguss, Optimierung der Formentemperierung

Krapohl-Wirth Consulting GmbH
Im Pfeiferle 6, 86477 Adelsried
T: +49 8294 511-5865
info@kwcg.de, www.kwcg.de

11215 Feinguss-Engineering

Krapohl-Wirth Consulting GmbH
Im Pfeiferle 6, 86477 Adelsried
T: +49 8294 511-5865
info@kwcg.de, www.kwcg.de

11220 Gießerei-Beratung

GEMCO Engineers b.v.
Science Park Eindhoven 5053
NL-5692 EB Son
T: +31 40 26436-07
eng@gemco.nl, www.gemco.nl

Krapohl-Wirth Consulting GmbH
Im Pfeiferle 6, 86477 Adelsried
T: +49 8294 511-5865
info@kwcg.de, www.kwcg.de

MAGMA Gießereitechnologie GmbH
Kackertstraße 16-18
52072 Aachen
T: +49 241/88901-0 F: -60
info@magmasoft.de
www.magmasoft.de

MAISEL CONSULTING GmbH & Co. KG
Organisations- und Personalberatung
Wieseneckstraße 26, 90571 Schwaig
T: +49 911 9535-250
info@maisel-consulting.de
www.maisel-consulting.de

PROJECT ENGINEERING GMBH
In den Meckeswiesen 3, 69226 Nussloch
T: +49 6224 9908 0
mail@projectengineering.de
www.projectengineering.de

11230 Gießerei-Gutachten

KNIGHT WENDLING GmbH
Arnheimer Str. 118, 40489 Düsseldorf
T: +49 211 77006-0 F: -77
info@knightwendling.de
www.knightwendling.de

Krapohl-Wirth Consulting GmbH
Im Pfeiferle 6, 86477 Adelsried
T: +49 8294 511-5865
info@kwcg.de, www.kwcg.de

11240 Gießerei-Organisation (Lean)

Krapohl-Wirth Consulting GmbH
Im Pfeiferle 6, 86477 Adelsried
T: +49 8294 511-5865
info@kwcg.de, www.kwcg.de

11250 Gießerei-Planung

GEMCO Engineers b.v.
Science Park Eindhoven 5053
NL-5692 EB Son
T: +31 40 26436-07
eng@gemco.nl, www.gemco.nl

Krapohl-Wirth Consulting GmbH
Im Pfeiferle 6, 86477 Adelsried
T: +49 8294 511-5865
info@kwcg.de, www.kwcg.de

11253 Gussteile, Konstruktion und Beratung, Optimierung der Form-Kernherstell- und Gießtechnik

GEMCO Engineers b.v.
Science Park Eindhoven 5053
NL-5692 EB Son
T: +31 40 26436-07
eng@gemco.nl, www.gemco.nl

Krapohl-Wirth Consulting GmbH
Im Pfeiferle 6, 86477 Adelsried
T: +49 8294 511-5865
info@kwcg.de, www.kwcg.de

PROJECT ENGINEERING GMBH
In den Meckeswiesen 3, 69226 Nussloch
T: +49 6224 9908 0
mail@projectengineering.de
www.projectengineering.de

11260 Kerntechnik-Beratung

Krapohl-Wirth Consulting GmbH
Im Pfeiferle 6, 86477 Adelsried
T: +49 8294 511-5865
info@kwcg.de, www.kwcg.de

11290 Management von Genehmigungsverfahren

Krapohl-Wirth Consulting GmbH
Im Pfeiferle 6, 86477 Adelsried
T: +49 8294 511-5865
info@kwcg.de, www.kwcg.de

11291 Managementberatung

KNIGHT WENDLING GmbH
Arnheimer Str. 118, 40489 Düsseldorf
T: +49 211 77006-0 F: -77
info@knightwendling.de
www.knightwendling.de

Krapohl-Wirth Consulting GmbH
Im Pfeiferle 6, 86477 Adelsried
T: +49 8294 511-5865
info@kwcg.de, www.kwcg.de

MAISEL CONSULTING GmbH & Co. KG
Organisations- und Personalberatung
Wieseneckstraße 26, 90571 Schwaig
T: +49 911 9535-250
info@maisel-consulting.de
www.maisel-consulting.de

11293 Metallurgische Beratung

Krapohl-Wirth Consulting GmbH
Im Pfeiferle 6, 86477 Adelsried
T: +49 8294 511-5865
info@kwcg.de, www.kwcg.de

11296 Personalberatung

MAISEL CONSULTING GmbH & Co. KG
Organisations- und Personalberatung
Wieseneckstraße 26, 90571 Schwaig
T: +49 911 9535-250
info@maisel-consulting.de
www.maisel-consulting.de

11298 Prozessoptimierung

GEMCO Engineers b.v.
Science Park Eindhoven 5053
NL-5692 EB Son
T: +31 40 26436-07
eng@gemco.nl, www.gemco.nl

InterGuss Giessereiprodukte GmbH
Ipsheimer Straße 13
91438 Bad Windsheim
T: +49 98 41 / 68 96 28 0
office@interguss.de
www.interguss.de

Krapohl-Wirth Consulting GmbH
Im Pfeiferle 6, 86477 Adelsried
T: +49 8294 511-5865
info@kwcg.de, www.kwcg.de

11300 Rationalisierung

Krapohl-Wirth Consulting GmbH
Im Pfeiferle 6, 86477 Adelsried
T: +49 8294 511-5865
info@kwcg.de, www.kwcg.de

11310 Simulationsdienstleistungen

GEMCO Engineers b.v.
Science Park Eindhoven 5053
NL-5692 EB Son
T: +31 40 26436-07
eng@gemco.nl, www.gemco.nl

PROJECT ENGINEERING GMBH
In den Meckeswiesen 3, 69226 Nussloch
T: +49 6224 9908 0
mail@projectengineering.de
www.projectengineering.de

11340 Umwelttechnische Beratung

GEMCO Engineers b.v.
Science Park Eindhoven 5053
NL-5692 EB Son
T: +31 40 26436-07
eng@gemco.nl, www.gemco.nl

Krapohl-Wirth Consulting GmbH
Im Pfeiferle 6, 86477 Adelsried
T: +49 8294 511-5865
info@kwcg.de, www.kwcg.de

11342 Unternehmensberatung

KNIGHT WENDLING GmbH
Arnheimer Str. 118, 40489 Düsseldorf
T: +49 211 77006-0 F: -77
info@knightwendling.de
www.knightwendling.de

Krapohl-Wirth Consulting GmbH
Im Pfeiferle 6, 86477 Adelsried
T: +49 8294 511-5865
info@kwcg.de, www.kwcg.de

MAISEL CONSULTING GmbH & Co. KG
Organisations- und Personalberatung
Wieseneckstraße 26, 90571 Schwaig
T: +49 911 9535-250
info@maisel-consulting.de
www.maisel-consulting.de

11380 Zeitstudien

Krapohl-Wirth Consulting GmbH
Im Pfeiferle 6, 86477 Adelsried
T: +49 8294 511-5865
info@kwcg.de, www.kwcg.de

28 Gusserzeugnisse

11390 Aluminium-Druckguss

Schött Druckguß GmbH
Aluminium Druckguss
P.O.Box 27 56, 58687 Menden
T: +49 2373/1608-0 F: /1608-110
Vertrieb@Schoett-Druckguss.de
www.Schoett-Druckguss.de

11430 C-Stahlguss, legierter und hochlegierter Stahlguss

Maschinenfabrik Liezen und Gießerei
Ges.m.b.H. - www.mfl.at
Werkstraße 5, A-8940 Liezen
T: +43 3612 270-0, office@mfl.at

11489 Grauguss

Behringer GmbH
Maschinenfabrik und Eisengießerei
Industriestr. 23, 74912 Kirchardt
T: +49 7266 207-0 | info@behringer.net
www.behringer.net

Eisengiesserei Baumgarte GmbH
Duisburger Str. 35, 33647 Bielefeld
T: +49 521 4044-0 F: +49 521 401848
info@eisengiesserei-baumgarte.de
www.eisengiesserei-baumgarte.de

11496 Kunstguss

Ernst Strassacker GmbH & Co. KG
Kunstgiesserei
Postfach 1360, 73075 Süßen
mail@strassacker.de
http://www.strassacker.de
- Wachsausschmelzverfahren, Sandgussverfahren

11510 NE-Metall-Sandguss

Gebr. Kemper GmbH + Co. KG
Harkortstraße 5, 57462 Olpe
T: +49 2761/891-0
info@kemper-group.com
www.kemper-group.com

11540 Sphäroguss (Gusseisen mit Kugelgraphit)

Behringer GmbH
Maschinenfabrik und Eisengießerei
Industriestr. 23, 74912 Kirchardt
T: +49 7266 207-0 | info@behringer.net
www.behringer.net

Eisengiesserei Baumgarte GmbH
Duisburger Str. 35, 33647 Bielefeld
T: +49 521 4044-0 F: +49 521 401848
info@eisengiesserei-baumgarte.de
www.eisengiesserei-baumgarte.de

11547 Stahlguss

Maschinenfabrik Liezen und Gießerei
Ges.m.b.H. - www.mfl.at
Werkstraße 5, A-8940 Liezen
T: +43 3612 270-0, office@mfl.at

11550 Stranggusss

KS Gleitlager GmbH, Werk Papenburg
Bronze-Stranggießerei
Friesenstraße 2, 26871 Papenburg
T: +49 4961 986-150
sales-cc@de.rheinmetall.com
www.rheinmetall.com

30 Informationstechnologie

11700 Formfüll- und Erstarrungssimulation

MAGMA Gießereitechnologie GmbH
Kackertstraße 16-18
52072 Aachen
T: +49 241/88901-0 F: -60
info@magmasoft.de
www.magmasoft.de

11800 Simulationsprogramme für Gießereiprozesse

MAGMA Gießereitechnologie GmbH
Kackertstraße 16-18
52072 Aachen
T: +49 241/88901-0 F: -60
info@magmasoft.de
www.magmasoft.de

31 Gießereien

31.01 Eisen-, Stahl- und Tempergießereien

11855 Eisengießereien

Behringer GmbH
Maschinenfabrik und Eisengießerei
Industriestr. 23, 74912 Kirchardt
T: +49 7266 207-0 | info@behringer.net
www.behringer.net

Inserentenverzeichnis